Joachim W. Ekrutt

# Die Sonne

## Die Erforschung des kosmischen Feuers

21.7.1982

Herausgeber: Rolf Winter
Gestaltung: Franz Braun
Lektorat: Ortwin Fink, Dr. Erwin Lausch
Bildredaktion: Ursula Carus
Dokumentation: Dr. Axel Wittmann
Produktion: Druckzentrale G+J
Lithographie: Fritz Bütehorn K.G.
Druck: Brillant Offset GmbH & Co. Hamburg
© GEO-Bücher im Verlag
Gruner + Jahr AG & Co. Hamburg

1. Auflage 1981
ISBN: 3-570-01720-6

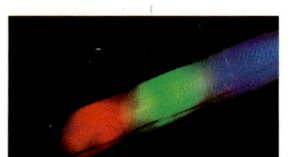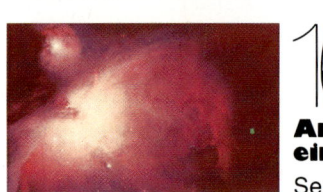

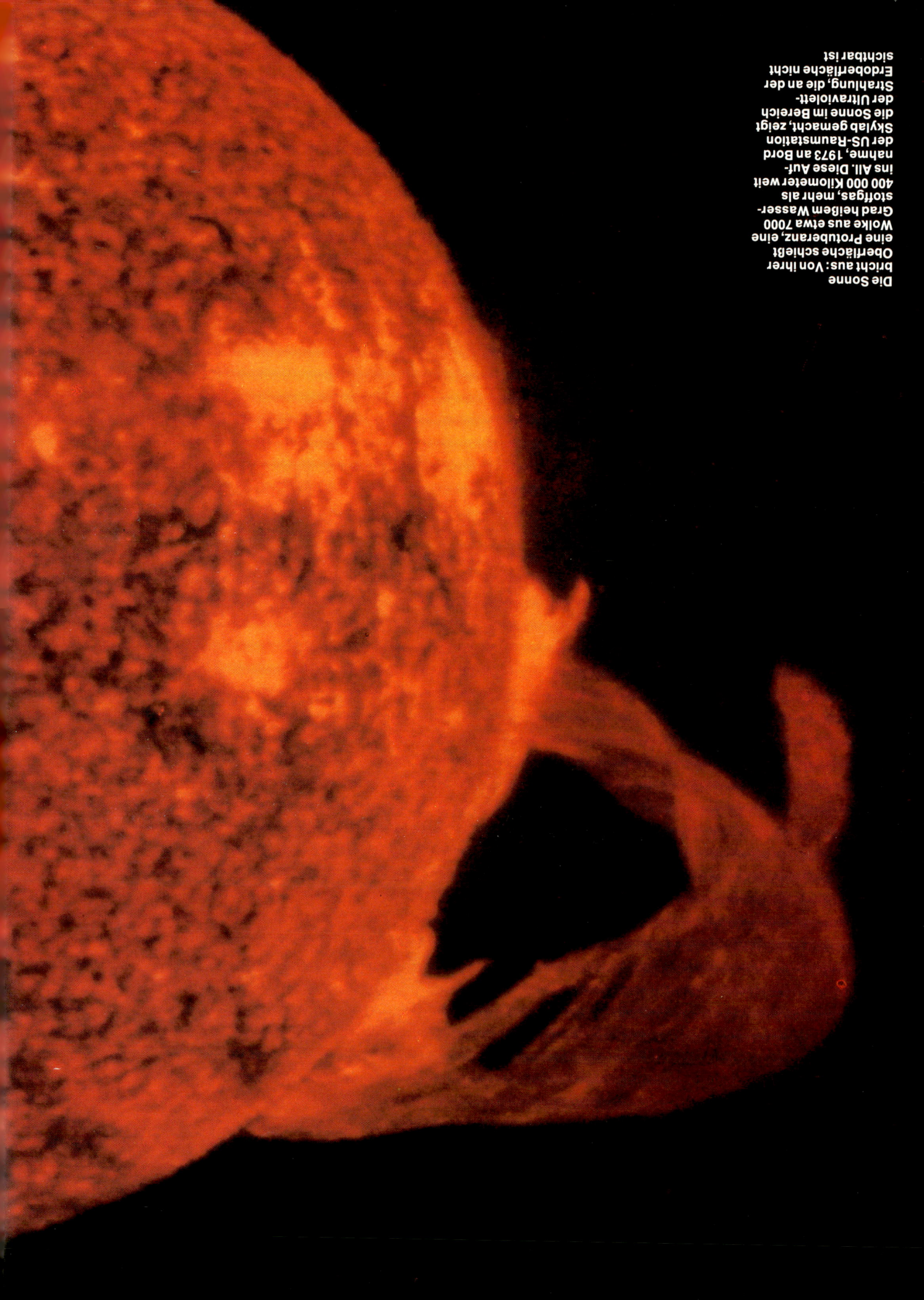

Die Sonne bricht aus: Von ihrer Oberfläche schießt eine Protuberanz, eine Wolke aus etwa 7000 Grad heißem Wasserstoffgas, mehr als 400 000 Kilometer weit ins All. Diese Aufnahme, 1973 an Bord der US-Raumstation Skylab gemacht, zeigt die Sonne im Bereich der Ultraviolett-Strahlung, die an der Erdoberfläche nicht sichtbar ist

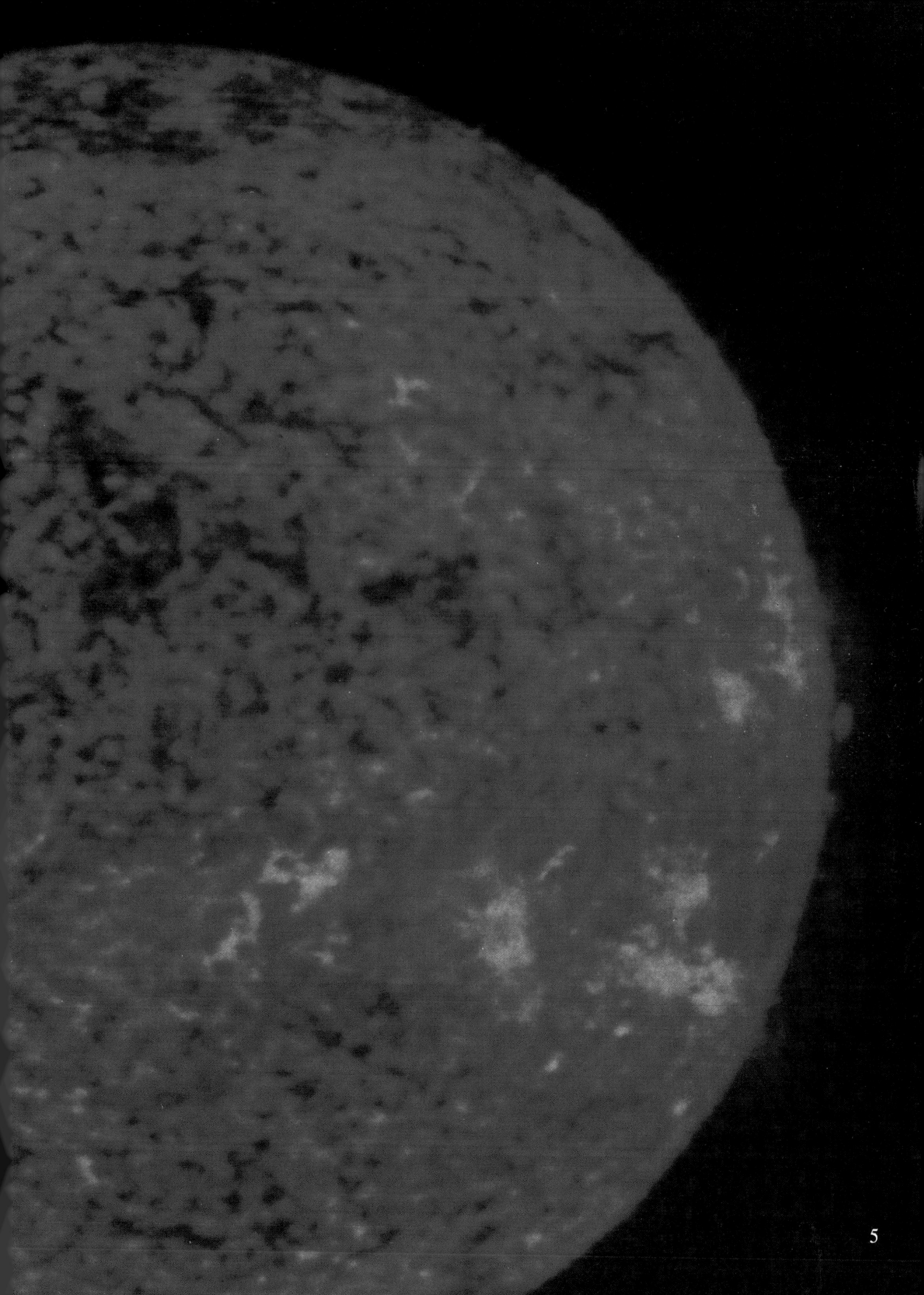

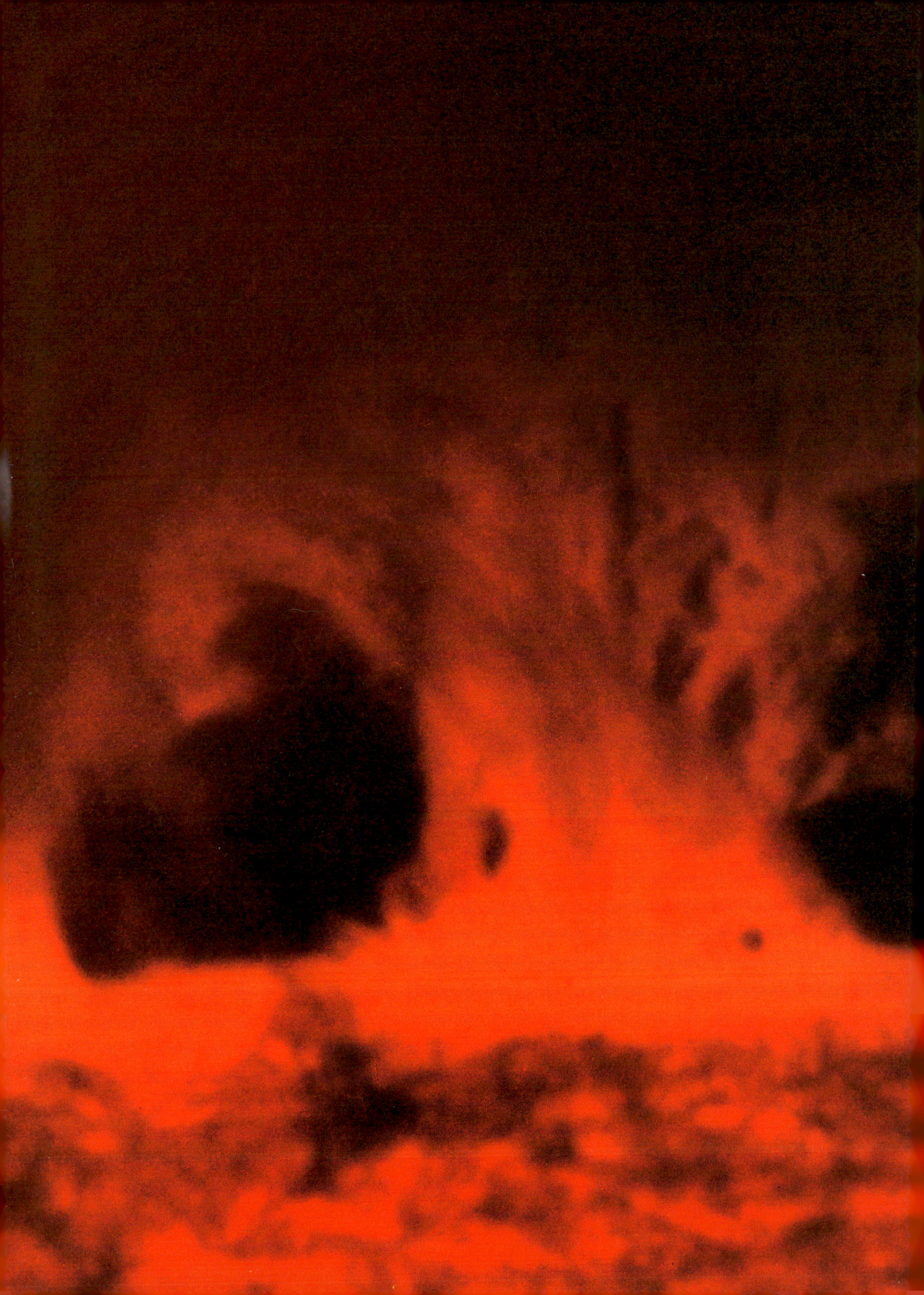

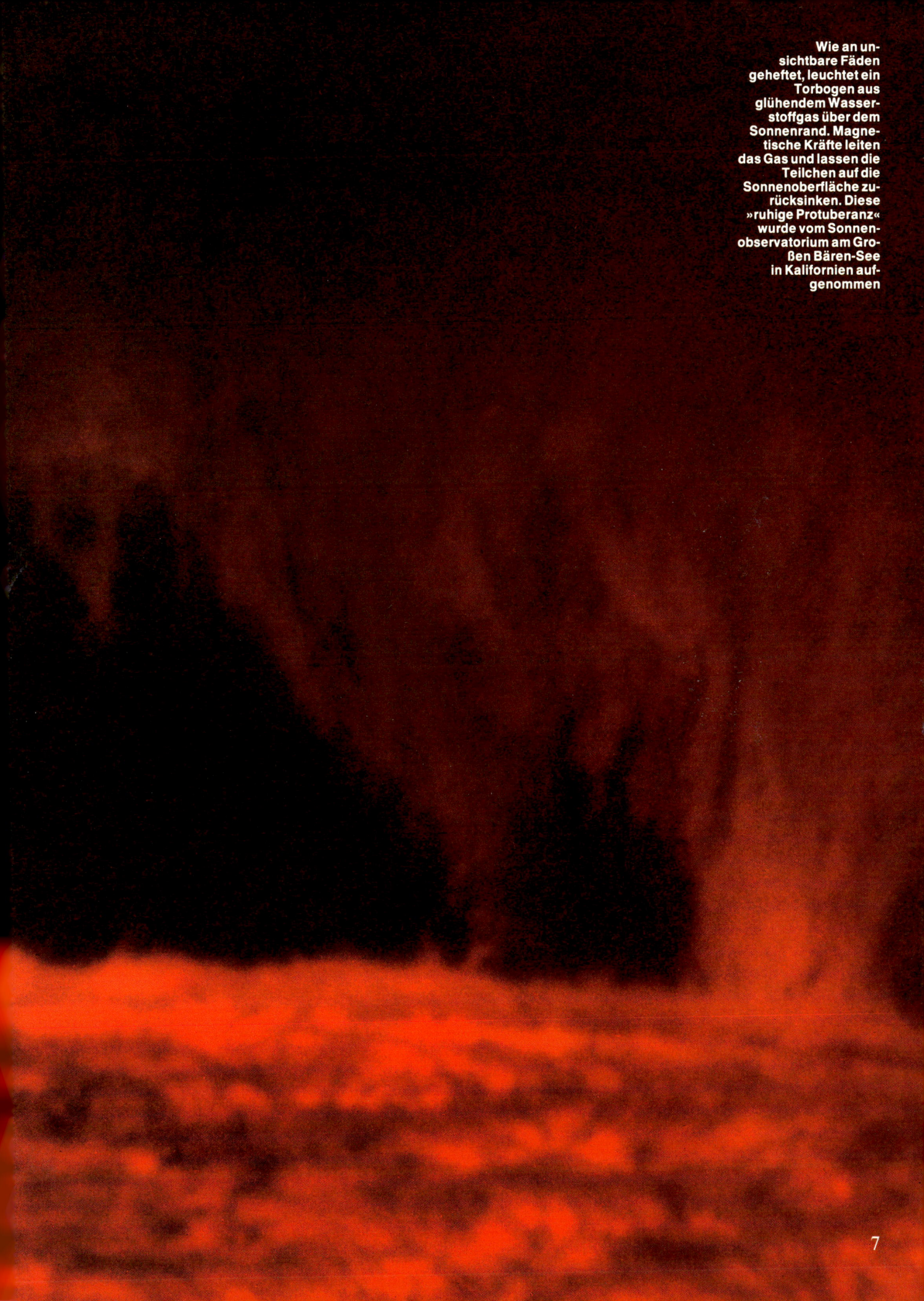

Wie an un-
sichtbare Fäden
geheftet, leuchtet ein
Torbogen aus
glühendem Wasser-
stoffgas über dem
Sonnenrand. Magne-
tische Kräfte leiten
das Gas und lassen die
Teilchen auf die
Sonnenoberfläche zu-
rücksinken. Diese
»ruhige Protuberanz«
wurde vom Sonnen-
observatorium am Gro-
ßen Bären-See
in Kalifornien auf-
genommen

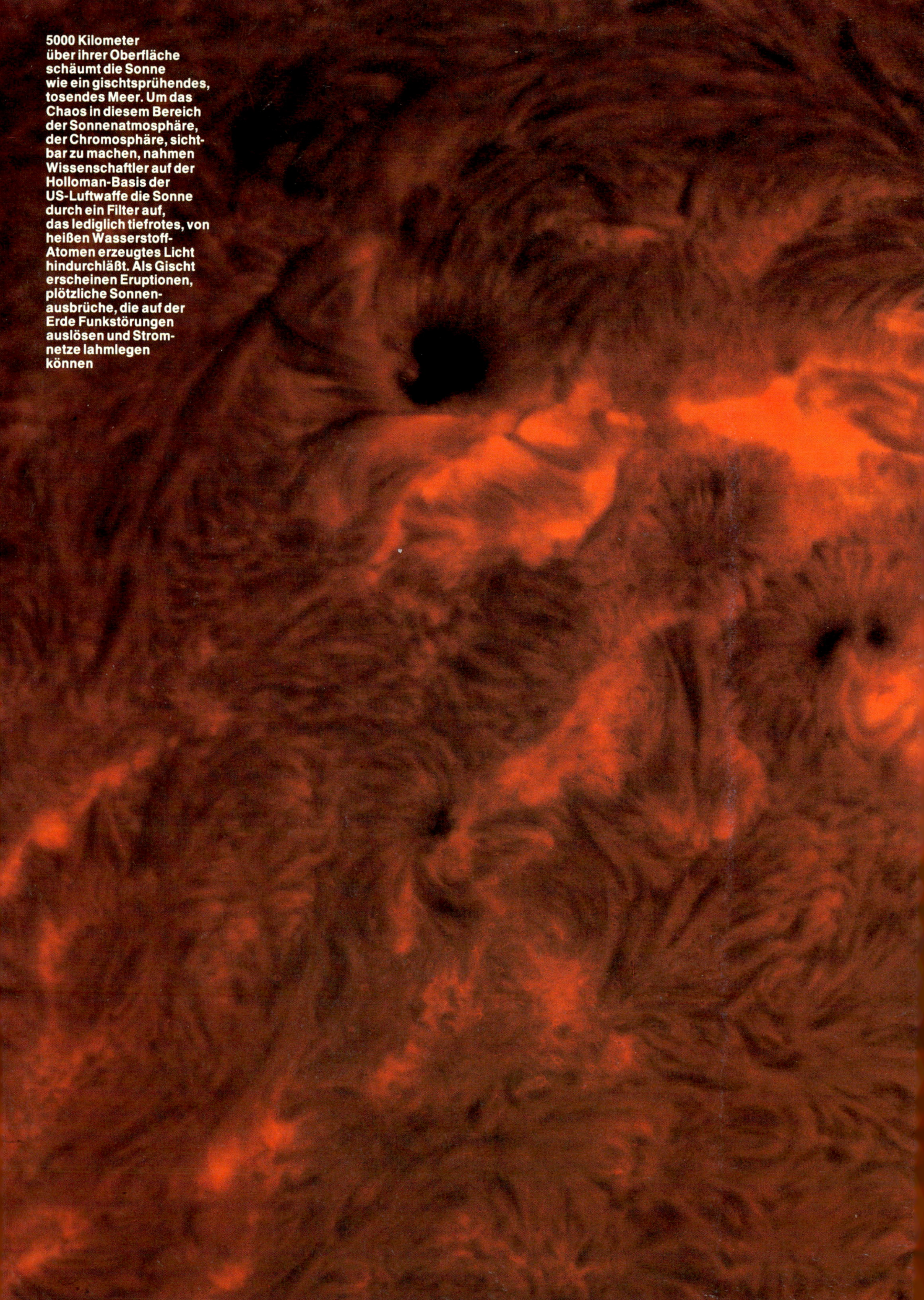

5000 Kilometer
über ihrer Oberfläche
schäumt die Sonne
wie ein gischtsprühendes,
tosendes Meer. Um das
Chaos in diesem Bereich
der Sonnenatmosphäre,
der Chromosphäre, sicht-
bar zu machen, nahmen
Wissenschaftler auf der
Holloman-Basis der
US-Luftwaffe die Sonne
durch ein Filter auf,
das lediglich tiefrotes, von
heißen Wasserstoff-
Atomen erzeugtes Licht
hindurchläßt. Als Gischt
erscheinen Eruptionen,
plötzliche Sonnen-
ausbrüche, die auf der
Erde Funkstörungen
auslösen und Strom-
netze lahmlegen
können

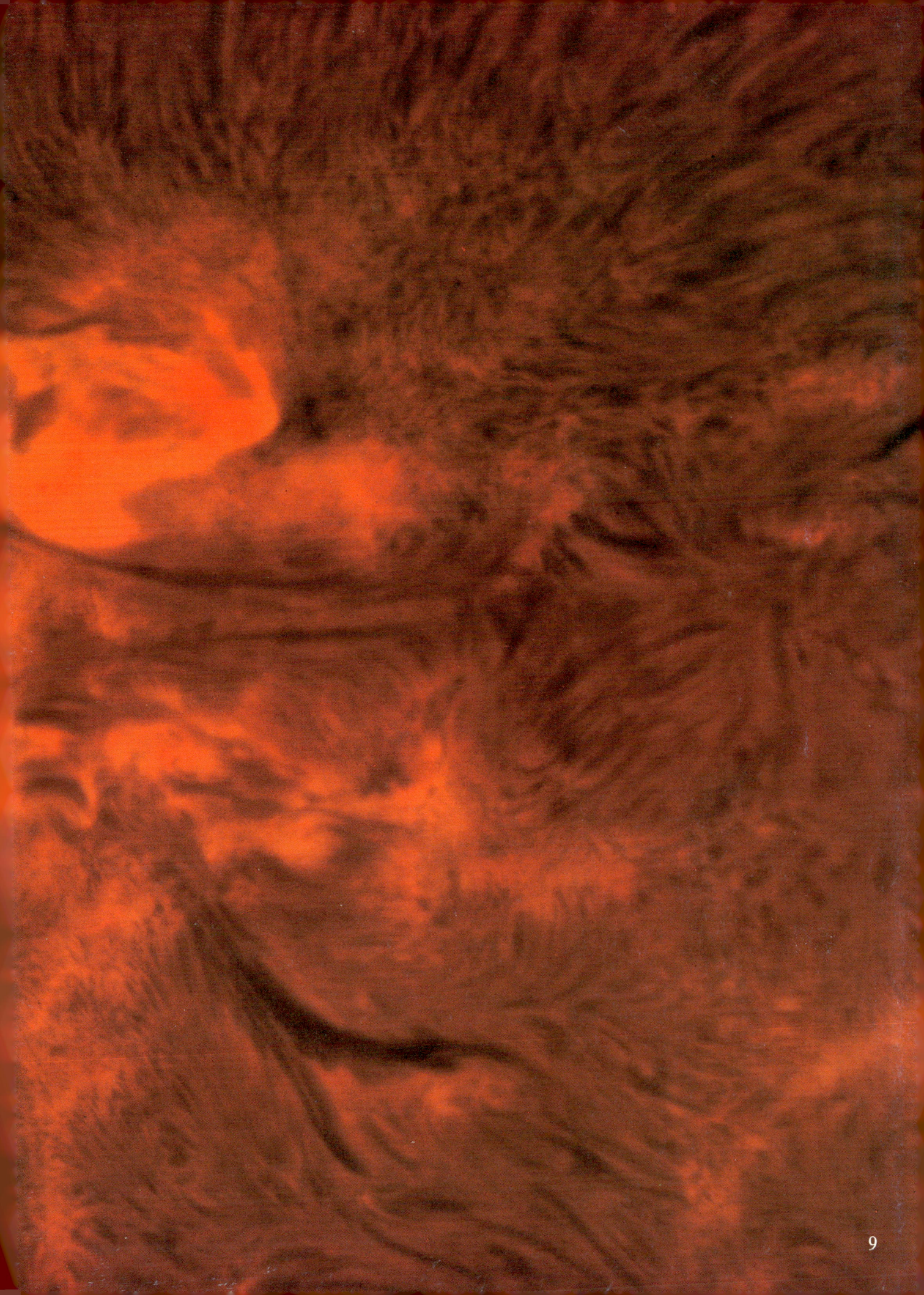

**Moderner Sonnenkult:** Um »gesund« auszusehen, riskieren jedes Jahr Millionen Menschen – wie hier in Atlantic City – Sonnenbrand, vorzeitig alternde Haut und Hautkrebs durch die ultraviolette Strahlung der Sonne. Dabei läßt die Lufthülle der Erde nur den geringsten Teil der gefährlichen Strahlung zur Erdoberfläche vordringen. Die Sonne selbst erhält in Form der Ozonschicht einen Schutzschild aufrecht, der die Erdbewohner vor verheerenden Konsequenzen bewahrt

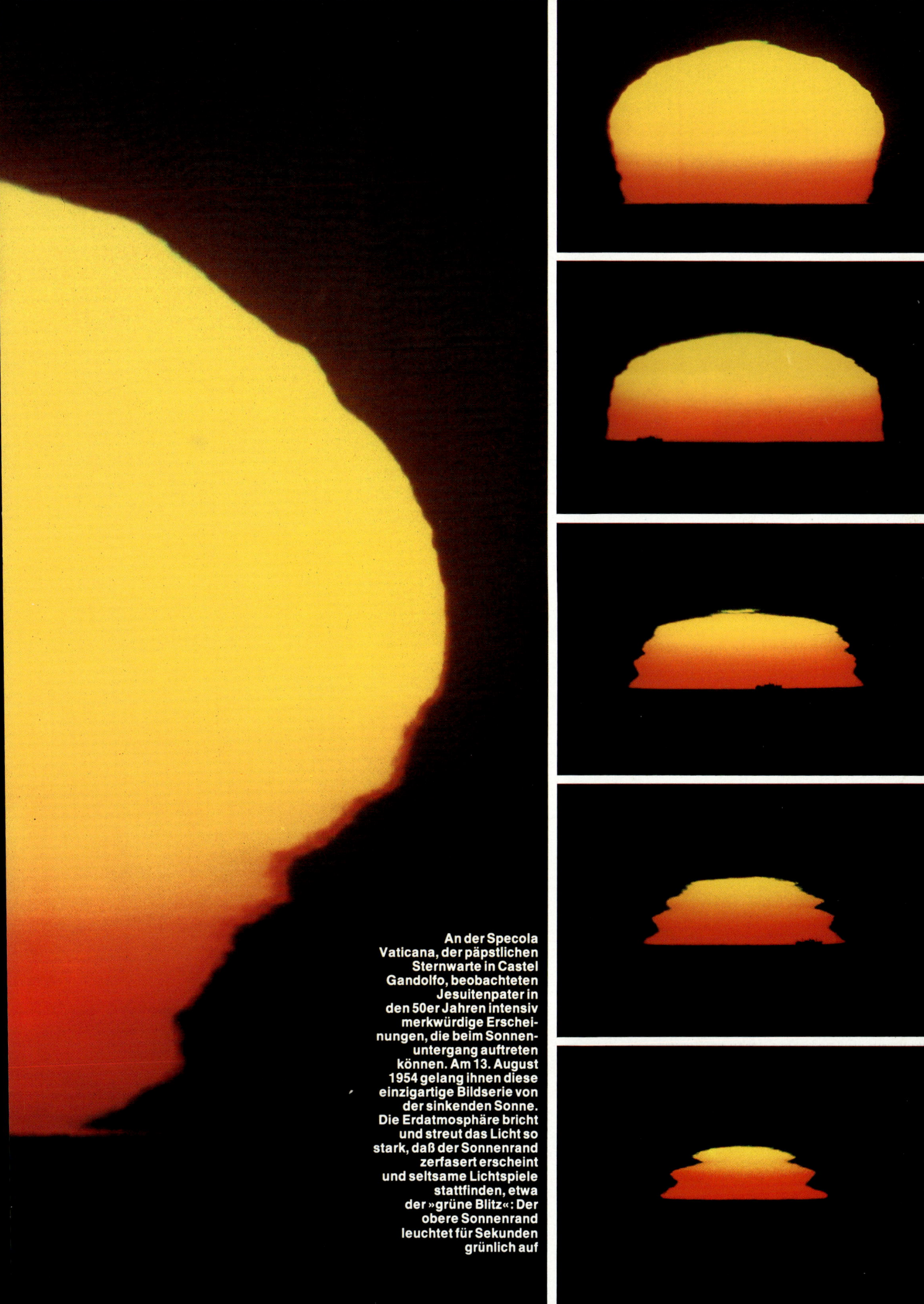

An der Specola
Vaticana, der päpstlichen
Sternwarte in Castel
Gandolfo, beobachteten
Jesuitenpater in
den 50er Jahren intensiv
merkwürdige Erschei-
nungen, die beim Sonnen-
untergang auftreten
können. Am 13. August
1954 gelang ihnen diese
einzigartige Bildserie von
der sinkenden Sonne.
Die Erdatmosphäre bricht
und streut das Licht so
stark, daß der Sonnenrand
zerfasert erscheint
und seltsame Lichtspiele
stattfinden, etwa
der »grüne Blitz«: Der
obere Sonnenrand
leuchtet für Sekunden
grünlich auf

Sonnenforscher
sind Weltenbummler.
Um für wenige Minuten
eine totale Sonnen-
finsternis zu beobachten,
reisen sie Tausende
von Kilometern um die
Erde. Im Juni 1973 ver-
sammelten sich
Finsternis-Experten aus
vielen Ländern,
von der Bevölkerung
bestaunt, im Norden
Kenias. Weniger aufge-
klärte Eingeborene
brachten sich damals
in panischer Angst
um, weil sie das kurze
Verfinstern der
Sonne für den Welt-
untergang hielten

Wenn die Sonne
vollständig hinter dem
Mond verschwindet
und nur noch ihre Korona
als brillanter Strahlen-
kranz aufleuchtet, ist sie
für Wissenschaftler
besonders interessant.
Sonnenforscher der
Los Alamos Laboratories
in New Mexico benutzten
ein spezielles Filter,
als sie die Finsternis vom
26. Februar 1979 von
Bord eines Forschungs-
flugzeuges der US-
Luftwaffe fotografierten.
Dadurch gelang es
ihnen, die weit ins All
hinausreichenden feinen
Strahlen der Sonnen-
korona besonders gut
sichtbar zu machen

Durch den ewigen
Wechsel von Tag und
Nacht bestimmt die Sonne
unser ganzes Leben.
Diese Aufnahmeserie
stammt von dem europäi-
schen Wettersatelliten
Meteosat I, der auf einer
geostationären Bahn
über dem südlichen Atlan-
tik gewissermaßen fest
verankert ist. Die

Aufnahmen doku-
mentieren ästhetisch
eindrucksvoll, wie im Osten
die Sonne aufgeht (Auf-
nahme ganz rechts), wie
sich die Grenze zwischen
Tag und Nacht immer
weiter nach Westen ver-
schiebt, bis schließlich
am Mittag die Sonne die
ganze Erdhälfte
beleuchtet

Beim Sonnen-
tanz zieht ein Sioux-
Indianer die Leiden
anderer Menschen
durch Selbsttortur sym-
bolisch auf sich. Eine
Adlerklaue, ins Brust-
fleisch getrieben, ist
durch ein Seil mit dem
heiligen Baum ver-
bunden. Auf dem
Höhepunkt des Rituals
reißt sich der Tänzer,
der Schmerzen
nicht achtend, aus
der Fesselung los

Jesus Christus bewegt die Welt – für den Schöpfer dieses frühmittelalterlichen Mosaiks bestand sie im wesentlichen aus Sonne und Mond, die um die Erde kreisten. Erst im 16. Jahrhundert erkannte Nikolaus Kopernikus, daß der Sonne die zentrale Stellung gebührt

Das größte
Sonnenteleskop
der Erde steht auf dem
Kitt Peak im US-Staat
Arizona. An der Spitze
eines 31 Meter ho-
hen Turms wirft ein
zwei Meter großer
Spiegel das Licht der
Sonne schräg nach
unten in das 153 Meter
lange Fernrohr, für
das ein Schacht in
den harten Felsboden
getrieben wurde

Auf vielen Sonnen-
warten rund um den
Erdball wird täglich
über den kosmischen
Feuerball Buch geführt.
Auf dem Wendelstein
in den Bayerischen
Alpen zeichnet ein Astro-
nom der Universität
München sorgfältig die
Sonnenflecken ab und
klassifiziert sie mit
Hilfe eines Buchstaben-
systems. Auf ähnliche
Weise hat schon Galileo
Galilei vor fast 400
Jahren das Sonnenbild
durch ein Fernrohr auf
einen fest montier-
ten Schirm projiziert

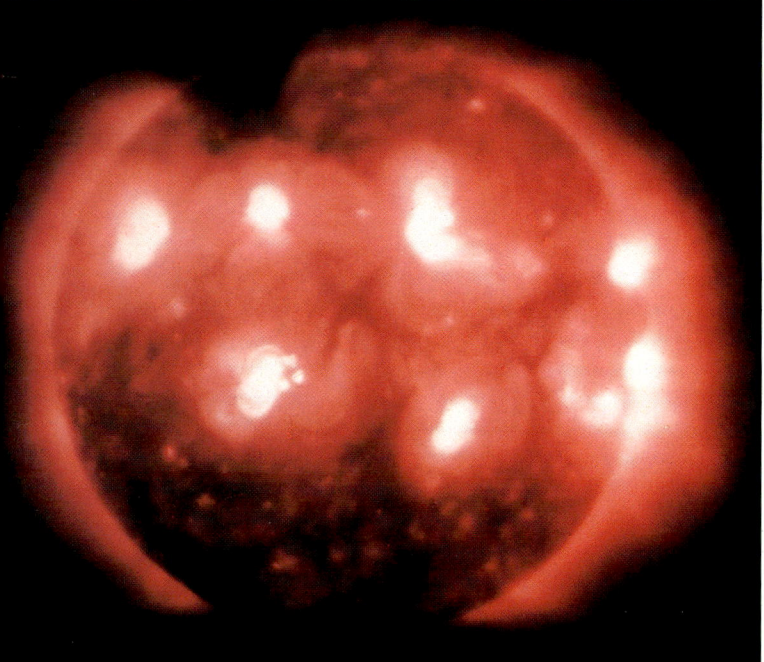

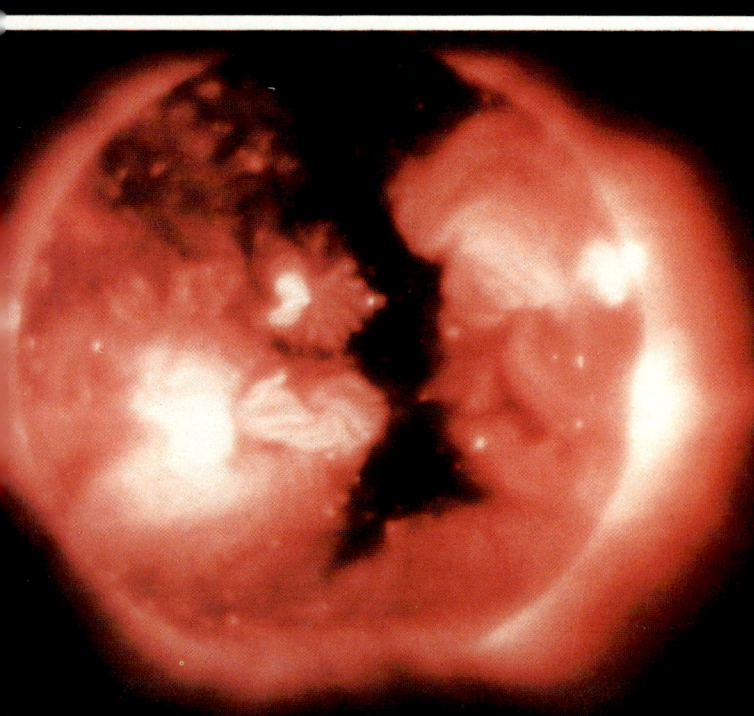

Als Astronauten
an Bord der Raum-
station Skylab die
Sonnenkorona im Wel-
lenlängenbereich der
Röntgenstrahlung
beobachteten, machten
sie eine sensationelle
Entdeckung: Die Korona
hat dunkle Löcher,
die sich als langgesuchte
Quellen des Sonnen-
windes erwiesen, eines
von der Sonne ins
All geschleuderten
Stroms von Elementar-
teilchen. Dieser
Teilchenstrom ist unter
anderem Ursache
für das Auftreten von
Polarlichtern auf
der Erde

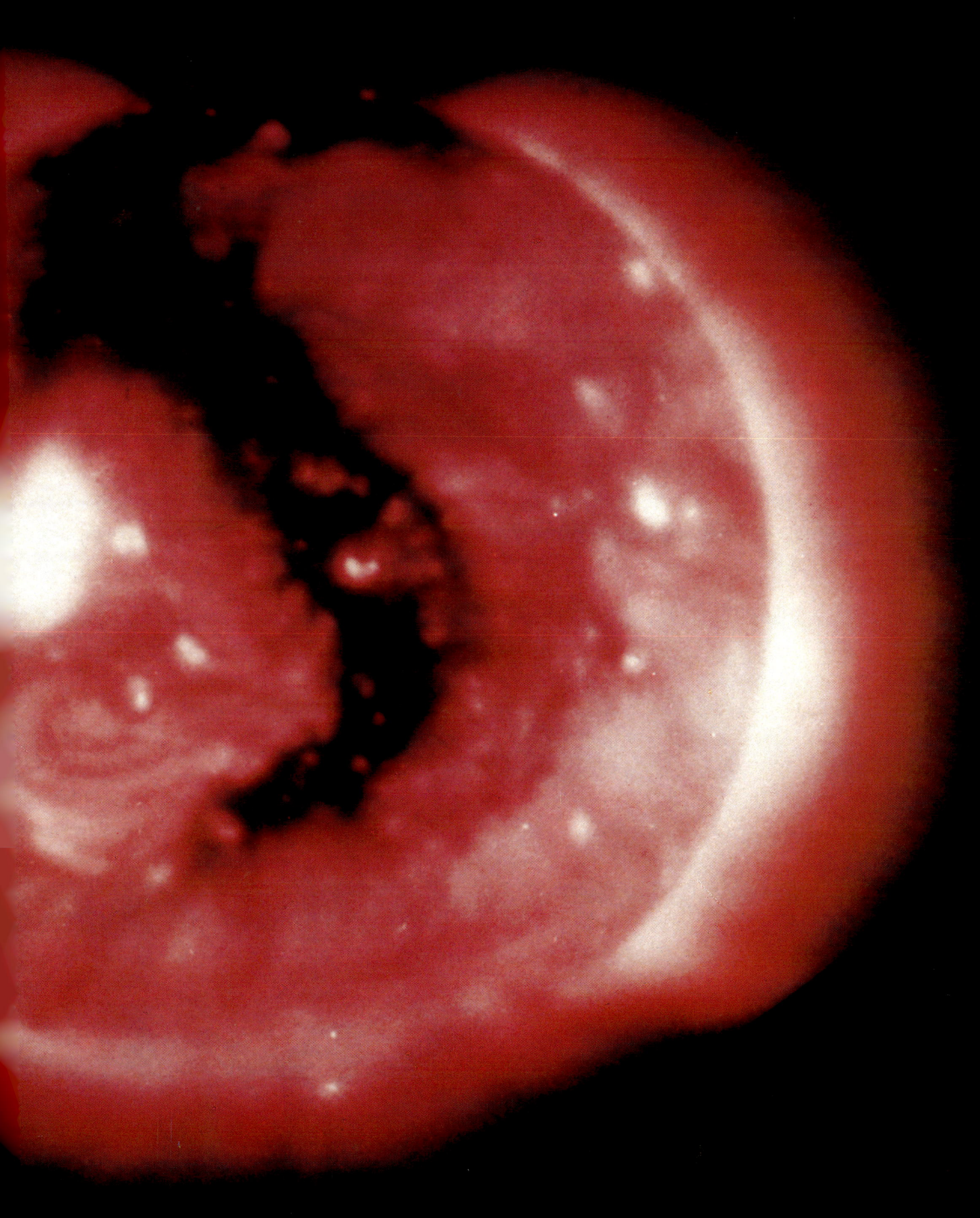

Ein eiskaltes
Kunstwerk der Sonne:
Was wie wunder-
liche Hieroglyphen an-
mutet, entstand
durch mehrfaches
Tauen und Wiederge-
frieren des an eine
Hauswand getriebenen
Schnees. Das Foto
wurde im Februar auf
dem Gipfel des
1917 Meter hohen
Mount Washington im
US-Staat New
Hampshire aufge-
nommen

31

Die Sonne ist der
Quell des Lebens:
Sie erwärmt unsere
Erde und taucht
sie in Licht. Sie ver-
dunstet Wasser,
das als lebensspen-
dende Flüssigkeit
wieder abregnet. Sie
liefert vor allem den
grünen Pflanzen
die Energie für die
Photosynthese, den
bedeutsamsten
chemischen Vorgang
auf der Erde, der
Pflanzen, Tiere
und Menschen am
Leben erhält

In der sonnen-
überfluteten Wüste
New Mexicos be-
treiben Wissenschaft-
ler der Sandia Labo-
ratories in Albuquerque
diese Sonnenkraft-
anlage. 222 riesige
Spiegel, jeder 43 Qua-
dratmeter groß,
konzentrieren die
Sonnenenergie auf die
Spitze eines 61 Meter
hohen Turms. Die
Anlage erzeugt nicht,
wie andere Sonnen-
kraftwerke, elektrischen
Strom, sondern dient
dazu, auf dem Turm ver-
schiedene Emp-
fängersysteme
zu testen

Aus ungewöhn-
lichem Winkel soll
dieser Satellit der
International Solar
Polar Mission (ISPM)
die Sonne umkrei-
sen: Seine Bahn soll
über die Sonnenpole
hinwegführen, wo
die Forscher einen be-
sonders kräftigen
Sonnenwind vermuten.
1985 sollen zwei
ISPM-Satelliten, je
einer von der US-
Raumfahrtbehörde
NASA und der Europäi-
schen Raumfahrt-
behörde ESA, in
bislang unerforschte
Gebiete des Alls
starten und gleich-
zeitig beide Sonnen-
pole überfliegen

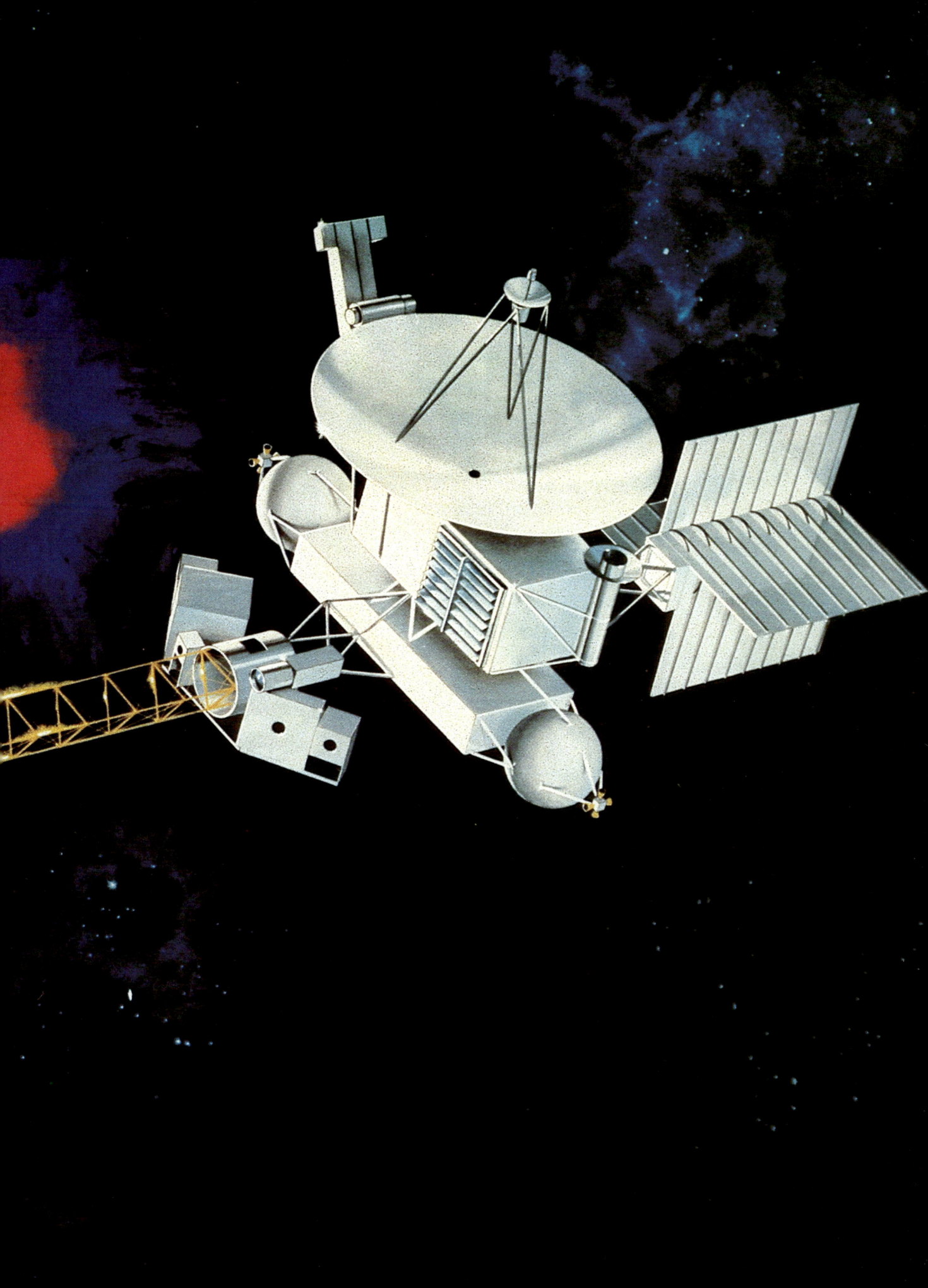

# In der Sonne ein schwarzes Loch?

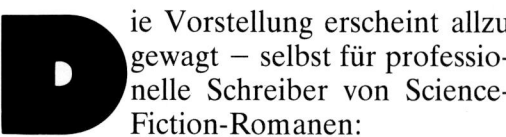

ie Vorstellung erscheint allzu gewagt − selbst für professionelle Schreiber von Science-Fiction-Romanen: Eines Morgens geht die Sonne nicht mehr auf. Stunden vorher ist sie rund um die Erde hinter dem Horizont versunken, wie gewöhnlich im Farbenrausch des Abendrots oder verborgen hinter neblig-trübem Gewölk. Von Osten nach Westen hat ihr Licht immer mehr Länder und Meere der Nacht preisgegeben, bis die ganze Erde in Dunkel gehüllt war. Und sie ist nirgends wieder aufgetaucht. Ohne jedes Vorzeichen ist die Sonne einfach verschwunden, irgendwie ausgeknipst wie eine elektrische Lampe von einer allgewaltigen, überirdischen Macht.

Zwar benutzte der britische Astrophysiker und Schriftsteller Fred Hoyle in den fünfziger Jahren eine ähnliche Schreckensvision als Grundmotiv für seine Erzählung „Die schwarze Wolke". Aber er ließ das Sonnenlicht nur für drei Tage verschwinden, sozusagen für eine Sonnenfinsternis, die länger als gewöhnlich dauert. Die drei Tage reichten nach seinen Vorstellungen immerhin aus, um die Menschheit an den Rand des Untergangs zu bringen.

Die gewagte Ausgangsidee hat jedoch noch kein Romancier bis zur letzten Konsequenz ausgemalt: Was geschähe, wenn die Sonne erloschen bliebe, auf Dauer durch einen kosmischen Zauber vom Himmel verschwunden wäre?
Der Roman, den noch niemand schrieb, müßte − kurz skizziert − diese Rahmenhandlung haben:

Die Menschen sind zunächst ungläubig. Besorgt blicken sie immer wieder zum Himmel, um wenigstens einen Schein von Helligkeit zu entdecken − vergebens. In allen Ballungsgebieten menschlicher Ansiedlungen kommt es zum Verkehrschaos. Als die Dunkelheit andauert und die Wissenschaftler erklären, daß auch sie vor einem Rätsel stehen, bricht auf der Welt Panik aus. Die Temperaturen fallen rapide. Deshalb klettert der Stromverbrauch schnell über die Leistungsgrenze der Elektrizitätsnetze. Sie fallen aus − und mit ihnen die Nachrichtenverbindungen in aller Welt.

Kein Mensch erfährt mehr durch die Mittel der modernen Kommunikation, was nun wirklich geschieht. Jeder verkriecht sich, wenn er nur kann. Überall wird es still, totenstill.

Weil keine Wärme mehr auf die Erde strömt, kondensiert der Wasserdampf der Lufthülle und schlägt sich nieder, am ersten Tag als Regen, am zweiten wahrscheinlich schon als Schnee. In den Tropen kommt es wie Sturzfluten vom Himmel, in den Wüsten fallen wenigstens einige Tropfen − global sind es mehrere Zentimeter Niederschlag. Spätestens am dritten Tag ist die gesamte Erdoberfläche von einer dünnen Eiskruste überzogen.

Menschen und Tiere sterben an Erfrierungen, mit jedem Tag mehr. Bereits am Ende der zweiten Woche, nachdem die Sonne verschwand, ist alles höhere Leben erloschen. Wie schockgefroren sind vier Milliarden Menschen, sind alle Tiere und Pflanzen an Land bis auf ein paar kälteresistente Mikroorganismen bei minus 80 Grad Celsius erstarrt.

Bisher haben die Ozeane als gigantische Wärmespeicher der todbringenden Kälte widerstanden, doch während der dritten Woche nach Beginn der apokalyptischen Finsternis beginnen auch sie zuzufrieren. Noch strahlt die Erde aus ihrem glutflüssigen Kern eigene Wärme ab, und primitive Organismen haben am Grund tiefer Schächte überdauert. Doch unerbittlich kommt auch für diese letzten Überlebenden das Ende − auf eine gespenstische Weise.

Die Luft der irdischen Atmosphäre beginnt allmählich flüssig zu werden.
Der letzte Rest von Wärme aus dem Inneren der Erde hält die Temperaturen

an der Oberfläche noch für längere Zeit 28 Grad über dem absoluten Nullpunkt – bei minus 245 Grad Celsius.

Nach zwei bis vier Monaten bedeckt ein Ozean aus flüssiger Luft die gesamte Erde. Eine zehn Meter dicke Luftsuppe schwappt rund um den Erdball; Flocken und Schollen bereits gefrorener Luft treiben darin. Nur die hohen Gebirge ragen aus dem Luftmeer empor. Hell und brillant funkeln die Sterne über einer gespenstischen Landschaft. Wie der Jupiter-Mond Europa, dessen tieffrostige Natur die amerikanischen Raumsonden Voyager 1 und Voyager 2 durch spektakuläre Nahaufnahmen erst 1979 enthüllten, torkelt die Erde als tote Eiswüste durchs All.

Gewiß – dies ist Fiktion, mit wissenschaftlicher Genauigkeit schwer auszumalen und in ihrem Ablauf nur zu schätzen. Aber so unvorstellbar ist es eigentlich nicht, wie der Kältetod die Erde überfällt, wenn die Sonne plötzlich nicht mehr scheint. Immerhin sinken die Temperaturen schon während einer realen Sonnenfinsternis, bei der das Sonnenlicht nur für wenige Minuten durch den Mond „abgeschaltet" wird, blitzartig um fünf bis zehn Grad. In einer klaren Winternacht, wenn praktisch kein Wasserdampf mehr in der Atmosphäre vorhanden ist und die Tageswärme ungehindert abstrahlen kann, kühlt die Erdoberfläche regional leicht bis auf minus 20 Grad ab. Und die niedrigste natürliche Temperatur, die bisher auf der Erde gemessen wurde – in der Antarktis – betrug minus 88,2 Grad Celsius.

Doch keine Angst: Die Sonne, die uns die lebensspendende Wärme liefert, bleibt nicht plötzlich aus. Nichts wirkt beständiger als sie: Die Sonne erscheint pünktlich nach der Uhr (die nach ihr gestellt wird), regelmäßig wie der Kalender (der sich nach ihr richtet), unverändert, solange Menschen zu denken vermögen. Selbst nachts können wir uns von ihrer Gegenwart überzeugen: Der Mond und die Planeten reflektieren ihr Licht zur Erde.

Freilich: Was immer da ist, nie versagt, was sich nie ändert, das verschwindet leicht aus dem Bewußtsein. Die Menschen unserer Zeit, die Milch nur in Tüten kaufen, Obst in Plastikfolie und Steaks im Restaurant, die Energie mühelos aus der Steckdose zapfen – sie vergessen darüber leicht, woher das alles kommt. Und selbst wer dabei noch Kuh und Baum assoziiert und Elektrizitätswerk – am wenigsten wird er an die Sonne denken, die in allem wirkt, was unsere Umwelt und unser Leben ausmacht: in der Kuh genauso wie im Baum, im Wasser ebenso wie in der Kohle, im Erdöl und im Wind.

Eine Ausnahme bilden noch nicht einmal die sogenannten Sonnenanbeter an FKK-Stränden – denn ihnen schwebt weniger die Verehrung jenes lebensspendenden Glutballs am Firmament vor als vielmehr eine protzige Bräune durch eine Hautcreme mit Lichtschutzfaktor.

Die frühe Menschheit hat die Sonne noch unmittelbar als lebensbestimmende Kraft empfunden. Religionen wurden ihr gewidmet, kultische Opfer ihrer Wirkung dargebracht. Die Menschen erlebten unmittelbar und erahnten zumindest den direkten Zusammenhang zwischen dem eigenen Sein und der Sonne. Von ihr waren Aussaat, Wachstum und Ernte abhängig; das Licht für Arbeit und Jagd; die Wärme, die den nächtlich klammen Knochen so wohl tat und die nasse Kleidung trocknete.

Dieses Bewußtsein von der Sonne als allumfassende Lebensspenderin wurde zuerst durch die großen Religionen getrübt, die an die Stelle ursprünglicher Naturanbetung traten. Abstrakter Gottesglaube ersetzte die alten sichtbaren Symbole der Verehrung – oftmals die Sonne. Vollends verflachte das Empfinden der Menschen für die großen Zusammenhänge der Natur seit Beginn der Aufklärung und der folgenden Industrialisierung.

Dabei hat die moderne Wissenschaft, Wegbereiterin und Nutznießerin des Industrie-Zeitalters zugleich, einen noch viel höheren Grad unserer Abhängigkeit von der Sonne aufgedeckt, als ihn die Naturvölker bewußt erfahren konnten.

Die Sonne

● erwärmt die Erde, so daß das Wasser flüssig und die Luft gasförmig bleibt;

● treibt die Zirkulation der Atmosphäre, lenkt die Winde und Meeresströmungen;

● verdunstet das Wasser aus Ozeanen, Seen, Flüssen und bringt so lebensspendende Feuchtigkeit auf die Kontinente;

● liefert den Pflanzen die Energie, die sie zum Wachsen brauchen, und damit auch Menschen und Tieren die Grundlage ihrer Ernährung;

● versorgt uns mit fossiler Energie, die als Kohle, Erdöl und Erdgas gespeichert wurde − Produkte der Pflanzen, die vor Jahrmillionen mit Hilfe des Sonnenlichts wuchsen;

● bestimmt unser ganzes Leben durch den ewigen Wechsel von Tag und Nacht, Sommer und Winter − Jahr für Jahr.

Die Sonne selbst, der Motor all dieses grundlegenden Geschehens in unserem Leben, geriet zeitweise etwas aus dem Blickfeld der Forschung und dem Interesse der Öffentlichkeit. Verglichen mit Geheimnissen, denen die Wissenschaftler zur Mitte dieses Jahrhunderts in Atomteilchen und Zellkernen, in Meerestiefen und den fernsten Winkeln des Alls nachspürten, schien die Sonne ein uralter, längst vertrauter Gegenstand zu sein, der vergleichsweise wenig Forscherdrang weckte.

Das galt selbst für jene Experten, denen der Weltraum von Berufs wegen am Herzen liegt − die Astronomen. Ihr Begehren richtete sich auf immer größere

**Fast alle Erscheinungen der Atmosphäre, die diese handkolorierte Lithographie aus der Zeit um 1850 verzeichnet, stehen in engem Zusammenhang mit der Sonne**

DIE V

Lithogr. Institut v. Halder & Cronberger in Stutt

1 Wirkungen von
2 Wirkungen zur See
3 Wasserhosen
4 Nebel
5 Schichtenwolke   su
6 Haufenwolke   cun

42

ABBILDUNGEN AUS DER

# METEOROLOGIE,

IEDENEN ERSCHEINUNGEN DER ATMOSPHÄRE DARSTELLEND.

Verlag v. Wilh. Nitzschke in Schw: Hall.

### ERKLÄRUNG.

| | | | |
|---|---|---|---|
| Land | 7 Federwolke cirrus | 13 Gletscher | 19 Zodiakallicht |
| | 8 Regenwolke nimbus | 14 Nordlicht | 20 Irrlicht oder Irrwisch |
| | 9 Federige Haufenwolke cirro cumulus | 15 Regenbogen | 21 Blitz |
| | 10 Regen | 16 Hof | 22 Blitzableiter |
| | 11 Schnee | 17 Luftspiegelung | 23 Sternschnuppe |
| | 12 Ewiger Schnee | 18 Nebensonnen | 24 Aerolite. |

ERKLÄRUNG DIESER VERSCHIEDENEN ERSCHEINUNGEN SIEHE DIE ANDERE SEITE.

und lichtstärkere Teleskope, mit denen immer weitere Fernen zu durchmessen waren. Rasant ins All entfliehende Galaxien, Neutronensterne, rätselhafte Gebilde wie Quasare und Pulsare, die den herkömmlichen Gesetzen der Physik Hohn zu sprechen schienen, also der unendliche – oder endliche? – Weltraum in Quintillionen Kilometern Entfernung standen im Mittelpunkt der Diskussion. Veröffentlichungen über Schwarze Löcher, die so kompakt und schwer sein sollen, daß sie alles, selbst die Lichtstrahlen, in sich hineinziehen, erreichten beachtliche Auflagen. Sogar Science-Fiction-Filme wurden darüber gedreht, obwohl bisher die Existenz dieser alles verschlingenden Monster noch gar nicht sicher nachgewiesen wurde.

Gewiß: Bekanntes weckt kaum Neugier. Das Gerüst der „Daten zur Person" der Sonne steht schon lange fest.

Die Sonne ist mindestens fünf Milliarden Jahre alt und wird noch etwa viereinhalb Milliarden Jahre „leben". Mit einer Masse von 2000 Quadrillionen Tonnen (eine 2 mit 27 Nullen) vereinigt sie 99,87 Prozent der gesamten Materie innerhalb des Sonnensystems auf sich. Alle übrigen Körper, einschließlich die Erde und die anderen Planeten, machen den kläglichen Rest von 0,13 Prozent aus.

Neun Quadrillionen Kilowattstunden Energie verlassen täglich die Oberfläche der Sonne als Licht, Wärmewellen, Radiostrahlen und Teilchenströme. Um dieselbe Energie zu erzeugen, müßten die Motoren von 8000 Trillionen Mittelklassewagen auf Hochtouren laufen.

Der Durchmesser der Sonnenkugel beträgt 1 392 500 Kilometer; ihr Volumen macht das von 1,3 Millionen Erdkugeln aus. Der erste Mensch flog drei Tage bis zum Mond. Wäre er im Mittelpunkt der Sonne gestartet, so hätte er vier weitere Tage fliegen müssen, um der Kerntemperatur von 16 Millionen Grad zu entrinnen und die Oberfläche der Sonne

mit „nur noch" 5800 Grad zu durchstoßen. Dort herrscht übrigens ein Getöse wie Meeresrauschen – in unvorstellbarer Lautstärke.

Rund 149 600 000 Kilometer ist die Sonne von der Erde entfernt. Und doch ist dies ein Katzensprung im Vergleich zu den anderen Sternen, deren nächster noch 270 000 mal weiter entfernt ist.

Nur schwer erschließen sich dem Laien diese abstrakten Dimensionen. Und doch gibt es unzählige Sterne am Firmament, die unvorstellbar größer sind als unser Zentralgestirn und ein Vielfaches an Strahlung aussenden – heller als tausend Sonnen.

So klassifizierte denn auch mit klassischer Untertreibung eines der führenden Sonnenobservatorien der Welt, das Sacramento Peak Observatory im US-Bundesstaat New Mexico, noch Mitte der siebziger Jahre in einem Forschungsbericht die Sonne als ein „unauffälliges Mitglied der häufigsten Klasse von Sternen, durchschnittlich in Alter, Helligkeit, Masse, Größe und Temperatur".

Doch gerade zu jener Zeit bahnte sich, von der Öffentlichkeit kaum bemerkt, in der Wertschätzung der Forscher für den Himmelskörper Sonne ein Umschwung an. Zuerst nur nebenbei erbrachten die Bemühungen, mit Satelliten, Sonden und Raumschiffen weiter ins All vorzustoßen, bis dahin unbekannte Fakten auch über das Zentralgestirn unseres Planetensystems. Erstmals konnte es nun von außerhalb der Erde beobachtet werden – ohne daß die irdische Lufthülle das Bild verzerrte, ohne daß das irdische Magnetfeld die Informationen abblockte.

Mit diesen modernen Möglichkeiten der Beobachtung setzte eine neue Epoche der Sonnenforschung ein. Satelliten wie die deutschen Sonden der „Helios"-Serie, die Monate nach dem Start Ende 1974 und Anfang 1976 so dicht wie nie zuvor an unser Zentralgestirn heranflogen, funkten mehr Informationen zur Erde, als den Wissenschaftlern lieb war. Kaum konnten sie die Flut der Meßdaten bewältigen. Vor allem aber: Je mehr sie erfuhren, um so mehr wurde ihr klassisches Bild von der Sonne, das so gesichert erschien, erschüttert.

Kurz zurück zur Ausgangsidee: Was wäre, wenn die Sonne erlischt? Ist diese Vorstellung wirklich so absurd? Die Ergebnisse der aktuellen Sonnenphysik lassen immerhin leicht daran zweifeln.

Die Wissenschaftler sind sich heute nämlich nicht mehr sicher, was wirklich mit der Sonne vor sich geht. Nach Beobachtungen aus jüngster Zeit pulsiert sie wie ein Herzmuskel, zieht sich im Rhythmus von zwei Stunden und 40 Minuten um etwa drei Kilometer zusammen und dehnt sich dann wieder aus. Niemand weiß bislang dieses Phänomen endgültig zu erklären.

Die aktuelle Frage nach dem wahren Wesen der Sonne führte auch zu intensiven Nachforschungen in den Chroniken der Wissenschaft. Was war eigentlich früher mit der Sonne los? Die Recherchen erhellten zum Beispiel: Zwischen dem 15. und dem Beginn des 18. Jahrhunderts scheint die Sonne zweimal plötzlich mit verminderter Leistung gestrahlt zu haben. Alle ihre Aktivitäten, hauptsächlich gemessen an der Zahl der Flecken an ihrer Oberfläche, gingen zurück. Auf der Erde sanken die Temperaturen – im Durchschnitt zwar um kaum mehr als ein Grad Celsius, aber das reichte, um von etwa 1440 an für drei Jahrhunderte die „Kleine Eiszeit" auszulösen.

Lassen sich daraus Rückschlüsse ziehen auf die Entwicklung des gegenwärtigen Klimas? Wann wird die Sonne der Erde eine nächste Eiszeit bescheren?

Alle Jahre wieder, wenn ein Winter mal mehr Schnee bringt oder etwas kälter ist, beunruhigen laute Gazetten ihre Leser mit Schlagzeilen wie: „Kommt jetzt die nächste Eiszeit?"

Gemach – ein langer Winter macht noch keine Eiszeit. Ein solcher Vorgang läuft auch zeitlich in kosmischen Dimensionen ab, für die ein Menschenleben weniger ist als eine Sekunde.

Indes: Einige Forscher haben sogar die These aufgestellt, die Sonne sei bereits ausgeglüht. In ihrem Inneren, einst ein riesiger Fusionsreaktor, gähne längst nur noch ein schwarzes Loch, und die Strahlen, die unsere Erde beleben, seien lediglich ein letzter Hauch von Energie aus ihrer Hülle.

Wie dem auch sei: In den Maßstäben menschlicher Existenz wird die Sonne unsere Erde weiterhin überreichlich mit Energie überschütten. Zu Recht lächelt sie uns von Ansteckknöpfen und Plakaten als Symbol der Grünen Bewegung entgegen. Ölkrise und neuerwachtes Umweltbewußtsein brachten die Wende in der praktischen Wertschätzung der Sonne. Nicht durch die Fernrohre der Astronomen, sondern durch den Zapfhahn an der Tankstelle drang die Sonne wieder ins Bewußtsein der Menschen.

Wir fragen wieder nach ihr, seitdem sich herumgesprochen hat, daß die herkömmlichen Energiequellen der Erde – Erdöl, fossiles Gas und Kohle – in absehbarer Zeit erschöpft sein werden. Umweltschützer blicken nach der Sonne, seit ihr linker Flügel zum Sturm auf die Kernkraftwerke antrat in der Befürchtung, daß Unglücksfälle beim Umgang mit der einzigen auf lange Sicht unerschöpflichen Energiequelle – der künstlichen Atomspaltung – existenzgefährdend für das Leben auf der Erde sein könnten. Auf die Sonne richten sich darum heute die Hoffnungen vieler Menschen in dem Bemühen, einen Energiekollaps abzuwenden.

Vorhanden wäre in der Tat an Sonnenenergie mehr als genug. Die Strahlen der Sonne transportieren in jeder Sekunde 48 Milliarden Kilowatt-Stunden auf die ihr zugewandte Erdhälfte. Umgerechnet bedeutet dies: 134 Millionen

Kernkraftwerke wie Biblis Block B in Hessen, der größte Atommeiler der Welt, müßten zusammenarbeiten, um die gleiche Menge an Energie zu produzieren. Unvorstellbar: Auf jedem Quadratkilometer Festland – die Antarktis ausgenommen – müßte ein solches Kernkraftwerk stehen.

Nur 0,05 Promille der jährlich auf die Erde einfallenden Sonnenenergie reichten aus, den Energiebedarf der gesamten Menschheit im gleichen Zeitraum zu decken. Man wundert sich, warum es dann überhaupt noch Energieprobleme gibt.

Für die Sonne gibt es sie jedenfalls nicht. Sie produziert so viel Energie, daß man damit alles Wasser auf der Erde – in Flüssen und Seen, Ozeanen und dem Ewigen Eis – in genau zehn Sekunden verdampfen könnte. Glücklicherweise ist sie weit genug von uns entfernt, so daß nur weniger als ein halbes Milliardstel ihres gesamten Energieausstoßes die Erde erreicht.

Zahllose Vorschläge wurden bereits entwickelt, dieses überreiche Angebot an Energie direkter als bisher zu nutzen, um das Leben mit den Annehmlichkeiten der Technik, die wir schätzen gelernt haben, auch für die Zukunft zu sichern. So einfach freilich, wie manche Enthusiasten sich das vorstellen, ist die Sonnenenergie nicht abzuernten. Viele Schwierigkeiten sind noch zu überwinden, bevor es gelingt, einen gewichtigen Anteil von Sonnenenergie aus den Steckdosen zu zapfen. Die Erbauer des ersten an ein öffentliches Stromnetz angeschlossenen Sonnenkraftwerks der Welt, des europäischen Gemeinschaftsprojekts „Eurelios" auf Sizilien, können ein Lied davon singen.

Ich habe mich dort, wie auch an anderen Brennpunkten der Sonnenforschung und Sonnennutzung, gründlich umgesehen. Es hat mich reichlich ernüchtert, als mir Dr. Jochen Hofmann, der Projektleiter des deutschen Beitrages zu „Eurelios", erläuterte, wie stark ein Sonnenkraftwerk von den Naturgewalten abhängig ist. Beim Rundgang über das Gelände zählte Hofmann auf, unter welchen Umständen „Eurelios" nicht arbeiten kann: bei Regen und Bewölkung; bei Wolkenflug von mehr als einer halben Stunde Dauer; natürlich bei Nacht; aber auch noch – selbst unter südlicher Sonne – bis ungefähr eineinhalb Stunden nach Sonnenaufgang und ab eineinhalb Stunden vor Sonnenuntergang (die Erdatmosphäre schwächt dann die Sonnenstrahlen zu sehr); schließlich bei Windgeschwindigkeiten von mehr als 50 Kilometern pro Stunde – also Windstärke 7. Dann besteht Gefahr, daß die großflächigen Spiegel beschädigt werden. Und Hofmann dämpft die Erwartungen weiter: „Wir sollten bei allem Stolz doch realistisch bleiben. Wir produzieren hier maximal ein Megawatt. Darauf kann die Elektrizitätsgesellschaft leicht verzichten." Biblis Block B, der größte Atomreaktor der Welt, leistet 1300 Megawatt, und das bei jedem Wetter und zu jeder Tageszeit.

Dies ist nur ein Beispiel dafür, welche Probleme der mit Abstand für uns wichtigste, so selbstverständliche und doch immer wieder so geheimnisvolle Himmelskörper aufwirft. Ich habe mir vorgenommen, auf alle diese Fragen in diesem Buch gründlich einzugehen, insbesondere natürlich auf die gleichsam aktuelle Schlüsselfrage der Verfügbarkeit solarer Energie.

Ich hätte dieses Buch nie schreiben können ohne die Hilfe der GEO-Redaktion, besonders von Ortwin Fink und Dr. Erwin Lausch, sowie ohne die begeisterte Unterstützung vieler Gesprächspartner aus Forschung und Technik. Sie alle scheuten, wie Dr. Hofmann und seine Mitarbeiter bei „Eurelios", weder Zeit noch Mühe, mir bei meinen Recherchen zu helfen.

Dr. John Eddy in Boulder im US-Bundesstaat Colorado erklärte mir die Veränderungen der Sonne in der Vergangenheit. Dr. Asgeir Brekke vom Nordlichtobservatorium und Dr. Kristen Folkestad von der internationalen EISCAT-Forschungsstation führten mir ihre Geräte und ihre Forschungsergebnisse im nordnorwegischen Tromsö vor. Professor Max Waldmeier in Zürich schilderte mir seine vielen und oft mühevollen Expeditionen, die er unternahm, um die nur wenige Minuten während Sonnenfinsternisse über Jahrzehnte auch an den entlegensten Stellen der Welt mitzubekommen. Edward Burgess zeigte mir in den Sandia Laboratorien in Albuquerque in New Mexico die neuesten Entwicklungen auf dem Gebiet der Solarzellen. Mit Dr. Herbert Porsche von der deutschen Forschungs- und Versuchsanstalt für Luft- und Raumfahrt verfolgte ich im Kontrollzentrum von Oberpfaffenhofen südwestlich von München die Signale der Helios-Sonnensonden aus dem All. Mit dem Direktor des Kiepenheuer-Instituts für Sonnenphysik in Freiburg im Breisgau, Professor Egon Horst Schröter, dem führenden deutschen Sonnenexperten, beobachtete ich die Sonne in der Freiburger Außenstation auf der italienischen Insel Capri. Professor Kenneth Lande von der Universität von Pennsylvania öffnete mir die Pforten zu der Homestake-Goldmine im US-Bundesstaat Süd-Dakota und fuhr mit mir — jeder mit Bergmannshelm und Atemschutzgerät ausgestattet — in das tiefste Sonnenobservatorium der Welt, fast 1500 Meter untertage.

Diesen Forschern und vielen anderen, die mir bereitwillig Auskunft gaben; die mir erlaubten, ihnen bei ihrer wissenschaftlichen Arbeit über die Schulter zu sehen; die mich immer aufs Neue jene Faszination über die Sonne empfinden ließen, die zum Schreiben eines solchen Buches nun einmal gehört — ihnen allen sage ich hier noch einmal ein herzliches „Dankeschön!"

# 2

# Der Gott, der vor den Göttern war

Auch wenn sie von den vielen Einwirkungen der Sonne auf die Erde nur wenig wußten, so war doch schon den Steinzeitmenschen klar, wie stark die Sonne ihr Leben beeinflußte. Tag und Nacht bestimmten ihren Lebensrhythmus ebenso wie die Jahreszeiten, die Kälte und Not brachten und dann wieder Wärme, neues Leben, neue Nahrung. Daß die Sonne immer beteiligt war, konnte niemand übersehen. Daher spielt sie in den Schöpfungsmythen eine entscheidende Rolle.

Gott selbst oder eine Versammlung verschiedener Göttergestalten schuf sie als einen der ersten Himmelskörper. „Und Gott", so lesen wir in der Schöpfungsgeschichte der Bibel, „machte zwei Lichter: Ein großes Licht, das den Tag regiere, und ein kleines Licht, das die Nacht regiere, dazu auch die Sterne. Und Gott setzte sie an die Feste des Himmels, daß sie schienen auf die Erde und den Tag und die Nacht regierten und schieden Licht und Finsternis."

Vor allem eine Erscheinung fiel den frühen Beobachtern auf: Die Sonne wandert am Himmel nicht nur täglich von Osten nach Westen — sie beschreibt im Winter einen flacheren Tagesbogen als im Sommer, und die Punkte ihres Aufgangs wie die des Niedergangs am Horizont weichen jahreszeitlich deutlich voneinander ab. Winter- und Sommersonnenwende markierten die großen Einschnitte im Jahreslauf besonders der nordischen Völker, in deren Ländern sich das Hin- und Herpendeln der Sonnenbahn besonders deutlich ausprägt.

An welchem Punkt des Horizonts geht die Sonne jeweils zum Beginn der Jahreszeiten auf, den entscheidenden Einschnitten im Leben — zur Sommer- und Wintersonnenwende, zur Tag- und Nachtgleiche im Frühjahr und im Herbst? So lautete eine wichtige Frage, die den geistlichen und weltlichen Führern der frühen Völker gestellt war. Die ältesten bekannten Kultstätten, zwischen 2800 und 1500 vor Christus aus monumentalen Steinblöcken und Findlingen errichtet, sind daher oft in Ost-West-Richtung oder nach den extremen Auf- und Untergangspunkten der Sonne ausgerichtet. So sind zum Beispiel die Steinreihen vieler Hünengräber in Norddeutschland wie etwa des „Visbeker Bräutigam" bei Wildeshausen in Oldenburg (um 2500 v. Chr.) oder die Steinreihen der bisher nicht genauer datierbaren Tempelanlage oberhalb der Hexentreppe auf dem Wurmberg im Harz exakt in Ost-West-Richtung angelegt.

Das zweifellos berühmteste steinzeitliche Sonnenbauwerk ist Stonehenge, in einer ebenen Landschaft 130 Kilometer westlich von London gelegen. Jedes Jahr zum Mittsommer versammeln sich hier vor Sonnenaufgang Scharen von Schaulustigen im Inneren eines 33 Meter großen, aus monumentalen Steinblöcken errichteten Kreises. Vom Zentrum aus durch ein aus drei behauenen Monolithen gebildetes Tor hindurch betrachtet, geht dann die Sonne genau über einem 80 Meter entfernten, einzeln gesetzten Felsblock auf.

Die Szene wirkt um so eindrucksvoller, als eine Gruppe von Menschen noch heute eine besondere Zeremonie der Sonnenbeschwörung abhält. Sie nennen sich Druiden.

In weißen, wallenden Gewändern ziehen die Mitglieder dieser kleinen britischen Sekte um Mitternacht in die Anlage ein. Bei mystischem Singsang tanzen sie einen magischen Zirkel bis zum Mor-

Aus mittleren Breiten der nördlichen Erdhalbkugel betrachtet, verändern sich die Auf- und Untergangspunkte der Sonne und die Höhe ihres Bogens im Laufe der Jahreszeiten. Doch den höchsten Punkt, den Zenit, erreicht sie hier nie

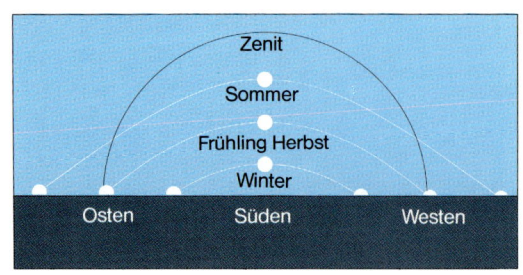

Zenit

Sommer

Frühling Herbst

Winter

Osten    Süden    Westen

**Während
in germanischer
Zeit das Sonnenrad
die Sonne symbo-
lisierte, erscheinen
Sonne, Mond und Erde
in der frühmittel-
alterlichen, christlich
bestimmten Darstel-
lung als Geschöpfe
Gottes, der die
Welt mit dem Zirkel
gestaltet**

Jedes Jahr zur Sommersonnenwende versammeln sich moderne Sonnenanbeter, die sich Druiden nennen, im berühmtesten steinzeitlichen Bauwerk, Stonehenge in England. Das Schauspiel erinnert eher an einen Mummenschanz als an einen ernsthaften Ritus. Aber echt ist die Kulisse: Die Konstrukteure müssen mit dem Lauf der Gestirne gut vertraut gewesen sein

gengrauen. Vom ersten Strahl der aufgehenden Mittsommersonne erwarten sie die Eingebung himmlischer Weisheit. Und sie beschwören mit geheimnisvollem Ritual die Kraft der Sonne für die bevorstehende Zeit ihres Niedergangs.

Diese Sonnenanbeter von heute mit dem Mummenschanz von gestern berufen sich auf eine ungebrochene Tradition von Stonehenge als Stätte der Sonnenverehrung. Doch der Druidenorden wurde erst 1781 in England gegründet, in romantischer Verklärung der ursprünglichen Druiden − einer Priesterkaste bei den keltischen Völkern. Aber

selbst jene Druiden hatten mit dem Bau von Stonehenge nichts zu tun. Sie tauchen in der Geschichtsschreibung erst kurz vor der Zeitwende auf. Stonehenge dagegen wurde nach gesicherten archäologischen Erkenntnissen bereits zwischen 1800 und 1400 v. Chr. errichtet − als Heiligtum von einem Volk der Jungsteinzeit und Bronzezeit, über das die Historiker sonst nur wenig wissen.

Bis zu 50 Tonnen schwere und acht Meter hohe Steine transportierten die Erbauer dieser Anlage aus einem 230 Kilometer entfernten Steinbruch nach Stonehenge − wie, auch das ist bis heute unbekannt.

Stonehenge machte 1965 Schlagzeilen in der archäologischen Fachpresse, nachdem der anglo-amerikanische Astronom Gerald Hawkins ein Buch veröffentlicht hatte, in dem er das Steinzeit-Heiligtum als eine Art astronomischen Computer der Frühzeit identifiziert. Hawkins bestätigte einen schon früher geäußerten Befund, wonach die Verbindungslinien zwischen den verschiedenen Steinen auf Punkte am Horizont weisen, an denen Mond und Sonne vor etwa 3500 Jahren auf- und untergingen. Nach Hawkins ist Stonehenge eine Anlage zur Vorhersage von Sonnen- und Mondfinsternissen gewesen.

Diese Überlegungen haben Widerspruch von seiten der Archäologen hervorgerufen. Fest steht auf jeden Fall, daß die Konstrukteure von Stonehenge den Lauf der Gestirne lange verfolgt haben müssen, bevor sie ihr monumentales Werk in dieser Anordnung errichten konnten.

Bei den frühen Bewohnern unserer mitteleuropäischen Breiten spielten sakrale Bauten und Darstellungen keine Rolle. Als Naturvölker, die halbnomadisch lebten, zelebrierten sie ihre Andachten unter freiem Himmel, oft bei Naturmonumenten. Sie machten sich keine Bildnisse von ihren Göttern.

Ihre Stämme waren stark vermischt; selbst in der Unterscheidung germanischer und keltischer Gruppen vor der Zeitwende sind sich die Historiker nicht sicher. So zeigen sich auch ihre Götterwelten verwirrend vielfältig, und die spätere schriftliche Überlieferung ist derart verfälscht, daß ich in diesem Rahmen kein klares Bild zu geben vermag.

Gewiß aber prägten die Naturphänomene die Mythologie aller dieser Ackerbauern, Viehzüchter und Seefahrer – und die in nördlichen Ländern als besonders lebensspendend empfundene Sonne entfaltete auch im Glauben jener Menschen vielfältige Kräfte.

So ist unser heutiges Ostern eines der ältesten Feste in der Kulturgeschichte der Menschheit überhaupt. Das althochdeutsche Stammwort ôstrâ bezeichnet die Zeit, in der die Sonne wieder genau im Osten aufgeht, und nach ihm hieß auch eine angelsächsische Göttin der Morgenröte, des aufsteigenden Lichts und des Frühlings. Das Christentum hat eine ganze Reihe heidnischer Bräuche übernommen und bis in unsere Zeit tradiert; zum Beispiel die Osterfeuer vor allem zum Zeichen der Freude über die steigende Sonne.

Der Wechsel zwischen Sommer und Winter, zwischen Fruchtbarkeit und Erstarrung, Leben und Tod in der Natur

**Gott Baldr reitet über den Himmel. Die schlichte Darstellung des frühgermanischen Lichtgottes steht in auffälligem Kontrast zu der überwältigenden Verehrung, die der Sonne von den alten Kulturvölkern des Mittelmeerraumes entgegengebracht wurde**

ist der Ursprung der Religionen bei vielen Völkern. Beispielhaft dafür im Nordeuropa der vorchristlichen Zeit steht der lichte, helle Gott Baldur, den der heimtückische Herrscher der Finsternis, Loki, töten ließ.

Im frühgeschichtlichen Skandinavien wurde das Julfest um die Wintersonnenwende zu Ehren des Freyr begangen, der als Sonnengott zum Zeichen des ewigen Wechsels der Jahreszeiten das endlos sich drehende Rad als Symbol erhielt. Das ihm geheiligte Tier war der Eber Gullinbursti, dessen goldene Borsten als Sinnbild der Sonnenstrahlen standen.

In anderen Mythen, vergleichbar mit Freyr, gab es Wodan allgemein als Gott des Sommers, aber auch speziell des Sturms, des Regens und aller anderen Naturerscheinungen. Sein blauer oder gefleckter Mantel war der Himmel, sein Grauschimmel die Wetterwolke. Sein einziges Auge war die Sonne. So thronte er vor allem auch als Sonnengott in Walhall.

Die scharfe Beobachtung aller Phänomene, die in der Sonne ihre Ursache haben, spiegelte sich wider im Glauben an eine himmlische Brücke zwischen unten und oben, die sogar eigene Namen bekam − Bifröst oder auch Himinbjörg: der Regenbogen.

Besonders einfallsreich schlug sich die Verehrung jener heute oft als primitiv bezeichneten Naturmenschen im Norden Europas nieder in ihrer mythologischen Umsetzung einer Himmelserscheinung, um deren wissenschaftliche Erklärung die Nachwelt noch fast zwei weitere Jahrtausende verlegen war. Ernst Kroker schildert in seinem „Katechismus der Mythologie" die himmlische Szene nach der Vorstellung nordischer Völkerschaften: „Die gierigen Wölfe Sköll und Hati jagen seit Jahrtausenden alltäglich und allnächtlich, der erstere der Sonne, der andere dem Monde nach, weshalb letztere niemals auf ihren Bahnen rasten dürfen. Manchmal waren die Tiere ihrer Beute schon sehr nahe gekommen, daß die Himmelsbilder vor Schreck erblaßten, was die Sterblichen ‚Sonnen- und Mondfinsternis' nennen."

Es klingt so selbstverständlich, daß wir uns dessen kaum noch bewußt werden − aber vergegenwärtigen wir uns:

Die Sonne im Norden entfaltet vor allem in den langen, düsteren Wintermonaten wenig Kraft; nördlich des Polarkreises erleuchtet nur der Mond die schneebedeckte Landschaft. Im Sommer brennt die Sonne bei weitem nicht so unbarmherzig wie in südlichen Ländern. Vielleicht ist es diese unterschiedliche Wirkung der Sonne, der wir eine noch heute gültige sprachliche Eigenart verdanken: Im Deutschen, Norwegischen, Dänischen und Schwedischen hat die Sonne weiblichen Charakter; der Mond wird dem männlichen Geschlecht zugeordnet. In romanischen Sprachen hingegen, zum Beispiel im Portugiesischen, Spanischen, Französischen und Italienischen, wird die Sonne männlich und der Mond weiblich artikuliert.

Eindeutig als männlicher Gott trat die Sonne in den frühen, südlich gelegenen Hochkulturen auf: in Ägypten und Mesopotamien. Schamasch, der Sonnengott Babylons im Zweistromland, verkörperte Licht und Gesetz, war Richter und Orakel zugleich. Denn er bekam bei seiner Wanderung am Himmel, bevor er abends im Westen ins Meer stieg, das Treiben auf der ganzen Erde zu sehen. Gelegentlich wurde er mit einer Säge als Symbol dargestellt: Damit arbeitete er sich nachts unter der Erde hindurch, um morgens im Osten leuchtend hell wieder aufzutauchen.

Im Alten Testament erscheint die Sonne den Kindern Israels als Zeichen der Allmacht Jahves, des einzigen Gottes. „Er hat der Sonne ein Zelt am Himmel gemacht", heißt es in dem zwischen 1000 und 500 v. Chr. verfaßten 19.

Psalm, „sie geht heraus wie ein Bräutigam aus seiner Kammer und freut sich wie ein Held, zu laufen ihre Bahn. Sie geht auf an einem Ende des Himmels und läuft um bis wieder an sein Ende, und nichts bleibt vor ihrer Glut verborgen."

Von allen Völkern des Altertums brachten die Ägypter der Sonne die höchste Verehrung entgegen. Die Pharaonen der 5. Dynastie, die etwa von 2470 bis 2320 v. Chr. regierten, erhoben den Glauben an Re oder Ra, den übermächtigen Sonnengott, in den Rang einer Staatsreligion. Der Pharao selbst galt als sein Sohn. Ra erscheint auf den Inschriften der altägyptischen Tempel oft − wie andere Götter auch − als Falke und später als Mensch mit einem Falkenkopf; Symbol des Gottes war der Obelisk, der zum Beispiel als Tempelwächter, aber auch als Schattenzeiger wie bei einer Sonnenuhr diente. In Heliopolis, der Sonnenstadt, heute ein Vorort von Kairo, lag Ras bedeutendster Tempel. Leider blieb von ihm nichts erhalten, da Araber die Anlage später als Steinbruch benutzten.

**Aus dem Grab der ägyptischen Königin Nefertari stammt die Darstellung des falkenköpfigen Sonnengottes Ra, über dessen Haupt die Sonne schwebt. Der Kult um Ra wurde von dem Pharao Amenophis IV., genannt Echnaton, aufgehoben. Echnaton verehrte als einzigen Gott die Sonnenscheibe Aton. Zusammen mit seiner Gattin Nofretete und den gemeinsamen Kindern ließ sich Echnaton unter der Sonnenscheibe abbilden, deren Strahlen jeweils in eine lebenspendende Hand münden**

Die Bewegung der Sonne im Laufe eines Tages verdeutlichten die Ägypter mit ausdrucksvollen Gleichnissen. Danach fährt die Sonne in einer göttlichen Barke über den Himmel und kämpft gegen die Finsternis. Morgens sind ihre Strahlen schwach, darum wird sie als Kind dargestellt. Mit zunehmender Höhe werden ihre Strahlen heißer, dann ist sie ein Mann; abends, wenn ihre Strahlen ersterben, ist sie zum Greis geworden. Die im Jahreslauf wechselnde Stellung der Sonne erscheint in ähnlichen Symbolen: Auch zwischen der Tag- und Nachtgleiche im Frühling und der Wintersonnenwende wird die Sonne durch männliche Gestalten vom Jüngling bis zum Greis symbolisiert.

Dem Pharao Amenophis IV., der von 1364 bis 1347 v. Chr. regierte, genügte es nicht, einen Sonnengott neben anderen Göttern zu verehren. Er erhob die Sonnenscheibe selbst, die er Aton nannte, in den Rang des alleinigen Gottes. Gegen den erbitterten Widerstand der Priesterschaft merzte er Ra, Amun und alle Nebengötter aus und gründete eine eigene Hauptstadt in Mittelägypten: Achetaton, das heutige Tell el Amarna. Zu Ehren von Aton nannte er sich Echnaton („der dem Aton wohlgefällig ist"). Doch unter seinem Nachfolger Tut-anch-Amun gewann der Sonnengott Ra wieder die Oberhand, und die neue Hauptstadt verfiel. 1912 fand der deutsche Archäologe Ludwig Borchardt in den Ruinen von Amarna die berühmte Büste der Nofretete, Echnatons Gemahlin, die heute im Ägyptischen Museum in Berlin zu sehen ist.

Die überschwengliche Verehrung Echnatons für die Sonne spiegelt eine Hymne wider, die angeblich von ihm selbst verfaßt wurde:

„Herrlich erhebst Du Dich am himmlischen Lichtberg,

Ewige Sonne, Ursprung des Lebens! Wenn Dein Glanz am östlichen Himmel emporsteigt,

Die Büste des Sonnengottes Helios aus dem vierten Jahrhundert vor Christus wird im archäologischen Museum von Rhodos aufbewahrt. Ähnliche Züge soll ein gewaltiger Steinkoloß getragen haben, der die Hafeneinfahrt von Rhodos bewachte

wird die Welt so licht von Deiner Schönheit . . .,

und Deine Strahlen umarmen all Deine Schöpfung . . .

Du schufst die Jahreszeiten, um all Deine Schöpfung zu erquicken,

den Winter, um sie zu kühlen, die Hitze, damit sie Dich kosten . . .

Du schufst die Erde für die, die aus Dir allein entstanden sind . . .

Alle Augen erblicken Dich vor sich, wenn Du als Sonne am Tageshimmel stehst."

Die alten Griechen vermeinten ihren Sonnengott Helios täglich im goldenen Streitwagen, von feurigen Rossen gezogen, über den Himmel fahren zu sehen, wie es der Dichter Homer in einer Hymne besang:

„Helios aber, der niemals versagt, der Unsterblichen Abbild,

Lichtwart ist er den sterblichen wie den unsterblichen Göttern,

stehend auf seinem Gespann. Aus dem Goldhelm läßt er die Augen schrecklich blitzen . . .

Um seinen Körper blinken feine, schöne Gewänder,

Winde spielen damit, doch unten stehen die Hengste.

Dorthin rückt er den Wagen mit goldenen Jochen und lenkt dann

über den Himmel hinab zum Okeanos göttlich die Rosse."

Höchste Verehrung wurde Helios auf der Insel Rhodos zuteil, wo der Bildhauer Chares um 300 v. Chr. eine mehr als 30 Meter hohe Statue des Sonnengottes schuf, die als Koloß von Rhodos zu den Sieben Weltwundern der Antike zählte. Weder sie noch eine Darstellung davon ist erhalten geblieben.

In anderen Teilen des klassischen Griechenlands wurde mehr und mehr Apollon, ursprünglich Gott des Lichts, als Sonnengott angesehen. In römischer Zeit verehrten die Griechen den Himmelskörper selbst statt einer Personifizierung als unbesiegbare Gottheit.

Dieser Glaube erfaßte das ganze römische Reich und erlangte sogar den Rang einer Staatsreligion. Eine seiner Wurzeln war der Mithras-Kult, eine Mischung aus verschiedensten religiösen und mythologischen Elementen, die sich in Persien entwickelt hatte. Mithras war Sonnen- und Kriegsgott zugleich, der das Dunkle und Böse in Gestalt des Stieres tötete. Von Persien aus drang der Mithras-Kult über Babylonien, wo Mithras mit dem Sonnengott Schamasch verschmolz, langsam nach Westen vor. Bis zum dritten nachchristlichen Jahrhundert hatte dieser Kult mit den Legionen alle Teile des römischen Reiches erobert, einschließlich Germanien und Britannien.

Der Kaiser Heliogabalus brachte 219 n. Chr. aus seiner syrischen Heimat den Glauben an einen weiteren Sonnengott nach Rom: an den „Sol invictus", die „unbesiegbare Sonne". Im Zentrum der Stadt errichtete er dafür einen Tempel, der heute nicht mehr existiert. Ein halbes Jahrhundert darauf erhob der Kaiser Aurelian den Glauben an den Sol invictus, der allmählich mit Mithras verschmolz, zur Staatsreligion.

Das Ende dieses die Alte Welt umspannenden Sonnenkults wurde durch die Ausbreitung des Christentums herbeigeführt. Die urchristlichen Gemeinden bekämpften den Sonnenkult erbittert und setzten sich seit dem Edikt von Theodosius I. im Jahr 389 n. Chr. gegen ihn durch. Doch sie mußten bis heute fortwirkende Konzessionen machen.

Der erste Weihnachtsfeiertag, erst viel später zum offiziellen Geburtstag von Jesus Christus erhoben – das wirkliche Datum ist unbekannt – geht nämlich direkt auf den Sol invictus zurück. Die Römer hatten den 25. Dezember als Datum der Wintersonnenwende gefeiert, als den Tag, an dem die Sonne ihren tiefsten Mittagsstand erreicht hat, von nun an wieder höher steigt und Licht, Wärme, Leben zurückbringt. Seit 274

hatte er in Rom als offizieller Feiertag gegolten. Die Christen betrachteten Jesus als Symbolfigur der Erleuchtung, gleichsam als neue Sonne, und feierten darum ebenfalls am 25. Dezember die Geburt ihres Erlösers – eine Tradition, die auch nach dem Verschwinden des Mithras-Kultes und des Sol invictus bestehen blieb.

Der Siegeszug des Christentums und vom Jahr 630 an auch des Islams zerstörte die Sonnenkulte im Vorderen Orient und in der Alten Welt. In diesen Religionen mit ihrem Glauben an einen einzigen, übernatürlichen Gott gab es keinen Platz für die Anbetung eines Himmelskörpers. Wie schon die Juden mosaischen Glaubens und später die Christen die Sonne als sichtbares Zeichen der Macht Gottes, aber nicht als sein Abbild sahen, betrachtete sie auch der Islam als ein Geschöpf des einzigen Gottes Allah. In der 10. Sure des Koran lesen wir: „Siehe, Allah ist euer Herr,

Im Römischen Reich wurde Mithras verehrt, ein Sonnen- und Kriegsgott zugleich, der gegen den Stier kämpfte, das Symbol des Bösen. Der Mithras-Kult erreichte in Deutschland, der römischen Provinz Germania, eine besondere Blüte. Viele Tempel und Altäre zu Mithras' Ehren blieben erhalten, so dieses in Karlsruhe aufbewahrte Relief, das den Sieg des Mithras über den Stier zeigt

Der 3,60 Meter
große Kalenderstein
der Azteken, der
schon 1790 bei Bauar-
beiten in Mexico City
gefunden wurde,
ist heute Prunkstück
des mexikanischen
Nationalmuseums. Er
zeigt im Zentrum das
Gesicht des aztekischen
Sonnengottes, weiter
außen die Symbole für
die Himmelsrichtungen
und die Monatsnamen.
Wie der mit Mosaikstei-
nen besetzte Toten-
schädel gibt er einen
Eindruck von der
hohen Kunstfertig-
keit im Reich der
Azteken

der erschaffen die Himmel und die Erde in sechs Tagen . . . Er ist's, der gemacht die Sonne zu einer Leuchte und den Mond zu einem Licht."

Im Aberglauben der Menschen im Morgen- wie im Abendland freilich war die Macht der Sonne ungebrochen. Sterndeuter sahen die Sonne als astrologisches Zeichen für Stärke und Kraft, für Schönheit und Vitalität. Der aus dem 15. Jahrhundert stammende französische „Calendrier des bergers" etwa, der „Schäferkalender", beschrieb die angeblichen Einflüsse der Sonne im Horoskop so: „Alle Männer und Frauen, die unter der Sonne geboren sind, werden sehr hell und liebenswürdig von Angesicht sein, und ihre Haut wird weiß und zart sein und wohlgefärbt im Gesicht mit ein wenig Röte. Und sie werden mutig sein, gut und fleißig und werden die Herrschaft über andere Menschen erstreben. Und von all den Gliedern in des Menschen Leib beherrscht die Sonne das Herz als mächtiger Planet über allen anderen."

Die Entdeckung Amerikas brachte den Europäern Begegnungen mit blühenden Sonnenkulturen. In den Hochkulturen, die von den Eroberern im Namen des Kreuzes in kurzer Zeit zugrunde gerichtet wurden, bei den Azteken, den Inkas und wahrscheinlich auch den Mayas, wurden Sonnengötter verehrt. Die Spanier zerstörten während der Unterwerfung dieser Reiche viele Bauwerke, Bildnisse und schriftliche Überlieferungen, doch aus den verbliebenen Resten der Kulturen und den Chroniken der ersten Missionare läßt sich noch ein einigermaßen detailliertes Bild rekonstruieren.

Die Azteken, die von 1400 an in Zentralmexico ein mächtiges Reich geschaffen hatten, huldigten einem Sonnenkult, der den Europäern besonders unverständlich, ja abstoßend und grausam erschien. Dem Sonnengott Huitzilopochtli, der zugleich Kriegsgott war, mußten

Auf der höchsten Pyramide von Tenochtitlán rissen aztekische Priester ihren Opfern das Herz aus dem Leib, um es dem Sonnengott darzubieten. Er ist in einer aztekischen Bilderhandschrift, dem Codex Magliabechiano, durch eine Federstandarte gekennzeichnet. Auf einem Wandgemälde des mexikanischen Malers Diego Rivera (1887–1957) im Präsidentenpalast von Mexico City wird ein Freudenmädchen mit dem Arm eines Geopferten bezahlt. Ob das in Tenochtitlán tatsächlich Sitte war, steht indes keineswegs fest

Menschenopfer dargebracht werden, um ihn gnädig zu stimmen. Die Azteken schleppten dazu Gefangene von ihren Kriegszügen in ihrer Hauptstadt Tenochtitlán auf die Spitze des höchsten pyramidenförmigen Tempels, der Huitzilopochtli geweiht war. Auf einem Altarstein wurde den Opfern das Herz bei lebendigem Leib herausgerissen und dem unersättlichen Gott dargeboten.

Nachdem die Spanier unter Hernando Cortéz in der „Noche Triste", der traurigen Nacht vom 30. Juni zum 1. Juli 1520, unter schweren Verlusten aus der Stadt vertrieben worden waren, erfuhren sie mit ohnmächtiger Wut, daß die Azteken ihre gefangenen Kameraden dem Sonnengott auf der Pyramide geopfert hatten. Ein Jahr später kehrte Cortéz mit verstärkten Truppen zurück und ließ Tenochtitlán schleifen. Heute ist der Platz von der Riesenmetropole Me-

El Caracol, »die Schnecke« oder auch »die Spindel«, nannten die Spanier den Turm von Chichen Itza, eines der wenigen runden Bauwerke der mittelamerikanischen Kulturen. Wahrscheinlich handelt es sich um ein altes Observatorium. Rund 600 Kilometer weiter südlich errichteten die Mayas im achten Jahrhundert in ihrer Stadt Copan einen Altar, der vermutlich an ein Astronomen-Treffen zur genauen Bestimmung des Sonnenjahres erinnert. Die gewaltige Sonnenpyramide von Teotihuacan bei Mexico City hingegen stammt nicht von den Mayas, sondern von einem noch unbekannten Volk vor der Zeit der Azteken

xico-City überwuchert, und es blieben nur ein paar kümmerliche Mauerreste übrig.

Wesentlich geringer sind unsere Kenntnisse von der Glaubenswelt der Mayas, deren Reich sich über Guatemala und die Halbinsel Yukatan erstreckte. Vermutlich verehrten auch sie neben vielen anderen Göttern einen Sonnengott, Kinich Ahau, über dessen Rang allerdings wenig überliefert ist. Dafür besitzen wir Dokumente mit Beobachtungen von Sonne, Mond und Planeten − vor allem der Venus −, die von einem erstaunlichen astronomischen Wissen der Mayas zeugen. Und zwischen den vielen Ruinen der Mayazeit blieb ein

Bauwerk erhalten, das einzige in Mittel- und Südamerika, dessen astronomische Zweckbestimmung gesichert zu sein scheint.

El Caracol, „die Schnecke” oder auch „die Spindel”, nannten die Spanier diesen runden Turm, den sie in Chichen Itza fanden, einer der größten und am besten erhaltenen Städte der Mayas, der durch seine gewendelte Treppe − eine seltene Bauweise − besonders auffiel. Überragt nur von der mächtigen Pyramide des Kukulkan (der „gefiederten Schlange”, des wichtigsten Gottes der Mayas), gehört El Caracol zum älteren Teil der Stadt und stammt etwa aus dem 10. Jahrhundert. Über die steinerne

Wendeltreppe, die man nur kriechend erklimmen kann, gelangt der Besucher in eine heute größtenteils zerfallene schmale Kammer, die dazu dienen konnte, die Tag- und Nachtgleiche zu beobachten. Blickt man nämlich durch eine der winzigen, in die einen Meter dicken Wände eingelassenen Öffnungen, indem man schräg von der inneren rechten Kante der Öffnung über die äußere linke Kante peilt, so trifft man am Horizont genau auf den Westpunkt, an dem die Sonne am 21. März und am 23. September untergeht.

Fest steht ferner, daß die Astronomen der Mayas Sonnen- und Mondfinsternisse mit einigermaßen guter Trefferquote vorhersagen konnten. Diese beachtliche Leistung ergibt sich aus einer auf Baumrinde geschriebenen Maya-Handschrift, die auf unbekanntem Weg nach Dresden gelangte und heute zu den größten Schätzen der Sächsischen Landesbibliothek gehört. Dieser „Dresdner Codex" behandelt vor allem astronomische und mythologische Themen. Er enthält auch eine Tafel über den Lauf der Venus, des Mondes und der Sonne. Mit dieser Tafel ließen sich die Zeitpunkte von Finsternissen vorhersagen − allerdings nicht die Orte der Ereignisse.

Andere solcher Dokumente wurden dereinst von religiösen Eiferern massenweise vernichtet. „Wir fanden", schrieb um 1560 Diego de Landa, der erste Bischof von Yukatan, „eine große Zahl von Büchern dieser Art, und da sie nichts enthielten als Aberglauben und Teufelswerk, verbrannten wir alle, was den Hiesigen großen Kummer bereitete und was sie in einer geradezu übertriebenen Art betrauerten." Unermeßliches Wissen über die Sonne in der Vergangenheit ist durch jene Barbarei verloren gegangen.

Die Inkas schließlich, die bis zur Zerstörung ihres Reiches durch die christlichen Spanier im Jahr 1532 in den peruanischen Anden herrschten, gründeten

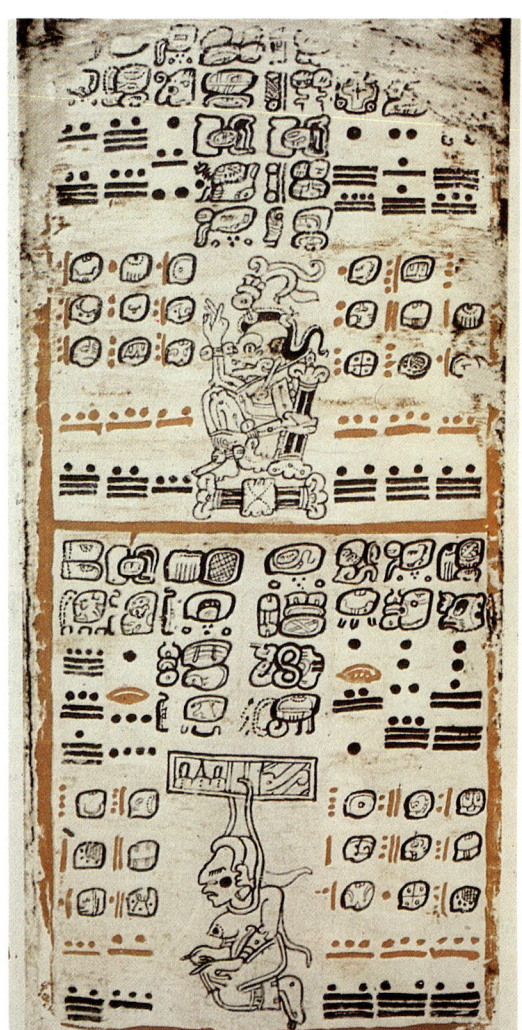

ihre Religion ganz auf die Sonne. Sie war die überragende Gottheit und galt als Ursprung der Inka-Herrscher. Das Volk verehrte den jeweils regierenden Inka als Sohn des personifizierten Sonnengottes.

Überall in ihrem Reich errichteten die Inkas Tempel zu Ehren der Sonne. Der wohl schönste und eindrucksvollste stand in der Hauptstadt Cusco im südlichen Peru. Er war, der Überlieferung nach, verschwenderisch mit Gold ausgestattet. Einer der Chronisten, der Mestize Garcilasso de la Vega, meinte, er könne schreiben, wie er's wolle − nie werde es ihm gelingen, die Pracht dieses Tempels in Worte zu fassen.

Der Sonnentempel von Cusco bestand wahrscheinlich aus einem Hauptbau von etwa 15 mal 30 Metern Grundriß mit mehreren Nebengebäuden. Im Inneren des Tempels, so wird berichtet, waren alle Wände mit Gold plattiert. Gold bedeutete in der Quechua-Sprache der Inkas „von der Sonne geweinte Tränen". Diesen einzigartigen Tempel plünderte die Soldateska Francisco Pizarros, des spanischen Eroberers, ohne Schonung. Dabei verschwand auch das Prunkstück, die bildhaft dargestellte Sonne, eine mächtige, mit Edelsteinen besetzte Scheibe aus purem Gold. Diese Scheibe soll im Tempel gegenüber dem östlichen Tor so angebracht gewesen sein, daß sich die Strahlen der aufgehenden Sonne in ihr spiegelten und den ganzen Raum mit Glanz erfüllten. Auf den Grundmauern des Tempels, von dem sonst nichts übrig blieb, stehen heute die Kirche und das Kloster Santo Domingo.

Fast völlig erhalten geblieben ist dagegen die Inkastadt Machu Picchu in der Nähe Cuscos auf einem Berggipfel in den Anden. In diese entlegene Höhe kamen die Spanier nicht. Erst 1911 entdeckte der amerikanische Archäologe Hiram Bingham nach abenteuerlicher Suche die lange verlassenen Ruinen, und es zeigte sich, daß selbst dicht am Äquator – auf 13 Grad südlicher Breite – wo sich die Sonnenbahn im Laufe des Jahres relativ wenig verändert, Winter- und Sommersonnenwende als wichtige Ereignisse für den Lebensrhythmus angesehen worden waren. Offenbar empfanden die Inkas die Vorstellung als bedrohlich, die Sonne könnte, wenn ihre Bahn im Winter niedriger wird, eines Tages gar nicht mehr über die Gipfel der Anden emporsteigen. Darum suchten die Priester in Machu Picchu sie an den Intihuatana zu fixieren, an „den Stein, an den man die Sonne fesselt".

1964 fand eine Expedition in den Anden die im ewigen Eis mumifizierte Leiche eines jungen Mannes, der vor 500 Jahren der Sonne geopfert worden war – die Grabbeigaben weisen darauf hin. Zentrum des Sonnenkults der Inkas war Machu Picchu hoch in den Anden. An der höchsten Stelle der Stadt, die lange vergessen war, steht der Intihuatana, der »Stein, an den man die Sonne fesselt«. Machu Picchu war vermutlich der letzte Zufluchtsort der Sonnenjungfrauen nach ihrer Flucht aus der Inka-Hauptstadt Cuzco

Ein Inka-Priester
hält Hof. Die Sonne
auf dem Brustpanzer
zeigt seine hohe
Stellung an. Dieses
Bild entstand, ebenso
wie die Darstellung
der strahlenden Son-
nenscheibe im Inka-
Tempel von Cuzco, erst
nach dem Zusam-
menbruch des Inka-
Reiches. Die Inkas
selbst haben keinerlei
Darstellung
ihres berühmten
Sonnentempels
hinterlassen

Der Intihuatana steht an der höchsten Stelle von Machu Picchu und diente wahrscheinlich als Opferstein sowie als Schattenwerfer für eine frühe Art von Sonnenuhr. Hier müssen die Priester jedes Jahr in eindrucksvollen Zeremonien ihr Wissen um die Himmelsmechanik demonstriert haben. Dieser bedeutsame Stein ist ein unscheinbarer Quader, etwa einen halben Meter hoch. Die Besonderheit ist seine Orientierung: Die Längsachse zeigt auf der einen Seite nach dem Punkt im Nordwesten, an dem die Sonne zur Wintersonnenwende der südlichen Hemisphäre untergeht. Nach der anderen Seite zeigt er auf den Sonnenaufgang zur Sommersonnenwende, im Dezember.

Um die Sonne zu ehren, richteten die Inkas auch einen in klösterlicher Abgeschiedenheit lebenden Orden von Jungfrauen ein. Im Alter von acht oder neun Jahren wurden ausgewählte Mädchen für diesen Orden bestimmt. Aufgabe dieser „Töchter der Sonne" war es, Tempeldienste zu verrichten und später als Konkubinen den Inka und seine Oberpriester zu erfreuen. Wahrscheinlich retteten sich die Sonnendienerinnen vor den Spaniern nach Machu Picchu, wo sie ihrem Sonnengott weiter huldigten, bis sie buchstäblich ausstarben. In den Ruinen von Machu Picchu wenigsten wurden fast ausschließlich Skelette von Frauen gefunden.

Die Sonne nimmt in Peru noch heute eine besondere Stellung ein. Es ist der einzige Staat der Erde, in dem mit „Sonnen" bezahlt wird. Viel wert war ein „Sol" Mitte 1981 freilich nicht: kaum noch einen halben Pfennig.

Das einzige Land auf der Welt, in dem ein Sonnenkult bis heute als offizielle Religion überkam, ist Japan. Das erscheint um so erstaunlicher, als das benachbarte große Kulturvolk im Fernen Osten, die Chinesen, der Sonne offenbar keine besondere Verehrung entgegenbrachten. Sie sahen das Zentralgestirn nüchtern, als Naturerscheinung, um die sich Gelehrte, nicht aber Priester zu kümmern hatten. In schlagendem Kontrast etwa zu den Sonnen-Hymnen Echnatons oder Homers steht eine Betrachtung der Sonne in der Geschichte der Han-Dynastie, deren Kaiser von etwa 200 vor bis 220 n. Chr. regierten. In dem Buch „Lun Hêng" des Chronisten Wang Chhung heißt es: „Die Gelehrten sagen, die Sonne trage eine dreibeinige Krähe in sich. Aber die Sonne ist ein einfaches Feuer am Himmel und unterscheidet sich nicht von einem Feuer auf der Erde. Wenn aber ein irdisches Feuer nichts in sich erzeugen kann, wie sollte dann das himmlische Feuer eine Krähe produzieren?" Die (dreizehige) Krähe im Zentrum der Sonnenscheibe findet sich in zahlreichen frühen chinesischen Darstellungen. Ihr Ursprung liegt wohl in der Beobachtung von Sonnenflecken, deren Aussehen mit den Trittsiegeln von Vögeln verglichen wurde.

Im „Land der aufgehenden Sonne" aber, in dessen Flagge eine blutrote Sonnenscheibe auf weißem Grund leuchtet – die Sonne führen auch Argentinien, Malawi, Taiwan, Uruguay, die kleine karibische Inselrepublik Antigua und die nicht minder große Republik Kiribati (die ehemaligen Gilbert-Inseln) in ihren Flaggen –, gehört die Sonne noch heute zu den führenden Gottheiten. Im Schintoismus, bis 1945 japanischer Staatskult und noch heute vorherrschender Glaube im Lande, gibt es zahlreiche Naturgottheiten wie Berge, Flüsse, Seen, einige Tiere, Bäume, vor allem aber Sonne und Mond.

In der schintoistischen Genesis schuf das Urpaar Izanami und Izanagi nicht nur die Erde. Als Izanagi einmal seine Augen wusch, entsprangen daraus seine beiden Töchter, Sonne und Mond. Als er seine Nase rieb, wurde sein Sohn Susanowo geboren. Der war derart gewalttätig, das sich seine Schwester Sonne namens Amaterasu („die vom Him-

In Peru, wo einst die Inkas ihre Religion ganz auf die Sonne gründeten, wird heute mit »Sonnen« bezahlt. Auf der Münze zu zehn Soles de Oro, zehn Goldsonnen, ist der letzte Inka Tupac Amarú abgebildet. Die Spanier enthaupteten ihn 1572 in Cuzco

Die Sonne ist ein beliebtes Symbol für Nationalflaggen. Sie ziert unter anderem die Flaggen von Japan, Malawi, Uruguay und Argentinien (im Uhrzeigersinn von oben)

mel Leuchtende") in einer Höhle versteckte. Da versank die Erde in Dunkelheit. Ausgesandte Naturgeister vermochten die Sonne nicht aus der Grotte zu locken. Erst als ein Gnom besonders komisch zu tanzen begann und die anderen Geister darüber laut lachen mußten, kam Amaterasu neugierig aus ihrem Versteck hervor. Die Sonne schien wieder – die Erde war gerettet.

Jimmu Tenno, nach der Sage der Begründer des japanischen Herrscherhauses um 660 v. Chr., gilt als Enkel der Sonnengöttin Amaterasu. Bis auf den heutigen Tag werden darum die japanischen Kaiser als direkte Nachfahren der Sonne verehrt.

Jenseits des Pazifiks, in den USA bei den Prärie-Indianern, erreicht das religiöse Leben heute wieder seinen Höhepunkt im Sonnentanz – wieder, denn das große kultische Fest war durch die puritanischen Christen bis 1936 viele Jahre lang als barbarisch verboten. Erst die Rückbesinnung auf das Prinzip der Religionsfreiheit ließ die alten Bräuche der Sioux aus der Heimlichkeit in das Licht der Öffentlichkeit zurückkehren. Neu erwachtes Selbstbewußtsein und Stolz auf die eigene nationale Identität taten ein übriges, um den Sonnentanz der Indianer zu einer der letzten noch praktizierten kultischen Handlungen zum Lobe des lebensspendenden Gestirns zu machen.

Der Sonnentanz der Sioux unterwirft die Teilnehmer einer Tortur – in dem Glauben, damit anderen zu helfen und Selbstlosigkeit zu beweisen. Das Ritual fordert von den Männern, vier Tage lang zu fasten, in die Sonne zu starren und zu tanzen, bis sie vor Erschöpfung umfallen. Am letzen Tag des Festes treiben die stärksten Krieger des Stammes durch ihre Brustmuskeln hölzerne Spieße und Adlerklauen, die sie am Opferbaum festbinden, um sich dann unter großen Schmerzen davon loszureißen.

Der Schriftsteller Richard Erdoes hielt sich lange bei den Sioux-Indianern auf und beschrieb den Sonnentanz, wie er ihn 1967 in Winner/Süd-Dakota erlebte.

„ . . . Die Trommel begann zu dröhnen. Nach langem Tanzen und Beten trat ein Tänzer nach dem anderen zum Altar, den ein Büffelschädel bildete. Dort legte er

sich auf den Boden, ein Stück Holz zwischen den zusammengepreßten Zähnen. Ein Medizinmann verbiß sich in das Fleisch über ihrem Herzen und hielt es so lange zwischen seinen Zähnen zusammengepreßt, bis es weiß und gefühllos war. Dann durchschnitt er mit einem schnellen und sicheren Schnitt seines Messers die Haut. Er stieß eine Adlerklaue in die Wunde und band das andere Ende mit einem Riemen aus ungegerbter Haut an das obere Ende des heiligen Baumes.

Jeder Tänzer hatte eine federgeschmückte Pfeife aus Adlerknochen im Mund. Der schrille Ton dieser Pfeife vermischte sich mit dem Dröhnen der Trommeln. Die vier Männer tanzten zum Baum und wieder zurück, bis die Haut aufs äußerste angespannt war. Schließlich, mit einer großen Willensan-

Ein vergängliches Symbol der Sonnenverehrung bei den Navajo-Indianern: Diese Darstellung der Sonne wurde vor einer Navajo-Behausung auf den Boden gezeichnet

strengung, rissen sie sich los. Der Sonnentanz war vorbei."

Richard Erdoes genoß bei den Sioux so großes Vertrauen, daß ihn einer ihrer Medizinmänner, Tahca Ushte, bat, die Überlieferung seines Volkes, seinen Glauben, seine Geschichte und seine Kultur niederzuschreiben. Über die Sonne sagte der alte weise Mann: „Heutzutage studieren kluge Leute Sonnenflecken durch gigantische Fernrohre, und von Menschen gemachte kleine Sterne rasen um die Erde, als kämen sie zu spät zur Arbeit. Sogar auf dem Mond seid ihr gelandet und habt dort ein paar Plastiktüten mit Urin und einige Kaugummipapiere zurückgelassen. Doch ich glaube, daß in jenen längst vergessenen Tagen die Indianer den Mond und die Sonne viel besser kannten und ihnen viel näherstanden."

# Der befleckte
# Stern

**W**eder die Erbauer von Stonehenge noch die alten Babylonier oder Ägypter, weder Azteken noch Inkas hatten genauere Vorstellungen von der Natur der Sonne als Fixstern. Vermutlich wäre es ihnen als Ketzerei erschienen, das Sinnbild ihres höchsten Gottes als einen Stern unter vielen anzusehen, der der Erde lediglich ein bißchen näher steht als all die anderen Lichtpunkte am Himmel.

Im Hellas des sechsten vorchristlichen Jahrhunderts jedoch begannen die Wegbereiter unserer modernen Naturwissenschaften rational über die Sonne nachzudenken. Griechische Philosophen bemühten sich, das wahre Wesen des Tagesgestirns zu ergründen. So seltsam uns manche Überlegung jener Denker heute auch erscheinen mag — sie waren die Vorläufer der modernen Sonnenforschung.

Anaximander aus Milet an der Küste Kleinasiens, der etwa von 610 bis 545 v. Chr. lebte, stellte sich die Erde von zylinder- oder säulenförmiger Gestalt vor. Durch die Hitze eines sie kugelförmig umgebenden himmlischen Feuers, so meinte er, verdunste Wasser auf der Erde und lege sich als Nebelschicht zwischen Erde und Feuer. Sonne und Mond seien nichts weiter als zwei Öffnungen im Nebelmeer, durch die das Feuer leuchte. Anaximander machte sich auch Gedanken über die Größe von Sonne, Mond und Erde: Die Sonne, meinte er, sei 27- oder 28- und der Mond 18mal so groß wie die Erde.

Während diese Werte nur auf Annahmen beruhten, legte der Athener Anaxagoras möglicherweise Berechnungen zugrunde, als er 434 v. Chr. behauptete, die Sonne sei nicht der Gott Helios auf einem goldenen Wagen, sondern vielmehr ein feuriger Felsklumpen, in seiner Ausdehnung vergleichbar dem Peloponnes — Griechenlands südliche Halbinsel — oder größer. Prompt wurde Ana-

xagoras daraufhin verhaftet und wegen Gottlosigkeit angeklagt. Nur die Redekunst seines Freundes Perikles, des berühmten Athener Staatsmannes, rettete ihn vor der Todesstrafe. Er wurde „nur" außer Landes verbannt.

Wie aber konnte Anaxagoras auf jene Abschätzung für die Größe der Sonne kommen? Wahrscheinlich war ihm schon bekannt, daß die Sonne am Mittag um so tiefer steht, je weiter im Norden sich der Beobachter befindet. Seit Aristoteles (350 v. Chr.) weiß man, daß für diesen Effekt die Kugelgestalt der Erde die Ursache ist. Anaxagoras aber, der wie seine Zeitgenossen die Erde für eine Scheibe hielt, mußte annehmen, der unterschiedlich hohe Sonnenstand habe mit der geringen Entfernung der Sonne zu tun — so wie sich vor uns ein Gegenstand, wenn wir zur Seite treten, um so weiter verschiebt, je näher er uns liegt.

Die Rechenprobe zeigt, daß Anaxagoras gar nicht so schlecht kalkuliert hat. Für jeweils 111 Kilometer, die wir uns auf der Erdoberfläche weiter nördlich aufhalten, steht die Sonne am Himmel um einen Winkelgrad tiefer. Eine Dreiecksberechnung ergibt dann einen Durchmesser der Sonne von 56 Kilometern und eine Entfernung der Erde zur Sonne von 6360 Kilometern. Der Peloponnes mißt im Mittel rund 150 Kilometer, so daß Anaxagoras der Größenordnung nach richtig lag.

Doch die Erde ist eben keine Scheibe. Der Ansatz von Anaxagoras war falsch, und so kam er auf einen viel zu kleinen Wert: Die Sonne ist in Wirklichkeit mehr als 9000mal so groß wie der Peloponnes.

Eineinhalb Jahrhunderte nach diesem ersten Ansatz naturwissenschaftlicher Erkenntnis, um 270 v. Chr., verkündete Aristarch von Samos — der „Kopernikus des Altertums" — geradezu modern anmutende Theorien über das Weltall. Danach war die Sonne eine glühende

Aus dem 16. Jahrhundert stammt diese Darstellung eines Sternkundigen, der die Höhe der Sonne, ihren Winkelabstand vom Horizont, mit Hilfe eines Astrolabiums bestimmt. Solche Messungen können dazu dienen, den Jahreslauf der Sonne zu bestimmen und damit den Kalender genau festzulegen. Nautiker arbeiten heute im Prinzip noch ebenso, wenn sie mit Sextanten aus der Stellung der Sonne die Schiffsposition ermitteln

71

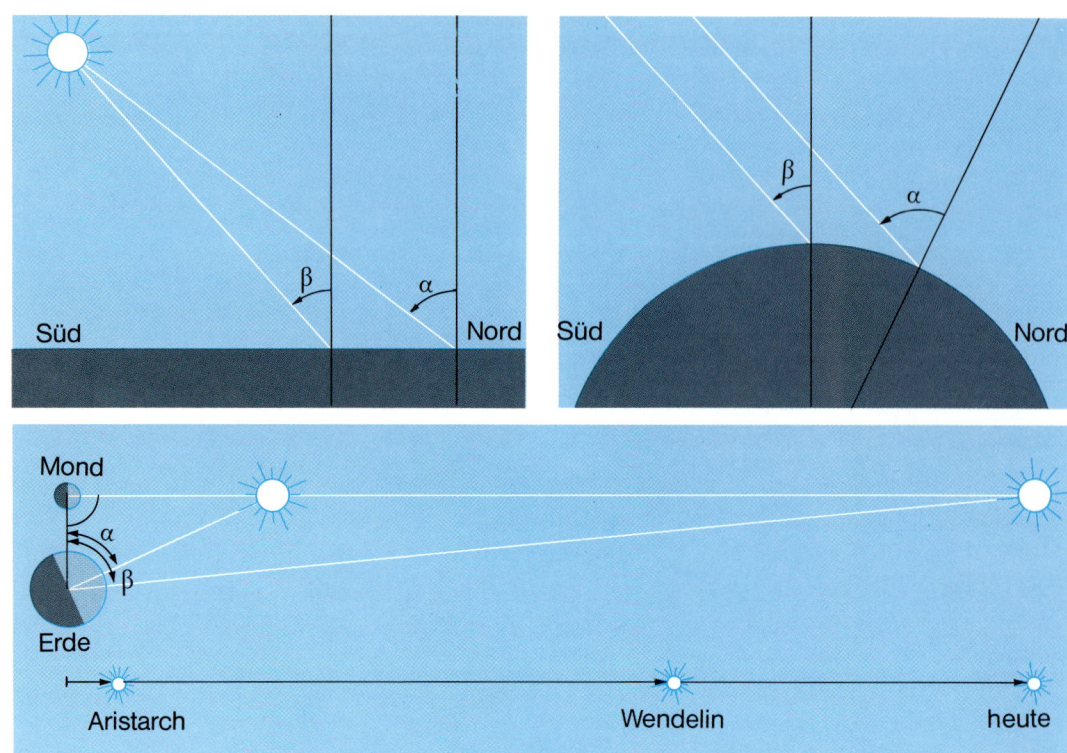

Kugel, um die sich andere kugelförmige, erkaltete Gebilde bewegten: die Planeten – darunter auch die Erde.

Um die Erde wiederum kreist nach diesem Weltbild der Mond. Aristarch hatte richtig erkannt, daß sich das Aussehen des Mondes durch die unterschiedliche Stellung zu Erde und Sonne verändert. Die so erklärten Mondphasen benutzte Aristarch zur Berechnung der Entfernung Sonne–Erde. Sein Ergebnis: Die Sonne ist etwa 19mal so weit von der Erde entfernt wie der Mond.

In Wirklichkeit beträgt die Entfernung der Sonne das 389fache der Mondentfernung, ist also rund 20mal größer. Aristarch hatte für seine Rechnung zwar einen richtigen Ansatz gewählt. Weil jedoch seine Meßwerte nicht genau waren, fiel sein Ergebnis falsch aus. Er konnte auch nicht mit einer absoluten Zahl für die Entfernung der Sonne von der Erde aufwarten, weil noch nicht näher untersucht war, wie weit der Mond von der Erde entfernt ist.

Diese Entfernung zu bestimmen, gelang dann Hipparch, dem bedeutendsten Astronomen des Altertums, der um 150 v. Chr. auf der Insel Rhodos und wohl auch in Alexandria lehrte. Aus den geometrischen Verhältnissen bei der Beobachtung totaler Mondfinsternisse berechnete er den Abstand des Mondes von der Erde und kam dabei auf 59 Erdhalbmesser – ein erstaunlich gut zutreffender Wert.

Daß die Erde eine Kugel ist, war von den Gelehrten zu jener Zeit weitgehend akzeptiert. Für den Erdradius setzten die griechischen Astronomen Werte – im heutigen Maß – zwischen 5940 und 6500 Kilometer an (nach modernen Erkenntnissen 6378 Kilometer am Äquator und 6357 Kilometer an den Polen). Die Entfernung vom Erdmittelpunkt zum Mond betrug nach Hipparch somit etwa 380 000 Kilometer (nach heutiger Messung exakt 384 400 Kilometer).

Um die Entfernung der Erde zur Sonne zu berechnen, multiplizierte Hipparch ihre Entfernung zum Mond mit 19, dem (zu kleinen) Wert des Aristarch. Die rund 1120 Erdradien, die bei der Rechnung herauskamen, waren zwar noch immer zu wenig. Doch mit dieser Zahl konnte sich Hipparch daranmachen, auch die Größe der Sonne zu berechnen. Und nun wurde zum erstenmal klar, daß die Sonne weitaus größer sein mußte als die Erde. Hipparch kam auf das sechs- bis zwölffache − in Wirklichkeit ist die Sonne sogar 109mal so groß wie die Erde.

Die Ergebnisse der Überlegungen von Aristarch und Hipparch blieben für rund 1800 Jahre unverändert bestehen − ein Rekord, von dem Wissenschaftler heute nur träumen können. Jene Erkenntnisse über die Sonne gerieten allerdings auch schnell in Vergessenheit.

Lange Zeit interessierte sich niemand mehr dafür.

Erst gegen Ende des 16. Jahrhunderts wurde wieder kritisch nach dem Wesen der Sonne, nach ihrer Stellung als Himmelskörper gefragt. Zwei große geistige Leistungen standen am Anfang der modernen Sonnenforschung: Die Erkenntnisse des Nikolaus Kopernikus und die Erfindung des Fernrohrs.

1543, im Todesjahr des Domherrn Kopernikus zu Frombork (Frauenburg) in Ostpreußen, erschien sein umfangreiches Buch „Über die Kreisbewegungen der Himmelskörper", das gegen das bis dahin geltende geozentrische Weltbild revoltierte: die Vorstellung, die Erde stehe im Mittelpunkt der Welt. Kopernikus hingegen behauptete, wie Jahrhunderte vor ihm schon Aristarch, die

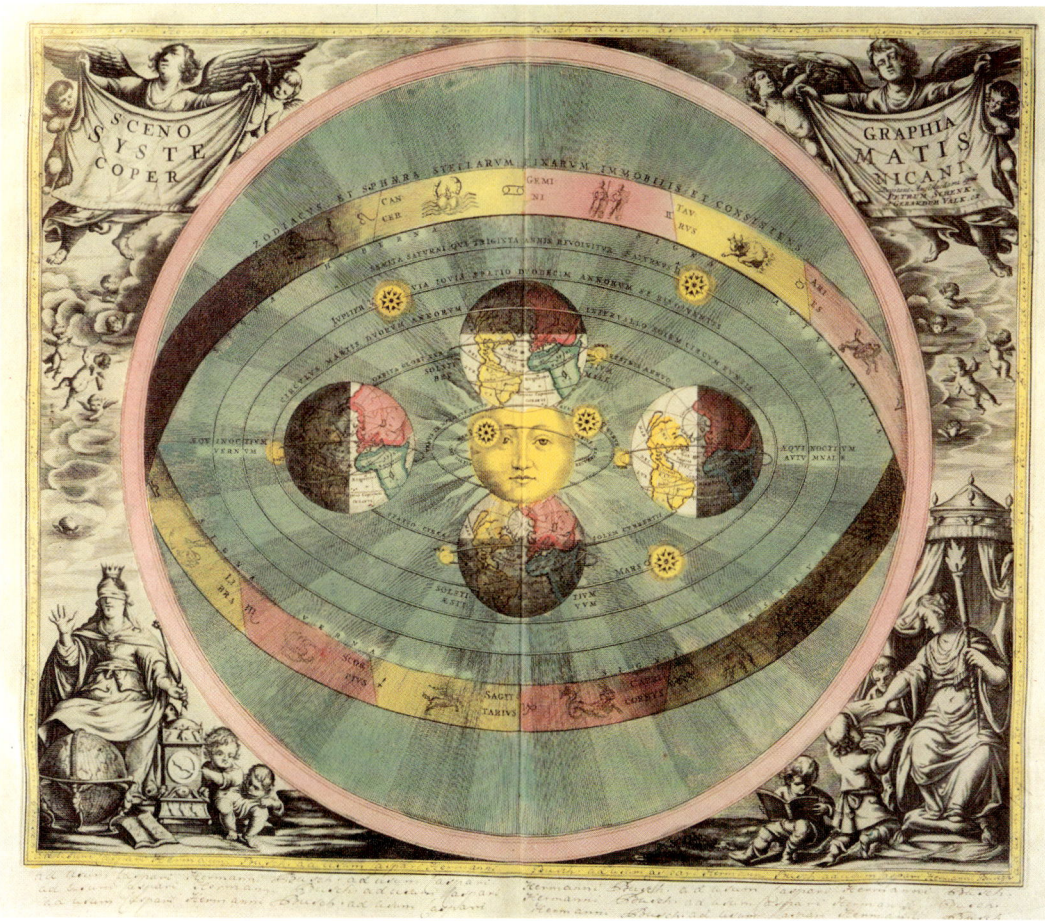

Im Todesjahr von Nikolaus Kopernikus, der von 1473 bis 1543 lebte, erschienen die Grundlagen seines revolutionären Weltbildes. Kopernikus erkannte, daß nicht die Sonne um die Erde, sondern die Erde um die Sonne kreist. Eine der schönsten frühen Darstellungen des Kopernikanischen Weltsystems mit der Sonne im Zentrum veröffentlichte Andreas Cellarius 1660 in Amsterdam

Sonne sei das Zentrum unserer Welt und die Planeten einschließlich der Erde umkreisen sie lediglich als Trabanten.

Da Kopernikus seine Theorie nur unzureichend beweisen konnte, setzte sich sein heliozentrisches Weltbild nur langsam durch. Erst nachdem Johannes Kepler 1609 die ersten beiden Gesetze der Planetenbewegung entdeckt und in seinem Hauptwerk „Neue Astronomie" veröffentlicht hatte, wurde den Thesen des Kopernikus stärkere Aufmerksamkeit zuteil − und sein Werk damit fällig für den Index, die Liste der von der katholischen Kirche verbotenen Bücher.

Das erste Fernrohr führte der Brillenmacher Johannes Lippershey aus Middelburg im Oktober 1608 den Behörden der niederländischen Generalstaaten vor. Es war ein Monokular. Er bat für seinen „Kijker" um die Erteilung eines Patents auf 30 Jahre oder zumindest ein gutes Jahresgehalt als Honorar. Die Behörden forderten ihn auf, sein Instrument derart zu vervollkommnen, daß man auch mit beiden Augen hindurchsehen könne. Daraufhin führte Lippershey im Dezember 1608 den Doppel-Kijker vor. Die Generalstaaten kauften ihm drei dieser Geräte ab. Lippershey erhielt dafür nur 900 Gulden − mit der Begründung, daß auch schon andere eine entsprechende Erfindung gemacht hätten.

Seit etwa 1590 waren nämlich in Kreisen Middelburger Brillenschleifer Versuche mit der Kombination zweier Linsen gemacht worden, die zunächst zur Erfindung des Mikroskops führten. Bei solchen Versuchen war Lippershey aufgefallen, daß er mit zwei Linsen, die in einen bestimmten Abstand zueinander gebracht wurden, ferne Gegenstände scheinbar näher heranholen konnte. Lippershey kombinierte eine Konvex- oder Sammellinse, die auf das Objekt gerichtet war, mit einer Konkav- oder Zerstreuungslinse, die für die Vergröße-

Johannes Lippershey aus Middelburg in den Niederlanden (um 1560–1619), erfand vermutlich 1608 das Fernrohr. Er machte damit eine der folgenreichsten Entdeckungen in der Geschichte der Wissenschaft. Doch er zog wenig Nutzen aus seiner Leistung: Kein Patent schützte ihn davor, daß seine Fernrohre überall in Europa nachgebaut wurden

rung sorgte. Dieses Prinzip des „holländischen Fernrohrs" wird heute noch bei kleinen Operngläsern angewandt.

Die Kunde von der Erfindung des Fernrohrs verbreitete sich schnell in ganz Europa. Reisende Händler und Gaukler, die mit dem neuartigen Instrument ihr Publikum belustigten und verblüfften, indem sie etwa den Wetterhahn auf der Kirchturmspitze zum Greifen nahe heranholten, führten die Ferngläser bald überall in Europa vor. Nahezu gleichzeitig und unabhängig voneinander kamen vier Gelehrte auf die − wegen der damit verbundenen Gefahr für die Augen an sich wahnwitzige − Idee, mit solchen groben, heute als unbrauchbar eingestuften Sehhilfen auch die Sonne näher zu betrachten. Es waren:

● Johannes Fabricius, damals gerade 24, Astronom im ostfriesischen Dorf Osteel, 1615 früh verstorben;

● Christoph Scheiner, damals 36, Jesuitenpater in Ingolstadt, später Professor für Mathematik und alte Sprachen in Rom;

● Galileo Galilei, damals 46, großherzoglicher Mathematikus in Padua und Florenz, einer der bedeutendsten Naturwissenschaftler der Neuzeit;

● Thomas Harriot, damals 50, Ruheständler am Hofe des Grafen von Northumberland in England.

Im Jahre 1610 richteten Galilei und Harriot, im Jahr darauf Fabricius und Scheiner Fernrohre erstmals zur Sonne. Durch die starke Strahlung geblendet, ersannen Scheiner und Benedetto Castelli, ein Schüler Galileis, alsbald eine Methode zur gefahrlosen Beobachtung, indem sie das Licht durch die Linsen auf eine weiße Fläche fallen ließen. Das Fernrohr projizierte somit ein Sonnenbild, ähnlich, wie ein Dia-Projektor ein Foto an die Wand wirft.

Was diese Pioniere der Sonnenforschung sahen, empfanden sie als Sensation: Die Sonne leuchtete, derart vergrößert, nicht mehr makellos weiß. Schwarze Flecken und Punkte bedeckten ihre Oberfläche und verwandelten das scheinbar reine Antlitz in ein häßliches, sommersprossiges Gesicht. Auf einen Schlag zerstört schien die Vorstellung des griechischen Philosophen Aristoteles aus dem vierten vorchristlichen Jahrhundert, daß auf der Sonne ein reines, übernatürliches Feuer brenne; unglaubwürdig plötzlich auch die biblische Darstellung von der Sonne als Gottes makellose Schöpfung.

Als Scheiner diese ketzerische Entdeckung seinem Ordensprovinzial Theodor Busäus meldete, war dieser entsetzt. „Ich habe den Aristoteles von Anfang bis Ende durchgelesen", versicherte Busäus, „und nichts über Flecken auf der Sonne gefunden. Beruhige Dich, mein Sohn, und sei versichert, daß die Flecken Fehler in Deinen Gläsern oder in Deinen Augen sind, aber nicht in der Sonne." Doch Scheiner gab sich damit nicht zufrieden. Im Dezember 1611 schrieb er drei Briefe über die Entdeckung an Markus Welser in Augsburg, einen angesehenen Kaufmann und Förderer der Wissenschaft, die dieser Anfang 1612 drucken ließ.

Zu diesem Zeitpunkt war der Bericht von Johannes Fabricius über die Entdeckung von Flecken auf der Sonne schon erschienen – seine Veröffentlichung war unstreitig die erste. Am 13. Juni 1611 kam sein kleiner Band „Bericht über die auf der Sonne beobachteten Flecken und deren scheinbare Rotationsbewegung mit derselben" in Wittenberg heraus. Fabricius schrieb: „Während ich . . . beobachtete, zeigte sich wiederholt ein dunkler Flecken . . . von einem kleinen Durchmesser im Vergleich zur Sonnenscheibe. Im Anfang begann ich sehr an der Richtigkeit der Beobachtung zu zweifeln . . . Endlich wurde ich dessen gewiß, daß der Flecken nicht durch die Wolken verursacht sei." Und: „Wir sahen in der Sonne jene

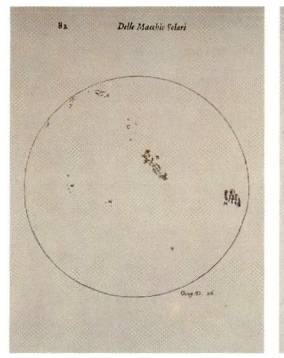 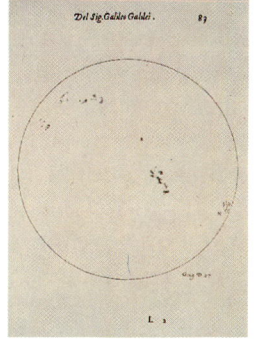

Mit Galileo Galilei (1564–1648) begann die Fernrohr-Astronomie. Sein Ruhm stützt sich nicht zuletzt auf die Entdeckung der Sonnenflecken. Am 26. und 27. Juni 1612 zeichnete er sie mit Hilfe seines heute in Florenz im Istituto Museo di Storia della Scienza aufbewahrten Fernrohrs. Aus seinen Beobachtungen der Fleckenpositionen an aufeinanderfolgenden Tagen erkannte Galilei, daß die Sonne von Osten nach Westen – auf den Zeichnungen von links nach rechts – rotiert

Flecken von Osten nach Westen in einer geneigten Bahn wandern . . . Inzwischen begann der größere Flecken, der neulich zuerst verschwunden war, von neuem am östlichen Rande zu erscheinen."

Galileis Bericht erschien erst 1613. Obwohl der italienische Physiker mit seiner Beobachtung als letzter an die Öffentlichkeit trat, behauptete er dennoch energisch – und sicherlich nicht ganz zu Unrecht – ihr eigentlicher Entdecker zu sein: Er habe die Sonnenflecken schon im Sommer 1610, vor Fabricius und Scheiner, gesehen. (Harriots unveröffentlichte Manuskripte und Zeichnungen wurden erst 170 Jahre später aufgefunden.) Galilei geriet deshalb mit Scheiner in einen heftigen Streit. Böse Briefe gingen hin und her, die jedoch keine Klarheit in den Disput brachten.

Streng genommen gebührt das von Forschern stets so heftig begehrte Verdienst der Erstentdeckung ganz anderen: chinesischen Astronomen, die Sonnenflecken schon 16 Jahrhunderte vor den Europäern mit bloßem Auge beobachtet und darüber berichtet hatten. Allerdings erkannten sie auch nicht annähernd die wirkliche Natur der Flecken als Oberflächenphänomene der Sonne.

Aus dem Jahr 28 v. Chr. datiert der erste sichere Bericht eines Chinesen über einen Flecken auf der Sonne: „Im ersten Jahr der Epoche Ho p'ing, im dritten Monat, am Tage i-wei, war die Sonne beim Aufgang gelb, und ein schwarzer Fleck, so groß wie ein Geldstück, wurde im Zentrum der Sonnenscheibe beobachtet", heißt es in der Chronik der Han-Dynastie. Chinesische Astronomen verzeichneten sorgfältig weitere Beobachtungen von Sonnenflecken. Ihre Berichte sind heute für das Studium der langfristigen Veränderungen der Sonne von höchstem Wert.

Wie vermochten jene Astronomen die Sonnenflecken ohne Fernrohr zu entdecken? Zunächst konnten es nur außergewöhnlich große Flecken gewesen sein. Ferner mußte feiner Dunst die Sonne gerade so weit verschleiern, daß es möglich war, sie direkt anzusehen, ohne daß die Flecken bereits im Dunst verschwanden. Sandstürme aus den mongolischen Wüsten und leichter Nebel an den pazifischen Küsten können in China gute Bedingungen zur Beobachtung von Sonnenflecken geboten haben. Eine weitere Möglichkeit lag darin, die Sonne durch dunkel gefärbte Kristalle zu betrachten und auf diese Weise das grelle Licht zu schwächen.

Der Streit der Europäer um die Priorität bei der Entdeckung der Sonnenflek-

ken hatte auch sein Gutes: Er regte andere Gelehrte an, das seltsame Phänomen auf der Sonne genauer zu studieren.

Heute wissen wir, daß die Sonnenflecken verhältnismäßig „kühlere" Stellen auf der fast 6000 Grad Celsius heißen Sonnenoberfläche sind. Deshalb strahlen sie weniger Licht ab als ihre Umgebung und erscheinen dunkler. Diese einfache Erklärung freilich erwuchs den Wissenschaftlern zweifelsfrei erst drei Jahrhunderte nach dem Beginn der Auseinandersetzung über die Entdek-

Schon mehr als tausend Jahre vor Galilei beobachteten chinesische Astronomen, daß die Sonne Flecken hat. Dunst und Staubschwaden, wie sie auch heute oft über Peking liegen, erleichterten die Entdeckung: Sie dämpften das Sonnenlicht so stark, daß große Flecken sichtbar wurden. An der Sternwarte von Peking, die ein Kupferstich aus dem Jahr 1747 zeigt, verfolgten Jesuiten-Pater, die zu kaiserlichen Hofastronomen ernannt worden waren, den Lauf der Sonne, um danach den Kalender auszurichten

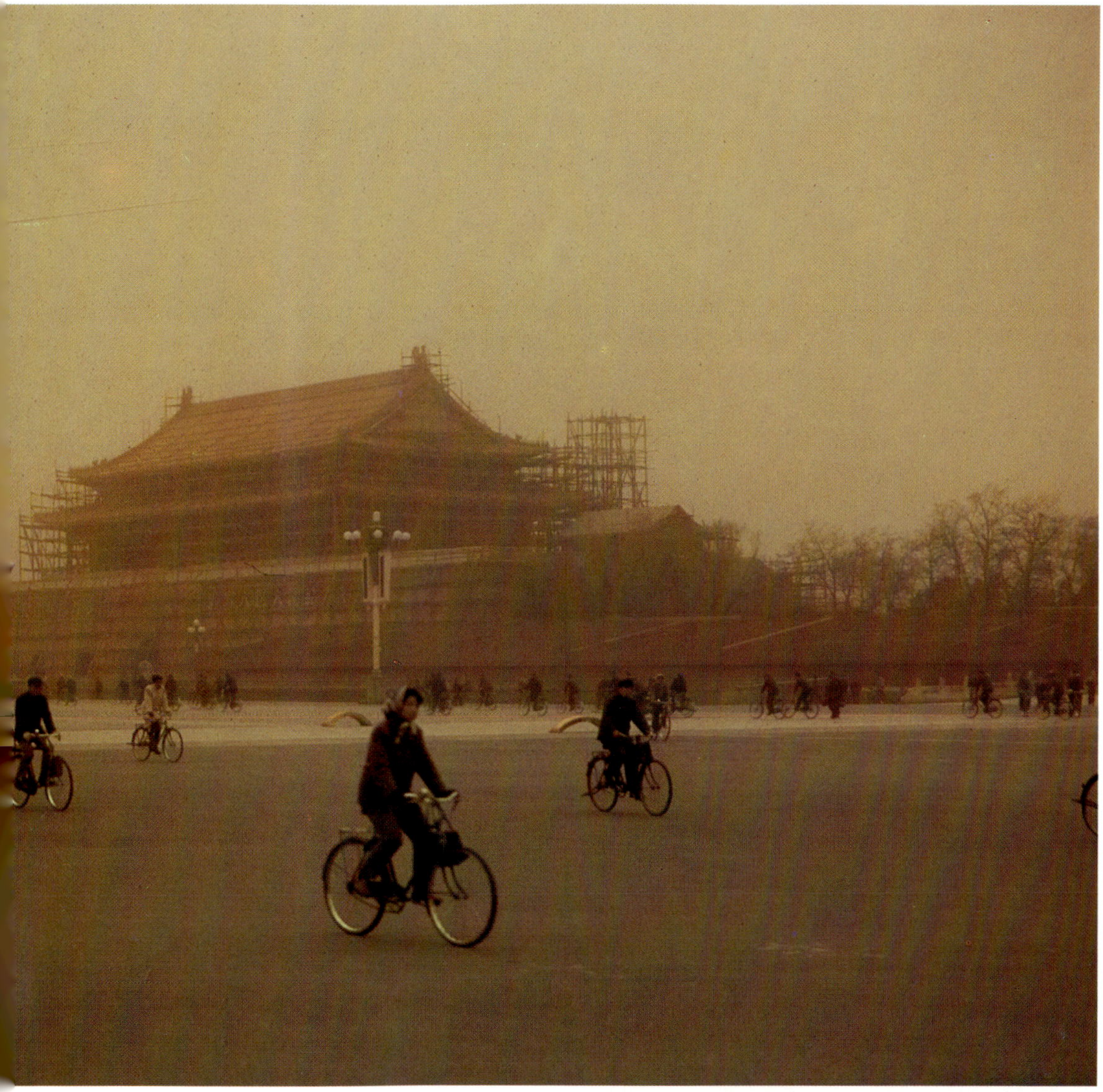

kung jener „häßlichen" Flecken und ihre Bedeutung.

Aus der Fülle der damals veröffentlichten Schriften ragen zwei Werke heraus. Das eine war Christoph Scheiners 1630 erschienenes Buch „Rosa Ursina", so betitelt zu Ehren eines italienischen Fürsten mit einem Bären (Ursus) als Wappentier. Es umfaßt rund 900 Seiten. Scheiner läßt sich darin weitschweifig über so ziemlich alles aus, was auch nur entfernt mit Sonnenflecken zu tun hat. Das voluminöse Werk enthält hauptsächlich mehrere hervorragende Stiche

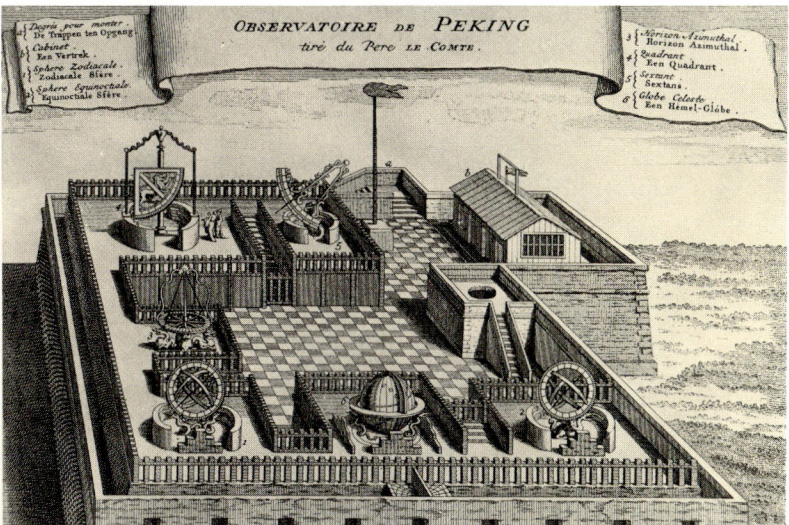

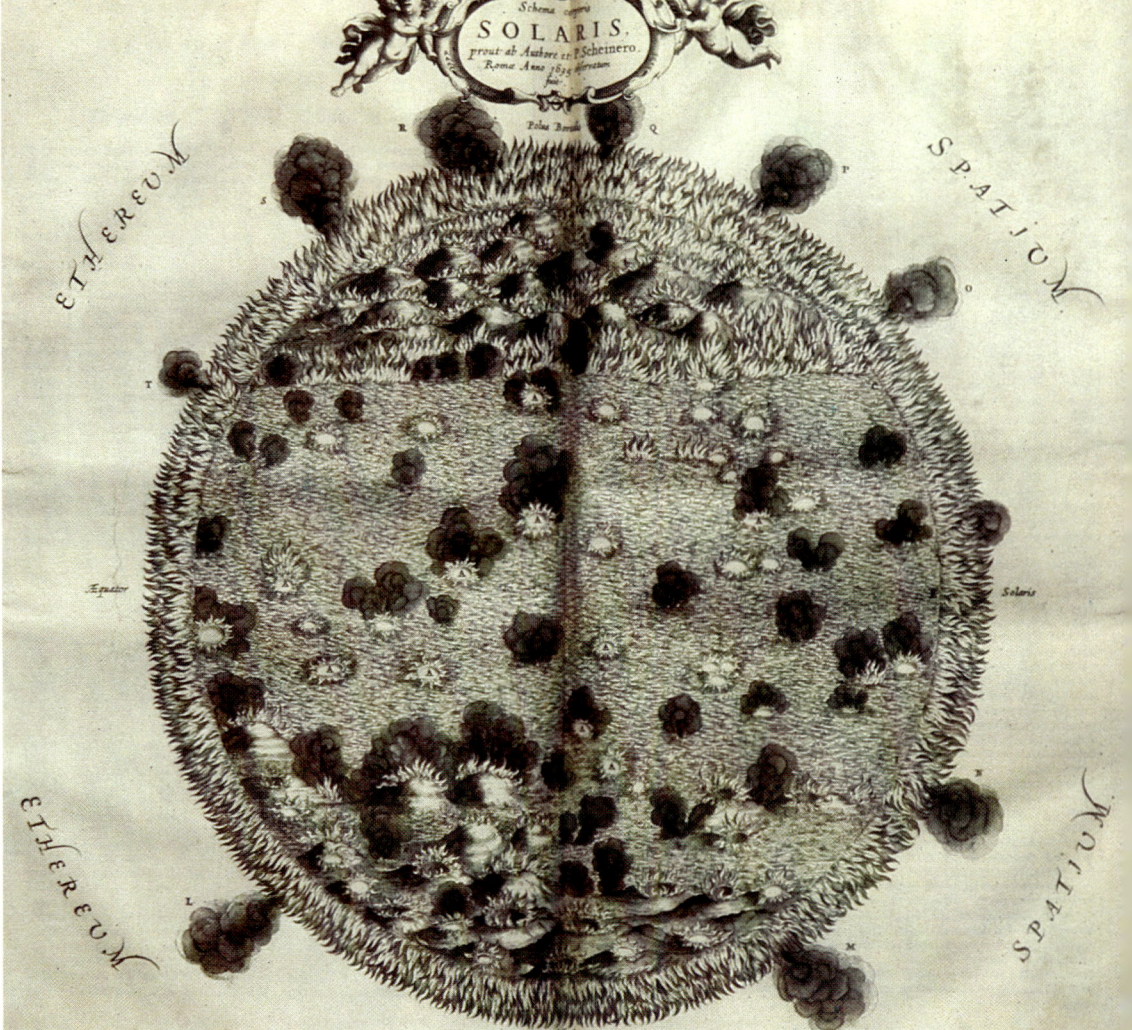

Um die Sonnenflecken zu deuten, entwickelten die frühen Beobachter seltsame Vorstellungen. Athanasius Kircher und Christoph Scheiner veröffentlichten 1635 diese Zeichnung, auf der sie schwarze Rauchwolken aus der Sonnenscheibe aufsteigen lassen. Der Rauch sollte beim großen Brand des Himmelsfeuers entstehen

und andere Abbildungen der Sonnenscheibe mit ihren Flecken aus den Jahren 1615 bis 1630.

Die zweite größere Darstellung von Sonnenflecken stammt ebenfalls von einem Deutschen, dem Danziger Ratsmitglied, Brauereibesitzer und Privatgelehrten Johannes Hewelke, der sich latinisiert Hevelius nannte. 1647 erschienen seine Aufzeichnungen, 26 ausgezeichnete Stiche der Sonnenoberfläche an 221 Tagen vom 28. Oktober 1642 bis zum 8. Oktober 1644, mit genauen Angaben über Sonnenstand, Wetterverhältnisse, Uhrzeit und Zustand der Sonnenoberfläche.

Es ist erstaunlich, wie viele Erkenntnisse alle diese Sonnenforscher mit primitiven Mitteln schon gewinnen konnten. So erkannte zum Beispiel Fabricius bereits nach wenigen Tagen Beobachtung an der Bewegung der Sonnenflecken, daß die Sonne in rund 20 Tagen um ihre Achse rotiert.

Scheiner bestimmte als erster auf besser als einen Tag die genaue Rotationszeit mit Hilfe der Sonnenflecken: Er beobachtete, daß die Flecken auf der Sonnenscheibe binnen etwa zwei Wochen vom Ost- zum Westrand wanderten und manchmal nach weiteren knapp zwei Wochen am Ostrand wieder auf-

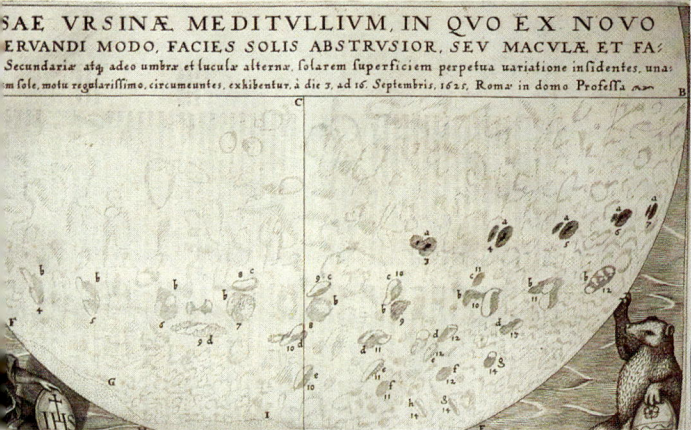

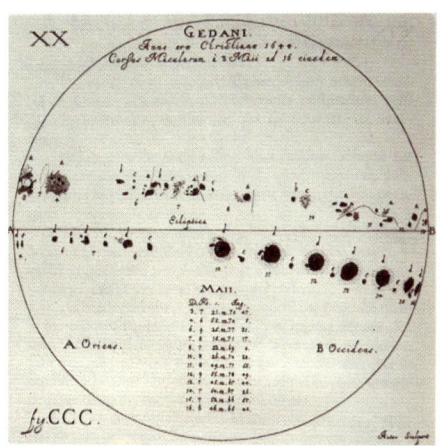

Christoph Scheiner
(1575–1650), der auf
einer zeitgenössischen
Darstellung gerade
ein Sonnenbild projiziert,
und Johannes Hevelius
(1611–1687) lieferten
die ersten genauen
Abbildungen der Sonnen-
oberfläche. Scheiners
Sonnenzeichnung (links)
vereint Beobach-
tungen, die zwischen
dem 3. und 16. September
1625 gemacht wurden,
während Hevelius für
seine Zeichnung die
Sonnenflecken zwischen
dem 3. und 16. Mai 1644
registrierte. Beide
bestimmten aus der
Wanderung der
Flecken die Lage der
Rotationsachse
der Sonne und
die Zeit für eine
Umdrehung

tauchten. Nach 27 Tagen waren die Flecken wieder an jener Stelle, an der sie zuerst gesehen worden waren. Scheiner überlegte jedoch ganz richtig, daß dieser Wert nicht die wahre Rotationszeit der Sonne sein könne. Denn in knapp einem Monat verändert sich infolge der Bahnbewegung der Erde ihre Lage um rund 27 Grad, und um diesen Winkel wird der Beobachter im Sinne der Sonnenrotation „mitgeführt". Die tatsächliche Rotationszeit berechnete Scheiner dementsprechend zu etwa 25 Tagen. Interessanterweise kommt dasselbe Ergebnis heraus, wenn man bei der Berechnung – wovon Scheiner noch

ausging – die Sonne um die Erde laufen sieht.

Sowohl Scheiner als auch Hevelius fiel bereits auf, daß die Sonnenflecken ein bewegtes Eigenleben führen. Aus kleinen, schwarzen Pünktchen, sogenannten Poren, wachsen sie heran – und verschwinden nach Tagen oder Wochen, manchmal auch erst nach Monaten. Sie tauchen scheinbar willkürlich an diversen Orten auf, aber immer nur abseits des Sonnenäquators bis knapp in mittlere Breiten, nie an den Polen und nur sehr selten am Äquator selbst. Mitunter treten Gruppen aus zehn, zwanzig, ja fünfzig und mehr einzelnen Flecken nebeneinander auf. Die größeren Sonnenflecken bestehen aus zwei Teilen, einem tiefschwarzen Kern, der Umbra, und einem grauen Saum, der Penumbra (lateinisch: Schatten und Halbschatten). Wenn sie in Randnähe stehen, sind die Flecken häufig von gesprenkelten Flächen umgeben, die heller strahlen als die Sonnenscheibe. Das sind die sogenannten Fackeln oder Fackelgebiete.

Unklar blieb noch lange die Größe der Sonnenflecken. Um sie zu bestimmen, mußte der Abstand der Sonne von der Erde genau bekannt sein. Anfang des 17. Jahrhunderts galt jedoch immer noch der alte Wert des Hipparch, der nur ein Zwanzigstel der wirklichen Entfernung von der Erde zur Sonne betrug.

Dies war um so erstaunlicher, als Johannes Kepler schon 1609 die Bahnen der Planeten und damit auch den Jahreslauf der Erde enträtselt hatte. Die Planeten bewegen sich nicht auf exakten Kreisen um die Sonne, wie noch Koper-

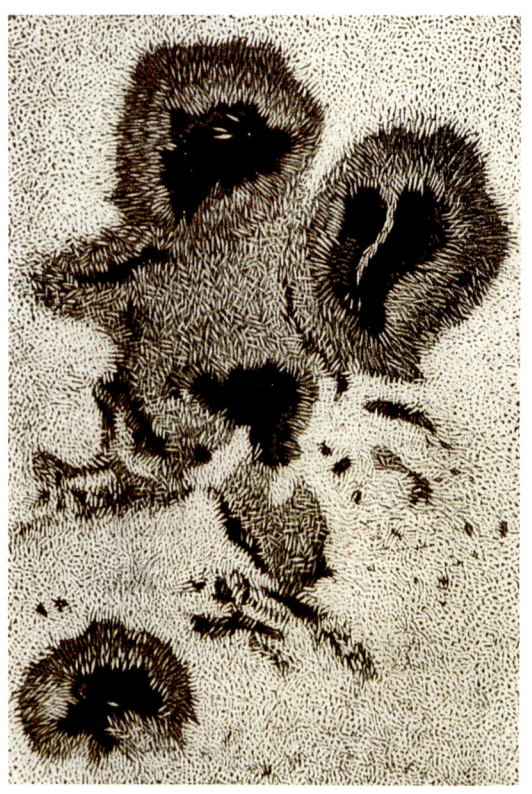

**Verbesserte Fernrohre offenbarten erstaunliche Einzelheiten in den Sonnenflecken und ihrer Umgebung. Auf der Zeichnung des britischen Ingenieurs James Nasmyth (1808–1890) winden sich um die tiefschwarzen Fleckenzentren, die Umbren, faserige graue Randzonen, die Penumbren**

nikus geglaubt hatte, sondern auf Ellipsen. Ihre Entfernung zum Zentralgestirn, so fand Kepler heraus, schwankt daher im Laufe eines Jahres. Der Forscher errechnete, daß das Verhältnis der größten zur kleinsten Entfernung zwischen Erde und Sonne 1 zu 0,965 betrug. Es gelang ihm aber nicht, die Entfernung in einem absoluten Maß anzugeben. Erst kurz nach Keplers Tod, etwa 1640, maß der flämische Astronom Godefroy Wendelin, genannt Wendelinus, auf Mallorca mit einem Fernrohr die Angaben des Aristarch nach, auf die sich Hipparch gestützt hatte. Wendelin errechnete daraus im Jahre 1644 eine mittlere Entfernung der Erde zur Sonne von 94 Millionen Kilometern und im Jahre 1647 eine Strecke von 88 Millionen Kilometern − nur noch um 40 Prozent zu klein. 1684 ermittelte Giovanni Domenico Cassini aus Marsbeobachtungen, die der Franzose Jean Richer 1672 in Cayenne (Südamerika) ausgeführt hatte, mit 139 Millionen Kilometern den ersten guten Wert für diese wichtige Größe.

Auf 149,6 Millionen Kilometer beläuft sich nach jüngsten Radarmessungen der mittlere Abstand zwischen Erde und Sonne. Die Sonne befindet sich nicht im Mittelpunkt, sondern in einem der sogenannten Brennpunkte der elliptischen Erdbahn: Am weitesten von der Sonne entfernt ist die Erde Anfang Juli − 152,1 Millionen Kilometer − am nächsten steht sie ihr Anfang Januar − 147,1 Millionen Kilometer.

Als endlich die Entfernung Erde − Sonne bekannt war, ließen sich auf recht einfache Weise auch der Sonnendurchmesser, die Größe der Sonnenflecken und die Sonnenmasse exakt berechnen.

Zwei gegenüberliegende Punkte am Sonnenrand und der Erdmittelpunkt bilden ein gleichschenkliges Dreieck, dessen Höhe die Entfernung vom Mittelpunkt der Erde zu dem der Sonne darstellt − und dessen spitzer Winkel be-

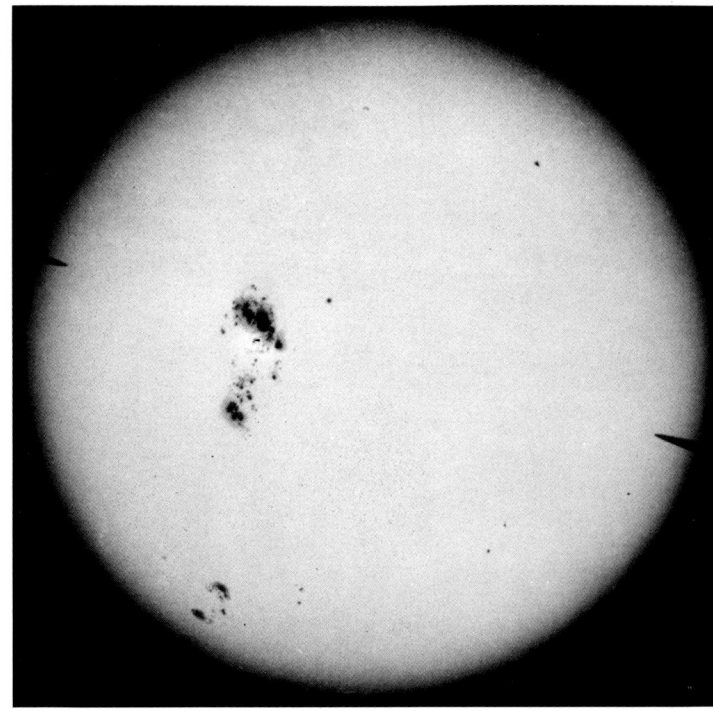
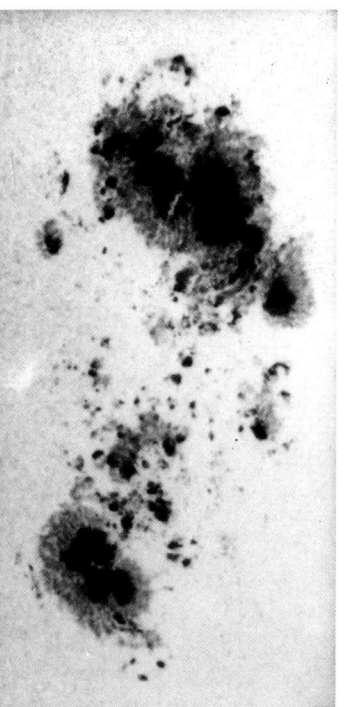

Auf dieser Aufnahme vom 7. April 1947 wandert die größte Fleckengruppe, die jemals fotografiert wurde, über die Sonne. Sie hatte eine Ausdehnung von 300 000 Kilometern – das ist fast die Entfernung von der Erde zum Mond – und bedeckte eine Fläche von 18 Milliarden Quadratkilometern

kannt ist. Er beträgt 0,533 Grad. Bei einer Entfernung von 149,6 Millionen Kilometern ergibt sich so ein Durchmesser der Sonne von 1,39 Millionen Kilometern. Das ist 109mal so viel wie der Erddurchmesser.

Die tiefschwarze Umbra eines typischen Sonnenflecks hat einen Durchmesser von etwa 20 000 Kilometern, übertrifft also fast immer den Durchmesser der Erde. Einschließlich Penumbra hat ein typischer Fleck einen Durchmesser von etwa 50 000 Kilometern. Der größte Sonnenfleck, der in neuerer Zeit beobachtet wurde, tauchte im April 1947 auf. Er hatte eine Länge von 300 000, eine größte Breitenausdehnung von 142 000 Kilometern und umfaßte eine Fläche von 19 Milliarden Quadratkilometern, das 37fache der Erdoberfläche. Er erreichte am 7. und 8. April 1947 seine maximale Größe und nahm dabei doch nur ein 325stel der gesamten Sonnenoberfläche ein. Irgendwelche Auswirkungen dieses Ereignisses auf die Erde sind nicht bekannt geworden.

Die Masse der Sonne schließlich, die über das Gesetz der Massenanziehung oder Gravitation ermittelt werden konnte, übersteigt noch mehr jedes Maß, das wir uns vorzustellen vermögen: 333 000 Erdmassen oder 2000 Quadrillionen Tonnen, eine Zwei mit 27 Nullen dahinter, brächte die Sonne auf eine kosmische Waage.

Die Sonnenforscher bemühten sich lange Zeit vergebens, herauszufinden, was die Sonnenflecken eigentlich bedeuten. Mehr als 200 Jahre nach ihrer Entdeckung waren die Vorstellungen über die Natur der Flecken noch immer vage. Sie mußten es sein, weil über die Natur der Sonne selbst so gut wie nichts bekannt war.

Zuerst hatten einige Astronomen angenommen, die Flecken gehörten gar nicht zur Sonne selbst, sondern wären die Schatten von Himmelskörpern, die um die Sonne kreisten. Noch heute deuten die Begriffe Umbra für den Innen- und Penumbra für den Außenhof der Flecken darauf hin. Schon Johannes

**Wilhelm Herschel (1738–1822), einer der bedeutendsten Astronomen des 18. Jahrhunderts, spähte in England mit selbstgebauten Fernrohrmonstren – den besten Teleskopen seiner Zeit – zum Himmel. Bei der Sonne verspekulierte er sich: Er hielt sie für bewohnbar**

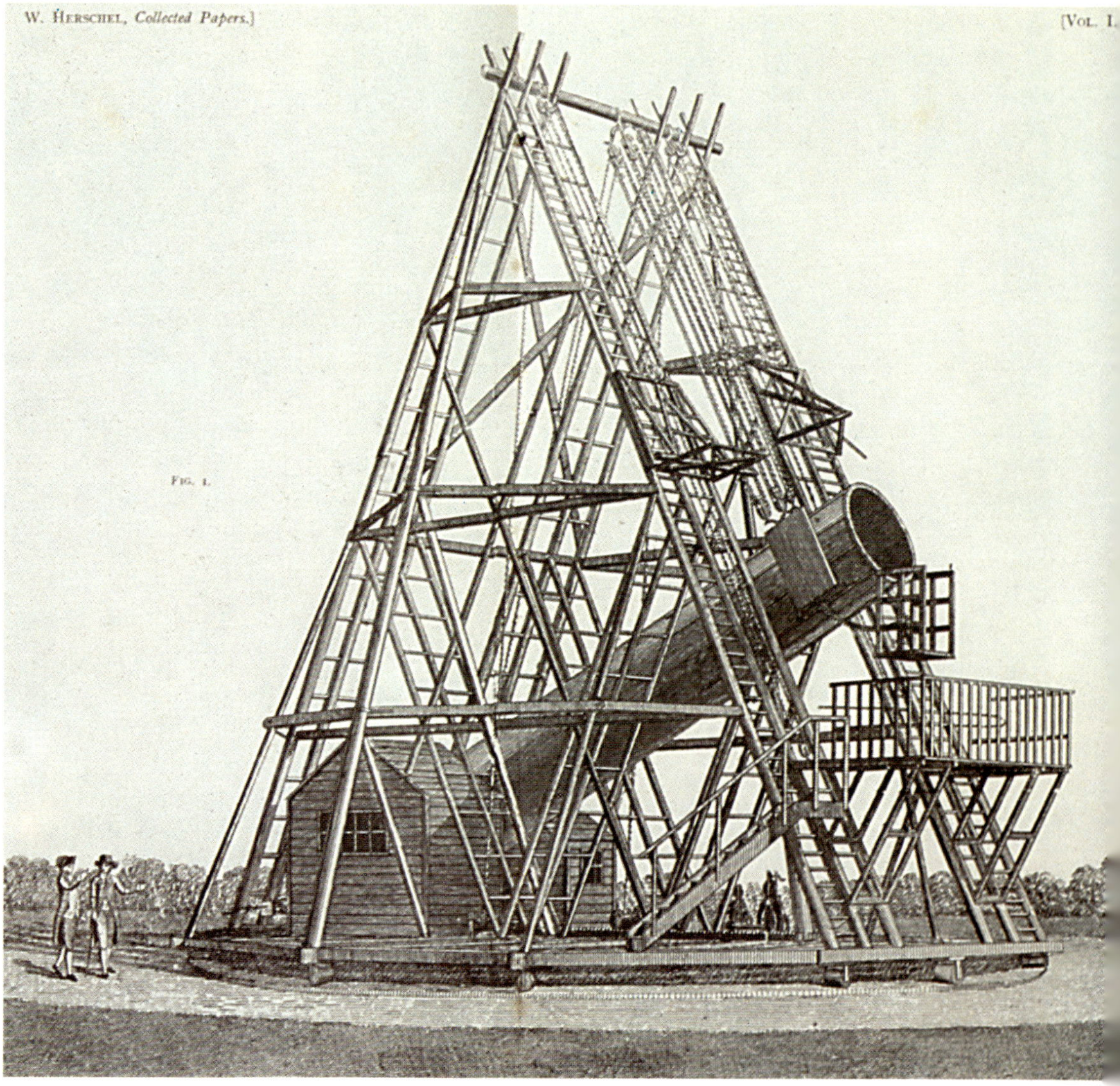

FIG. 1.

Fabricius folgerte aber, daß die Sonnenflecken zur Sonne selbst gehören mußten, da sie alle in derselben Richtung mit ihr rotierten, das heißt, am Westrand verschwanden und später am Ostrand wieder auftauchten. Johannes Kepler vermutete, sie seien undurchsichtige Rauchschwaden, die aus dem lichten Sonnenkörper aufstiegen. Der Astronom Simon Marius aus Gunzenhausen in Mittelfranken meinte in einer Schrift aus dem Jahre 1619, die Flecken stellten eine Art Schlacke dar, die beim großen Brand der heißen Sonne entstehe und dann in Form von Kometen abgestoßen werde, damit die Sonne wieder

„wie ein gebutzt Kertzenliecht" heller leuchten könne.

Noch in den Jahren 1795 bis 1801 entwickelte einer der bedeutendsten Astronomen, der aus dem damals britischen Hannover nach England übergesiedelte Musiker Wilhelm Herschel, eine etwas seltsame Theorie über Sonnenflecken, die er am 16. April 1801 der Royal Society vortrug. Er sah die Flecken als Löcher in der Sonnenoberfläche an und hielt sie für eine Art Wolkenschleier. Durch die Löcher sollte man auf die eigentliche Sonnenoberfläche sehen können. Herschel stellte sich vor, daß die Strahlung der Sonne in ihrer hellen

Wolkenschicht entstehe, die dunkle Oberfläche indes durch einen unbekannten Mechanismus vor der Gluthitze geschützt sei. „Dies läßt uns vermuten", folgerte Herschel schließlich tollkühn, „daß die Sonnenoberfläche höchstwahrscheinlich auch bewohnt ist wie die übrigen Planeten, und zwar von Lebewesen, deren Organe den besonderen Umständen auf dieser mächtigen Kugel angepaßt sind."

Erst Mitte des 19. Jahrhunderts kamen die Sonnenforscher zu weiteren Erkenntnissen. Samuel Heinrich Schwabe, einem Apotheker und Amateurastronomen aus Dessau, gelang 1843 eine der bedeutendsten Entdeckungen in der Geschichte der Sonnenforschung. Seit 1826 hatte Schwabe an jedem klaren Tag die Sonne beobachtet und regelmäßig die Flecken gezählt. Bei diesem mühevollen Unternehmen hatte er gehofft, einen neuen Planeten zwischen Erde und Sonne zu entdecken.

Den fand er zwar nicht. Aber er bemerkte, daß die Zahl der Flecken in einem bestimmten Rhythmus schwankte. Von Tag zu Tag tauchten sie zwar unregelmäßig und willkürlich auf, doch im Laufe der Jahre zeichnete sich eine Gesetzmäßigkeit ab: Die Fleckenzahl auf der Sonne schwankte periodisch innerhalb von etwa zehn Jahren. Schwabe hatte beispielsweise im Jahr 1828 insgesamt 225 Flecken und Fleckengruppen gesehen. Im Jahr 1833 hingegen registrierte er nur 33; an 139 Tagen blieb die Sonne gar total fleckenfrei. Für seine sensationelle Entdeckung, durch Alex-

ander von Humboldts „Kosmos" weithin bekanntgemacht, wurde Schwabe hoch geehrt: er erhielt am 13. Februar 1857 die Goldmedaille der britischen Königlichen Astronomischen Gesellschaft. Übrigens hat Schwabe noch bis 1868 regelmäßig die Sonne beobachtet, insgesamt an 12 460 Tagen.

Nachdem Schwabe den Zyklus der Sonnenflecken entdeckt hatte, wertete der Züricher Astronom Rudolf Wolf alte Beobachtungsberichte aus und konnte nachweisen, daß die Sonne ihre Fleckenzahl durchschnittlich nicht alle zehn, sondern alle elf Jahre (die Dauer der einzelnen Zyklen schwankt zwischen neun und 13 Jahren) auf ein Maximum steigert und dazwischen auf ein Minimum zurückschraubt. Wolf numerierte die Fleckenzyklen, wobei er jeweils mit einem Minimum begann. Sein erster Zyklus erstreckte sich von 1755 bis 1766 und erreichte das Maximum im Juni 1761. Von dort aus weiter gerechnet,

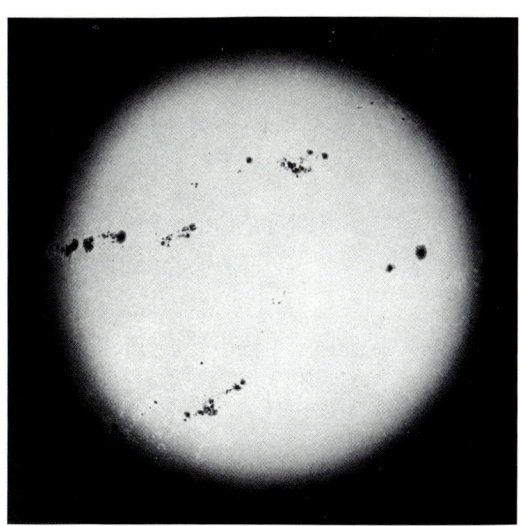

Der Züricher Astronom Rudolf Wolf (1816–1893) trug die wesentlichen Daten zusammen, um den elfjährigen Fleckenzyklus der Sonne zu beweisen. Die Numerierung der Zyklen, beginnend mit dem Jahr 1755, geht auf ihn zurück. Im 19. Zyklus, im Dezember 1957, erreichte die Sonne die höchste jemals registrierte Fleckenaktivität. Auf der Aufnahme vom 21. Dezember 1957 ist sie mit riesigen Flecken übersät

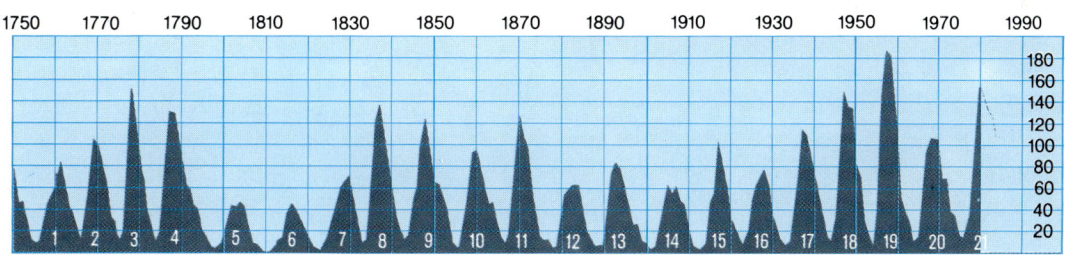

begann 1976 der 21. Sonnenfleckenzyklus, der um die Jahreswende 1979/1980 sein Maximum erreichte.

Innerhalb dieses Rahmens zeigt die Sonne allerdings starke Schwankungen in ihrer täglichen Fleckenzahl. 1957 verzeichneten die Astronomen das höchste Fleckenmaximum seit Beginn der Beobachtungen: am 24. und 25. Dezember zählte man mehr als 300 Flecken auf der Sonnenscheibe. Das nächste Maximum, elf Jahre darauf im Jahr 1968, fiel erheblich niedriger aus. Doch 1979/80 sahen die Sonnenforscher erneut eine Fleckenfülle: Die Zahl der Sonnenflecken erreichte fast die Rekordmarke von 1957.

Schwabes wissenschaftlichem Korrespondenzpartner Richard Christopher Carrington in England gelangen während seiner Beobachtungen in den Jahren 1853 bis 1861 noch zwei wichtige Entdeckungen, die das Wissen über die Sonne vervollständigten. Carrington, ein reicher Bierbrauer, hatte sich auf seinem Landsitz Redhill in der englischen Grafschaft Surrey eine Privatsternwarte errichten lassen, auf der er jahrelang die Sonnenscheibe mit dem Fernrohr auf Papier projizierte und das Bild abzeichnete, wie es all die anderen Fleckenforscher schon vor ihm getan hatten.

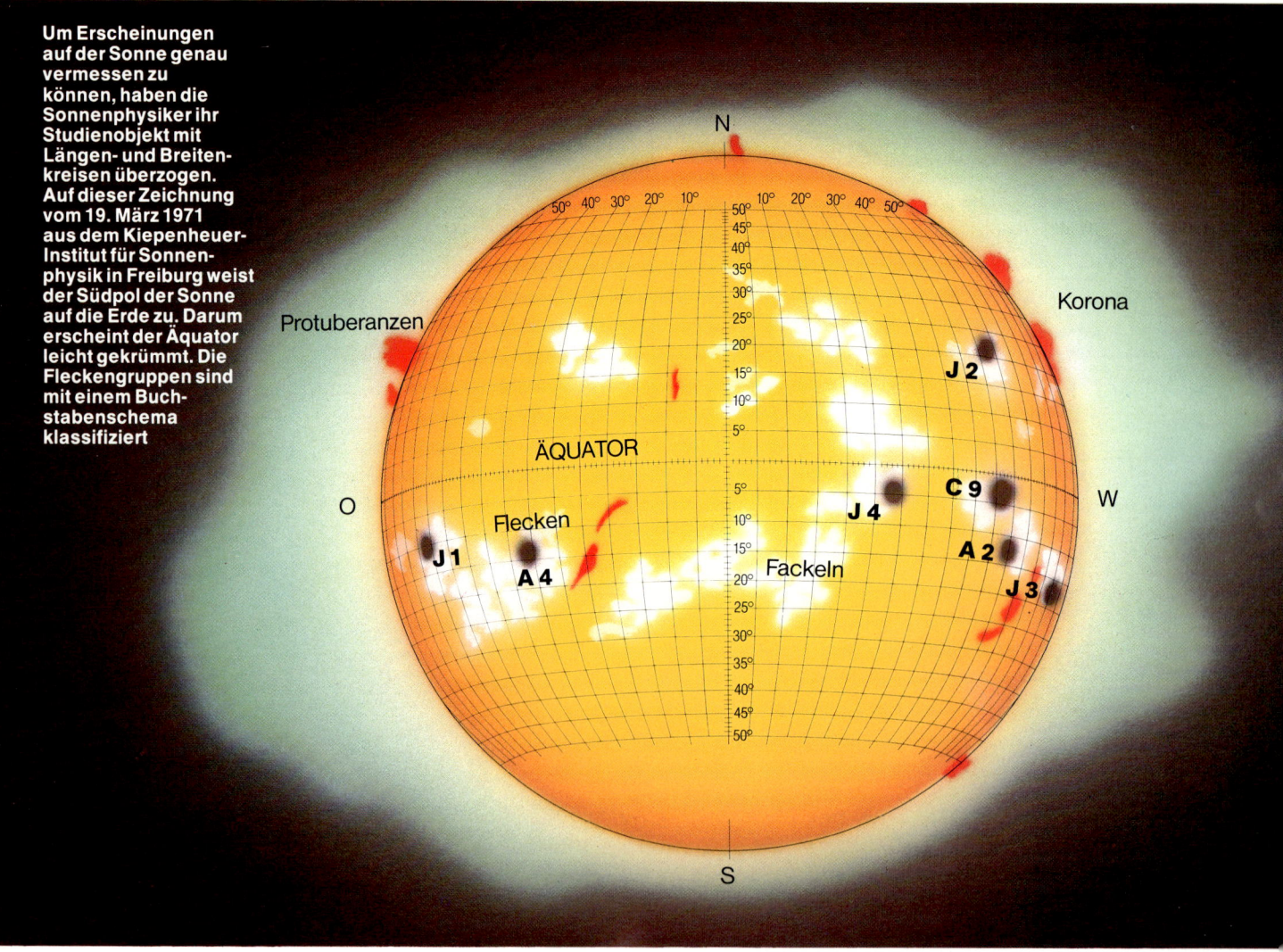

Um Erscheinungen auf der Sonne genau vermessen zu können, haben die Sonnenphysiker ihr Studienobjekt mit Längen- und Breitenkreisen überzogen. Auf dieser Zeichnung vom 19. März 1971 aus dem Kiepenheuer-Institut für Sonnenphysik in Freiburg weist der Südpol der Sonne auf die Erde zu. Darum erscheint der Äquator leicht gekrümmt. Die Fleckengruppen sind mit einem Buchstabenschema klassifiziert

Aus seinen Aufzeichnungen erkannte Carrington, daß die Flecken im Laufe des Zyklus in unterschiedlichen Sonnenbreiten auftauchen. Die ersten Flecken eines Zyklus erscheinen etwa 40 Grad beiderseits des Sonnenäquators. Das entspricht auf der Nordhalbkugel der Erde etwa der Breite von Madrid und Ankara, New York und Peking. Im weiteren Verlauf eines Zyklus bilden sich die Flecken immer näher am Äquator. Wenn dann beim Maximum sehr viele Flecken die Sonnenscheibe bevölkern, konzentrieren sie sich in zwei Zonen bei 15 Grad nördlicher und 15 Grad südlicher Breite. Nach Überschreiten des Maximums erscheinen sie noch dichter am Äquator, werden jedoch weniger und weniger. Schließlich zeigt der erste Sonnenfleck, der in höheren Breiten auftaucht, den Beginn eines neuen Zyklus an. Etliche Monate lang beleben äquatornahe und äquatorferne Flecken zugleich die Sonnenscheibe, bis der alte Zyklus endgültig in den neuen übergegangen ist. Diese Breitenwanderung der Flecken wurde später von dem deutschen Amateur Gustav Spörer genauer untersucht und wird heute als „Spörersches Gesetz" bezeichnet.

Im Jahre 1862 leitete Carrington aus seinen Aufzeichnungen eine noch wichtigere Erkenntnis ab: Die Flecken umrunden die Sonne unterschiedlich schnell, diejenigen am Äquator erheblich rascher als die weiter polwärts gelegenen. Die Sonne vollendet eine Umdrehung

● am Äquator in genau 25 Tagen;
● auf 10 Grad nördlicher und südlicher Breite in 25 Tagen und 5 Stunden;
● auf 20 Grad in 25 Tagen und 17 Stunden;
● auf 30 Grad in 26 Tagen und 11 Stunden;
● auf 40 Grad in 27 Tagen und 9 Stunden.

Für Breiten von mehr als 40 Grad lassen sich die Werte nur schätzen, weil es dort kaum Sonnenflecken gibt. Der am weitesten vom Sonnenäquator entfernte Fleck, der jemals beobachtet wurde, tauchte im Jahre 1915 ganz kurz auf 60 Grad nördlicher Breite auf. Extrapoliert nach einer Formel, die Carrington aufstellte, rotiert die Sonne

● auf 60 Grad in 29 Tagen und 8 Stunden;
● auf 75 Grad in 30 Tagen und 10 Stunden;
● auf 90 Grad, an den Polen, in 30 Tagen und 21 Stunden.

Alle Werte beziehen sich auf die wahre Rotationszeit der Sonne. Von der Erde aus gesehen, scheint die Rotation jeweils zwei Tage länger zu dauern.

Carringtons Entdeckung der „differentiellen Rotation" erlaubte eine wichtige Schlußfolgerung: Die Sonne kann kein fester Körper sein wie die Erde, die in allen Breiten einmal in 24 Stunden gleichmäßig schnell um sich selbst rotiert. Nur bei einem Körper in gasförmigem Zustand vermag die Äquatorzone den mittleren Breiten und diese wiederum den Polen ständig davonzulaufen. So blieb nur der Schluß: Die Sonne ist — zumindest, was ihre äußeren Schichten betrifft — eine riesige Gaskugel.

Als Carrington seine Ergebnisse veröffentlichte, hatte in der Sonnenforschung bereits das nächste Stadium begonnen. Neue Entdeckungen in der Physik, speziell in der Optik, ermöglichten weitere Erkenntnisse über die Sonne.

Geradezu als „Zauberschlüssel", um dem forschenden Geist das tiefere Wesen der Sonne zu erschließen, erwies sich die Spektralanalyse des Sonnenlichts. Denn mit ihr gelingt es, dem Licht eingeprägte Informationen über die physikalischen Gegebenheiten am Ort seiner Herkunft zu enträtseln. In der ersten Hälfte des 19. Jahrhunderts entwickelt und am Anfang des 20. Jahrhunderts durch die Atomphysik ergänzt, bildet die Spektralanalyse noch heute die wesentliche Grundlage für die Arbeit vieler Sonnenforscher, und die Einrichtungen dazu sind der wichtigste Bestandteil der Sonnenobservatorien.

# 4

# Erleuchtung aus der Dunkelkammer

Wenn die
Sonne untergeht,
wird der Weg
der Sonnenstrahlen
durch die Erdat-
mosphäre immer
länger. Die unter-
schiedliche Brechung
der Strahlen durch
die Luftschichten läßt
den unteren Teil
des Sonnenballs ver-
zerrt erscheinen;
die Streuwirkung von
Staubteilchen
taucht die Landschaft
in gelbes Licht

Die Sonne
ist schon fast
am Horizont
versunken, als
plötzlich ihr oberster
Rand smaragd-
grün aufblitzt. »Grünen
Strahl« oder »Grü-
nen Blitz« nennen die
Sonnenforscher
dieses sehr seltene
Phänomen. Ver-
schiedene Luftschich-
ten bei einer ganz
außergewöhnlichen
Wetterlage lassen
für wenige Sekunden
nur den grünen
Teil des Sonnenlichts
durchdringen –
niemand weiß bisher
genau, warum

Sonnenuntergänge
mit ihren prächtigen
Farbspielen zeigen
deutlich, daß das uns
weiß erscheinende
Sonnenlicht in Wirklich-
keit aus vielen Farben
zusammengesetzt ist.
Manchmal zerlegt die
Erdatmosphäre
das weiße Licht in fast
alle Farben des
Spektrums

**Eine Wolke
kann der Sonne
einen Heiligenschein
verleihen: Bei einem
Halo (griechisch »Hof«)
wird ihr Licht durch
feine Eiskristalle in der
Atmosphäre je nach
Wellenlänge unterschied-
lich stark gebrochen
und gespiegelt. Dadurch
entsteht ein regenbo-
genfarbener Ring, der
die Sonne umgibt.
Dieser Halo wurde in
Argentinien auf-
genommen**

Die Sonne scheint — wie gewünscht. Ich bin in Locarno am Lago Maggiore im Tessin, im Sonnenkanton der Schweiz. Kein Wunder, daß es Sonnenforschern hier gefällt. Seit 1959 betreibt die Universitäts-Sternwarte Göttingen, von der Deutschen Forschungsgemeinschaft unterstützt, in Locarno eine Station zur Sonnenbeobachtung, das „Istituto per Ricerche Solari". Hier will ich miterleben und mir erklären lassen, wie Sonnenforscher ihr fernes Studienobjekt untersuchen.

Die Sonnenwarte liegt hoch über dem See an einem Südhang. Ich genieße den Blick über das mediterran geprägte Tessiner Land, hinunter auf die malerischen Orte am Ufer, hinauf zu schneebedeckten Bergspitzen.

Mich empfängt Dr. Axel Wittmann, wissenschaftlicher Assistent an der Göttinger Sternwarte. Der Sonnenphysiker pendelt schon seit Jahren zwischen Göttingen und Locarno hin und her. Ursprünglich wollte er Nachtastronom werden, doch dann faszinierte ihn mehr die Sonne, sehr zur Freude seiner Frau.

Jeweils drei bis vier Wochen arbeiten Wittmann und seine Kollegen in Locarno, um dann wieder in Göttingen ihre Beobachtungsdaten auszuwerten. Im Winter ist das Istituto Solari außer Betrieb: Die Sonne steht zu tief. Ihre Strahlen haben dann einen weiteren Weg durch die Erdatmosphäre zurückzulegen, und im Fernrohr erscheint nur noch eine verzerrte, wabernde Scheibe — schön zwar für Postkarten, aber schlecht für physikalische Beobachtungen.

„Um diesen sonnigen Job", sage ich, „könnte man Sie beneiden."

Wittmann will nicht widersprechen, aber er möchte auch keine Unklarheit über die Schattenseiten der Sonnenforschung aufkommen lassen: Wenn die Sonne scheint, erläutert er, müsse gearbeitet werden, auch an Wochenenden,

und das bedeute nicht etwa, sich zu sonnen, sondern — ganz im Gegenteil — in dunklen Räumen zu sitzen.

Wir steigen die wenigen Meter vom Wohngebäude zur Sonnenwarte hinauf. Das Observatorium ist ein weißgestrichener flacher Bau; er sieht eher wie ein Schuppen aus als eine Stätte der Wissenschaft. Anders als die klassischen Sternwarten, in denen Astronomen rundum in den Nachthimmel spähen, haben viele Sonnenwarten keine Kuppeln. Da die Sonne auf der Nordhalbkugel der Erde stets südlich steht, bedarf es nicht der Möglichkeit, das Teleskop nach allen Seiten zu richten. Da genügt dann ein Schiebedach.

Auch im Inneren der Sonnenwarte kann ich zunächst nichts Auffälliges entdecken. Das Fernrohr mit einem Spiegeldurchmesser von etwa einem halben Meter und einer Länge von fast vier Metern ist keines jener Monstergeräte, mit denen Forscher an den bedeutendsten Stätten der Astronomie Millionen Lichtjahre entfernte Himmelskörper ausspähen. Das Teleskop nimmt hier, zusammen mit einigen kleineren Hilfsteleskopen, den mittleren Teil des Gebäudes unter dem Schiebedach ein. Im nördlichen Trakt sind Dunkelkammer und Werkstatt untergebracht. Nach Süden liegt der Beobachtungsraum, in den Wittmann die Sonne projizieren will.

Drei Dinge braucht er für diese Arbeit — außer dem Teleskop: einen Motor sowie je ein Aggregat zum Wasser- und zum Luftpumpen. Der Motor bewegt das Fernrohr entgegen der Erdrotation langsam weiter, so daß es konstant auf die Sonne gerichtet bleibt. Die Wasserpumpe fördert ständig Kühlwasser durch den empfindlichen Spiegelteil des Teleskops, um eine Überhitzung der Optik zu verhindern. Die Luftpumpe schließlich saugt aus dem hermetisch abgedichteten Inneren des Teleskops die Luft heraus, so daß ein Vakuum entsteht. Damit wird vermieden, daß erhitzte Luft im Teleskop die Sonnenbilder flimmern läßt.

Wittmann hat alle diese Geräte eingeschaltet. Die Sonne – man könnte sie vor lauter technischer Vorbereitung fast vergessen haben – scheint. Die Arbeit kann beginnen.

Im abgedunkelten Beobachtungsraum blinken die Lichter von Schalttafeln und elektronischen Geräten. Im schwachen Schein erkenne ich Kameras und Bildschirme an der Wand. Auf einem Monitor leuchtet ein Gesamtbild der Sonnenscheibe. Eine Fernsehkamera überträgt es von einem der kleinen Hilfsfernrohre draußen. Durch eine schmale Röhre an der Decke des Raumes wird das Licht der Sonne aus dem großen Teleskop über eine Reihe raffiniert angeordneter Spiegel auf einen Experimentiertisch gelenkt, an dem der Sonnenforscher seine eigentliche Arbeit beginnt.

Die Umgebung wirkt fast wie ein physikalisches Laboratorium, in dem gerade eine Probe untersucht oder an einem Experiment gearbeitet wird. Doch unser Versuchsobjekt ist 150 Millionen Kilometer entfernt.

Was wir vor uns auf dem Tisch sehen, ist freilich nicht die ganze Sonne, sondern nur ein kreisförmiger Ausschnitt, reduziert auf 2,8 Zentimeter Durchmesser. Die ganze Sonne wäre im selben Maßstab 23 Zentimeter groß. Das Sonnenbild hier zeigt somit gerade 1,5 Prozent der gesamten Fläche unseres Objekts. Der überwiegende Rest wird vorher ausgeblendet, weil die intensive Sonnenstrahlung die empfindlichen optischen Einrichtungen sonst viel zu stark erhitzen würde.

Wir wollen uns einen Sonnenfleck auf den Tisch projizieren und orientieren uns dabei an dem grob gerasterten Fern-

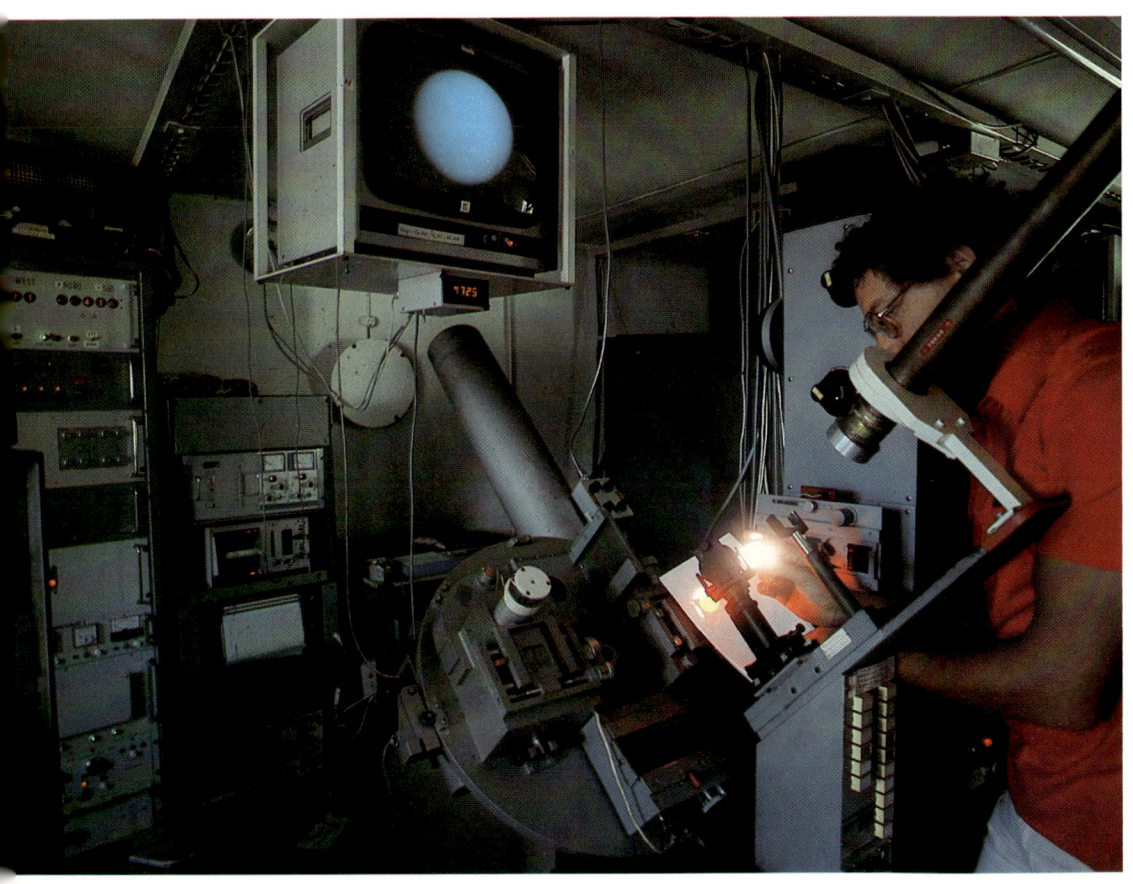

In der Sonnenwarte von Locarno am Lago Maggiore beobachtet der Göttinger Astronom Dr. Axel Wittmann die Sonne – in einem abgedunkelten Labor. Das Teleskop wirft das Sonnenlicht in diesen mit Meßinstrumenten vollgestopften Raum. Vor dem Forscher steht der schräge Experimentiertisch mit mehreren schmalen Spalten, durch die das Licht weiter abwärts in den Spektrographenraum geleitet wird, das Kernstück jeder modernen Sonnenwarte

sehbild. Mit Hilfe kleiner Schrittmotoren bewegt Wittmann das Hauptrohr hin und her. Das Teilbild der Sonne verändert sich dabei ständig, aber der gesuchte Fleck erscheint nicht.

„Haben wir aber erst einmal eine Stelle auf der Sonne fixiert", vertröstet Wittmann für Minuten, „dann können wir sie markieren, und später hält die Automatik sie fest".

Endlich haben wir den Fleck. Mit gut sichtbarer Umbra und Penumbra liegt er gewissermaßen vor uns auf dem Tisch. Er zittert ein wenig, denn die Luft ist heute sehr unruhig. Wie groß mag er sein? „Etwa zwei bis drei Erddurchmesser", schätzt Wittmann. Rund 25 000 bis 40 000 Kilometer also – hier können wir den Flecken gleichsam in die hohle Hand nehmen.

Doch Sonnenfleckenbeobachtungen interessieren uns heute weniger. Wittmann will mich mit dem Kernstück eines jeden modernen Sonnenobservatoriums vertraut machen, dem Spektrographen. Er will mir zeigen, wie das Licht der Sonne zu einem breiten Band von Farben, dem Sonnenspektrum, auseinandergezogen werden kann.

Ohne solche Möglichkeit, das Sonnenspektrum zu analysieren, wäre unser Wissen über die Sonne noch immer gering. Wir wüßten zwar, daß sie eine Kugel ist. Wir wüßten, wie weit sie entfernt ist. Wir wüßten inzwischen, daß die Zahl ihrer Flecken alle elf Jahre rhythmisch schwankt. Wir wüßten schließlich, daß sie gasförmig ist. Doch erst die Analyse des Sonnenspektrums enthüllt uns die chemische Zusammensetzung der Sonne, ihre Temperatur, den Ursprung ihrer Energie, die physikalischen Gegebenheiten auf ihrer Oberfläche, die Natur ihrer Flecken – kurz: vermittelt uns überhaupt eine Vorstellung vom Wesen der Sonne.

In allen Sonnenobservatorien der Welt steht deshalb heute die Beobachtung des Sonnenspektrums im Vordergrund der wissenschaftlichen Arbeit. Alle Sonnenforscher, die ich in ihren Observatorien besuchte, schilderten mir als erstes die Leistung ihrer Spektrographen, vor allem das sogenannte Auflösungsvermö-

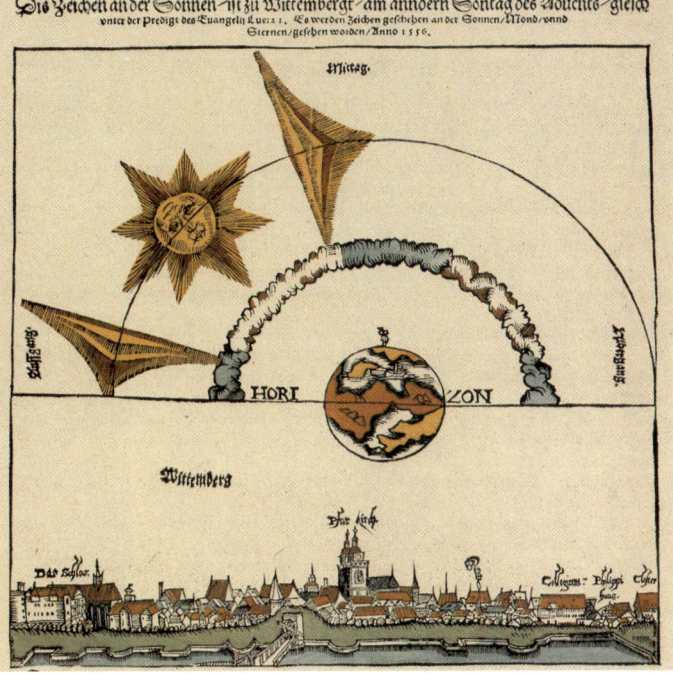

gen, also die Fähigkeit, das farbige Band des Sonnenlichts möglichst weit auseinanderzuziehen.

Jeder hat schon einmal ein Sonnenspektrum gesehen: als Regenbogen. Wenn die tiefstehende Sonne auf eine Regenwand scheint, brechen und reflektieren feine Wassertröpfchen ihr Licht. So wird der ursprünglich weiße Lichtstrahl zu einem Band von Farben auseinandergezogen, das von Rot über Gelb, Grün und Blau bis zum Violett reicht.

Um zu erkennen, daß das uns allgemein weiß erscheinende Sonnenlicht in Wirklichkeit aus verschiedenen Farben besteht, braucht man nicht einmal auf einen Regenbogen zu warten. Die Sonne zeigt's auch anders. Morgens erscheint sie glutrot und orange, weil ihre Strahlen einen weiteren Weg durch die Erdatmosphäre zurücklegen müssen. Deshalb werden von Wasserdampf und Staub in der Atmosphäre vorwiegend rötliche und gelbliche Anteile des Lichts durchgelassen. Gegen Mittag, tagsüber, leuchtet der Himmel tiefblau. Die Mole-

küle der Luft streuen die kurzwelligen blauen Strahlen des Sonnenlichts dann besonders stark. Abends, bei Sonnenuntergang, erscheint die Sonne wieder rot und gelb, und dann kann sogar – äußerst selten – am oberen Sonnenrand ein merkwürdiger grüner Strahl aufblitzen, dessen Ursachen noch nicht völlig geklärt sind. Die Erdatmosphäre läßt für wenige Sekunden nur das grüne Sonnenlicht durch.

Axel Wittmann aus Göttingen hat den grünen Strahl bisher nur ein einziges Mal gesehen, auf der Kanaren-Insel La Palma, als er nach einem weiteren Standort für ein Sonnenteleskop suchte. „Es war ganz phantastisch", schwärmt Wittmann noch jetzt. Aber die Erscheinung verschwand nach etwa 20 Sekunden, bevor sie fotografiert werden konnte.

Bereits 1678 erkannte der holländische Physiker Christiaan Huygens, daß Lichtstrahlen sich ähnlich wie die Schallwellen verhalten, die zum Beispiel von einer Kirchturmsglocke nach allen Seiten davonstreben. Später entdeckten

Physiker, daß Licht aus elektromagnetischen Wellen besteht und daß jeder Farbe eine bestimmte Wellenlänge entspricht. Rotes Licht hat verhältnismäßig lange Wellen – 70 Millionstel Zentimeter von Wellenberg zu Wellenberg –, violettes Licht kurze Wellen – 40 Millionstel Zentimeter. Dazwischen liegen Orange, Gelb, Grün und Blau in allen Abstufungen.

Doch das Sonnenspektrum enthält noch mehr als nur das Band der Regenbogenfarben. Die physikalisch wesentlich wichtigeren dunklen Linien beobachteten erstmals 1802 der britische Physiker William Hyde Wollaston und 1814 sehr viel genauer der Münchener Optiker Joseph Fraunhofer mit Hilfe eines eigens erfundenen Apparats, den er mit einem kleinen Fernrohr verband. Nüchtern beschrieb Fraunhofer, was er gesehen hatte: „. . . und fand . . . mit dem Fernrohre fast unzählig viele starke und schwache vertikale Linien, die aber dunkler sind als der übrige Theil des Farbenbildes; einige scheinen fast ganz schwarz zu seyn". Und er schloß mit den Worten: „Es wäre zu wünschen, daß dem hier mit physisch-optischen Versuchen eingeschlagenen Weg geübte Naturforscher Aufmerksamkeit schenken möchten."

Daran mangelte es nicht. Der Handwerker Fraunhofer, weder gymnasial noch akademisch vorgebildet, wurde zum Mitglied der Bayerischen Königlichen Akademie der Wissenschaften gekürt und später geadelt.

Joseph von Fraunhofer entdeckte mehr als 500 Spektrallinien, die auch nach ihm genannt wurden. Heute sind zwischen dem roten und blauen Teil des Sonnenspektrums rund 100 000 solcher Fraunhofer-Linien bekannt. Sie reichen von breiten schwarzen „Balken" bis hin zu haarfeinen Streifen, die nur mit den größten Sonnenteleskopen und den modernsten Spektrographen sichtbar gemacht werden können.

Eine Regenwand, die von der tiefstehenden Sonne angestrahlt wird, bricht das aus vielen Farben gemischte Sonnenlicht unterschiedlich stark – so entsteht ein Regenbogen. Nur selten jedoch treten Regenbogen zweifach auf, als Haupt- und Nebenregenbogen. Die Spektralfarben liegen dann entgegengesetzt zueinander. Rot leuchtet beim Hauptregenbogen außen, beim Nebenregenbogen innen

Joseph Fraunhofer (1787–1826) war ein geschäftstüchtiges Genie. Er begründete nicht nur die wissenschaftliche Spektroskopie, sondern auch die deutsche optische Industrie. Mit einem selbstkonstruierten Spektralapparat vermaß er die Wellenlängen der später nach ihm benannten Fraunhofer-Linien; er zeichnete und kolorierte danach das erste exakte Spektrum des Sonnenlichts. In seiner Glashütte in Benediktbeuern erschmolz er die damals besten optischen Gläser

Der Chemiker Robert Wilhelm Bunsen (1811–1899), heute hauptsächlich bekannt als Erfinder des nach ihm genannten Gasbrenners, lieferte wichtige Beiträge zur Entwicklung der Spektralanalyse

Was es mit diesen Linien genauer auf sich hat, fanden zwei andere deutsche Forscher heraus. Der Physiker Gustav Robert Kirchhoff und der Chemiker Robert Wilhelm Bunsen – er erfand auch den nach ihm genannten Gasbrenner – entwickelten in den Jahren 1859 und 1860 die Grundlagen zur Deutung der Spektrallinien.

Der Weg dahin war langwierig. Er führte zunächst über die Beobachtung, daß feste Körper und Flüssigkeiten bei starker Erhitzung Licht ausstrahlen, das wie ein regenbogenfarbiges Band erscheint, wenn man es in einem Spektralapparat zerlegt. Werden die Stoffe so stark erhitzt, daß sie in gasförmigen Zustand übergehen, dann ändert sich ihr Spektrum. Es besteht jetzt nur noch aus einzelnen Linien verschiedener Farbe und großen, dunklen Zwischenräumen. Die Linien unterscheiden sich je nach Materie. Jedes chemische Element sendet in gasförmigem Zustand einen bestimmten Lichtstrahl aus, durch den es sich von allen anderen Elementen unterscheidet. Natrium beispielsweise erzeugt zwei sehr eng beieinanderliegende gelbe Linien. Sie sind im Spektrum so beherrschend, daß eine Kerzen- oder Gasflamme sofort gelb aufleuchtet, wenn man etwas Kochsalz – das Natrium enthält – in sie hineinstreut. Eisen hingegen läßt ein quer durch alle Farbbereiche des Spektrums hindurchgehendes Liniensystem entstehen. Glühender Eisendampf erscheint dann dem Auge fast weiß, weil seine zahlreichen Linien alle Farben enthalten, die zum Gesamteindruck „weiß" führen.

Warum aber sind im Spektrum der Sonne die Spektrallinien dunkel statt hell? Kirchhoff und Bunsen entdeckten, daß hocherhitzte Dämpfe von chemischen Elementen nicht nur Licht aussenden, sondern unter bestimmten Bedin-

gungen auch absorbieren, also verschlucken.

Wird zum Beispiel Natriumdampf, der normalerweise zwei charakteristische gelbe Linien im Spektrum erzeugt, vom Licht einer wesentlich heißeren weißen Lichtquelle durchstrahlt, so eliminiert der Natriumdampf die für ihn eigentlich charakteristischen Wellenlängen – eben zwei schmale Bereiche im gelben Teil des Spektrums. Das weiße Licht produziert im Spektrographen, nachdem es den Natriumdampf passiert hat, ein durchgehend farbiges Spektrum, das jedoch genau dort schwarze Linien aufweist, wo die Spektrallinien des Natriums liegen. Erlischt das Licht hinter dem Natriumdampf, so erscheinen die soeben noch dunklen Linien plötzlich wieder gelb, und das Farbband ist verschwunden.

Was können diese Experimente über die Entstehung der dunklen Linien im Spektrum des Sonnenlichts lehren? Gase gibt es auf der Sonne sicherlich genug. Doch wo ist die Quelle des Lichts, das sie zum Strahlen bringt?

Diese Lichtquelle muß im Inneren der Sonne liegen, wo Energie freigesetzt wird. Die Energiequelle, überlegten die Forscher, kann nicht ein dünnes Gas sein – sonst müßte das Sonnenlicht farbige Linien im Spektrum erzeugen. Fest oder flüssig kann sie auch nicht sein – dazu ist es im Inneren der Sonne viel zu heiß. Aber es gibt – neben fest, flüssig und gasförmig – noch einen vierten Aggregatzustand: das „Plasma". Es entsteht, wenn ein Gas so stark erhitzt wird, daß alle Atome in ihre Bestandteile zerfallen, in Kerne und Elektronen. Das Plasma besteht überwiegend aus elektrisch geladenen Teilchen, also positiv geladenen Atomen und negativ geladenen Elektronen. Weil sich die Ladungen insgesamt gegenseitig aufheben, wirkt ein Plasma nach außen elektrisch neutral. Wichtig für die Spektralanalyse ist: Ein dichtes Plasma sendet wie ein fester Körper oder eine Flüssigkeit – und anders als ein Gas – ein kontinuierliches Spektrum, das heißt ein durchgehendes Farbband aus.

Daß die Sonne in ihren tieferen Schichten aus superheißem Plasma besteht, erscheint plausibel. Bevor das vom Plasma erzeugte Sonnenlicht in den Weltraum hinausjagt, muß es die Photosphäre durchdringen, die äußerste, nur 350 Kilometer dicke „Leuchtschicht" des Sonnenkörpers, aus der das für uns sichtbare Licht kommt. Die dort vorhandenen Gase sind es, die sich dem Sonnenlicht als dunkle Spektrallinien aufprägen, jedes chemische Element mit seinen ganz bestimmten, charakteristischen Linien.

Jetzt brauchten die Forscher nur noch die Fülle der Linien im Sonnenspektrum zu identifizieren, um herauszubekommen, aus welchen Elementen die äußeren Schichten der Sonne bestehen. Bei welchen Wellenlängen die Linien der

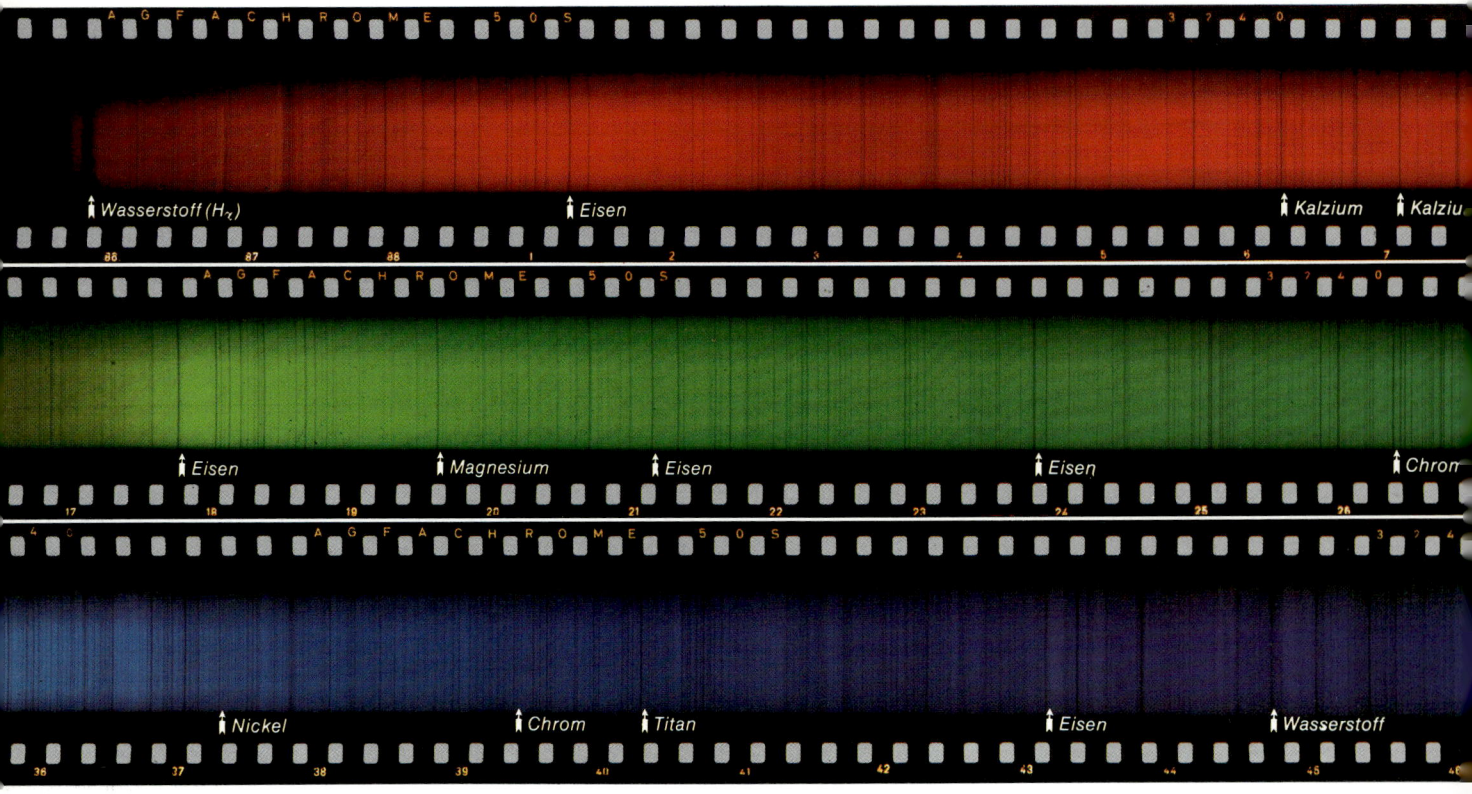

Wasserstoff (H$_x$)   Eisen   Kalzium   Kalziu

88   87   88   1   2   3   4   5   6   7

Eisen   Magnesium   Eisen   Eisen   Chron

17   18   19   20   21   22   23   24   25   26

Nickel   Chrom   Titan   Eisen   Wasserstoff

38   37   38   39   40   41   42   43   44   45

verschiedenen Elemente liegen, konnte ja nunmehr im Labor bequem vermessen werden.

Doch so einfach war die Analyse auch wieder nicht. Es zeigte sich nämlich, daß auf der Sonne besondere physikalische Bedingungen herrschen, die das Linienmuster im Spektrum stark beeinflussen. Manche Elemente präsentieren sich im Sonnenspektrum anders als in einem Laborspektrum. Dies macht die Spektralanalyse kompliziert, bietet aber andererseits auch die Möglichkeit, aus dem Sonnenspektrum viel mehr herauszulesen als nur die chemische Zusammensetzung der Sonne. Diese Detektivarbeit hält die Sonnenforscher bis heute in Atem und macht auch in Locarno den Hauptteil der Arbeit aus.

Während draußen die Sonne auf den Lago Maggiore scheint, stehe ich mit Dr. Wittmann wieder im dunklen Beobachtungsraum des Observatoriums, um mir das Sonnenspektrum anzusehen.

Als Studienobjekt hat er den Sonnenfleck ausgewählt, den wir schon Stunden vorher betrachtet hatten. Tatsächlich bringt die automatische Sucheinrichtung ihn schnell auf den Beobachtungstisch. Ich wundere mich, daß Wittmann ausgerechnet einen Sonnenfleck analysieren will. Hat das Sinn? Der Fleck ist doch schwarz?

Nur scheinbar, erläutert mir Wittmann. Schwarz wirkt er nur im Kontrast zur helleren Umgebung. Ein Sonnenfleck sendet zwar 80 bis 90 Prozent weniger Licht aus als seine Umgebung – aber immer noch reichlich genug, um ein deutliches Spektrum zu erzeugen.

Der Forscher steuert das Sonnenlicht nun durch einen schmalen Spalt im Beobachtungstisch in den Keller der Sonnenwarte, in den Spektrographenraum. In diesem schwarz gestrichenen, völlig abgedunkelten Raum steht das Herzstück des Spektrographen: ein „optisches Gitter". Es zerlegt das Licht, ver-

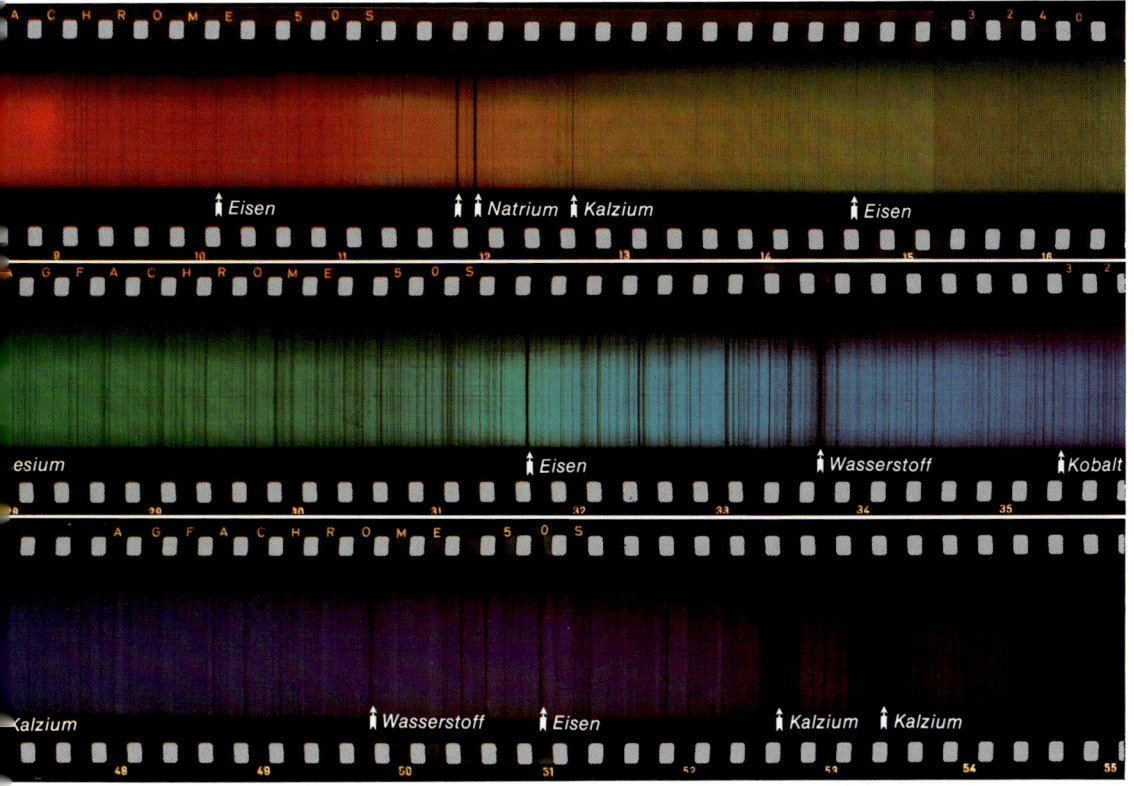

Eisen Natrium Kalzium Eisen

esium Eisen Wasserstoff Kobalt

Kalzium Wasserstoff Eisen Kalzium Kalzium

Das Spektrum des Sonnenlichts enthüllt den Charakter der Sonne. Jedes chemische Element prägt sich dem Spektrum in Form charakteristischer Linien auf. Sie geben den Sonnenforschern nicht nur Auskunft über die Zusammensetzung der Materie auf und in der Sonne, sondern auch über die Zustände an der Sonnenoberfläche, etwa über Temperatur, Druck, Geschwindigkeiten und Magnetfelder

gleichbar den Wassertropfen beim Regenbogen, mit dem Unterschied freilich, daß das Gitter die einzelnen Wellenlängen des Lichts viel schärfer voneinander zu trennen vermag.

Im Prinzip handelt es sich dabei um einen ebenen Spiegel, in dessen Oberfläche feine Linien parallel zueinander eingeritzt sind, bis zu 1800 pro Millimeter (in Locarno sind es 300). Ein Sonnenstrahl, der schräg auf ein solches Gitter trifft, verhakt sich geradezu in den vielen Rillen, und jede seiner verschieden langen Lichtwellen wird in eine etwas andere Richtung geworfen. So entsteht ein breites farbiges Band, das Sonnenspektrum.

Im Spektrographenraum reflektieren Spiegel das Licht, werfen es gegen das optische Gitter, schicken es auf weitere Spiegel und schließlich wieder nach oben, zurück in den Beobachtungsraum. Zwei Meter neben dem Spalt, in dem es verschwand, taucht es wieder

auf, aber völlig verändert: Als breites, in allen Farben leuchtendes und von zahllosen Linien durchzogenes Band liegt es in einem Schlitz im Tisch. Man kann es unter einer starken Lupe betrachten, die verschiebbar über dem Schlitz montiert ist, und man kann es fotografieren.

Die Situation berührt mich merkwürdig. Ich stehe nicht etwa da mit weit zurückgelegtem Kopf und blicke gen Himmel, sondern ich beuge mich vor in einem verfinsterten Raum und schaue auf eine Optik, um das Licht der Sonne zu sehen. Das Spektrum muß vergrößert werden, bevor das Auge alle Einzelheiten erkennen kann. In der Lupe lasse ich die einzelnen Farben des Spektrums langsam vorüberziehen. Dr. Wittmann dreht dazu das Gitter im Keller mit Hilfe eines Schrittmotors. Die vielen senkrecht durch das Spektrum laufenden schwarzen Linien unterscheiden sich beträchtlich voneinander. Manche erscheinen dick wie Bleistiftminen, manche fein wie ein Seidenfaden, viele sehen zerrissen und gezackt aus.

Im tiefroten Teil des Spektrums fällt mir eine besonders starke Linie auf.

„Die stärkste sichtbare Linie des Wasserstoffs", kommentiert Wittmann.

Im gelben Teil bemerke ich zwei dicke Linien, die dicht nebeneinander liegen.

„Richtig", bestätigt Wittmann meine Vermutung, „die Doppellinie des Natriums."

Doch auch der Fachmann kennt längst nicht alle Linien des Sonnenspektrums auswendig. Um die Masse der auffälligeren unter den 100 000 heute bekannten Spektrallinien zu identifizieren, greift er zu einem Atlas des Sonnenspektrums, der hier, wie auf jeder Sonnenwarte, griffbereit liegt.

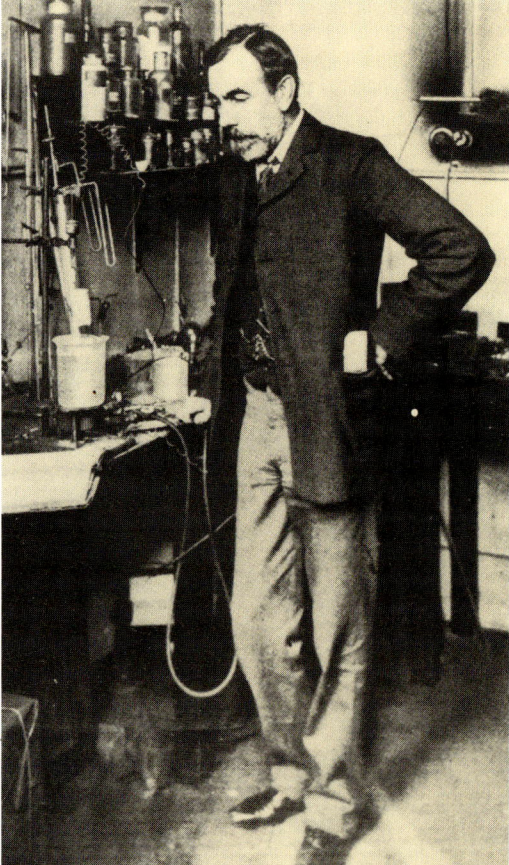

Ein eindrucksvoller Beweis für die Bedeutung der Spektralanalyse in der Sonnenforschung war die Entdeckung des Edelgases Helium. Norman Lockyer (1836–1920) beobachtete 1868 eine auffällige Linie, die von keinem der damals bekannten Elemente stammte. Er schrieb sie einem besonderen Sonnengas zu, das er Helium nannte. 1895 wies der englische Chemiker William Ramsay nach, daß Helium mit der charakteristischen Spektrallinie auch auf der Erde existiert

Fasziniert von der Vielfalt der dem bloßen Auge nur gleißend erscheinenden Sonne lasse ich eine Linie nach der anderen vorüberziehen, während Wittmann mich auf die wichtigsten hinweist. „Kalzium", sagt er, als ich auf zwei besonders starke Linien im blauen Teil des Spektrums zeige.

68 Elemente konnten die Wissenschaftler anhand der Spektren bisher auf der Sonne nachweisen. Genauer gesagt: in der Photosphäre, der äußersten Schicht, in der diese Linien entstehen. Die Stärke der verschiedenen Spektrallinien gibt auch Aufschluß darüber, wie häufig die verschiedenen Elemente auf der Sonne vorkommen. Danach besteht die Photosphäre zu 78 Prozent aus Wasserstoff, dem leichtesten aller Elemente, und zu 20 Prozent aus Helium, dem zweitleichtesten Element. In die verbleibenden zwei Prozent teilen sich alle anderen Elemente bis hin zu Schwermetallen wie Chrom, Eisen, Kupfer. In ihrer Zusammensetzung hat die Sonne keinerlei Ähnlichkeit mit der Erde, deren Kruste hauptsächlich aus Sauerstoff (47 Prozent) und Silizium (28 Prozent) besteht.

Das auf der Sonne zweithäufigste Element, Helium, wurde im Sonnenspektrum entdeckt, lange bevor es auf der Erde nachgewiesen werden konnte. Der französische Astronom Pierre Jules Janssen und sein britischer Kollege Joseph Norman Lockyer fanden unabhängig voneinander 1868 im Spektrum heißer Gasausbrüche auf der Sonne eine auffällige gelbe Linie, die keine irdische Entsprechung zu haben schien: Sie ließ sich keinem der Elemente zuordnen, deren Spektrallinien im Labor vermessen worden waren. Den unbekannten Stoff nannte man „Helium", nach dem griechischen Sonnengott Helios. Erst 1895 gelang es dem britischen Chemiker William Ramsay, das Edelgas Helium auch auf der Erde nachzuweisen, wo es allerdings sehr selten vorkommt.

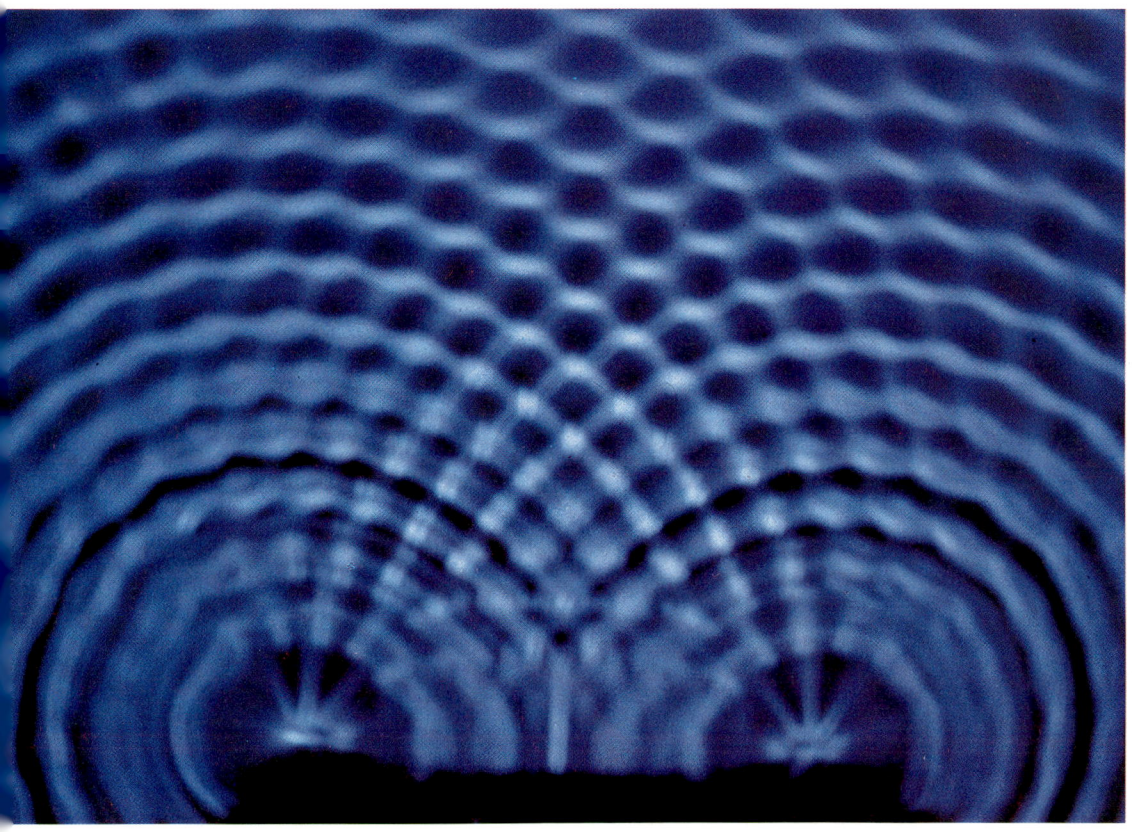

Die Linien vor mir unter der Lupe scheinen nun, im violetten Bereich, immer zahlreicher zu werden. Sie stehen so dicht beieinander, daß nur noch wenig Farbe zwischen ihnen zu erkennen ist.

Mir fällt auf, daß immer nur von chemischen Elementen die Rede ist. Gibt es denn auf der Sonne keine Verbindungen von Elementen − kein Wasser, kein Salz, keine organischen Stoffe?

Molekulare Verbindungen, so erläutert Wittmann, können sich auf der Sonne nur in extrem geringer Menge bilden. In der Photosphäre ist es so heiß, daß nahezu alle chemischen Verbindungen in ihre Bestandteile zerfallen − in einzelne Atome eben. 5770 Grad Celsius, erfahre ich, herrschen in der Photosphäre der Sonne, eine schier unvorstellbare Hitze. In den Sonnenflecken ist es 500 Grad (in der grauen Zone, der Penumbra) bis 2000 Grad (im schwarzen Bereich, der Umbra) kühler. Auch das lehrt die Spektroskopie der Sonne.

Wittmann rückt sich den grünen Teil des Spektrums unter seine Optik, konzentriert sich auf eine Linie des Eisens, die er für eine Untersuchung über Magnetfelder auf der Sonne braucht. Denn auch darüber gibt das Spektrum Auskunft.

Doch an diesem Tag ist es wie verhext.

Wolken ziehen auf und unser Studienobjekt verschwindet. Da machen auch wir Schluß. Denn Spektralbeobachtungen der Sonne, noch dazu in dunklen Räumen, strengen an. Und bei der verlockenden Umgebung bin ich gar nicht traurig, daß ich erst Monate später, während meiner Recherchenreise für dieses Buch, in einem amerikanischen Observatorium erfahre, wie Wissenschaftler den Magnetfeldern auf der Sonne nachspüren und was es mit ihnen auf sich hat.

# 5

## Gutes Seeing in Big Bear

Auf dem Wendelstein in den Bayerischen Alpen, 1838 Meter hoch, liegt Deutschlands höchstes Sonnenobservatorium. Astronomen der Universität München führen hier, soweit es das Wetter zuläßt, ein lückenloses Protokoll über die Aktivität der Sonne

Das größte
Sonnenteleskop
der Erde steht
auf dem Kitt Peak
im US-Bundes-
staat Arizona. Der
zwei Meter große
Spiegel dreht sich
von Osten nach
Westen der Sonne
nach und wirft
so ihr Licht in das
Teleskop

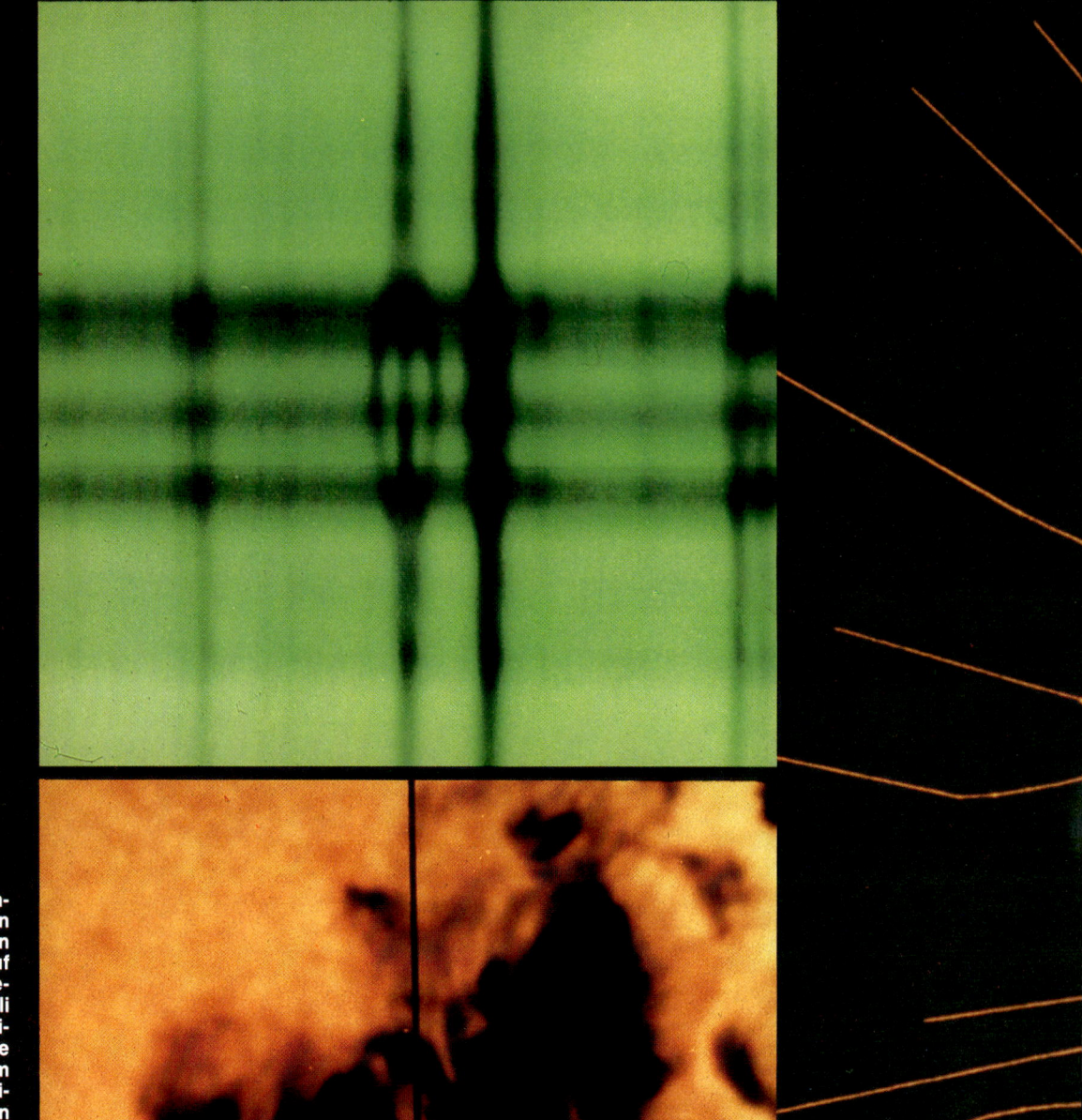

Mit dem Sonnen-
spektrum vermögen
die Astronomen
auch Magnetfelder auf
der Sonne zu be-
stimmen. Am 4. Juli
1974 beispielswei-
se beobachteten die
Experten auf dem
Kitt-Peak-Observatori-
um, wie sich in
dem von einem Son-
nenfleck ausge-
strahlten Licht eine
Spektrallinie des
Eisens spindelförmig
verdickte. Aus der
Stärke der Verände-
rung errechneten
die Forscher ein
Magnetfeld von
4130 Gauß. Aus vielen
solcher Messungen
setzten andere Astro-
nomen die Stärke
und den Verlauf der
Magnetfeldlinien
zum Zeitpunkt einer
Sonnenfinsternis am
12. November 1966
zeichnerisch um

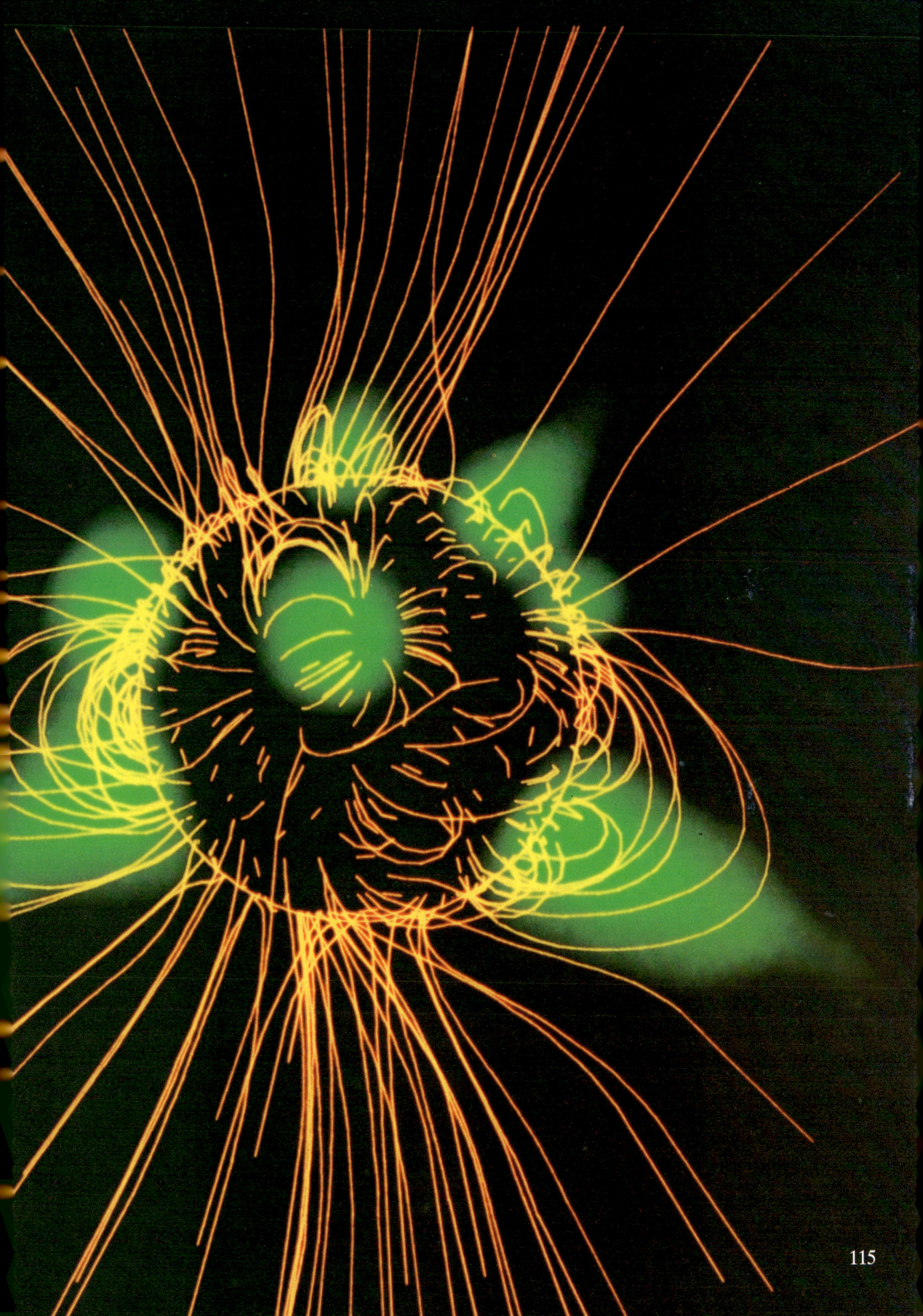

ach meiner Visite auf der Außenstation der Göttinger Universitäts-Sternwarte in Locarno war ich neugierig gewor-
den. Ich wollte wissen: Wie geht es in
anderen Sonnenobservatorien zu? Ist
Locarno typisch?

Zunächst einmal zeigte mir der Vergleich während meiner Inspektionsreise
zu vielen wichtigen Observatorien der
Welt: Überall hocken die Sonnenforscher in dunklen Labors, holen sich das
Abbild ihres Studienobjekts auf ihren
Arbeitstisch und zerlegen das Licht unseres Zentralgestirns mit Spektrographen. Die Teleskope jedoch, die das
Bild einfangen, sind sehr unterschiedlich konstruiert. Denselben Dienst, den
in Locarno ein Parabolspiegel am unteren Ende des Teleskoprohres leistet,
kann auch ein aus mehreren Linsen zu-
sammengesetztes Objektiv am oberen
Ende des Teleskops verrichten.

Anstatt − wie in Locarno − das ganze
Teleskop zu bewegen, so daß es ständig
auf die Sonne gerichtet ist und die Sonnenstrahlen genau parallel zur Wandung
des Fernrohrtubus einfallen, haben vor
allem die Konstrukteure größerer Geräte eine andere Lösung vorgezogen, der
Sonne auf der Spur zu bleiben. Sie mon-
tierten die Teleskope fest am Boden und
versahen sie mit zwei zusätzlichen Spiegeln, die das Sonnenlicht in das Teleskoprohr werfen. Dabei dreht sich ein flacher Spiegel, von einem programmge-
steuerten Motor getrieben, der Sonne
nach. Er reflektiert die Strahlen auf einen zweiten Spiegel, der sie dann in das
Teleskop lenkt. Ein solches System
heißt „Coelostat".

Ausgerüstet mit Spiegeln und Objekti-
ven, Coelostat und beweglichem Teleskop, haben sich die Sonnenforscher natürlich in den sonnigsten Gegenden der
Erde (mit 3000 und mehr Sonnenstunden pro Jahr) niedergelassen − einfach,
weil sie dort länger beobachten können.
(Göttingen zum Beispiel, gewisserma-

ßen das Mutterhaus der Sonnenwarte in
Locarno, verzeichnet im Jahresmittel
nur 1500 Sonnenstunden.) Die Universität Stockholm nahm 1981 eine Station
auf der Kanaren-Insel La Palma in Betrieb. Die JOSO (Joint Organization for
Solar Observations = Vereinigung für
Sonnenbeobachtungen), ein Bund europäischer Sonnenforschungsinstitute, hat
sich Teneriffa als Standort für ein großes
Gemeinschaftsteleskop ausgesucht. Für
einen besonders romantischen Platz hatten sich in den fünfziger Jahren Wissenschaftler des führenden deutschen Instituts für die Erforschung der Sonne, des
Kiepenheuer-Instituts für Sonnenphysik
in Freiburg, entschieden. Seine Außen-

station steht auf Capri, dicht am Meer, genau über der Blauen Grotte.

Sonnenforscher müssen mit einer Schwierigkeit fertig werden, die ihre Kollegen von der Nachtastronomie nicht haben: Der Sonnenschein, die Voraussetzung für ihre Arbeit, erschwert zugleich ihr Geschäft – und zwar um so mehr, je intensiver die Sonne scheint.

Jeder kennt das: Im Sommer wabert die Luft oft über den Landstraßen, weil sie, vom heißen Asphalt erwärmt, in flimmernden Schlieren aufwärts steigt. So heizt die Sonne auch die Umgebung eines Fernrohrs auf. Flirrt nun solchermaßen aufsteigende Luft vor der Öff-

nung des Teleskops, dann verschwimmen auch die Strukturen des Sonnenbildes. Die Sicht – oder das „Seeing", wie die Sonnenphysiker im international gängig gewordenen englischen Jargon sagen – wird schlecht.

Alle Sonnenobservatorien und -teleskope sind, um möglichst viel Sonnenlicht zu reflektieren, blendend weiß gestrichen. Aber das allein genügt nicht. Entscheidend für ein gutes Seeing ist die Wahl des Standorts. Bewährt hat sich eine möglichst hohe Lage, am besten eine Bergspitze, weil das Fernrohr dann aus den dichten, besonders turbulenten Luftschichten der unteren Erdatmosphäre herausgehoben ist. Als günstig

Die meisten Fernrohre zur Sonnenbeobachtung sind starr in einem Turm montiert. Ein bewegliches Spiegelsystem auf der Turmspitze, ein Coelostat, fängt das Sonnenlicht ein und wirft es senkrecht nach unten in den Tubus. Mit solchen Teleskopen sind die Sonnenwarten auf dem Schauinsland bei Freiburg und der architektonisch extravagante »Einstein-Turm« des Astrophysikalischen Observatoriums der DDR in Potsdam ausgestattet

erwies sich auch die Nähe von Wasser, denn es erwärmt sich wesentlich langsamer als Land; die Luft über dem Wasser wird tagsüber gekühlt und gerät deshalb weniger in Wallung. Schließlich ist es ohnehin vorteilhaft, das Fernrohr auf einen Turm zu setzen, da es dann den stärksten Turbulenzen am Boden entrückt ist.

Deshalb steht das Sonnenteleskop auf Capri direkt am Meer, liegt das Sonnenobservatorium von Locarno hoch über dem Lago Maggiore und hat zur Beruhigung der Luft sogar eine Wasserschicht auf dem Dach. Die JOSO will ihr großes europäisches Sonnenfernrohr auf Teneriffa, im östlichen Atlantik, in dem 2405 Meter hoch gelegenen Observatorium Izaña errichten und es obendrein auf einen 20 Meter hohen Turm montieren. Die wenigen kleineren Sonnenteleskope im viel sonnenärmeren Deutschland stehen auf Bergen wie dem Schauinsland bei Freiburg, dem Wendelstein in den Alpen oder wenigstens auf kleinen Hügeln und Bauten, so auf dem Einstein-Turm in Potsdam bei Berlin oder auf dem Hainberg bei Göttingen.

In einem Turm auf einem Berg wurde 1979 das neueste, mit modernster Elektronik ausgestattete Sonnenteleskop installiert. Das deutsche Unternehmen Carl Zeiss in Oberkochen stellte es auf einen 1300 Meter hohen Gipfel nördlich der japanischen Stadt Nagoya, im Auftrag der Universität von Kyoto, die sich die deutsche Wertarbeit 18 Millionen Mark kosten ließ. Und auf Bergen thronen, turmhoch über dem Erdboden, die

Das Sonnenteleskop des California Institute of Technology steht mitten im Großen Bärensee, damit wabernde Luft, wie sie sich über heißem Land häufig bildet, die Sicht nicht stört. Solche für die Astronomen hinderliche Unruhe in der Luft ist mitunter die Ursache einer Fata Morgana: Die erhitzte Luft spiegelt das Licht und hebt dabei die Silhouette einer weit entfernten Kamelkarawane über den Horizont

Der 41 Meter hohe Beobachtungsturm des Sacramento-Peak-Observatoriums (rechts) in New Mexico gehört zu einer der modernsten Sonnenwarten der Welt. Er ist das Wahrzeichen der kleinen Gemeinde Sunspot (Sonnenfleck), in der die Mitarbeiter des Observatoriums dicht bei ihrem 2800 Meter hoch gelegenen Arbeitsplatz wohnen. Romantischer liegt die Außenstation des Kiepenheuer-Instituts für Sonnenphysik: auf der Insel Capri direkt über der Blauen Grotte

großen Sonnenwarten der USA, etwa auf dem Sacramento Peak in New Mexico (2811 Meter), auf dem Mount Wilson bei Los Angeles (1741 Meter) oder auf dem Kitt Peak in Arizona (2078 Meter). Höhe und Wasser in Kombination bevorzugten kalifornische Astronomen, als sie ihre Sonnenwarte mitten in den Großen-Bären-See 2067 Meter über dem Meeresspiegel östlich von Los Angeles stellten. Dieser Stausee, der früher Orangenplantagen mit Wasser versorgte, bietet den Sonnenbeobachtern im Big Bear Solar Observatory ein hervorragendes Seeing.

Unter allen Sonnenfernrohren der Welt fällt eines völlig aus dem Rahmen: das McMath-Sonnenteleskop auf dem Kitt Peak in Arizona, rund achtzig Kilometer südwestlich der Großstadt Tucson. Es ist nicht nur das größte auf der

Erde, sondern beeindruckt auch durch eine einzigartige Konstruktion – ein eigenwilliger Bau, der eher an eine Sprungschanze als an ein Fernrohr denken läßt.

Natürlich ließ ich mir dieses berühmte Teleskop nicht entgehen und besuchte es im Verlauf meiner Recherchen zu diesem Buch.

„McMath" ist zwar das Wahrzeichen des Kitt Peak National Observatory, es ist aber nur ein Gerät unter vielen anderen, die auf jenem Berg zur Himmelsbeobachtung betrieben werden. Hier findet sich die größte Ansammlung von Teleskopen auf der ganzen Welt.

Bald nach der Ausfahrt aus Tucson sehe ich in der Ferne einige weiß leuchtende Kuppeln. Auf dem Berg bietet sich mir ein imponierendes Bild. Hier stehen nicht weniger als 17 Kuppeln und

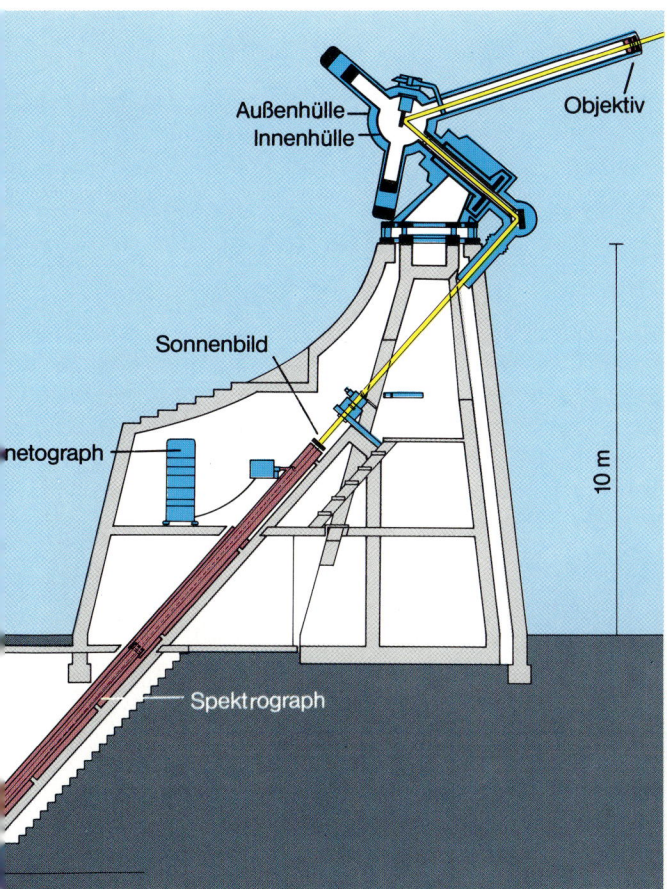

Außenhülle
Innenhülle
Objektiv
Sonnenbild
netograph
Spektrograph
10 m

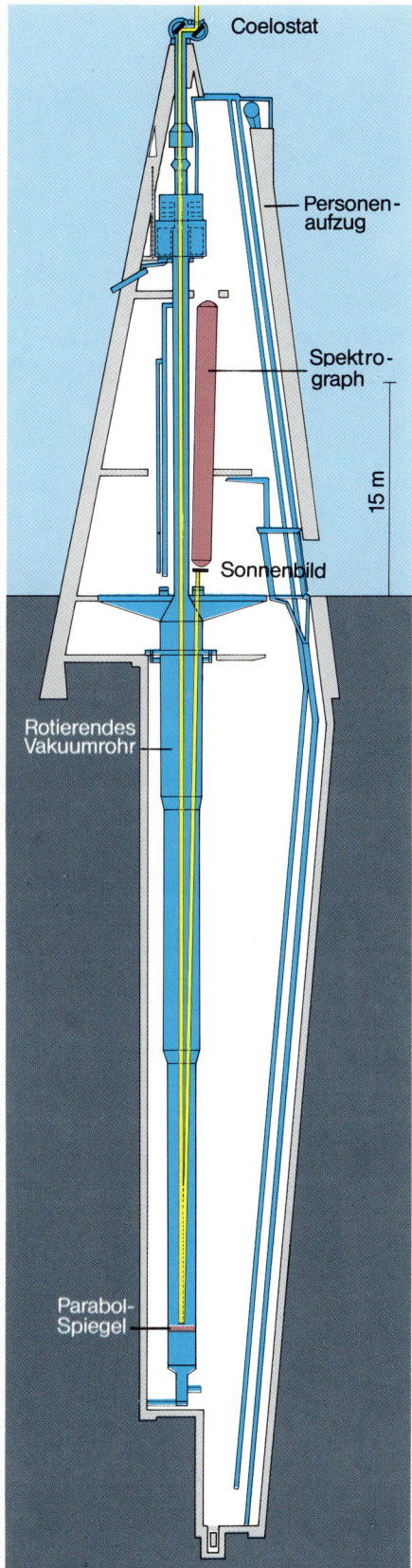

Coelostat
Personenaufzug
Spektrograph
Sonnenbild
15 m
Rotierendes Vakuumrohr
Parabol-Spiegel

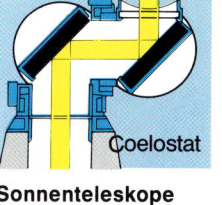

Coelostat

Sonnenteleskope unterscheiden sich nach ihrer Konstruktion erheblich voneinander. So ist das Fernrohr auf Capri mit einem Linsenobjektiv ausgestattet und muß ständig als Ganzes dem Lauf der Sonne nachgeführt werden. Beim Sonnenteleskop auf dem Sacramento Peak hingegen dreht sich nur der Coelostat an der Spitze. Er wirft das Licht auf einen Parabolspiegel am Boden eines luftleer gepumpten Stahlrohrs, 55 Meter unter der Erde. Von dort wird es in den Beobachtungsraum dicht über dem Erdboden reflektiert, wo das 51 Zentimeter große Sonnenbild entsteht. Gemeinsam ist beiden Teleskopen, daß das Sonnenbild, durch Spiegel gelenkt, leicht ins Kernstück der Sonnenwarte, den Spektrographen, gelangen kann

Schutzräume für Teleskope. Jeder enthält mehrere Fernrohre, darunter auch das drittgrößte der Welt, das Mayall-Teleskop mit vier Metern Durchmesser.

Es gibt Schlafräume für 50 Beobachter und Mitarbeiter, ein großes Besucherzentrum mit Vortragsraum und Andenkenladen, Park- und Picknickplätze.

Und da steht „McMath", so benannt nach dem Initiator der Anlage, dem Astronomen Robert McMath von der Universität Michigan, der 1962 starb, sechs Monate vor der Einweihung „seines" Teleskops. Niemand hat seither versucht, noch einmal etwas Ähnliches zu bauen – aus gutem Grund. „McMath" ist nämlich eine Art Dinosaurier unter den Sonnenobservatorien, bombastisch, aber schwerfällig.

31 Meter hoch ragt der Hauptturm, die Plattform der Sprungschanze sozusagen.

Gespentisch
wirkt die Silhouette
des McMath-Teleskops
auf dem Kitt Peak in
Arizona vor einer Ge-
witterwand. In diesem
größten und auch
ungewöhnlichsten Son-
nenfernrohr der Erde
werden die Sonnen-
strahlen durch einen
langen Schacht schräg
abwärts auf einen
1,5 Meter großen Para-
bolspiegel gelenkt.
Er bündelt das Sonnen-
licht und wirft es über
den großen Zwischen-
spiegel, in der Bildmitte,
in den Beobach-
tungsraum

Dort oben beginnt der schräggestellte Tubus des Fernrohrs. Unter der Gleitfläche der Sprungschanze – um im Bild zu bleiben – senkt sich das Rohr zur Erde und dringt durch einen Schacht im Fels mehr als noch einmal so weit in den Berg ein. Insgesamt 153 Meter lang ist dieses Teleskop. Kurz vor dem unteren Ende des Schachts sitzt ein Hohlspiegel von 1,5 Metern Durchmesser, der das Sonnenbild erzeugt – mit 82 Zentimetern Durchmesser wiederum das größte aller Sonnenwarten.

Natürlich kann dieses gewaltige Teleskoprohr nicht bewegt werden. Aber seine Konstrukteure hatten eine besondere Idee: Sie richteten es genau parallel zur Erdachse aus. Darum läuft es so eigenartig schräg, unter einem Winkel von 32 Grad, in den Erdboden hinein. Da die Erde um diese Achse rotiert und die Sonne sich ebenfalls von Ost nach West um diese Achse dreht, genügt an der Turmspitze ein einziger, zwei Meter großer ebener Spiegel, um das Sonnenlicht in das Riesenfernrohr zu werfen.

Bei seinen enormen Ausmaßen konnte „McMath" nicht mehr als Vakuum-Teleskop gebaut werden. Um die Luftzirkulation im Inneren dennoch möglichst gering zu halten, ist das Rohr von einer Außenhaut aus 55 Tonnen Kupfer umschlossen. Kupfer leitet Wärme fünfmal besser als Eisen und gleicht die Temperatur deshalb schneller aus. Die Hauptwirkung beim Kühlen bringen jedoch 64000 Liter Wasser, das ständig durch ein Röhrensystem zirkuliert.

Gewaltig sind auch die Anlagen, mit denen die Astronomen hier die optischen Einrichtungen handhaben, wenn es etwas zu reparieren oder zu justieren gilt. In dem Schacht, der unter Tage das Hauptrohr aufnimmt, sind massive Schienen an den Felswänden verlegt. Zahnradloren rollen darauf, von Seilen gezogen, um den 1,5 Meter großen Hauptspiegel und die kleineren Hilfsspiegel auf und ab zu transportieren.

Nur durch eine Sonnenbrille können die Wissenschaftler das gleißende helle, 82 Zentimeter große Bild der Sonne betrachten, das ihnen das McMath-Teleskop in den Beobachtungsraum wirft. Mit Hilfe kleiner Motoren, die Spiegel bewegen, sind sie in der Lage, das Sonnenbild zu verschieben und jede beliebige Stelle über einen Spalt zu bringen, der das Licht in den Spektrographen fallen läßt. Der Eintrittsspalt liegt unter dem dunklen eckigen Bereich in der Mitte des Sonnenbildes; diese Öffnung dient dazu, den Spalt exakt zu justieren

Alle sechs Monate muß der große Hohlspiegel neu mit Aluminium beschichtet werden – intensive Sonnenstrahlung hat ihn dann wieder erblinden lassen.

Dr. Jack Harvey, Chef der Sonnenphysiker auf dem Kitt Peak, führt mich in den Beobachtungsraum. Welch ein Unterschied gegenüber Locarno! Dort hatten Dr. Wittmann und ich uns gegenseitig ständig im Wege gestanden, so klein war der Raum, so vollgestopft mit Meßgeräten und Rechenanlagen. Auf dem Kitt Peak hingegen ähnelt die Zentrale eher einem Hörsaal. Das McMath-Fernrohr ist sogar so groß, daß die Wissenschaftler drei verschiedene Hohlspiegel nebeneinander anordnen und mit drei Sonnenbildern gleichzeitig arbeiten können.

Die Schwerfälligkeit dieser gigantischen Apparatur wirkt sich oft nachteilig aus. Doch wo es auf besonders starke Vergrößerung, auf die Stärke des Lichts für spektroskopische Untersuchungen ankommt, leistet „McMath" mehr als jedes andere Sonnenteleskop der Welt.

In aller Regel aber geht es auch auf dem Kitt Peak um Untersuchungen, für die sich Geräte mit geringerer Lichtstärke, aber einfacherer Handhabung besser eignen. So haben die Kitt-Peak-Astronomen denn auch inzwischen direkt neben dem Super-Sonnenteleskop in einem anderen Gebäude ein kleineres Fernrohr installiert, das alle Merkmale der modernen Entwicklung aufweist: ein 60-Zentimeter-Vakuum-Teleskop auf einem 23 Meter hohen Turm mit einem gängigen Coelostaten-System. Die ursprüngliche Anlage ist veraltet und für die Darstellung der heutigen Sonnenforschung nicht mehr aktuell.

Um mir eine andere berühmte Sonnenwarte anzusehen, fuhr ich über eine schmale Serpentinenstraße auf den Mount Wilson bei Pasadena nahe Los Angeles. Der amerikanische Astronom George Ellery Hale aus Chicago hatte 1904 dieses damals modernste Sonnenobservatorium gegründet, das noch heute weitgehend in seiner ursprünglichen Form besteht.

Hier oben begann praktisch das „Magnetzeitalter der Sonne", denn hier gelang zum erstenmal der Nachweis, daß auf der Sonne Magnetfelder existieren. An dieser klassischen Stätte der Sonnenforschung, so hat mir der Chef-Sonnenphysiker Dr. Robert Howard versprochen, soll ich miterleben, wie die Astronomen Magnetfelder auf der Sonne beobachten.

Gewiß: Schon den Alten war das Phänomen des Magnetismus mit seinen Auswirkungen auf der Erde nicht unbekannt. Von den frühen Seefahrern, den Wikingern zum Beispiel, nimmt man an, daß sie eisenhaltiges Gestein, an einem Faden aufgehängt wie ein Pendel, dazu benutzten, sich auf der Weite der Ozeane außerhalb der Sicht von Land zu orientieren. Sie hatten bereits eine Ahnung davon, daß die Erde ein Magnetfeld besitzt, welches eine Kompaßnadel nach Norden ausrichtet. Der Begriff „magnetisches Feld" jedoch wurde erst im 19. Jahrhundert geprägt.

Wir haben es in der Schule gelernt: Eisen läßt sich magnetisieren. Es zieht andere eisenhaltige Gegenstände an. Von dem Magneten geht, wie die Wissenschaftler sagen, ein Kraftfeld aus, das auf geladene Teilchen einwirkt.

Magnete sind heute Gegenstände unseres modernen Alltags. Sie heben Autowracks in das Riesenmaul der Schrottpressen, sie dienen als Türschlösser, lenken in den Beschleunigern der Hochenergiephysiker die Elektronen und Atomkerne auf ihre Bahn, stecken in jedem Elektromotor, in einfachster Form auch in jedem Fahrraddynamo.

Nachdem der deutsche Mathematiker und Physiker Carl Friedrich Gauß in der ersten Hälfte des 19. Jahrhunderts die Kenntnisse vom Erdmagnetismus durch jahrelange Forschungsarbeiten wissenschaftlich untermauert hatte, fragten

George Ellery Hale (1868–1938) gelang der Nachweis, daß es auf der Sonne Magnetfelder gibt. Obgleich diese Felder rund 10 000mal so stark sind wie das irdische Magnetfeld, brauchte Hale drei Jahre, um ihre Existenz zu beweisen – mit Hilfe der Spektrallinien

sich die Astronomen immer wieder, ob nicht auch die Sonne ein Magnetfeld habe. Doch ein halbes Jahrhundert verging, bis auf diese Frage eine Antwort gefunden wurde – und die Entdeckung der Magnetfelder auf der Sonne erwies sich als grundlegend für das moderne Verständnis des alles Leben bestimmenden Gestirns.

Den Ruhm der Entdeckung der Magnetfelder auf der Sonne teilen sich der Niederländer Pieter Zeeman und der Amerikaner George Ellery Hale. Zeeman widmete sich als Physiker in Leiden den Grundlagen des Magnetismus, als ihm 1896 durch theoretische Studien und Laboruntersuchungen eine aufregende Erkenntnis kam: Er stellte fest, daß sich Spektrallinien verdoppeln oder gar vervielfachen, wenn das heiße Gas, das sie erzeugt, in ein starkes Magnetfeld gerät. Dafür erhielt er 1902 – mit seinem Lehrer Hendrik Antoon Lorentz – den Nobelpreis für Physik.

Hale war es dann, der die Existenz des „Zeeman-Effekts" auf der Sonne durch direkte Beobachtung untersuchte. Dazu gründete er das Sonnenobservatorium auf dem Mount Wilson. Er brauchte drei Jahre, bis es ihm im Juni 1908 gelang, im Sonnenspektrum eine eindeutige Verdoppelung der Spektrallinien infolge des Zeeman-Effekts nachzuweisen. Die Schwierigkeit bestand darin, daß die magnetisch aufgespaltenen Linienkomponenten im Spektrum noch immer sehr nahe beieinander liegen. Selbst bei einem starken Magnetfeld, viele tausendmal so stark wie das der Erde, sind sie nur etwa ein Milliardstel Zentimeter voneinander entfernt.

Erfolg hatte Hale erst, als er das Spektrum eines besonders großen Sonnenfleckens untersuchte. Heute wissen wir, daß alle Sonnenflecken mit starken Magnetfeldern verknüpft sind. Sie sind 5000- bis 6000mal so stark wie das irdische Magnetfeld, in seltenen Fällen auch bis 9000mal so stark.

Die Magnetfelder kühlen die Sonnenoberfläche von normalerweise 5800 Grad bis zu 3300 Grad in den Flecken ab. Die Sonnenphysiker sind sich nicht einig, wie das genau geschieht. Entziehen die Magnetfelder dem Sonnengas jene Energie, die sie zum Aufbau benötigen, und kühlen sie es dadurch ab? Oder blockieren sie die vom Sonneninnern als heiße Gasblasen nach außen strömende Energie und verhindern so die Aufheizung der Photosphäre?

An der Spitze des
50 Meter hohen Beob-
achtungsturms auf
dem Mount Wilson in
Kalifornien justiert
Larry Webster als
»Sonnenbeobachter
vom Dienst« das
Coelostatensystem.
Dieser Sonnen-
turm wurde bereits
1907 errichtet

Sicher ist heute, daß die Sonne nicht —
wie die Erde — mit einem beständigen
Magnetfeld ausgestattet ist, sondern daß
auf ihr im schnellen Wechsel Magnetfelder entstehen und vergehen. Sicher ist
auch, daß Magnetfelder die treibende
Kraft hinter vielen Erscheinungen auf
der Sonnenoberfläche sind. Darum werden sie heute routinemäßig an fast allen
Sonnenobservatorien der Welt gemessen. Magnetkarten der Sonne, sogenannte Magnetogramme, geben Aus-

kunft über die jeweiligen Kräfte auf der
Sonnenoberfläche, über die Verteilung
großer, gestauter Energiemengen, die in
den Magnetfeldern gespeichert sind und
damit über den Ort möglicher Entladun-
gen, die als gigantische Explosionen erfolgen.

Im Observatorium auf dem Mount
Wilson empfängt mich Larry Webster,
der „Solar-Observer", der Sonnenbeobachter vom Dienst. Der junge Mann
macht die Routinearbeit am Teleskop.

Er ist einer jener Hilfsarbeiter der Wissenschaft, die nie zu persönlichem Ruhm kommen, aber ohne die viele große Entdeckungen nicht gelungen wären.

Webster arbeitet, erzählt er mir, 20 Tage lang hintereinander auf dem Berg und hat dann zehn Tage frei. Während dieser zwanzig Tage dürfen ihn nur Wolken an der Sonnenbeobachtung hindern. Er wohnt in einem Haus gleich neben der Station.

Sein Arbeitsablauf ist im Grunde jeden Tag derselbe. Morgens zeichnet er die Sonne mit ihren Flecken und Fackeln ab, die von den Geräten auf die Arbeitsfläche projiziert werden. Da an den Polen ohnehin nie Flecken zu sehen sind, beschränkt er sich auf äquatornahe Bereiche. Danach mißt er die Stärke der Magnetfelder in den einzelnen Flecken und ordnet sie in ein Schema ein. Er fotografiert die Sonne mehrmals und nimmt ein Magnetogramm auf. Zusammen mit Wartungsarbeiten an den Instrumenten und viel Papierkrieg ist sein Tag so von Sonnenaufgang bis Sonnenuntergang voll ausgefüllt.

Wir fahren mit dem Fahrstuhl auf die Spitze des 50 Meter hohen Turmes, der das Teleskop über die Luft am Boden hebt. Man merkt dem Bau an, daß er schon seit 1911 steht. Eine solche genietete Stahlkonstruktion würde heute niemand mehr errichten.

„Vorsicht", ruft Webster, als wir oben angekommen sind, „treten Sie nicht aufs Objektiv!" Tatsächlich ist das wertvolle Linsensystem mit 30 Zentimetern Durchmesser ungeschützt in den Boden der oberen Plattform eingelassen.

Über dem Objektiv erhebt sich der Coelostat, der das Sonnenlicht ins Teleskop wirft. Ein Motor dreht den ersten, parallel zur Erdachse ausgerichteten Spiegel laufend der Sonne nach. Der zweite Spiegel lenkt die Sonnenstrahlen senkrecht nach unten durch das Objektiv und das turmlange Teleskoprohr bis hinein in den Beobachtungsraum. Dieser Spiegel kann mit zwei kleinen Elektromotoren gehoben, gesenkt und seitlich bewegt werden. So läßt sich das Sonnenbild unten verschieben.

43 Zentimeter groß fällt es auf den Tisch im Beobachtungsraum unten im Turm. Hier stehen sich zwei technische Generationen gegenüber: auf der einen Seite des Raumes uralte Relais und Kippschalter für die Klappen und Motoren des Turms; auf der anderen Seite Computer, Bildschirme und vielerlei anderes elektronisches Gerät.

Wir sehen uns die Zeichnungen an, die Webster morgens von der Sonne gemacht hat. Da ist einiges los. Kein Wunder: Jetzt, Ende 1980, ist das Sonnenfleckenmaximum gerade überschritten. Neben den einzelnen Flecken stehen griechische und lateinische Buchstaben, zum Beispiel Alpha p (für preceding = vorangehend) oder Betha f (für following = nachfolgend). Das sei, werde ich aufgeklärt, die Klassifizierung der Fleckengruppen, die die Lage der magnetischen Pole angibt.

Woran erkennt man, in welche Gruppe ein Fleck gehört? Kein Problem für Webster: „Ich vermesse morgens kurz jeden einzelnen Fleck auf seine magnetische Stärke, und danach kann ich ihn einordnen." Das macht er mit einem Spektrographen, diesem Wunderinstrument der modernen Sonnenphysik.

Der Mount-Wilson-Spektrograph liegt ebenfalls unter dem Turm, am Ende eines senkrecht in den Felsen getriebenen Schachts. Optisches Gitter und Linsen werfen das Farbband mit seinen informativen schwarzen Linien in einen breiten Schlitz neben dem Beobachtungstisch, wo man sie unter dem Mikroskop studieren kann. Per Fernsteuerung bewegt Webster den zweiten Spiegel auf der Turmspitze, bis ein Sonnenfleck direkt durch den kleinen Spalt fällt, der auch hier — wie in Locarno — auf dem Beobachtungstisch zum Spektrographen im Untergrund führt.

Ins Blickfeld des Mikroskops holt er sich eine Linie des Eisens im grünen Bereich des Spektrums, bei einer Wellenlänge von genau 52,5 Millionstel Zentimeter. Diese Linie hat sich als sehr geeignet zur Beobachtung von Magnetfeldern erwiesen, da sie sich besonders gut aufspaltet. Je stärker sie sich in drei Komponenten zerlegt, um so kräftiger ist das Magnetfeld in dem Sonnenfleck, von dem das Licht stammt. Die Eisenlinie hat sonst nichts Auffälliges an sich, aber ich betrachte sie mit Ehrfurcht: Mit ihrer Hilfe vermessen wir unsichtbare Magnetfelder in 150 Millionen Kilometer Entfernung!

Webster will ein Magnetogramm der ganzen Sonnenscheibe aufnehmen, will die Magnetfelder überall auf der Sonne, nicht nur in einzelnen Flecken, bestimmen. Dazu braucht er noch nicht einmal die Spektrallinien anzusehen − alles geschieht vollautomatisch.

Die Motoren des Coelostaten hoch über uns drehen jetzt den Ablenkspiegel hin und her. Wie von Geisterhand geschoben, gleitet das Sonnenbild langsam über den Meßtisch. Es fährt von Rand zu Rand, stoppt kurz, ruckt etwas nach oben und läuft wieder quer herüber. So gelangt von jedem Punkt der Sonnenscheibe Licht in den Spektographen. Der nachgeschaltete Magnetograph, der die Sonnenpunkte auf ihre Magnetfelder untersucht, mißt allerdings nicht den Abstand zwischen den Teilen einer verdoppelten Linie. Das geht nur bei sehr starken Magnetfeldern in den Sonnenflecken. Die Magnetfelder zwischen den Sonnenflecken sind so schwach − nur wenig stärker als das Magnetfeld der Erde − daß dort keine Verdoppelung der Spektrallinien mehr zu sehen ist.

Hier hilft ein anderer Effekt weiter: die Polarisation des Lichts. Ein Magnetfeld beeinfußt nämlich auch die Richtungen, in denen Lichtwellen schwingen und erzeugt eine zirkulare Polarisation der beiden äußeren Zeeman-Komponenten.

Diese Polarisation ist um so stärker, je stärker das solare Magnetfeld ist und je direkter seine Feldlinien auf den Beobachter weisen. Der Magnetograph mißt die Magnetfelder auf der Sonne aus, indem er für jeden Meßpunkt die Polarisation des Lichts ermittelt. Die ersten photoelektrischen Magnetographen, die imstande waren, in Bruchteilen einer Sekunde die unterschiedlich schwingenden Lichtwellen auszumessen, wurden 1951/52 von den Amerikanern Horace und Harold Babcock sowie dem Deutschen Karl Otto Kiepenheuer an den Mt. Wilson- und Palomar-Observatorien entwickelt.

Die Meßwerte überträgt der Magnetograph direkt in einen Computer. In einem Zahlenfeld leuchten sie rot auf: plus 15, minus 11, plus 3, minus 1 . . . Es ist unmöglich, dem schnellen Wechsel der Ziffern zu folgen, die gleichzeitig auf ein Magnetband gespeichert werden. Die Forscher können sich die Werte durch einen mit dem Computer verbundenen Schreibapparat auf Papier ausdrucken oder mit Hilfe eines sogenannten Plotters gleich in eine Magnetfeldkarte der Sonne verwandeln lassen.

Gemessen wird das solare Magnetfeld in Gauß, der nach dem deutschen Mathematiker und Physiker Carl Friedrich Gauß benannten Einheit der magnetischen Kraftflußdichte oder Induktion. Die Stärke des irdischen Magnetfeldes beträgt 0,5 Gauß. Auf wenige Gauß nur bringen es Magnetfelder auf der Sonne − wenn sich nicht gerade ein Sonnenfleck gebildet hat. Dann freilich nimmt die Stärke des Magnetfeldes gewaltig zu, bis auf 4500 Gauß.

Die Vorzeichen des Magnetfeldes sind mindestens ebenso wichtig wie seine Stärke, denn sie geben den Physikern Aufschluß über den Verlauf der Feldlinien.

Allgemein bekannt sind die Feldlinien aus dem Schulexperiment: Eisenspäne werden über das Feld eines Stab- oder

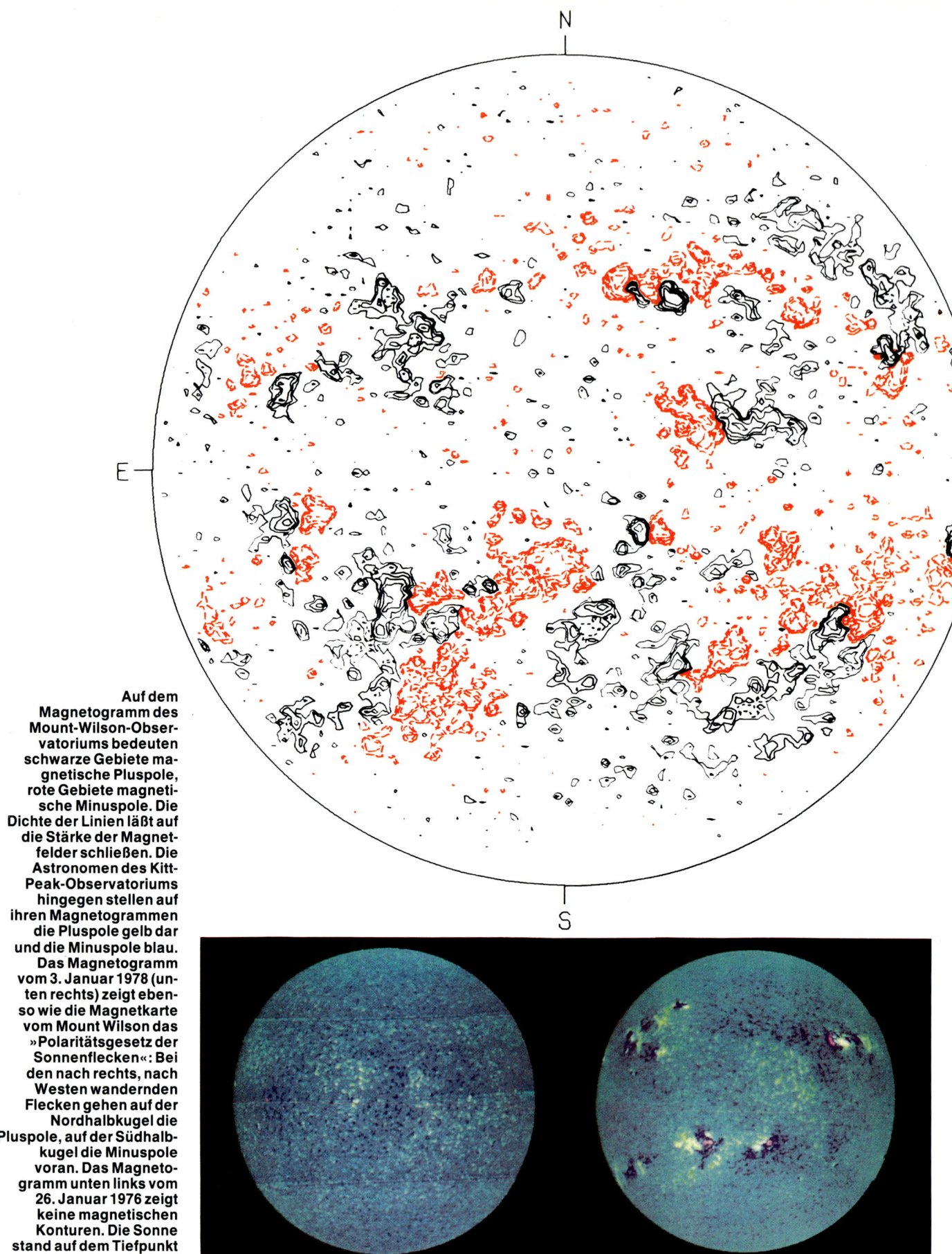

Auf dem Magnetogramm des Mount-Wilson-Observatoriums bedeuten schwarze Gebiete magnetische Pluspole, rote Gebiete magnetische Minuspole. Die Dichte der Linien läßt auf die Stärke der Magnetfelder schließen. Die Astronomen des Kitt-Peak-Observatoriums hingegen stellen auf ihren Magnetogrammen die Pluspole gelb dar und die Minuspole blau. Das Magnetogramm vom 3. Januar 1978 (unten rechts) zeigt ebenso wie die Magnetkarte vom Mount Wilson das »Polaritätsgesetz der Sonnenflecken«: Bei den nach rechts, nach Westen wandernden Flecken gehen auf der Nordhalbkugel die Pluspole, auf der Südhalbkugel die Minuspole voran. Das Magnetogramm unten links vom 26. Januar 1976 zeigt keine magnetischen Konturen. Die Sonne stand auf dem Tiefpunkt ihrer Aktivität

Hufeisenmagneten gestreut und lassen, nach ein wenig Schütteln, die Kraftlinien deutlich hervortreten. Solche Feldlinien ragen auch, wie die Borsten eines Rasierpinsels, aus der Sonnenoberfläche. Wo der Magnetograph einen Pluswert anzeigt, treten sie aus, in Gebieten mit Minuswerten kehren sie ins Innere der Sonne zurück.

Während der Magnetograph die Sonnenscheibe vermißt, zeigt Larry Webster mir einige Karten mit den Ergebnissen der letzten Tage. Sie werden hier auf dem Mount Wilson in schwarz und rot dargestellt. Schwarz steht für magnetisch Plus und rot für Minus. Deutlich zeichnen sich die Sonnenflecken als starke Magnetfelder ab. In den großen Fleckengruppen liegen Plus und Minus dicht nebeneinander. Die magnetischen Feldlinien jagen also steil aus der Sonnenoberfläche heraus, um nach hohem engen Bogen wieder ins Sonnenplasma hineinzustoßen.

Webster macht mich auf eine Gesetzmäßigkeit aufmerksam, die vor rund 50 Jahren in diesem kleinen Beobachtungsraum von George Ellery Hale und Seth Barnes Nicholson entdeckt wurde: Bei allen Flecken auf der Nordhalbkugel der Sonne liegt der Pluspol gegenwärtig im Westen, während es auf der Südhalbkugel genau umgekehrt ist: Dort liegt im Westen immer der Minuspol.

Da die Sonne von Ost nach West rotiert, läuft im Norden der Pluspol und im Süden der Minuspol voran. Doch das bleibt nicht immer so. Mit dem rund elfjährigen Fleckenzyklus wechselt die Richtung der Magnetfelder. Vom nächsten Fleckenminimum an liegen im Norden die Minuspole und im Süden die Pluspole vorn. Die gegenwärtige Anordnung der Magnetpole ist somit erst nach rund 22 Jahren wieder erreicht. Während die Zahl der Flecken also einen Zyklus von elf Jahren zeigt, wechseln die Magnetfelder ihre Vorzeichen in einem doppelt so langen Zeitraum.

Nach einer Stunde ist das Magnetogramm fertig. Die letzten Teile der Sonnenscheibe sind über den Spalt des Spektrographen gewandert, alle Meßwerte sind auf Magnetband gespeichert. Was geschieht nun damit?

„Ich schicke die Daten runter nach Pasadena", erläutert Webster, „Dr. Howard und die anderen Astronomen schauen sie sich dann an."

Dr. Robert Howard, der Chef-Sonnenphysiker von Mount Wilson, verfügt inzwischen über die größte Sammlung von Magnetfeld-Daten der Sonne. Seit 1904, als George Ellery Hale mit seinen Beobachtungen begann, haben Howards Vorgänger und er schon drei vollständige Magnetzyklen der Sonne, jeder etwa 22 Jahre lang, verfolgen können.

Am nächsten Tag besuche ich Dr. Robert Howard in Pasadena in den Räumen der Carnegie-Institution, die das Mount Wilson Observatorium betreibt. Er hat eine Neuigkeit für mich. Die von Larry Webster während der letzten Zeit gewonnenen Magnetogramme zeigen, daß die Sonne gerade jetzt einen neuen Zyklus im elfjährigen Auf und Ab ihrer Aktivität beginnt. Seit Mitte 1980, so haben Dr. Howard und sein Kollege Barry LaBonte festgestellt, ist das schwache allgemeine Magnetfeld der Sonne in der nördlichen Hemisphäre umgepolt worden. Die Feldlinien stoßen jetzt dort in die Sonnenoberfläche hinein, wo sie vorher ausgetreten waren.

„Und was macht das Feld am Südpol?" frage ich Dr. Howard.

„Bisher zeigt es noch keine Veränderungen. Wir erwarten aber eine Umpolung in sechs bis zwölf Monaten", erklärt er mir. Dann also läuft die Sonne wieder im Gleichtakt; dann hat sie das allgemeine, bisher noch nicht erklärbare Durcheinander der Magnetfelder zu Beginn eines neuen Zyklus überwunden und eine neue Runde in dem faszinierenden Auf und Ab ihrer Aktivität begonnen.

# 6

# Im Licht des Schattens

Enttäuschung spiegelt sich in den Gesichtern der Amateur-Astronomen, die um die halbe Erde nach Malindi in Kenia gereist sind, um wenige Minuten einer totalen Sonnenfinsternis zu erleben: Am Himmel ziehen dichte Wolken auf. Doch jener 16. Februar 1980 beschert ihnen noch Erfolg. Denn rechtzeitig zum Höhepunkt der Verfinsterung reißt die Wolkendecke auf

Der Mond nähert
sich der Sonne, die
durch eine schwarze
Scheibe im Fernrohr
abgedeckt ist. Wenn er
über sie hinweggleitet,
beginnt die Sonnen-
finsternis. Diese ein-
drucksvolle Aufnahme
wurde am 30. Juni
1973 an Bord der US-
Raumstation Skylab
gemacht. Sehr schön
wird hier die typische
asymmetrische Form
der »Minimumskorona«
sichtbar. Wenn der
Mond direkt vor der
Sonne steht, fällt sein
Schatten auf die Erde
und wandert als runder
dunkler Fleck über
ihre Oberfläche hinweg.
Den Weg des
Schattens zeigen vier
Aufnahmen eines
amerikanischen Erd-
satelliten vom 7. März
1970. Der Mondschatten
läuft von Westen nach
Osten über den Pazifi-
schen Ozean, Mexiko,
den Golf von Mexiko
und die USA in den
Atlantik hinein

**Mitten am Tag**
wird es dunkel, wenn
der Kernschatten
des Mondes die Erde
trifft. Am 16. Februar
1980 verdüsterte
der Mondschatten
einen schmalen, nur
100 bis 150 Kilometer
breiten Landstreifen
in Afrika und Indien. Der
Horizont bleibt bei
einer totalen Sonnen-
finsternis – anders
als nachts nach dem
Untergang der
Sonne – erhellt

Ein gespenstischer
Sonnenaufgang in der
libyschen Wüste:
Am 14. Dezember 1955
stieg die Sonne kurz
nach Beginn einer ringförmigen Finsternis über
den Horizont. Um
solche faszinierenden
Aufnahmen zu
machen, bedarf es sehr
exakter Finster-
nisberechnungen und
Ortsbestimmungen

Sie kamen aus allen Teilen der Welt. Sie kamen mit Flugzeugen und Reisebussen, manche als Anhalter, viele per Lastwagen, vollgeladen mit elektronischer Ausrüstung. Ihr gemeinsames Ziel: ein etwa 150 Kilometer breiter Landstrich in der Steppe Süd-Kenias.

Die Aussicht auf eine totale Sonnenfinsternis hatte diese Besucherscharen in ein Land gelockt, das sonst gerade wegen seiner unbedeckten Sonne Urlauber aus dem fernen Europa anzieht.

Am Vormittag des 16. Februar 1980 herrschten zwischen Kilimandscharo, dem Tsavo-Nationalpark und dem Ferien-Paradies Malindi am Indischen Ozean stellenweise Zustände wie zur Rush-Hour in München oder Hamburg. In Voi, einer verschlafenen Provinzstadt mit 5000 Einwohnern, blockierten 2000 Autos und 300 Busse die Straßen bis zum totalen Stillstand. „Es war", sagte mir am Ende des turbulenten Tages Stephen Njoroge, der eigens für diese Finsternis eingesetzte Regierungsbeauftragte in der Hauptstadt Nairobi, „das bedeutendste touristische Ereignis in der Geschichte Kenias."

An jenem Tag schob sich der Mond so exakt zwischen Erde und Sonne, daß sein Schatten just hier – das war vorausberechnet – voll auf die Erde fiel. Mit einer Geschwindigkeit von 2200 Kilometern pro Stunde jagte bei hellichtem Tag ein kreisrunder Schattenfleck, zuerst 91, dann 152 und schließlich 94 Kilometer groß, über die Erdoberfläche – vom Atlantischen Ozean über die afrikanischen Staaten Angola, Zaire, Tansania und Kenia, über den Indischen Ozean und Indien bis nach China, wo er die Erde wieder verließ.

Entlang dieser Schattenbahn, der schmalen „Totalitätszone", sollte die gleißend helle Sonne für gut vier Minuten völlig hinter der tiefschwarzen Mondscheibe verschwinden. Um dieses faszinierende Schauspiel zu beobachten,

war Hunderten von Sonnenforschern und Tausenden von Finsternis-Fans kein Weg zu den bevorzugten Beobachtungsplätzen in Kenia und in Indien zu weit.

In Kenia war zwar die Wahrscheinlichkeit, daß in den entscheidenden Minuten Wolken die Sicht behinderten, erheblich größer als in Indien – 60 Prozent Risiko gegenüber 25 Prozent. Dafür bot Kenia aber eine fast doppelt so lange Finsternis.

Ich hatte Kenia gewählt, nicht zuletzt deshalb, weil sich hier auch eine etwa 40 Köpfe starke Mannschaft von Wissenschaftlern und Technikern der verschie-

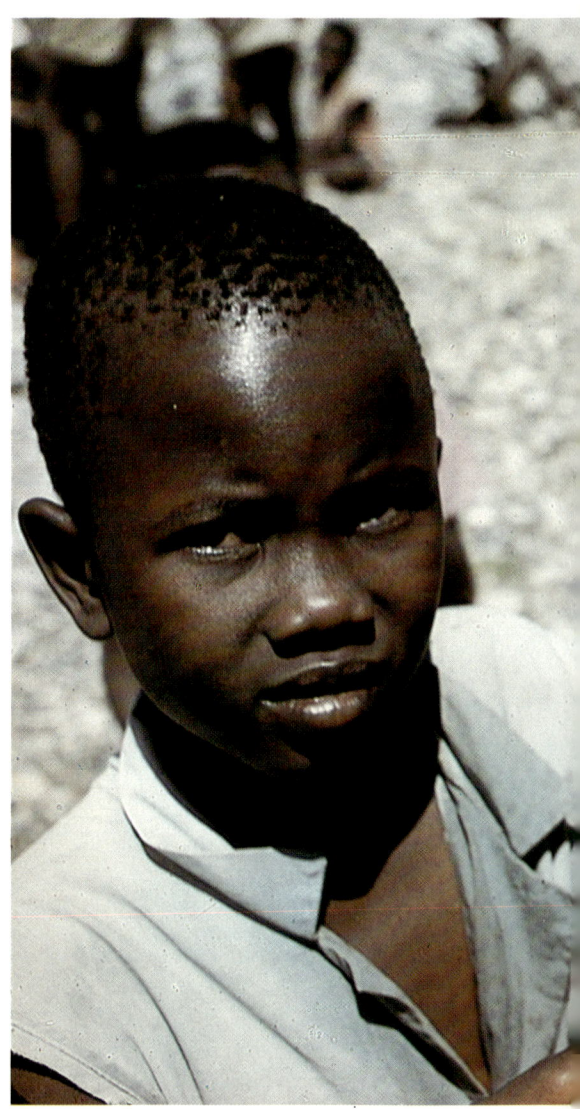

densten Forschungseinrichtungen der USA unter der Leitung der Raumfahrtbehörde NASA angesagt hatte. Die Amerikaner wollten zur italienischen Raketenplattform San Marco, die sich wenige Kilometer vor der Küste auf stählernen Stelzen über die Meeresoberfläche erhebt. San Marco lag mitten in der Totalitätszone und bot somit die seltene Chance, während der Finsternis Forschungsraketen mit Meßinstrumenten abzuschießen und die verdunkelte Sonne unbehindert von der Erdatmosphäre zu beobachten. Das wollte ich miterleben.

Während die Wissenschaftler für ihre Experimente jeden Handgriff minuziös übten, damit in den entscheidenden Minuten nichts verpatzt werde, hatte Finsterniskoordinator Njoroge ganz andere Sorgen. 1973 nämlich waren bei einer totalen Sonnenfinsternis im unerschlossenen Norden des Landes Menschen erblindet. Sie hatten in die erst teilweise vom Mond bedeckte Sonne geschaut, ohne die Augen durch geschwärzte Filtergläser oder berußte Glasscheiben zu schützen. Andere Eingeborene hatten sich in panischer Angst umgebracht, weil sie das kurze Erlöschen der Sonne

Nur wenn die Sonne völlig verfinstert ist, besteht bei der Beobachtung keine Gefahr für die Augen. Hat der Mond die Sonnenscheibe erst teilweise bedeckt, können ihre Strahlen die Netzhaut zerstören. Dunkle Gläser oder auch einfache geschwärzte Filmstreifen schützen vor solchen Schäden

als Weltuntergang deuteten. So etwas sollte diesmal nicht wieder passieren. Schon Monate vor der Finsternis wurden die Kenianer deshalb durch Plakate auf das Ereignis hingewiesen; Zeitungen und Rundfunk klärten die Bevölkerung immer wieder auf. Dennoch mußte Njoroge noch am Vorabend in der „Daily Nation" Befürchtungen zerstreuen, daß die verdunkelte Sonne verhängnisvolle Auswirkungen auf schwangere Frauen haben könne.

Die mit der Astronomie kaum vertrauten Kenianer verhielten sich, wie Menschen zu allen Zeiten auf eine totale Sonnenfinsternis reagiert haben. Sie rannten angsterfüllt davon und verbargen sich im hintersten Winkel ihrer Hütten. Andere begannen mit Trommeln, Blechdeckeln und mit ihrer Stimme einen gewaltigen Lärm, um den bösen Drachen der Finsternis, der der Sonne zusetzte, zu vertreiben.

Ähnliche Verwirrung stiftete diese Sonnenfinsternis vom 16. Februar 1980 auch in Indien. Von dort berichtete der Fotograf Harry Miller im Auftrag von GEO: „Nachmittags um 3.45 Uhr trat in der westindischen Stadt Ahmedabad Wachtmeister Velji Laluji mit seinem Gewehr aus der Polizeistation und eröffnete das Feuer auf den Mond. Zehn Schüsse gab er ab, bevor er entwaffnet wurde. Ihm sei, sagte Laluji, der Gott Ramdev im Traum erschienen und habe ihm befohlen, den Mond herunterzuschießen, damit der die Sonne nicht verfinstern könne."

Miller bemerkte weiter: „Der Polizist verhielt sich an diesem Tag kaum seltsamer als viele andere seiner 650 Millionen Landsleute. Eltern zum Beispiel umwickelten die Beine ihrer Kinder, weil sie glaubten, daß ‚während der Sonnenfinsternis alle Schlangen aus ihren Löchern kommen und uns beißen.' In Kurukshetra, einer den Hindus heiligen Stadt, 150 Kilometer nördlich von Delhi, strömten zur Finsternis mehr als

eine Million Menschen zusammen, um in den geweihten Teichen ein Bad zur Seelenreinigung zu nehmen – nach ihrem Glauben während einer Sonnenfinsternis besonders wirkungsvoll. Heilige Männer gruben sich bis zum Hals in die Erde, in der Hoffnung, daß ihre Sünden am Sand haften blieben."

Seit jeher galt es als Zeichen kommenden Unheils, wenn der Mond die Sonne mitten am Tag plötzlich verdunkelte.

Als Strafgericht Gottes deutete der Prophet Amos im Alten Testament eine solche Verfinsterung. Die Anregung dazu gab ihm möglicherweise die totale Sonnenfinsternis, die während der Regierungszeit des Gouverneurs Gosan im mesopotamischen Ninive zu sehen war – am Mittag des 15. Juni 763 v.Chr., wie Astronomen zweieinhalb Jahrtausende später zurückrechneten. Der Prophet verkündete: „Zur selben Zeit, spricht Gott der Herr, will ich die Sonne am Mittag untergehen lassen und das Land am hellen Tage lassen finster werden. Ich will eure Feiertage in Trauer und alle eure Lieder in Wehklagen verwandeln."

Schicksalhaft war die totale Sonnenfinsternis am 28. Mai 585 v.Chr. in Kleinasien. „Krieg war zwischen den Lydern und Medern ausgebrochen", berichtete der griechische Philosoph und Historiker Herodot um 450 v.Chr., „und er dauerte bereits fünf Jahre mit großer Heftigkeit und wechselndem Erfolg." Im sechsten Jahr rüsteten beide Heere zur Entscheidungsschlacht. Auf dem Höhepunkt des Kampfes wurde der Tag plötzlich zur Nacht. Thales, der Mileter, hatte dieses Ereignis vorausgesagt und die Ionier davor gewarnt. Sie blieben verhältnismäßig gelassen. Die Meder und Lyder dagegen waren völlig überrascht von der Finsternis am Tage. Herodot: „Sie ließen daraufhin vom Kampfe ab und schlossen Frieden."

Vermutlich hatte Thales von Milet bei seiner Vorhersage mehr Glück als Verstand. Denn zur exakten Berechnung einer Sonnenfinsternis fehlten ihm noch Kenntnisse, die Astronomen erst mehr als 2000 Jahre später gewannen.

Auch aus der im 4. Jahrhundert n. Chr. niedergeschriebenen Legende, daß im alten China die mythologischen Figuren Hsi und Ho mit dem Tode bestraft worden seien, weil sie dem Herrscher Yao ein nicht näher bezeichnetes Himmelsereignis – vielleicht eine Sonnenfinsternis – nicht angekündigt hatten, darf man keinesfalls auf ansonsten stets gelungene Vorhersagen schließen.

Glücklicherweise war das Risiko kaiserlicher Astronomen, wegen eines Versehens geköpft zu werden, nicht sehr groß: Nur alle paar hundert Jahre gerät ein bestimmter Ort auf der Erde in eine totale Sonnenfinsternis. Diese Faustregel kennt allerdings viele Ausnahmen. So werden zum Beispiel die Bewohner Hamburgs dereinst innerhalb von nur sieben Jahren gleich zwei totale Sonnenfinsternisse erleben – am 7. Oktober des Jahres 2135 und am 25. Mai 2142 –, nachdem die letzte in der Hansestadt ganze 319 Jahre vorher zu sehen gewesen war, nämlich am 19. November 1816.

Schon vor Christi Geburt waren die Astronomen zwar imstande, den Tag einer Sonnenfinsternis vorauszuberechnen, doch sie vermochten nicht zu sagen, *wo* sie stattfand und *wie* sie eigentlich ablief. Erst im 17. Jahrhundert gelang es, Sonnenfinsternisse genau zu berechnen.

Das erste lückenlose Verzeichnis von 8000 Sonnen- und 5200 Mondfinsternissen – bei denen der Mond im Schatten der Erde verschwindet – zwischen dem 10. November 1208 v.Chr. und dem 12. Oktober 2163 n.Chr. – das heißt, im Mittel eines Zweijahres-Zeitraumes fünf Sonnenfinsternisse und drei Mondfinsternisse – erschien 1887 in Wien, ein Jahr nach dem Tod seines Verfassers, des Österreichers Theodor von Oppolzer. Für seinen „Canon der Finsternisse", das berühmteste Buch der Finsternisberechnung, beschäftigte Oppolzer zehn Astronomen, die in jahrelanger Fleißarbeit, lediglich mit Logarithmen-Tafeln ausgerüstet, Finsternisse berechneten – beispielsweise auch, wann und wo die Sonne am 16. Februar 1980 vom Mond verdunkelt werden würde. Einer der Mitarbeiter von Oppolzer, Dr. M. Wilhelm Meyer, schrieb später, nach einigen hundert Sonnenfinsternissen sei er sich wie eine lebende Rechenmaschine vorgekommen. Trotz guter Bezahlung sei ihm die Arbeit derart verleidet worden, daß er sie schließlich aufgegeben habe.

Zu jener Zeit hatten die Astronomen bereits erkannt, daß sich die Sonne wäh-

In der Astrologie haben Sonnenfinsternisse, die seit jeher als angebliche Vorboten des Unheils die Menschen erschreckten, große Bedeutung. Dies drückt auch die Finsternisdarstellung auf dem Titelbild einer »Prognostik« aus dem Jahr 1536 aus, die von dem Deutschen Viktor Schönfeldt verfaßt wurde

rend einer Finsternis als ideales Studienobjekt präsentiert. Nur dann nämlich, wenn die Sonnenscheibe vom Mond völlig abgedeckt ist, wird die mächtige Gashülle sichtbar, die wie ein Strahlenkranz die Sonne umhüllt: die Korona. Der Engländer Francis Bailey prägte um 1840 diesen Begriff. Die Korona leuchtet etwa eine Million mal schwächer als die Sonnenoberfläche. Nur bei einer totalen Sonnenfinsternis können die Astronomen in ihre Geräte Licht leiten, das allein von der Korona stammt und über die Eigenschaften dieser Gashülle Aufschluß gibt.

Die erste überlieferte Finsternis-Expedition führte den amerikanischen Astronomie-Professor Samuel Williams vom Harvard College in Cambridge am 27. Oktober 1780 von Massachusetts zur Penobscot Bay im Staate Maine. Diese Meeresbucht lag damals – während des amerikanischen Unabhängigkeitskrieges – hinter den Linien der Briten, die dem Forscher generös freies Geleit gewährten. Die Finsternis sah Professor Williams dennoch nicht: Er hatte nämlich wegen mangelhafter Landkarten die schmale Totalitätszone verpaßt und erlebte nur eine nahezu vom Mond bedeckte Sonne.

Ein großes Aufgebot an Astronomen stand bereit, als sich am 8. Juli 1842 die Totalitätszone einer Sonnenfinsternis quer durch Europa von Spanien über Rußland und China bis in den Pazifischen Ozean zog. In Wien bestaunte der Dichter Adalbert Stifter das seltene Naturereignis, das ihn zu einem in der sonst so nüchternen Fachliteratur der Astronomen oft zitierten Stimmungsbild anregte: „Die Spannung stieg aufs höchste – einen Blick that ich noch in das Sternenrohr, er war der letzte; so schmal wie mit der Schneide eines Federmessers in das Dunkel geritzt, stand nur mehr die glühende Sichel da, jeden Augenblick zum Erlöschen. Und wie ich das freye Auge hob, sah ich auch, daß

bereits alle Anderen die Sonnengläser weggethan, und bloßen Auges hinauf schauten. Sie hatten auch keines mehr nötig; denn nicht anders als wie der letzte Funke eines erlöschenden Dochtes schmolz eben auch der letzte Sonnenfunken weg, wahrscheinlich durch die Schlucht zwischen zwei Mondbergen zurück. Es war ein ordentlich trauriger Anblick – deckend stand nun Scheibe auf Scheibe –, und dieser Moment war es eigentlich, der wahrhaft herzzermalmend wirkte. Das hatte keiner geahnt. Ein einstimmiges ‚Ah' aus aller Munde, und dann Todtenstille – es war der Moment, da Gott redete und die Menschen horchten."

Viele Astronomen scheuten, wenn es um eine totale Sonnenfinsternis ging, vor keinem aufwendigen Abenteuer zurück. Einer dieser Finsternis-Besessenen war der Franzose Pierre Jules Janssen vom Observatorium Meudon bei Paris. Obgleich er von Jugend an gelähmt war, ließ er sich 1870 mit einem Wasserstoff-Ballon aus dem von deutschen Truppen eingeschlossenen Paris ausfliegen, um im algerischen Oran die Finsternis vom 22. Dezember zu beobachten. Doch Janssens Mut und Mühe waren vergebens: Die Sonne blieb hinter Wolken verborgen.

Für eine Sonnenfinsternis im Jahre 1883 mobilisierte derselbe Janssen die französische Marine. Am 6. Mai sollte der Kernschatten des Mondes quer durch den Pazifischen Ozean laufen und nur einmal Land berühren, das Inselchen Caroline Island, 3700 Kilometer südlich von Honolulu. Das Kriegsschiff „L'Eclaireur" brachte den besessenen Forscher und mehrere Kollegen samt ihren Fernrohren von Frankreich aus in wochenlanger Reise um das stürmische Kap Hoorn herum in den Pazifik nach Caroline Island.

Dort fanden die Franzosen zu ihrer großen Überraschung schon amerikanische Kollegen vor, die ebenfalls mit ei-

Pierre Jules Janssen (1824–1907) war ein derart fanatischer Finsternisjäger, daß er 1870 mit einem Wasserstoff-Ballon aus dem belagerten Paris floh, um eine Sonnenfinsternis in Algerien zu beobachten. Ein anderes Mal gelangte er mit einem Kriegsschiff zu einer Finsternis im Pazifik

nem Kriegsschiff gekommen waren, der Korvette „Hartford".

Nicht weniger als 44 Beobachter standen schließlich am 6. Mai 1883 auf Caroline Island und erlebten eine Sonnenfinsternis, die relativ lange dauerte: fünfeinhalb Minuten. Eine Marmortafel mit der Aufschrift „Finsternisgruppe der Vereinigten Staaten, 6. Mai 1883" wurde errichtet, die in alle Ewigkeit an den ungewöhnlichen Besuch erinnern sollte.

Einen Höhepunkt erreichte das Finsternisfieber der Astronomen um die Jahrhundertwende. John M. Schaeberle vom amerikanischen Lick-Observatorium auf dem Mount Hamilton in Kalifornien konstruierte 1893 den „Jumbo", eine mehr als zwölf Meter lange Kamera. Sie war so schwer, daß sie – einmal aufgestellt – nicht nachgeführt werden konnte. Die Forscher mußten sie auf Stativen präzise auf den Ort ausrichten, an dem Sonne und Mond während der totalen Phase stehen sollten. Die Fotoplatten hatten eine Seitenlänge von rund 40 Zentimetern. Sie waren beweglich gelagert und folgten dem Lauf der Sonne während der Belichtung. Am unteren Ende der Jumbo-Kamera standen zwei Mitarbeiter in einer abgedunkelten Hütte und wechselten die Riesenplatten im Eiltempo.

Bis 1932 transportierten die Lick-Astronomen dieses Ungetüm zu fast jeder totalen Sonnenfinsternis. Nur die

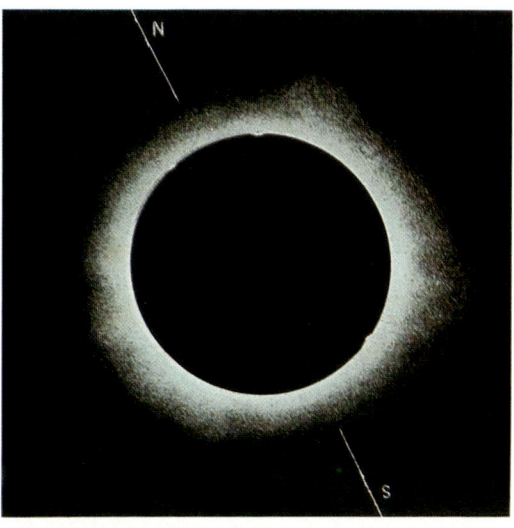

Eine der ersten Aufnahmen der Sonnenkorona gelang dem Jesuitenpater Angelo Secchi während der totalen Sonnenfinsternis vom 18. Juli 1860 in Spanien. Die fotografischen Platten waren damals noch so relativ unempfindlich, daß Secchi 40 Sekunden lang belichten mußte. Bei der Finsternis vom 28. Juli 1851 in Norwegen mußten sich die Expeditionsteilnehmer noch damit begnügen, das seltene Himmelsschauspiel zu zeichnen

John M. Schaeberle vom Lick-Observatorium in Kalifornien konstruierte für Finsternis-Expeditionen eine Superkamera, ein transportables Ungetüm, das von 1893 an fast vier Jahrzehnte lang bei jeder totalen Sonnenfinsternis dabei war: so am 30. August 1905 in Spanien, wo die Mitglieder der Finsternis-Expedition mit Angehörigen der Guardia civil vor ihrem »Jumbo« posierten; am 9. August 1896 in Japan (Bild unten rechts); am 22. Januar 1898 in Indien (unten Mitte); am 3. Januar 1908 auf Flint Island im Pazifik

Antarktis ließen sie aus; sie war zu jener Zeit nur allzu schwer zu bereisen. Die Ausbeute waren im besten Fall pro Sonnenfinsternis zehn Aufnahmen der Sonnenkorona.

Den Gipfel erreichten die aufwendigen Bemühungen während der Sonnenfinsternis vom 30. August 1905. Der Kernschatten lief innerhalb von zweieinhalb Stunden von Winnipeg in Kanada über Labrador, den Atlantik, Spanien und das Mittelmeer nach Ägypten. Das Lick-Observatorium ließ zwei weitere Jumbo-Kameras bauen, um in allen drei Ländern Aufnahmen machen zu können. Die Forscher wollten wissen, ob sich die Korona im Laufe einiger Stunden verändert. Doch die gewaltige Aktion geriet nur teilweise zu einem Erfolg. Der Jumbo in Labrador kam wegen Sturm und dichter Wolken nicht zum Einsatz. In Spanien bedeckten dünne Wolken die Sonne und ließen deshalb nur mäßige Aufnahmen zu. In Ägypten behinderte Staub in der Atmosphäre die Sicht.

Die Frage nach Veränderungen in der Korona wurde geklärt, nachdem der französische Optiker und Astronom Bernard Lyot 1930 den „Koronographen" erfunden hatte, mit dem er die Korona am Observatorium Pic-du-Midi fast 3000 Meter hoch in den französischen Pyrenäen auch außerhalb einer totalen Sonnenfinsternis beobachten und fotografieren konnte. Im Prinzip handelt es sich um ein Fernrohr, in dem eine Blende die Sonnenscheibe abdeckt und so den Mond ersetzt. Die Sonnenforscher vermochten nun die Korona stundenlang zu studieren und dabei deutlich zu erkennen, daß sie sich ständig verändert.

Trotz dieser Erfindung sind Reisen zu Orten der Sonnenfinsternisse nicht überflüssig geworden. Denn die Blende im Koronographen muß immer etwas mehr als die eigentliche Sonnenscheibe abdecken, um das Streulicht aus der ir-

Bernard Lyot erfand 1930 den Koronographen, mit dessen Hilfe die Sonnenkorona auch außerhalb einer Sonnenfinsternis sichtbar gemacht werden kann. Lyot ersetzte den Mond durch eine kleine Kegelblende im Fernrohr, die das gleißende Licht der Sonnenscheibe abschirmt

dischen Atmosphäre mit auszuschalten. Deshalb sind die innerste Korona und schwache Regionen der äußersten Sonnenkorona nicht mehr zu erkennen. Der Koronograph läßt also nur den Blick auf den mittleren Ring der Korona zu, enthüllt aber nicht den besonders interessanten inneren Ring nahe der Sonnenoberfläche und auch nicht den äußeren fern von ihr, wo sich die Korona im Weltraum verliert.

Sonnenfinsternisse sind auch unersetzlich, wenn es darum geht, Positionen von Sternen in Sonnennähe zu vermessen – wie es erstmals 1919 zur erfolgreichen Prüfung der Relativitätstheorie von Albert Einstein geschah – und um dort Kometen zu entdecken, was erstmals schon 1882 gelang. Meteorologen interessieren sich für die Finsternisse, weil sie nur dann das Verhalten der irdischen Luftschichten bei plötzlichem Lichtausfall untersuchen können.

So bereisten 1973 viele wissenschaftliche Expeditionen die Sahara, um in abgelegenen Regionen von Mauretanien, Mali, Niger, Tschad und Sudan am 30. Juni die längste Sonnenfinsternis unseres Jahrhunderts zu verfolgen – sie dauerte siebeneinhalb Minuten.

Diese afrikanische Finsternis von 1973 ging in die Geschichte der Sonnenforschung auch wegen einer bisher einzigartigen Unternehmung ein, die das Ereignis noch künstlich verlängerte. Von Las Palmas auf den Kanarischen Inseln startete am Morgen des 30. Juni eine eigens gecharterte Maschine vom Typ „Concorde", dem einzigen zivilen Überschallflugzeug der westlichen Welt. Als Passagiere an Bord: französische, britische, amerikanische Wissenschaftler.

Über Mauretanien schwenkte die Maschine in den heranrasenden Mondschatten ein und jagte dann in 16,2 Kilometer Höhe mit der doppelten Schallgeschwindigkeit von 2050 Kilometern pro Stunde (Mach 2,05) genau auf dem Kurs des Mondschattens mit – nur 96 Kilo-

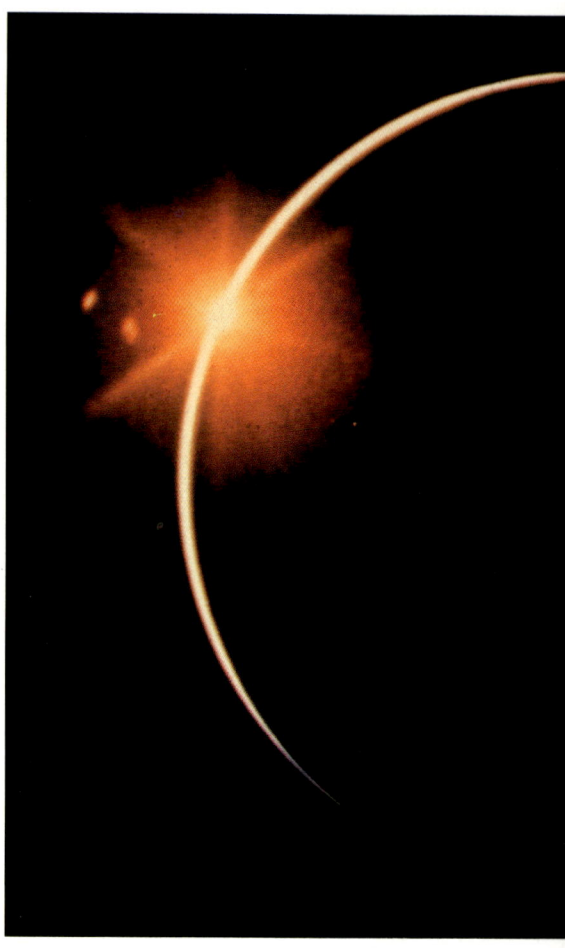

meter langsamer als er. 74 Minuten lang konnte die Maschine im Mondschatten mitfliegen, bis er ihr davoneilte. Auf diese Weise wurde das Unternehmen zur längsten totalen Sonnenfinsternis, die jemals beobachtet werden konnte – doch die Ergebnisse, insbesondere die Koronamessungen, fielen, verglichen mit dem Aufwand, eher dürftig aus. Vor allem die kleinen Fenster des Überschalljets beeinträchtigten die Aktivitäten der Forscher.

Um solches Handicap zu vermeiden, setzte die NASA in Kenia 1980 auch auf eine andere Technik. Sie ließ sieben Raketen, einen mit elektronischen Meßgeräten vollgepackten Bus und zwei fahrbare Antennen nach Afrika verfrachten.

„Vor, während und nach der totalen Verfinsterung", erläutert uns vor Ort

Nicht nur der Mond kann die Sonne verdunkeln. Am 24. November 1969 fotografierten die Astronauten des Raumschiffs Apollo 12 eine durch die Erde erzeugte Sonnenfinsternis. Nicht in exakten Kreisen, sondern in Ellipsen laufen die Erde um die Sonne und der Mond um die Erde. Wenn bei einer Sonnenfinsternis der Mond relativ weit von der Erde entfernt ist und die Sonne relativ nahe steht, vermag der Mond die Sonne nicht vollständig zu bedecken – es kommt zu einer ringförmigen Finsternis

der Organisator Bob Hickman von der NASA, „schießen wir zwei Astrobee D und drei Super-Arcas-Raketen sowie zwei Nike Black Brant 5 C ab. Die Astrobees und Arcas erforschen die oberen Schichten der Erdatmosphäre. Die Instrumente auf den Black Brants sollen die Sonnenkorona im Ultraviolettlicht aufnehmen, damit wir daraus später die Temperatur errechnen können." Doch die Kameras versagten.

Am Morgen dieses 16. Februar 1980 herrscht im Ferienort Malindi ein Rummel wie sonst nie. Schon von sechs Uhr früh an rollen unter meinem Hotelfenster Kolonnen von Safaribussen vorbei, vollgepackt mit Sonnenfans, die umschlungen sind von den Riemen der Futterale ihrer Fernrohre und Feldstecher, Kameras und Stative.

Pünktlich um 6.45 Uhr trifft Glenn Schneider, Dozent für Astronomie an der Universität von Florida, mit seinen Gefährten von der Amateur Observers Society ein. Mit ihm habe ich mich zur gemeinsamen Beobachtung verabredet, denn Glenn Schneider ist ein Finsternisspezialist, der nun schon seine neunte Sonnenfinsternis mitmacht.

Für mich ist es erst die zweite – von den vier teilweisen, also partiellen Sonnenfinsternissen abgesehen, die ich von Deutschland aus beobachten konnte. Bei ihnen verschwand die Sonne nicht total hinter dem Mond. Es wurde auch nicht merklich dunkler. Nur wenn mehr als 90 Prozent der Sonne abgedeckt sind, macht sich das Verschwinden des Sonnenlichts deutlich bemerkbar. Für wissenschaftliche Beobachtungen ist

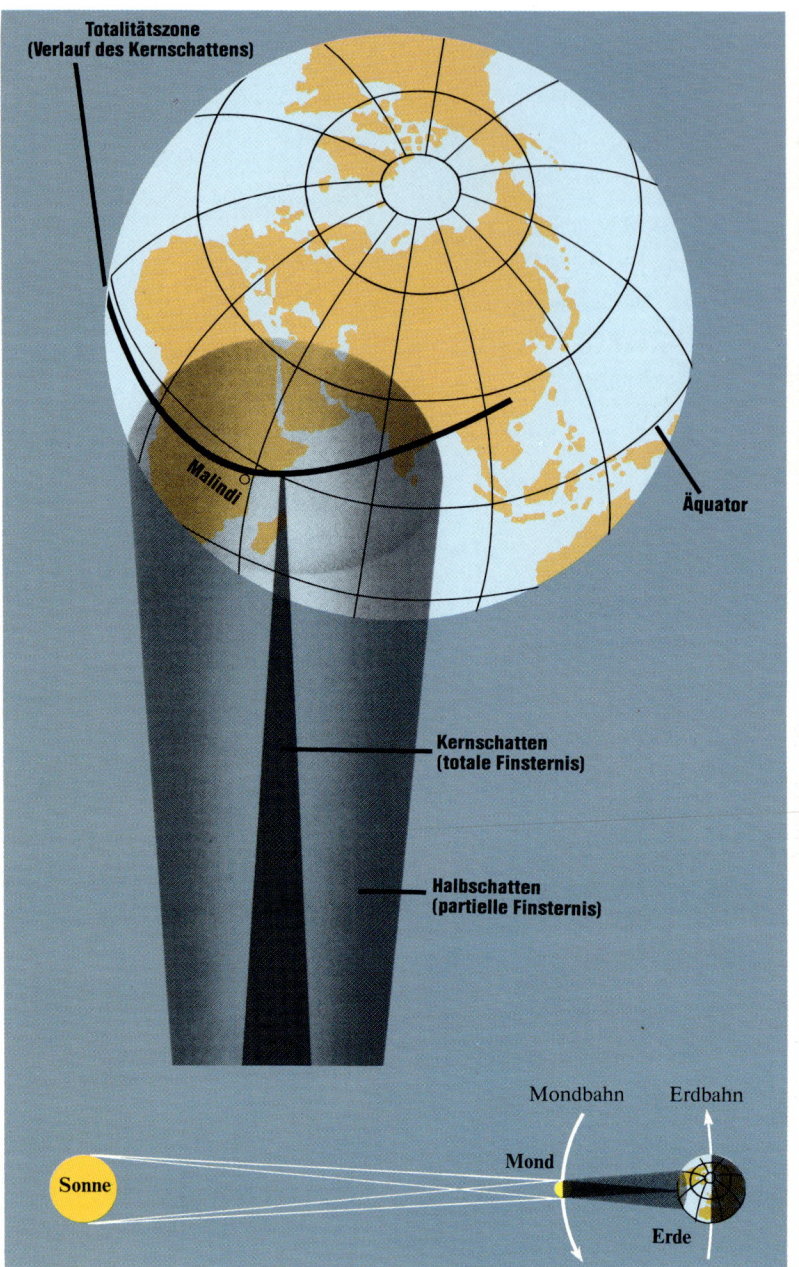

Totalitätszone
(Verlauf des Kernschattens)

Malindi

Äquator

Kernschatten
(totale Finsternis)

Halbschatten
(partielle Finsternis)

Sonne

Mondbahn        Erdbahn

Mond

Erde

Während einer Sonnenfinsternis wirft der Mond zwei unterschiedlich intensive Schatten auf die Erde: den Kern- und den Halbschatten. Nur in der Bahn des Kernschattens, hier nach der Finsternis vom 16. Februar 1980 gezeichnet, erscheint eine Finsternis total und es wird auf der Erde dunkel. In dem wesentlich größeren Bereich des Halbschattens ist nur eine partielle Finsternis zu sehen, und es bleibt hell. Kurz bevor der Kernschatten des Mondes am 16. Februar 1980 die indische Stadt Kurukshetra 150 Kilometer nördlich von Delhi erreichte, grub sich ein Angehöriger einer Sekte bis zum Hals in die Erde ein in der Hoffnung, daß seine Sünden am Sand haften blieben

darum vor allem die vollständige Bedekkung der Sonne durch den Mond interessant.

Daß Sonnenfinsternisse so verschieden ausfallen, liegt an der jeweiligen Stellung des Mondes zwischen Erde und Sonne. Der Mondschatten besteht aus zwei Teilen, einem Kernschatten und einem Halbschatten. Beide sind kegelförmig. Während jedoch der Halbschat-

ten mit wachsender Entfernung vom Mond immer breiter wird, zeigt der Kernschatten mit seiner Kegelspitze zur Erde. Seine Länge beträgt nur 367 000 bis 380 000 Kilometer, das entspricht ungefähr der Entfernung von der Erde zum Mond. Der Kernschatten kann deshalb die Erdoberfläche mit seiner Spitze höchstens knapp berühren und dort eine nur wenige hundert Kilometer breite

Spur ziehen. Lediglich für diese schmalen Streifen auf der Erdoberfläche verschwindet die Sonnenscheibe völlig hinter dem Mond. Deshalb sind totale Sonnenfinsternisse an einem bestimmten Ort so selten zu sehen. In der Bundesrepublik müssen wir noch bis zum 11. August 1999 darauf warten.

Oft reicht der Mondschatten nicht einmal bis zur Erde. Wer genau in der Verlängerung des Kernschatten-Kegels steht, sieht dann eine tiefschwarze Mondscheibe, umgeben von einem gleißendhellen Sonnenring – eine ringförmige Sonnenfinsternis. Schließlich gibt es noch die ringförmig-totale Finsternis. Sie beginnt als ringförmige Finsternis, der Kernschatten erreicht die Erdoberfläche also zunächst nicht. Dann tippt die Kegelspitze für Sekunden auf die

Erde – die Finsternis wird total – und entfernt sich schnell wieder.

Jede totale, ringförmige oder ringförmig-totale Finsternis ist stets auch eine partielle Finsternis. Eine nur teilweise Bedeckung der Sonne ist dann in einem mehrere tausend Kilometer breiten Gebiet zu sehen – überall dort, wo der Halbschatten des Mondes auf die Erdoberfläche fällt.

Von 100 Sonnenfinsternissen sind im Durchschnitt
28 total,
33 ringförmig,
4 ringförmig-total,
35 ausschließlich partiell.

Partielle Sonnenfinsternisse sind also relativ häufig. Zwei- bis fünfmal pro Jahr liegen große Teile der Erdoberfläche im Halbschatten des Mondes. In der Bundesrepublik stehen bis zum Jahr 2000 acht partielle Sonnenfinsternisse auf dem Kalender, und zwar am

20. Juli 1982 abends im äußersten Nordwesten;

15. Dezember 1982 morgens in der ganzen Bundesrepublik;

4. Dezember 1983 mittags im Süden;

30. Mai 1984 abends in der ganzen Bundesrepublik;

21. Mai 1993 nachmittags nur im äußersten Norden;

10. Mai 1994 abends in der ganzen Bundesrepublik;

12. Oktober 1996 nachmittags in der ganzen Bundesrepublik;

11. August 1999 mittags überall dort, wo keine totale Finsternis herrscht.

Glenn Schneider, mein erfahrener Finsternisführer, hat zur optimalen Beobachtung einen Hügel an der kenianischen Küstenstraße ausgewählt, nicht weit von der Raketenplattform San Marco. Wir teilen die Kuppe mit 15 Schweizern und Deutschen; ganz in der Nähe bauen 20 Japaner ihre Fernrohre und Kameras auf.

Es ist acht Uhr morgens, Ortszeit, an diesem 16. Februar 1980. Jetzt startet in Nairobi ein mit Spezialinstrumenten ausgerüstetes Flugzeug der US-Luftwaffe. Es soll über dem Indischen Ozean kreisen und auf den Mondschatten warten. Sobald er eintrifft, wird die Maschine auf genau vorherberechnetem Kurs mitfliegen, damit die Wissenschaftler an Bord die Sonne länger verdunkelt sehen können – sieben anstatt vier Minuten wie am Erdboden.

Aus dem Hafen von Mombasa läuft um diese Zeit das Hilfsschiff „Bison" aus, um vor der Küste Position zu beziehen. Es soll die Forschungsgeräte auffischen, die in San Marco hochgeschossen werden und nach drei Minuten Beobachtung an Fallschirmen zurücksinken. In San Marco selbst hat längst der Countdown für den Start der Raketen begonnen.

Die Sonne brennt, es ist bei etwa 32 Grad Celsius im Schatten ungemütlich heiß auf unserem Hügel, obwohl der ganze Himmel von einer dünnen Schicht zerfetzter Zirruswolken überzogen ist. Kurz vor zehn Uhr ist längst alles für das große Schauspiel der Totalität vorbereitet.

Glenn hat den Zeitzeichenempfänger in Betrieb genommen. „Noch fünf Minuten bis zum Ersten Kontakt", ruft er. Der Erste Kontakt: Das ist der Augenblick der ersten Berührung zwischen der hellen Sonnen- und der dunklen Mondscheibe.

9.57 Uhr: Wie auf Kommando heben wir Spezialbrillen, berußte Glasscheiben oder belichtete Filmstreifen vor die Augen und schauen nach oben. Klar erkenne ich am rechten Sonnenrand eine winzige schwarze Einkerbung, die der Mond verursacht. Die partielle Phase der Finsternis hat begonnen.

Unsere Vorfreude wird jäh getrübt, als wir über dem Meer dichte Kumuluswolken aufziehen sehen. Kurz vor elf Uhr verschwindet die Sonne hinter ihnen. Für einen Augenblick ringe ich um Fassung. Schon meine erste Sonnenfinster-

Protokoll einer Finsternis: Stück für Stück verschwindet die Sonne hinter dem Mond. Die Aufnahme entstand am 16. Februar 1980 in Kenia durch Mehrfachbelichtung. Sie zeigt, wie die Sonne fast senkrecht emporstieg, während sie immer weiter abgedeckt wurde. Nur während der völligen Verfinsterung leuchtete die Korona auf

MOBILE TELEMETRY VAN

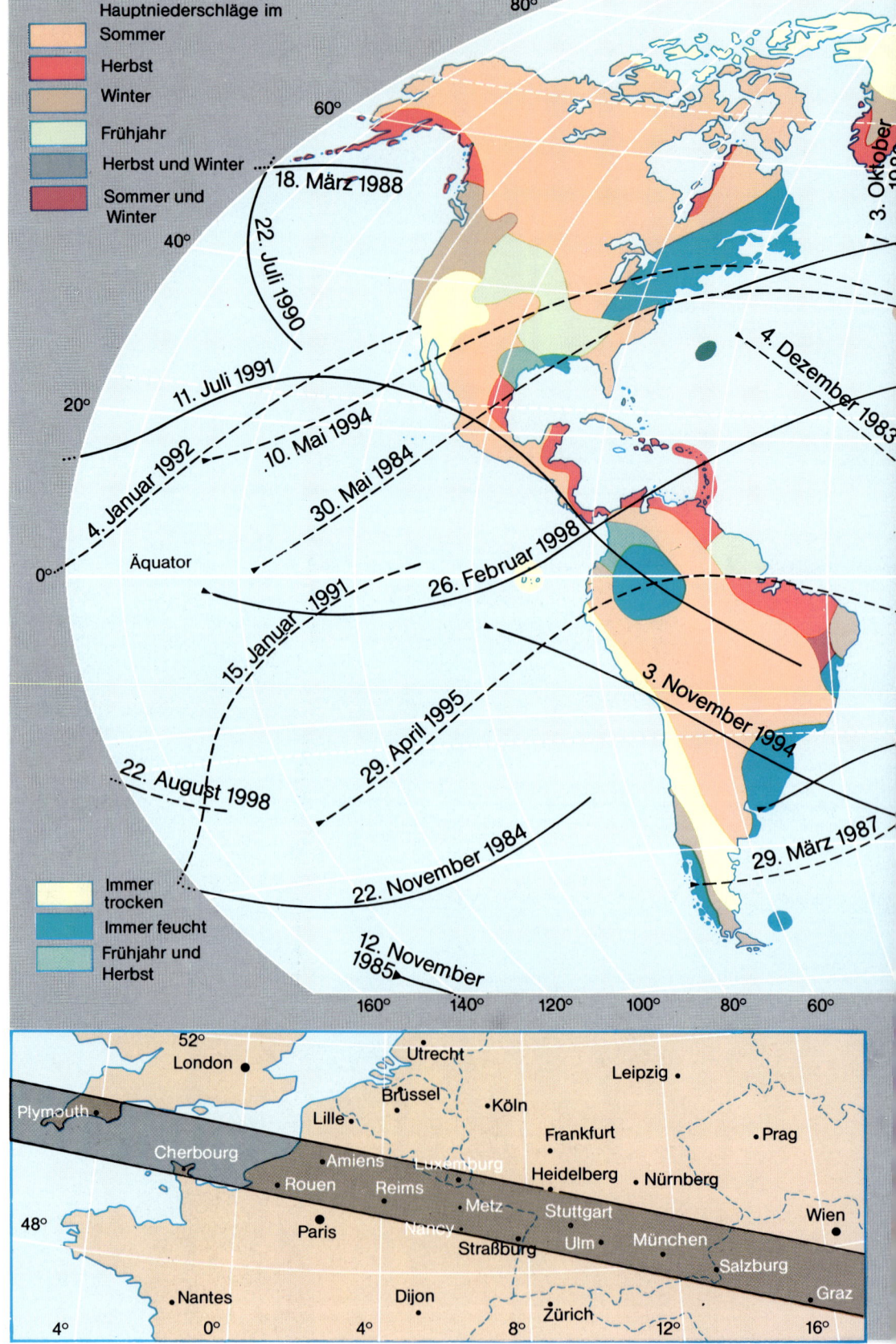

Hauptniederschläge im
- Sommer
- Herbst
- Winter
- Frühjahr
- Herbst und Winter
- Sommer und Winter

- Immer trocken
- Immer feucht
- Frühjahr und Herbst

18. März 1988
22. Juli 1990
11. Juli 1991
4. Januar 1992
10. Mai 1994
30. Mai 1984
15. Januar 1991
26. Februar 1998
29. April 1995
22. August 1998
22. November 1984
12. November 1985
3. November 1994
29. März 1987
4. Dezember 1983
3. Oktober 1986

80°
60°
40°
20°
0° Äquator

160° 140° 120° 100° 80° 60°

Bis zur Jahrtausendwende ist in Mitteleuropa nur eine totale Sonnenfinsternis zu sehen. Am 11. August 1999 wird der 109 Kilometer breite Kernschatten des Mondes zwischen 11.11 Uhr und 11.48 Uhr MEZ über Südengland, Nordfrankreich, Südbelgien, Luxemburg, Baden-Württemberg, Bayern und Österreich hinweglaufen

52° London
Utrecht
Leipzig
Plymouth
Brüssel
Köln
Lille
Frankfurt
Prag
Cherbourg
Amiens
Luxemburg
Heidelberg
Nürnberg
Rouen
Reims
Metz
Stuttgart
Wien
48° Paris
Nancy
Ulm
München
Straßburg
Salzburg
Nantes
Dijon
Zürich
Graz
4° 0° 4° 8° 12° 16°

156

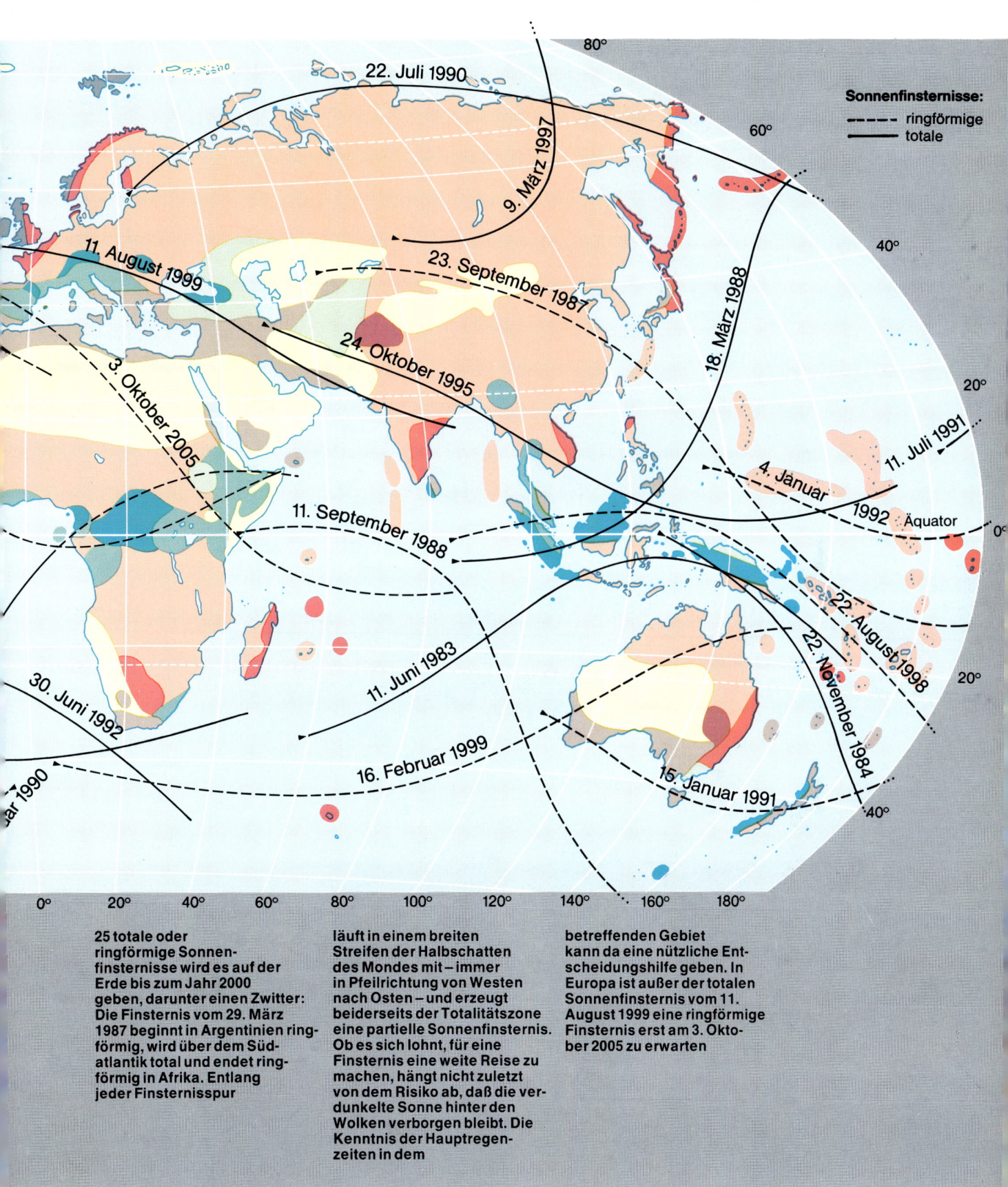

**Sonnenfinsternisse:**
- - - - ringförmige
———— totale

22. Juli 1990

9. März 1997

23. September 1987

11. August 1999

24. Oktober 1995

18. März 1988

3. Oktober 2005

11. Juli 1991

4. Januar 1992  Äquator

11. September 1988

22. August 1998

11. Juni 1983

30. Juni 1992

22. November 1984

16. Februar 1999

15. Januar 1991

...ar 1990

80°
60°
40°
20°
0°
20°
40°

0°  20°  40°  60°  80°  100°  120°  140°  160°  180°

**25 totale oder ringförmige Sonnenfinsternisse** wird es auf der Erde bis zum Jahr 2000 geben, darunter einen Zwitter: Die Finsternis vom 29. März 1987 beginnt in Argentinien ringförmig, wird über dem Südatlantik total und endet ringförmig in Afrika. Entlang jeder Finsternisspur läuft in einem breiten Streifen der Halbschatten des Mondes mit – immer in Pfeilrichtung von Westen nach Osten – und erzeugt beiderseits der Totalitätszone eine partielle Sonnenfinsternis. Ob es sich lohnt, für eine Finsternis eine weite Reise zu machen, hängt nicht zuletzt von dem Risiko ab, daß die verdunkelte Sonne hinter den Wolken verborgen bleibt. Die Kenntnis der Hauptregenzeiten in dem betreffenden Gebiet kann da eine nützliche Entscheidungshilfe geben. In Europa ist außer der totalen Sonnenfinsternis vom 11. August 1999 eine ringförmige Finsternis erst am 3. Oktober 2005 zu erwarten

nis, vor zehn Jahren in Florida, hatte sich hinter einer dichten Wolkendecke abgespielt. Während von den anderen Beobachtern vielstimmige Flüche herüberschallen, läßt sich Roger aus Arizona wie erschöpft auf den Boden fallen. Er ist verzweifelt: Er denkt wohl an die 4000 Dollar, die er und seine Frau Judy bezahlt haben, um auf diesen trostlosen Hügel in der kenianischen Steppe zu gelangen.

Mir wird eine eigenartige Diskrepanz bewußt: Sonnenfinsternisse lassen sich Jahrhunderte im voraus auf die Sekunde genau berechnen – beim Wetter klappt das oft noch nicht einmal für ein paar Stunden.

Doch wir haben Glück: Um elf Uhr ist die Sonne wieder da. Der Mond bedeckt sie schon gut zur Hälfte. Durch ein Spiegelteleskop sehe ich, daß die Oberfläche der Sonne mit Flecken übersät ist. Reihenweise verschwinden ihre Umbren und Penumbren jetzt hinter dem Mond.

11.17 Uhr. „Noch zehn Minuten bis zum Zweiten Kontakt", ruft Glenn über den Platz.

Zweiter Kontakt, das heißt: Beginn der Totalität. Der Schattenkegel, den der Mond auf die Erde wirft, ist in diesem Moment in Tansania am Kilimandscharo, etwa 300 Kilometer westlich von uns, angelangt.

Um 11.24 Uhr blitzt es am Horizont auf. Unter donnerndem Grummeln startet von San Marco die erste Rakete. Steil zieht sie, einen breiten Kondensstreifen hinter sich, der nun fast schwarzen Sonne entgegen. 330 Kilometer hoch soll sie steigen und diese Höhe genau bei Ankunft des Mondschattens erreichen. Dann wird die Spezialkamera in der Raketenspitze die Sonnenkorona fotografieren.

Zu 99 Prozent ist die Sonne jetzt hinter dem Mond verschwunden, aber von der Korona ist noch nichts zu sehen. Glenn hat an sein Fernrohr eine Filmkamera montiert und dazwischen ein optisches Gitter gesetzt, welches das Licht spektral zerlegt. Damit will er das „Flash-Spektrum" fotografieren, eine Erscheinung, die nur bei Sonnenfinsternissen auftritt, wenige Sekunden, bevor der Mond die Sonne völlig bedeckt.

Erstmals sah der amerikanische Astronom Charles Young während der totalen Sonnenfinsternis am 22. Dezember 1870 in Spanien dieses seltsame Phänomen, als er durch ein parallel zum Sonnenrand angeordnetes Spektroskop schaute: „Als die Sonnensichel schmaler wurde, verschwanden die dunklen Linien im Spektrum nach und nach – bis plötzlich, so wie eine Feuerwerksrakete ihre Sterne versprüht, das ganze Ge-

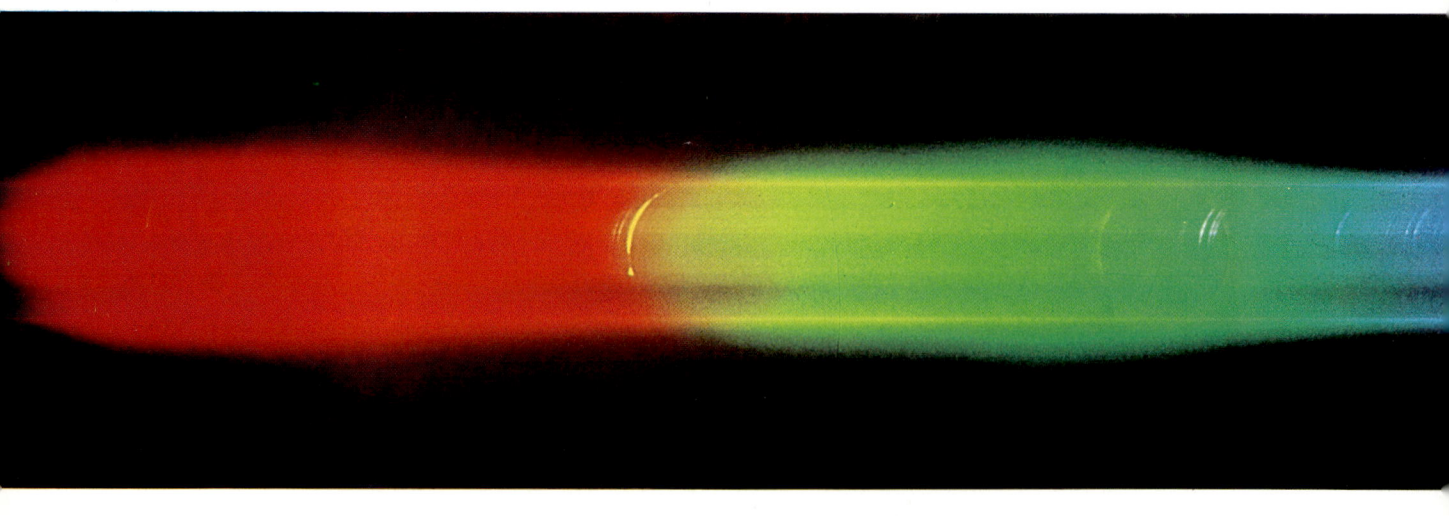

sichtsfeld mit hellen Linien erfüllt war, mehr als man zählen konnte. Das Phänomen kam so plötzlich, so unerwartet, es war so einzigartig schön, daß ich unwillkürlich aufschrie."

Die so überraschend für etwa zwei Sekunden sichtbaren Linien des Flash-Spektrums zeigten Young eindrucksvoll, daß Astronomen vor ihm das normale Sonnenspektrum mit seinen zahllosen dunklen Linien richtig gedeutet hatten. Es stimmte also, daß heiße Massen im Sonneninneren ein durchgehend farbiges Spektrum ausstrahlen, dem äußere gasförmige Schichten die dunklen Linien aufprägen wie ein erhitztes Gas dem Spektrum einer Glühbirne. Wenn unmittelbar vor einer Finsternis am äußersten Sonnenrand nur noch ein Stück Gashülle leuchtet, wenn nur der dunkle Weltraum hinter dem Gas liegt und kein Stückchen Sonneninneres, dessen Spektrum das Gas Absorptionslinien aufprägen muß − dann kann die Sonnenhülle ihre eigenen Emissionslinien zeigen, wie es heiße Gase tun, wenn kein anderes Licht sie durchstrahlt. Sobald die Sonne durch den Mond ausgeknipst erscheint, leuchten die bis dahin schwarzen Linien − jede entsprechend ihrer Wellenlänge − in allen Regenbogenfarben.

Nur zwei bis drei Sekunden lang blitzt das Flash-Spektrum farbig auf. Dann ist auch dieser Teil der Sonne dem Blick entzogen. Glenn Schneider muß höllisch aufpassen, um den seltenen Moment nicht zu versäumen.

Kaum hat er das Flash-Spektrum auf den Film gebannt, wächst vom Westen her plötzlich eine gewaltige, schwarze Wand rasend schnell auf uns zu, und schon stehen wir alle im Dunkeln. Der abrupte Wechsel ist überwältigend. Nur der Horizont rundum bleibt hell − dadurch unterscheidet sich die Finsternis von einer gewöhnlichen Dämmerung vor Einbruch der Nacht.

Um die tiefschwarze Mondscheibe leuchtet schlagartig ein weiß-bläulich schimmernder Strahlenkranz auf. Die Strahlen reichen bis in eine Entfernung von zwei Sonnendurchmessern in den Weltraum − etwa drei Millionen Kilometer weit. Das ist die Korona.

Unablässig klicken bei uns die Kameras; die Filmapparate surren, und alle schreien durcheinander: „Ist es nicht phantastisch?"

„Genau wie erwartet!"

„Eine echte Maximums-Korona!"

Von der San-Marco-Plattform werden jetzt in kurzen Abständen die Raketen abgefeuert, deren Grummeln sich in die aufgeregten Rufe mischt.

Mit meinem Feldstecher schaue ich zur Sonne. Das kann ich, solange die Son-

Charles A. Young (1834−1908) beobachtete 1870 als erster das »Flash-Spektrum«, das wenige Sekunden vor Eintritt der totalen Sonnenfinsternis am östlichen Sonnenrand blitzartig aufleuchtet. Der vom Mond fast erreichte Sonnenrand wirkt dann wie der Spalt eines Spektrographen. Das diesen »Spalt« durchdringende Licht der Chromosphäre erzeugt eine Kette heller Spektrallinien, die auf charakteristische Weise sichelförmig gekrümmt sind. Durch einen Spektralapparat werden sie zu einem Farbband auseinandergezogen

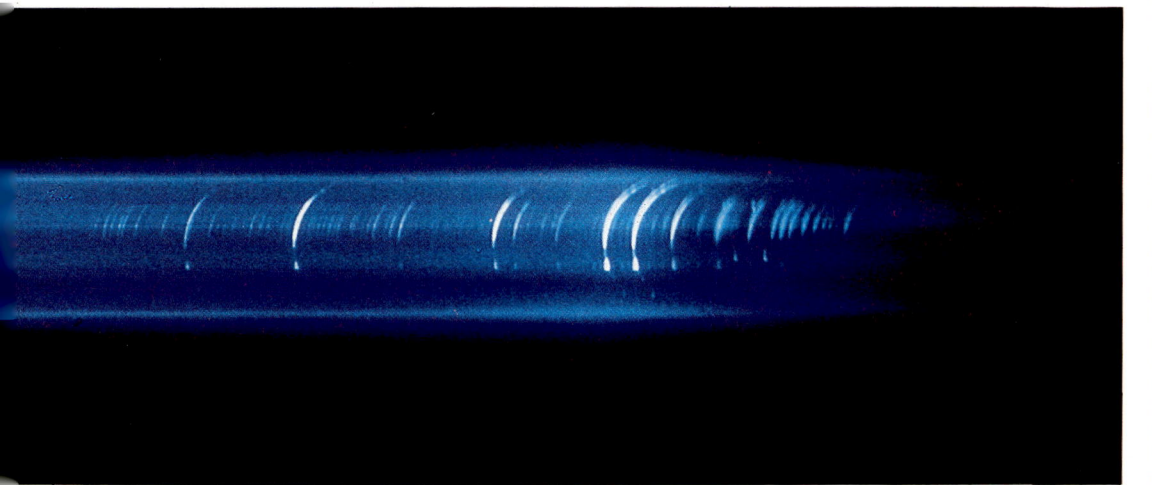

nenscheibe bedeckt ist, gefahrlos tun. Ich muß nur aufpassen, daß nicht die plötzlich wieder auftauchende Sonnenscheibe meine Augen gefährdet.

Eine „Maximumskorona" auf dem Höhepunkt einer Sonnenfleckenaktivität, ja, das sieht man ihr an: Die Korona ist fast kreisrund. Strahlen streben nach allen Seiten gleichmäßig von der Sonne fort. Bei einem Minimum der Sonnenflecken dagegen würde die Korona „Windfahnenstruktur" zeigen, wie die Sonnenphysiker sagen. Am Sonnenäquator sind die Strahlen dann lang, während an den Polen nur wenige kurze Strahlen nach oben und unten streben. Eine Minimumskorona ist flach und abgeplattet.

Den wechselnden Magnetfeldern auf der Sonne verdankt die Korona ihre unterschiedliche Form. An den Feldlinien, die an bestimmten Stellen ausnahmsweise nicht in sich geschlossen, sondern zum interplanetaren Raum hin geöffnet sind, konzentrieren sich die Gasteilchen, die diesen äußersten, weit in den Weltraum reichenden Teil der Sonnenatmosphäre bilden − einer Gashülle, die den eigentlichen Sonnenkörper umgibt. Die Gase der Korona sind äußerst dünn und extrem heiß. Wie die Sonnenphysiker dies in Erfahrung bringen

Der Strahlenkranz, der bei einer totalen Sonnenfinsternis sichtbar wird, verändert sein Aussehen im Laufe des Fleckenzyklus. Am 30. Juni 1973, bei geringer Sonnenaktivität, erschien die Korona asymmetrisch; sie hatte, wie die Sonnenphysiker sagen, »Windfahnenstruktur«. Bei der Finsternis vom 26. Februar 1979, kurz vor dem Höhepunkt des 21. Fleckenzyklus hingegen, strebten die Strahlen etwa gleichmäßig nach allen Seiten fort; die Korona wirkte rundlich

konnten, gehört zu den immer wieder verblüffenden Erfolgen, die durch die Detektivarbeit der Spektralanalyse möglich wurden.

Es begann damit, daß Charles A. Young und William Harkness bei der totalen Sonnenfinsternis vom 7. August 1869 in den USA im Spektrum der Sonnenkorona eine grüne Emissionslinie entdeckten, die keinem Element auf der Erde zugeordnet werden konnte. Das Wesen dieser „Grünen Koronalinie" galt lange als großes Rätsel der Sonnenforschung. Die Astronomen ordneten sie einem noch unbekannten Element zu, das sie „Coronium" nannten. Erst 1942 gelang es dem Schweden Bengt Edlén, das Rätsel um das Coronium zu lösen. Die grüne Linie stammt, wie der Forscher nachweisen konnte, von elementarem Eisen. Dieses irdische Allerweltsmetall befindet sich in der Sonnenkorona allerdings in einem Zustand, der auf der Erde nicht vorkommt: Das Eisen in der Korona ist 13fach elektrisch geladen − ionisiert −, das heißt, es wurde der Hälfte seiner Elektronen beraubt. Nur unter extremen Bedingungen, so zeigten physikalische Berechnungen, können Eisenatome diese Linie aussenden, nämlich bei Temperaturen von ein bis zwei Millionen Grad, und bei äußerst geringem Druck.

Daß die Korona weit draußen im All 260mal heißer ist als die Sonnenoberfläche mit ihren 5800 Grad, überraschte die Astrophysiker und warf neue Fragen über die Natur der Sonne auf, über die Mechanismen, die ihre Aktivität bestimmen. Da die Korona ständig Energie abgibt, muß sie von der Sonne ständig aufgeheizt werden. Aber wie? Bis heute sind in diesem Zusammenhang manche Fragen unbeantwortet, und so hält das Interesse der Sonnenphysiker für Finsternisse und die nur dann ungeschmälert sichtbare Korona an.

Während ich den Anblick dieser überwältigenden Himmelserscheinung ge-

Wie sich die Bilder gleichen: Die Darstellung einer Sonnenfinsternis aus dem 17. Jahrhundert – und die Massenversammlung gläubiger Inder, die am Ufer des Ganges die Finsternis vom 16. Februar 1980 erwarten. Wie einst sehen die Menschen dem Verschwinden der Sonne am hellichten Tage beklommen entgegen

nieße, sind Spezial-Kameras am Erdboden, im Flugzeug und in den Raketenspitzen auf die Korona gerichtet. Bei Hyderabad in Indien, wo sich die Sonne etwa zwei Stunden später verfinstern wird, bereiten sich allein 50 Wissenschaftler aus den USA darauf vor, die Korona in allen Farbbereichen mit Spektrographen und Polarisationsfiltern aufzunehmen. Diese Experten wollen versuchen, die Elektronenkonzentration in der Korona zu messen; sie wollen nach Wellenbewegungen im heißen Korona-Gas und nach schnellen, nach außen fließenden Gasströmen fahnden – und das alles in nur zwei Minuten und neun Sekunden, die ihnen in ihren indischen Standorten dafür zur Verfügung stehen.

Mit bloßem Auge erkenne ich jetzt vier rötliche Punkte am Sonnenrand. Der Feldstecher enthüllt mehr: Es sind riesige Gasfontänen, die aus der Sonne herausgeschleudert werden und in hohem Bogen zurückgleiten. Etwa 30 000 Kilometer hoch, so schätzt Glenn Schneider, wölben sich diese illuminierten Portalbogen über dem Sonnenrand. Das sind die Protuberanzen der Sonne, so seit 1842 benannt nach dem lateinischen Wort protuberare (= hervorbrechen, hervorquellen).

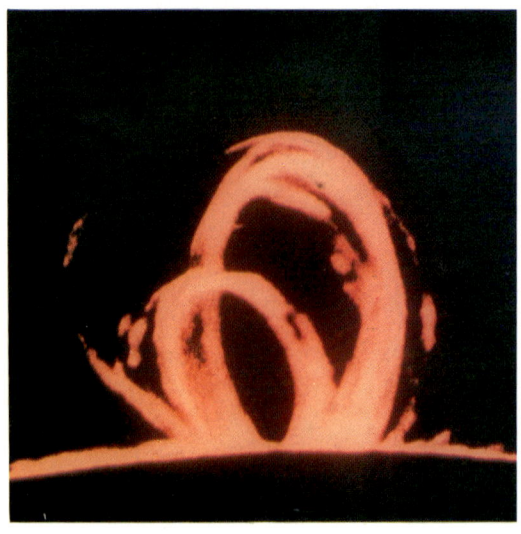

**Protuberanzen, aus der Sonnenoberfläche herausgeschleuderte Wolken aus glutrotem Wasserstoffgas, sind bei Sonnenfinsternissen gut zu beobachten. Die bogenförmige Struktur vieler Protuberanzen wird durch Magnetfelder hervorgerufen, an deren Feldlinien die glühenden Gasteilchen entlangwandern**

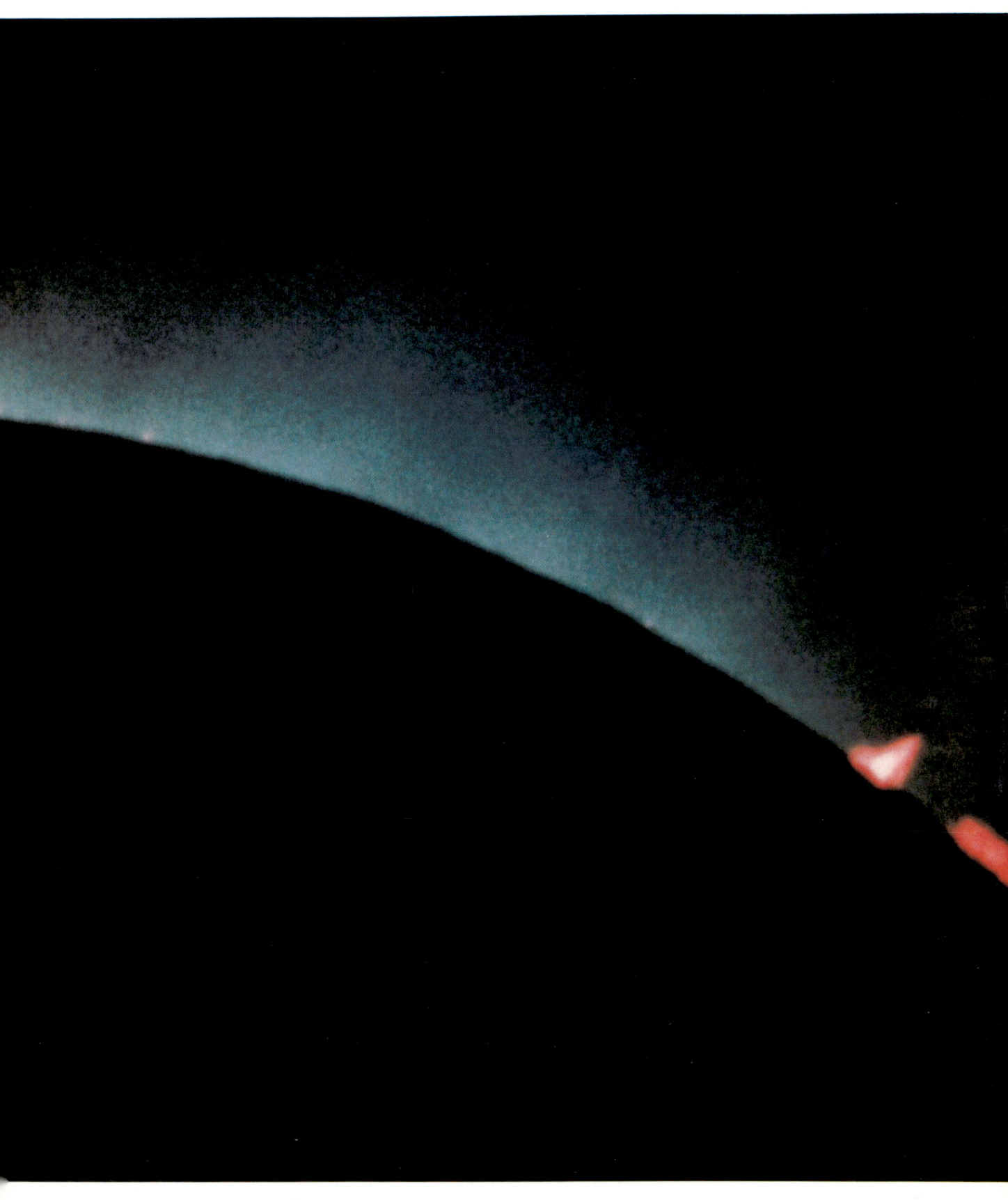

Protuberanzen bestehen überwiegend aus Wasserstoffgas, das bei einer Temperatur von rund 7000 Grad intensives rotes Licht ausstrahlt. Das Gas schießt gewöhnlich 15 000 bis 100 000 Kilometer hoch, erreicht aber auch erheblich größere Höhen. Die gewaltigste je fotografierte Protuberanz stieg am 4. Juni 1946 vom Sonnenrand auf. Sie hatte eine Länge von 800 000 Kilometern bei einer Breite von 215 000 Kilometern.

Die meisten Protuberanzen bilden sich zwischen Fleckengebieten und stehen in unmittelbarem Zusammenhang mit ihren Magnetfeldern. Daß die Protuberanzen bei aller Formenvielfalt häufig Schleifen und Bögen bilden, ist darum kein Zufall: Die leuchtenden Gasteilchen wandern an den magnetischen Kraftlinien entlang und machen sie so sichtbar.

Die drei Minuten und 45 Sekunden totaler Finsternis sind fast um.

„Paßt auf das Perlschnurphänomen auf", ruft jemand.

Wenn der Mond die Sonne allmählich freigibt, dringt das Licht zunächst durch die Täler zwischen den Bergen am Mondrand hindurch: Für den Bruchteil einer Sekunde ist von der Sonne nicht mehr zu sehen als eine Kette von Lichtperlen. Sie wachsen sehr schnell zu einer Sichel zusammen, die den halben Mond umrandet. Und kaum hat sich die Sichel gebildet, ist die Landschaft um uns herum schlagartig wieder hell. Der Mondschatten jagt mit mehrfacher Schallgeschwindigkeit über den Indischen Ozean davon. Schon nach drei Sekunden sehen wir ihn nur noch wie eine dunkle Gewitterwand fern am Horizont.

Meine amerikanischen Sonnenfreunde jubeln, springen um ihre Instrumente herum, führen wahre Freudentänze auf. Alles hat geklappt. Keiner hat vergessen, im entscheidenden Moment auf den Auslöser zu drücken, keinem fiel vor Begeisterung die Kamera aus der Hand.

Noch dauert die Sonnenfinsternis an, es ist zwar keine totale mehr, aber eine partielle. So langsam, wie der Mond vor die Sonne gerückt ist, gibt er sie dem Blick nun wieder frei. Erst mehr

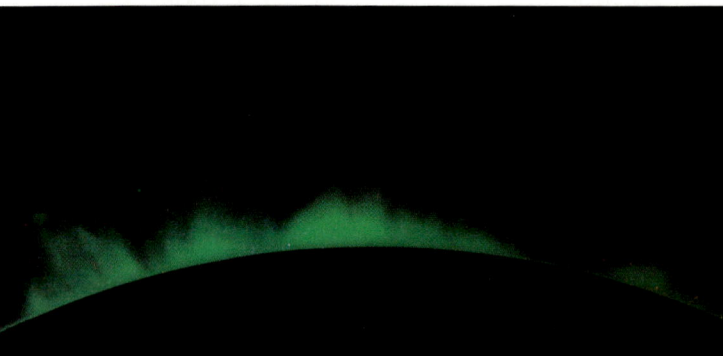

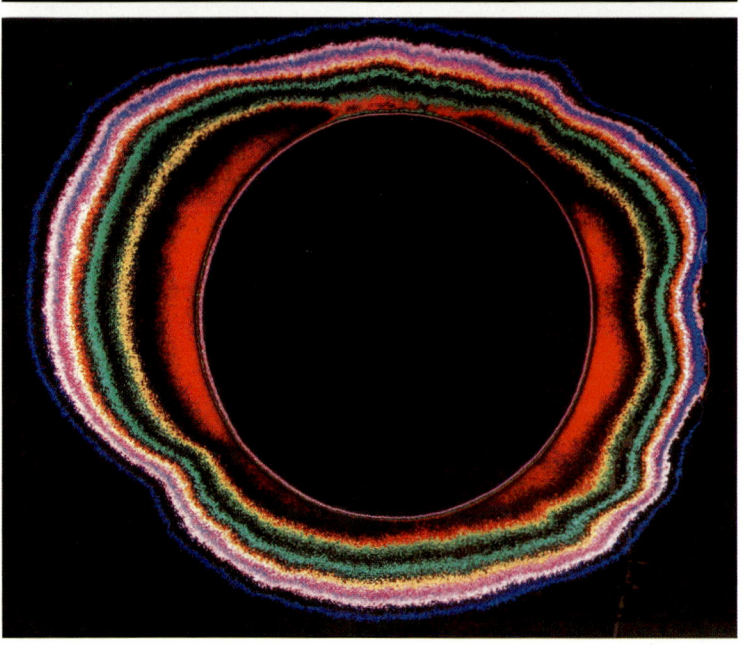

Der Koronograph, der den Strahlenkranz der Sonne auch außerhalb einer totalen Finsternis sichtbar werden läßt, enthüllt nur den innersten, hellsten Teil der Korona – hier in grünem Licht, das aus dem gesamten von der Korona ausgestrahlten Licht herausgefiltert wurde. Während einer Sonnenfinsternis hingegen reicht der sichtbare Teil der Korona viel weiter ins All hinaus. In der Aufnahme vom 30. Juni 1973 markieren willkürlich gewählte Falschfarben jeweils Zonen gleicher Helligkeit

als eine Stunde später, um 13.05 Uhr Ortszeit, ist die Finsternis wirklich zu Ende. Aber niemand kümmert sich jetzt mehr um Sonne und Mond. Die Instrumente werden eilends zusammengepackt, und schon rollen die ersten Busse, in braune Staubwolken gehüllt, zurück zu den Hotels und Flughäfen von Malindi und Mombasa.

„Also bis zum nächsten Mal?" fragt Glenn Schneider.

Ja, wenn es irgend geht, werde ich immer wieder dabei sein, um das grandiose Himmelsschauspiel aufs neue zu erleben.

Einer will mit Sicherheit dabei sein: Professor Max Waldmeier, inzwischen emeritierter Direktor der Eidgenössischen Sternwarte in Zürich, Nestor der europäischen Sonnenforschung und Rekordhalter in der Beobachtung von Sonnenfinsternissen – sieht man von den Passagieren jenes im Resultat unbefriedigenden „Concorde"-Fluges im Juni 1973 einmal ab. Niemand hat auf der Erde so lange im Kernschatten des Mondes gestanden wie er: insgesamt knapp 45 Minuten lang.

Dazu brauchte Professor Waldmeier fast 30 Jahre. Im Februar 1952 fuhr er zu seiner ersten Finsternis nach Khartum im Sudan. Seitdem verfolgt er den Mondschatten rund um die Erde mit einem acht Meter langen Fernrohr, das ein acht Zentimeter großes Sonnenbild erfaßt.

Waldmeiers Finsternis-Chronik liest sich wie ein Fernreisekatalog von heute: Sri Lanka, Chile, das ehemalige Spanisch-Sahara, Papua-Neuguinea, Mexiko, Mauretanien, Australien, Indien . . . Nach Sibirien reiste er für ganze 43 Sekunden Beobachtungszeit.

Jedes Expeditionsgebiet wurde vorher von ihm und seinen Mitarbeitern gründlich ausgekundschaftet. Bei solch unermüdlichem Einsatz ließ auch das Glück nicht auf sich warten. Von keiner seiner Expeditionen kehrte der Professor mit leeren Händen zurück, trotz Wolken, Regen und Sturm. Um dem unberechenbaren Wetter ein Schnippchen zu schlagen, teilte Waldmeier seine Forschergruppe grundsätzlich auf zwei Orte auf, die Hunderte von Kilometern auseinanderlagen. So sah er selbst zwar 1955 in Sri Lanka vor lauter Wolken nichts von der Sonne; seine Gehilfen weiter westlich aber hatten klaren Himmel.

Wie fühlt er sich als Weltrekordinhaber, der, über alle die Jahre zusammengerechnet, 45 Minuten lang die Sonne mit ihrer Korona sah? Waldmeier winkt ab:

„Wirklich gesehen habe ich die Sonnenkorona immer nur auf den vielen Bildern, die wir im Anschluß an unsere Expeditionen auswerteten. Bei der Finsternis selbst war ich stets so beschäftigt, daß ich vor lauter Knipsen, Filmwechsel, Kontrolle der Instrumente und Aufpassen, daß alles richtig läuft, kaum einen Blick nach oben werfen konnte."

„Sie haben die Sonnenkorona niemals in natura gesehen?" fragte ich den Champion ungläubig.

„Doch, einmal", räumt Waldmeier ein, „gleich bei meiner ersten Sonnenfinsternis 1952 in Khartum. Da hatte ich eine Kamera mit einer Wechselkassette, die zwölf Platten faßte. Nach der siebenten Aufnahme klemmte irgend etwas im Apparat, und er war weder mit Liebe noch mit Gewalt wieder in Gang zu bringen. Für die restlichen Minuten des Ereignisses war ich zur Untätigkeit verdammt – aber so hat mir die Panne das Erlebnis erlaubt, die Korona in ihrer ganzen Herrlichkeit direkt zu bewundern wie später nie mehr."

**Professor Max Waldmeier von der Eidgenössischen Sternwarte in Zürich hält einen Weltrekord besonderer Art: Er hat die meisten totalen Sonnenfinsternisse erlebt. Als er 1955 in Sri Lanka seine Instrumente für eine Finsternis aufbaute, freute er sich auf das Himmelsspektakel vergebens – die verdunkelte Sonne blieb hinter einer Wolkendecke verborgen**

# 7

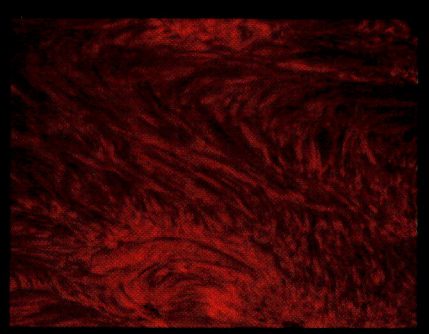

## Explosionen auf dem Feuerball

**D**ie Sonnenflecken brachten die Astronomen erstmals auf den Gedanken, daß die Sonne „lebendig" sei. In manchen Jahren schäumt sie geradezu über vor Aktivität; in anderen langweilt sie den Beobachter durch eine fast leere, scheinbar ruhig strahlende Oberfläche.

Anfangs zählten die Forscher die Flecken, um die Aktivität der Sonne quantitativ zu erfassen. Dies hatte den Nachteil, daß einzelne kleine Sonnenflecken ebenso gewertet wurden wie große Flecken in Gruppen. Deshalb entwickelte der Schweizer Astronom Rudolf Wolf im Jahre 1848 − immerhin erst 240 Jahre nach der Entdeckung der Flecken − eine „Flecken-Relativzahl". Wolf zählte zunächst alle Fleckengruppen auf der Sonne zusammen − wobei ein isolierter, einzelner Fleck als Gruppe galt − und multiplizierte die Summe mit 10. Dazu addierte er die Gesamtzahl aller Flecken. Hatte er zum Beispiel 25 Flecken gezählt, die in zwei Gruppen angeordnet waren, so berechnete er als Relativzahlen $2 \times 10 + 25 = 45$. Wolfs niedrigste Relativzahl − nach der Null − war darum gleich Elf ($1 \times 10 + 1$).

Nach dieser Rechnung ermitteln die Astronomen die Relativzahlen noch heute. Da jedoch manche Fernrohre stärker vergrößern oder der Beobachter bei gutem Wetter mit ihnen mehr Flecken sieht als Wolf mit seinem Fernrohr bei 64facher Vergrößerung, werden die Relativzahlen der verschiedenen Observatorien in Wolfsche Standardwerte umgerechnet. Das erledigten bis Ende 1980 die Astronomen an der Eidgenössischen Sternwarte in Zürich, die als Sammelstelle für Sonnenfleckenbeobachtungen aus aller Welt diente. Seit Anfang 1981 befindet sich die internationale Sonnenfleckenzentrale im Observatoire Royal Belgique in Uccle bei Brüssel.

Auf dem Höhepunkt des bislang letzten vollendeten Sonnenfleckenzyklus, am 24. Februar 1969, errechneten die Astronomen eine Standard-Relativzahl von 215. Von da an ging die Aktivität der Sonne stetig zurück. Am 15. November 1974 betrug sie nur noch 16. Aber schon bahnte sich auf der ruhig gewordenen Sonne ein neuer Fleckenzyklus an, der einundzwanzigste im elfjährigen Rhythmus seit 1755, dem Beginn der Zählung. An jenem 15. November nämlich meldete Professor Max Waldmeier in Zürich, der „Sonnenfinsternis-Weltrekordler", daß 37 Grad nördlich des Sonnenäquators ein kleiner Fleck aufgetaucht sei. Er stand dicht am Westrand der Sonne und verschwand schon zwei Tage später auf Nimmerwiedersehen hinter dem Sonnenrand.

Dieser Sonnenfleck lag erstaunlich weit vom Sonnenäquator entfernt. Vor und nach einem Sonnenfleckenminimum bilden sich, wie schon Carrington 1863 entdeckt hatte, immer zwei Zonen von Sonnenflecken aus. Die Flecken des alten, erlöschenden Zyklus stehen dicht beim Sonnenäquator, während die neuen in Breiten von 40 Grad Nord oder Süd, selten bis 50 Grad, an der Sonnenoberfläche auftauchen.

Nachdem sich der neue Zyklus auf diese Weise bereits angekündigt hatte, nahm die Aktivität der Sonne immer weiter ab. 1975 erreichte die Fleckenrelativzahl im Jahresdurchschnitt nur noch den bescheidenen Wert von 15,5. Immer häufiger war die Sonne nun sogar völlig fleckenfrei.

Doch selbst an solchen Tagen ist es auf der Sonne nicht etwa still. Durch ein größeres Teleskop betrachtet, sieht ihre Oberfläche unruhig, flackernd und merkwürdig zerrissen aus; der Anblick erinnert an ein Mosaik dicht zusammengedrängter Eisschollen auf einem Fluß oder auch an Schäfchenwolken, die man aus einem Flugzeug von oben betrachtet. Schon der britische Astronom Wilhelm Herschel, der noch glaubte, die Sonne sei bewohnt, beschrieb die Sonnenoberfläche im Jahr 1801 als rauh und gefleckt. Doch erst 60 Jahre später gelangen genauere Beobachtungen und nochmals 16 Jahre danach erste fotografische Aufnahmen dieses Phänomens, das man nach einem Vorschlag des britischen Astronomen William Dawes als „Granulation" (lateinisch: granulum = Körnchen) bezeichnet.

Diese unregelmäßig geformten „Körnchen" sind etwa 1000 Kilometer groß und als hellere Gebiete durch schwarze Zwischenräume voneinander getrennt. Ununterbrochen verändern sie ihr Aussehen, explodieren oder lösen sich nach etwa 10 bis 15 Minuten auf, um neuen Granulen Platz zu machen. Die Sonnenoberfläche sieht somit aus wie kochendes, brodelndes Wasser. Die Granulation ist immer vorhanden, einerlei, ob die Sonne von Flecken übersät oder gänzlich unbefleckt ist.

Am 17. Mai 1975, einem nahezu fleckenfreien Tag, starteten Forscher des jetzigen Kiepenheuer-Instituts für Sonnenphysik in Freiburg einen wissenschaftlichen Großversuch, um Genaueres über die Granulation zu erfahren. Nahe dem Ort Palestine in Texas, wo das National Center for Atmospheric Research eine für den Start von Ballons besonders ausgerüstete Anlage unterhält, ließen sie einen Ballon in die Stratosphäre aufsteigen, in dessen Gondel ein kompliziertes Sonnenteleskop mit einem Spektrographen eingebaut war. Dieses „Spektro-Stratoskop", wie das Gerät getauft wurde, schwebte mehr als neun Stunden lang 28 Kilometer hoch über dem Erdboden. In der dünnen Höhenluft weit über den dichten Schichten der Erdatmosphäre schoß das automatische Teleskop mehr als tausend Aufnahmen von der Sonne und zeichnete 400 Spektren auf.

Nachdem das Spektro-Stratoskop am Fallschirm gelandet war, offenbarten Fotos und Spektren von der Sonnenoberfläche Details, die vom Erdboden aus, durch das ständig bewegte Luft-

meer hindurch, nicht wahrzunehmen sind. Die Fotos zeigten − wie auch die von früheren Ballonunternehmungen der USA und der Sowjetunion − die Sonne deutlicher als je zuvor, übersät mit Millionen von Granulen. Da die Aufnahmen in Abständen von nur wenigen Sekunden geschossen worden waren, ließ sich die Entwicklung der einzelnen Gaszellen − denn darum handelt es sich bei den Granulen − genau beobachten. Zunächst klein und unscheinbar, dehnten sie sich plötzlich aus, explodierten und zerfielen danach in kleinere Fragmente.

Noch weitaus aufschlußreicher waren die Spektrogramme, die das Spektro-Stratoskop von seinem Höhenflug mitbrachte. Diese Quelle der Erkenntnis für Sonnenforscher, geradezu ein Sesam-öffne-dich zu den Geheimnissen des Sonnenballs, enthüllte sogar deutlich die Bewegungen des Gases in den Granulen.

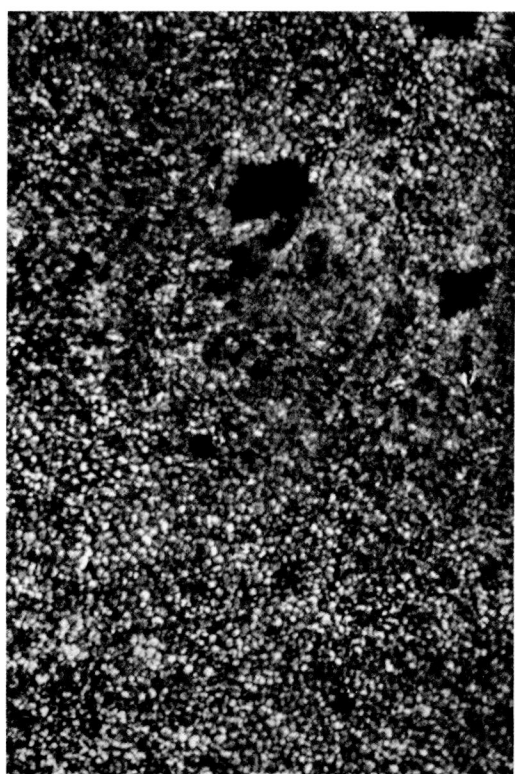

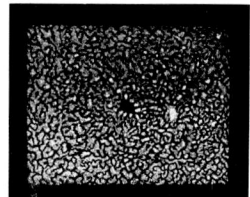

Selbst wenn die Sonne ganz ruhig erscheint, erinnert der Anblick ihrer Oberfläche an ein Mosaik von Eisschollen, die ständig in Bewegung sind. Diese Granulen (»Körnchen«) zeichnete Angelo Secchi schon 1865 mit erstaunlicher Genauigkeit (kleines Bild). 20 Jahre später gelang Pierre Jules Janssen eines der ersten Fotos der Sonnengranulation. Die »Körnchen« haben im Mittel einen Durchmesser von 1000 Kilometern

Die schwarzen Spektrallinien, die das Spektro-Stratoskop von der granulenübersäten Sonnenoberfläche gewann, sehen nämlich nicht glatt aus wie mit dem Lineal gezogen, sondern unregelmäßig eingekerbt und ausgebuchtet wie der von Höhenwinden zerzauste Kondensstreifen eines Düsenflugzeugs. Diese Unebenheiten werden durch denselben physikalischen Effekt ausgelöst, den jeder schon einmal erlebt hat, wenn ein Polizeiwagen mit heulender Sirene vorbeifährt: Die Sirene schrillt, solange das Auto sich uns nähert, in immer höheren bis höchsten Tönen; wenn es vorbeigefahren ist, wird der Ton allmählich wieder tiefer.

Beides, Schall und Licht, werden durch Wellen übertragen, und bei allen Arten von Wellen, deren Quelle sich bewegt, tritt der nach dem österreichischen Physiker Christian Johann Doppler benannte „Doppler-Effekt" auf. Was dieses Phänomen mit der Gasbewegung in den Granulen zu tun hat, bedarf einer genaueren Erklärung.

Ob wir hohe oder tiefe Töne hören, hängt von der Frequenz der Schallwellen ab, also von der Anzahl der Schwingungen pro Sekunde. Je mehr Schwingungen unser Ohr treffen, um so höher erscheint uns ein Ton. Bewegt sich nun eine Schallquelle, etwa jener Polizeiwagen, auf uns zu, so werden die Wellen gewissermaßen gestaucht, ihre Länge verkürzt sich, und damit erhöht sich die Frequenz, die wir wahrnehmen. Wenn sich hingegen der Wagen mit seiner heulenden Sirene von uns entfernt, müssen die Schallschwingungen entgegen der Fahrtrichtung zurücklaufen. Sie verlängern sich dadurch, ihre scheinbare Frequenz vermindert sich, und der Ton wirkt tiefer.

Seit Jahrzehnten schon nutzen Astronomen den Doppler-Effekt des Lichtes, um festzustellen, ob ein Stern oder ein Spiralnebel sich der Erde nähert oder sich von ihr entfernt. Sind nämlich die Linien im Spektrum, das aus einem Himmelskörper aufgenommen wird, zum langwelligen Teil hin verschoben, so deutet diese „Rotverschiebung" darauf hin, daß der untersuchte Himmelskörper weiter ins All hinausfliegt. Eine „Blauverschiebung" zum kurzwelligen Teil des Spektrums hingegen zeigt an, daß sich der betreffende Stern oder Spiralnebel der Erde nähert.

So läßt sich auch verstehen, was die Aus- und Einbuchtungen der Spektrallinien von der Sonne zu bedeuten haben, die das Spektro-Stratoskop aufnahm. Das Sonnenlicht fiel in dem Spektrographen durch einen Spalt, der etwa 40 Granulen auf der Sonnenscheibe überdeckte und Licht aus einer schmalen, 43000 Kilometer langen Zone auf der Sonne empfing. Das Sonnenlicht, das hinter dem Spalt vom optischen Gitter, von Linsen und Spiegeln zum Spektrum auseinandergezerrt wurde, stammte von diesen vergänglichen Gasblasen. In jenen Granulen, in denen das Gas gerade nach oben stieg, sich auf die Geräte zu

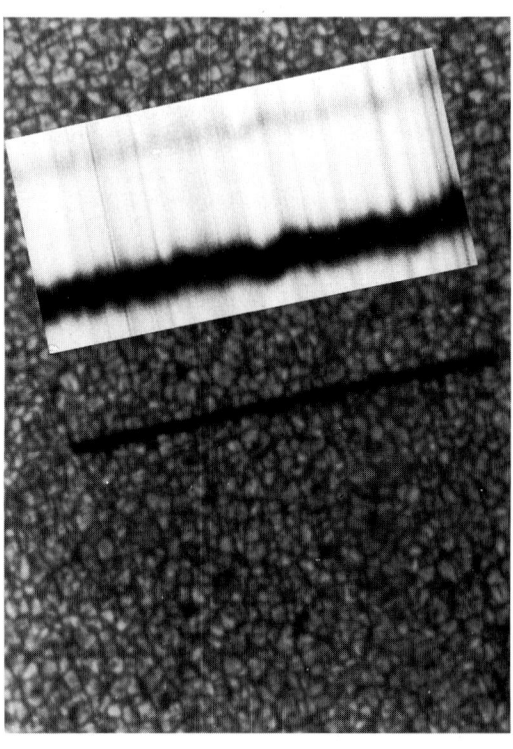

Diese Aufnahme der Sonnengranulation machte am 17. Mai 1975 ein am Ballon aufgestiegenes Sonnenteleskop in 28 Kilometer Höhe. Das mit einem Spektrographen verbundene Teleskop, Spektro-Stratoskop genannt, enthüllte erstmals zweifelsfrei die Bewegungen der Granulen. Der quer über zahlreiche Granulen reichende schwarze Strich ist der Spalt des Spektrographen. Darüber liegt, stark vergrößert, eine der vielen Spektrallinien, in die das von den Granulen ausgestrahlte Licht zerlegt wurde. Die Analyse der nach oben und unten gerichteten Zacken gab Auskunft über die Auf- und Abbewegungen der einzelnen Granulen

In Palestine in Texas, einem Zentrum für wissenschaftliche Ballonflüge, wird ein mit Helium gefüllter Ballon zum Start in die Stratosphäre vorbereitet. Mit Hilfe solcher Ballons werden automatisch arbeitende Instrumente zur Sonnenbeobachtung über die turbulenten unteren Schichten der irdischen Lufthülle gebracht

bewegte, verschoben sich die Spektrallinien ein wenig zum blauen Ende des Spektrums; wo das Gas zurücksank, buckelte die Spektrallinie etwas nach dem roten Ende des Spektrums aus.

So verformten die Granulen die Spektrallinien zu seltsam gekrümmten Würmern − zu Würmern mit beachtlichem Informationsgehalt. Jedes Spektrum bedeutet eine Momentaufnahme der Gasbewegungen in den Granulen. Dabei geben die Verformungen nicht nur Auskunft über die Bewegungsrichtung, sondern auch über die Geschwindigkeit dieser Bewegungen: je stärker die Aus- oder Einbuchtung, um so höher die Geschwindigkeit.

Die gründliche Analyse solcher Spektren lehrt, daß in den hellen „Körnchen" Gas aufsteigt, und zwar mit einer Geschwindigkeit von etwa zwei Kilometern pro Sekunde − 7200 Kilometer pro Stunde. In den dunkleren Zwischenräumen sinkt es wieder zurück. So kocht und brodelt die Sonnenoberfläche ununterbrochen. Ständig steigt heißes Gas aus dem Sonneninneren empor, gibt Energie ab, die als Strahlung die Sonne verläßt und sinkt, kühler geworden, ins glühende Innere der Sonne zurück.

Mit einem Teil der Energie aus den Granulen wird die Korona auf ein bis zwei Millionen Grad Celsius aufgeheizt. Die Sonnenphysiker glauben heute zu wissen, wie das geschieht: Wenn die heißen Gasblasen aus dem Sonneninneren aufsteigen, entladen sie ihre Energie nicht nur in Form von Licht und besonderen, von dem schwedischen Physiker und Nobelpreisträger Hannes Alfvén zuerst berechneten magnetischen Wellen, sondern auch in Form von Schallwellen − ähnlich dem Brandungsdonnern der am Strand anrollenden Meereswogen. Auf der Sonnenoberfläche herrscht ein Lärm jenseits jeder menschlichen Vorstellungskraft.

Wie die Brandungswellen des Meeres ihre Bewegungsenergie als Wärme an

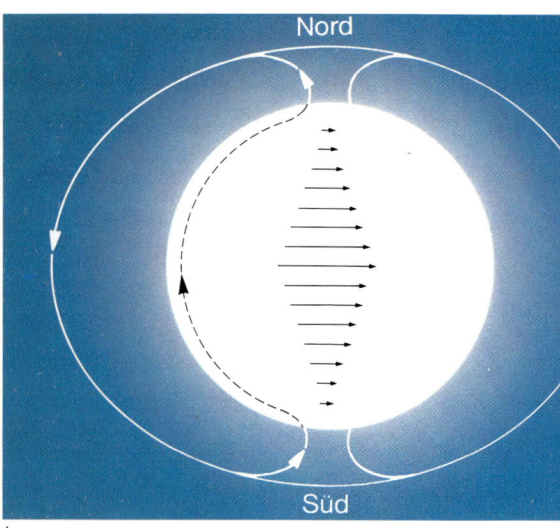

1

den Strand abgeben, so heizen die Schallwellen und die magnetischen Wellen der Sonnengranulation die Sonnenkorona auf. Während jedoch die Erwärmung des Strandes kaum meßbar ist, erhitzt sich die Korona enorm. In jener extrem dünnen Gashülle sind nämlich nur wenige Atome vorhanden, auf die sich die Energie verteilt. So kommt es zu der gewaltigen Temperatur, die Sonnenforscher seit jeher immer wieder verblüfft hat.

Die Sonnenstationen meldeten in jenem Jahr des Höhenflugs vom Spektro-Stratoskop, 1975, keine besonderen Vorkommnisse von der Sonne. Im Dezember blieb sie an 13 Tagen fleckenfrei. 1976 erreichte sie dann den Tiefpunkt ihrer Aktivität. Im Februar tauchten an 18, im Juli gar an 24 Tagen keine Flecken mehr auf. Und doch hatte sich in der Sonne Dramatisches ereignet. Die wenigen Flecken an ihrer Oberfläche erschienen in immer höheren Breiten. In der zweiten Jahreshälfte 1976 zeigten so schon 63 Prozent aller Fleckengruppen ihre Zugehörigkeit zum neuen, dem einundzwanzigsten Zyklus der Sonnenaktivität.

Der mächtige „solare Dynamo" − so bezeichnen Sonnenphysiker den Mechanismus für das Auf und Ab der Sonnen-

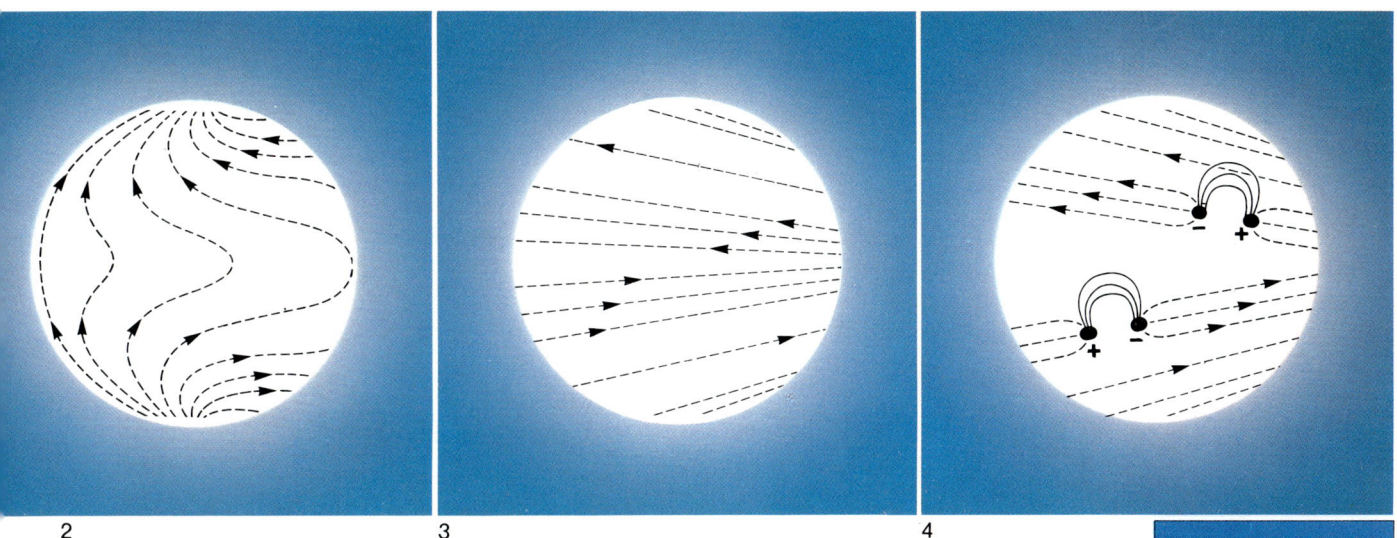

2  3  4

aktivität – war wieder angelaufen. Es war zu erwarten, daß nun auch bald die Zahl der Sonnenflecken stetig stieg.

In den Jahren des Fleckenminimums gab es auf der Sonne nur vereinzelte punktförmige Magnetfelder, weil die Flecken rar waren, mit denen die ausgedehnten Magnetfelder in der Regel verbunden sind. Häufig herrschte in dieser Zeit auf der Sonne ein nur sehr schwaches allgemeines Magnetfeld von vielleicht drei- bis vierfacher Stärke des irdischen. Dieses solare Magnetfeld hatte durchaus irdische Konturen: Beim Nordpol der Sonne traten seine Kraftlinien aus dem Inneren des Glutballs heraus, beim Südpol stießen sie wieder in ihn hinein.

Als es am 23. Oktober 1976, noch mitten im Minimum, in Australien zu einer totalen Sonnenfinsternis kam, konnte der Verlauf des solaren Magnetfeldes deutlich beobachtet werden: Rund um Nord- und Südpol der Sonne strebten feine Strahlen in den Weltraum. Vom Magnetfeld eingefangene elektrisch geladene Teilchen, glühend heiß und dadurch sichtbar geworden, zeichneten die Kraftlinien nach.

Wie beim irdischen Magnetfeld, dessen Linien von Magnetpol zu Magnetpol entlang der Rotationsachse durch das Erdinnere streben, um dann in den Weltraum zu weisen, laufen auch die solaren Magnetlinien in das Sonneninnere hinein. Wie tief sie in das Plasma eindringen, vermag bis jetzt niemand zu sagen. Die Physiker glauben jedoch, daß diese Linien nicht durch den Mittelpunkt gehen, sondern in einer Tiefe von einigen zehntausend Kilometern unter der Oberfläche verlaufen.

Erinnern wir uns: Anders als die Erde besteht der Sonnenball aus einem Plasma, einem Gemisch aus positiv geladenen Atomen und negativ geladenen Elektronen. Dieses Sonnenplasma rotiert, zumindest in den oberen Schichten, und zwar am Äquator erheblich schneller als in entfernteren Breiten. Diese „differentielle Rotation" verdreht die Sonnenmaterie ständig ineinander. Dadurch, so stellen es sich die Wissenschaftler vor, kommt es auf der Sonne zu der so unterschiedlichen Aktivität im Laufe der Fleckenzyklen.

Da das Magnetfeld der Sonne dem bewegten Plasma folgen muß, verzerrt die differentielle Rotation das Magnetfeld immer mehr, spult es förmlich auf wie ein Spinnrocken die Wolle auf der Spindel und verquirlt es schließlich. Am Ende des Zyklus jedoch entsteht bei der gleichen differentiellen Rotation aus der

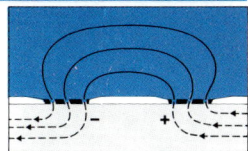

**Der Magnetzyklus der Sonne ist mit dem Fleckenzyklus eng verbunden. Bei wenig Aktivität verlaufen die Linien des Magnetfeldes vermutlich dicht unter der Oberfläche, bevor sie sich über der Sonne in den Weltraum wölben (1). Weil die Breitenzonen auf der Sonne verschieden schnell rotieren, verzerren sich die Feldlinien. Am Äquator, wo die Oberfläche am schnellsten rotiert, buckeln sie aus (2). Auf der Südhalbkugel verlaufen die Feldlinien in entgegengesetzter Richtung wie auf der Nordhalbkugel (3). Wo Feldlinienbündel durch die Sonnenoberfläche stoßen, entstehen Fleckengruppen, die auf den beiden Hemisphären entgegengesetzt gepolt sind (4 und Nebenzeichnung)**

magnetischen „Unordnung" wieder das vergleichsweise geordnete, schwache Magnetfeld von Sonnenpol zu Sonnenpol. Wie es dazu kommt, ist noch nicht hinreichend geklärt.

Ende 1977 verliefen die Kraftlinien des solaren Magnetfeldes über wie unter der Sonnenoberfläche nicht mehr vom Nordpol zum Südpol senkrecht über den Sonnenäquator, sondern richteten sich allmählich immer stärker parallel zu den Breitenkreisen aus. Da magnetisiertes Plasma leichter ist als nicht magnetisiertes und somit nach oben getrieben wird wie ein Stück Holz im Wasser, können aus dem Sonneninneren Schläuche aus magnetisiertem Plasma aufsteigen. Sie durchstoßen die Oberfläche und wölben sich schließlich in hohem Bogen darüber. Ihre magnetische Kraft blockiert den Wärmefluß aus dem Sonneninneren. So wird die Sonnenoberfläche an den Durchstoßpunkten der größeren Feldschläuche kühler und damit dunkler – es entstehen Flecken.

Entsprechend dem Gesetz, das die Amerikaner George Ellery Hale und Seth Barnes Nicholson entdeckten und 1938 veröffentlichten, brachen die Magnetlinien im einundzwanzigsten Zyklus genau anders herum gepolt aus der Sonnenoberfläche hervor als im vorangegangenen. Auf der Nordhalbkugel der Sonne lief in den zu einer Schleife des Magnetfeldes gehörenden beiden Sonnenflecken stets der magnetische Pluspol dem Minuspol voraus, während auf der Südhalbkugel Minus vor Plus führte. Warum sich diese Reihenfolge auf beiden Hemisphären mit jedem neuen Zyklus umkehrt, haben die Gelehrten noch nicht eindeutig herausfinden können; warum sie jedoch immer unterschiedlich gepolt sind, erklärt die einfache Dynamotheorie ausgezeichnet.

Die Zahl der Sonnenflecken stieg 1977 ständig an. Sie standen bei einer mittleren heliographischen Breite von 24 Grad. Im Dezember jenes Jahres brach der einundzwanzigste Fleckenzyklus seit Beginn der Zählung endgültig durch. Das letzte unscheinbare Fleckchen des vorigen Zyklus tauchte am 10. Dezember nur zwei Grad nördlich des Äquators auf – die niedrige Breite verriet seine Zugehörigkeit zum alten Zyklus. Schon einen Tag später erlosch das Relikt.

Im folgenden Jahr, 1978, wurden die Prognosen der Experten weit übertroffen. Die Relativzahl der Sonnenflecken stieg überraschend schnell: Von Januar bis Dezember von 52 auf 123.

Im April und im Juli 1978 wurden starke Explosionen auf der Sonnenoberfläche festgestellt. Mächtige Blitze zuckten über den großen Fleckengruppen auf. Die Astronomen registrierten die ersten starken Eruptionen des einundzwanzigsten Zyklus – nach den Protuberanzen die spektakulärsten Erscheinungen an der Sonnenoberfläche.

Während einer Eruption, im englisch beherrschten Jargon der Fachleute „Flare" (= aufflackern) genannt, setzen eng begrenzte Gebiete auf der Sonnenoberfläche innerhalb weniger Minuten zusätzlich zur normalen Sonnenstrahlung etwa hunderttausend Billionen Kilowattstunden Energie frei.

Der erste Mensch, der eine solche Eruption beobachtete, war Richard Christopher Carrington 1859: „Während ich am Donnerstag, dem 1. September, in den Vormittagsstunden mit meinen üblichen Beobachtungen der Formen und Positionen der Sonnenflecken beschäftigt war, wurde ich plötzlich Zeuge einer Erscheinung, die ich für außergewöhnlich selten halte . . . Ich hatte gerade Diagramme von allen Gruppen und Einzelflecken angefertigt, als im Areal der großen Nordgruppe zwei flächenartige Gebiete mit intensiv hellem und weißem Licht ausbrachen." Mit seiner Vermutung, daß es sich um eine seltene Erscheinung handele, hatte Carrington freilich nur teilweise recht.

Zwar sind so starke Eruptionen („Weißlicht-flares"), wie er sie beobachtet hat, selten, aber nicht Eruptionen an sich. Nur die stärksten von ihnen lassen sich als helle Flecken im weißen Licht erkennen. Alle andern sind im weißen Licht nicht zu sehen, wohl aber in den starken Fraunhoferlinien.

Eruptionen entstehen in der Sonnenatmosphäre etwa 5000 Kilometer über der eigentlichen Oberfläche, in einer Schicht, die als „Chromosphäre" (Farbschicht) bezeichnet wird. Während einer totalen Finsternis leuchtet die Chromosphäre, kurz bevor der Mond die Sonne völlig bedeckt, für Sekunden als brillanter, rötlicher Saum am Rand der Mondscheibe auf. Dann lassen sich auch schwächere Eruptionen gut erkennen — falls sie gerade in den zwei bis drei Sekunden aufstrahlen, bevor der Mond die Chromosphäre zudeckt. Die Astronomen sind jedoch, um Eruptionen zu beobachten, heute nicht mehr allein auf Sonnenfinsternisse angewiesen. Die Spektrallinien ermöglichen es ihnen, die Chromosphäre mit ihren Eruptionen ins Auge zu fassen, wann immer sie wollen.

Der Trick besteht darin, nur den rötlichen Schein, den die Chromosphäre ausstrahlt, ins Teleskop hineinzulassen, während alles andere Sonnenlicht ausgeblendet wird. Das gelingt mit Hilfe eines speziellen Lichtfilters im Strahlengang des Teleskops. Das rote Licht der Chromosphäre stammt vom Wasserstoff, dem mit Abstand häufigsten Sonnengas. Besonders gern benutzen Sonnenphysiker die markanteste Spektrallinie des Wasserstoffs im sichtbaren Spektralbereich, die von Physikern mit „H$\alpha$" bezeichnet wird. H ist das chemische Zeichen für Wasserstoff, und der griechische Buchstabe Alpha zeigt an, daß es sich um die erste in einer ganzen Serie von Wasserstoff-Linien handelt. Die H-Alpha-Linie stammt aus Licht mit einer Wellenlänge von genau 65,63 Millionstel Zentimeter.

In diesem roten Licht hinter einem „H-Alpha-Filter" sieht die Sonne reichlich verfremdet aus — es wirkt wie ein Steppenbrand mit hochzüngelnden Flammen. Das sind die als „Spikulen" bezeichneten heißen Gasspritzer. Die Flecken treten dabei nur als unscheinbare dunkle Gebiete auf. Über die Sonnenoberfläche schlängeln sich faserige schwarze Gebilde — die wie Brücken zwischen Magnetfeldern gebundenen Protuberanzen.

Am Sonnenrand sieht man die Protuberanzen deutlich als rotglühende Wolken in den Weltraum schießen. Und zwischen ihnen erscheinen immer wieder Eruptionen. Plötzlich blitzt dann im roten Licht ein Gebiet von 300 Millionen bis mehr als vier Milliarden Quadratkilometern hell auf.

Fast immer erscheinen die Eruptionen in der Nähe von Sonnenflecken, vor allem von jungen Gruppen, und ihre Häufigkeit schwankt mit dem elfjährigen Fleckenzyklus. Bis zu 7000 Eruptionen jährlich gibt es bei einem Sonnenflekkenmaximum pro Hemisphäre; beim Minimum 1976 waren es im ganzen nur 800. Eruptionen dauern von wenigen Minuten bis zu drei Stunden.

Eruptionen auf der Sonne waren die Ursache dafür, daß 1979 die amerikanische Raumstation Skylab vorzeitig zur Erde stürzte. Ungewöhnlich viele Eruptionen hatten mit Kaskaden energiereicher Strahlung die Atmosphäre der Erde derart aufgebläht, daß sie sich weiter in den Weltraum hinaus erstreckte als gewöhnlich. Hatte Skylab in 440 Kilometern Höhe zunächst in fast luftleerem Raum die Erde umkreist, so traf das Weltraumlabor nun auf stärkeren Luftwiderstand. Dadurch wurde Skylab langsamer, als die Techniker vorausberechnet hatten, sank immer tiefer und zerbarst am 12. Juli 1979 in den dichten Schichten der unteren Atmosphäre, zwei bis drei Jahre vor seinem berechneten Ende. Die Trümmer regneten in

Westaustralien nieder. Verletzt wurde dabei niemand.

Während dieses aufregenden Ereignisses trafen die Sonnenforscher letzte Vorbereitungen für ein internationales Gemeinschaftsprogramm, das „Sonnenmaximumsjahr". Das „Jahr" dauerte vom 1. August 1979 bis zum 28. Februar 1981. In diesem Zeitraum erwarteten die Wissenschaftler den Höhepunkt der Aktivität des einundzwanzigsten Fleckenzyklus.

Erklärtes Ziel des Mammutprogramms, an dem sich etwa 60 Institute in aller Welt beteiligten, war die Erforschung der noch immer reichlich rätselhaften Sonneneruptionen. Vor allem drei Fragen interessierten die Fachleute:
- Wie entstehen Eruptionen?
- Woher stammt die Energie?
- In welcher Weise strömt bei einer Eruption freigesetzte Energie in den Weltraum?

Die Sonne erfüllte die in sie gesetzten Erwartungen voll. Im Oktober 1979 fanden auf ihrer Oberfläche derart starke Eruptionen statt, daß den Bundesbürgern von einer Boulevardzeitung „Schwere Feuerstürme auf der Sonne" zum Frühstück serviert wurden. Am 10. November 1979 erreichte die Sonnenaktivität mit einer Fleckenrelativzahl von 302 ihren Gipfel. Die beiden größten Fleckengruppen hatten an diesem Tag eine Ausdehnung von 220000 beziehungsweise 190000 Kilometern – dem 17fachen beziehungsweise 15fachen Wert des Erddurchmessers. Nur im Dezember 1957 hatte die Sonne noch mehr Flecken gezeigt.

Gerade rechtzeitig zum Höhepunkt des Fleckenmaximums verfinsterte der Mond am 16. Februar 1980 die Sonne über Afrika und Indien. Tausende von Finsternis-Fans beobachteten das Schauspiel einer kreisrunden, von den starken Magnetfeldern der vielen Flecken durcheinandergewirbelten Korona. Nach der Dynamotheorie hatte die dif-

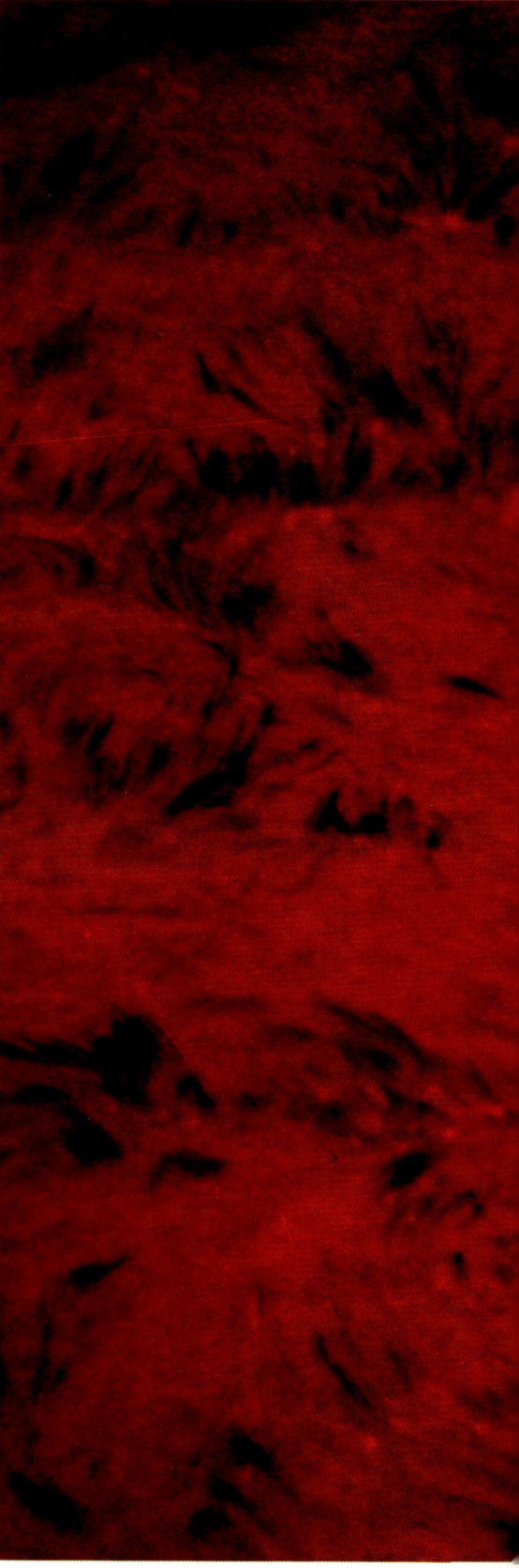

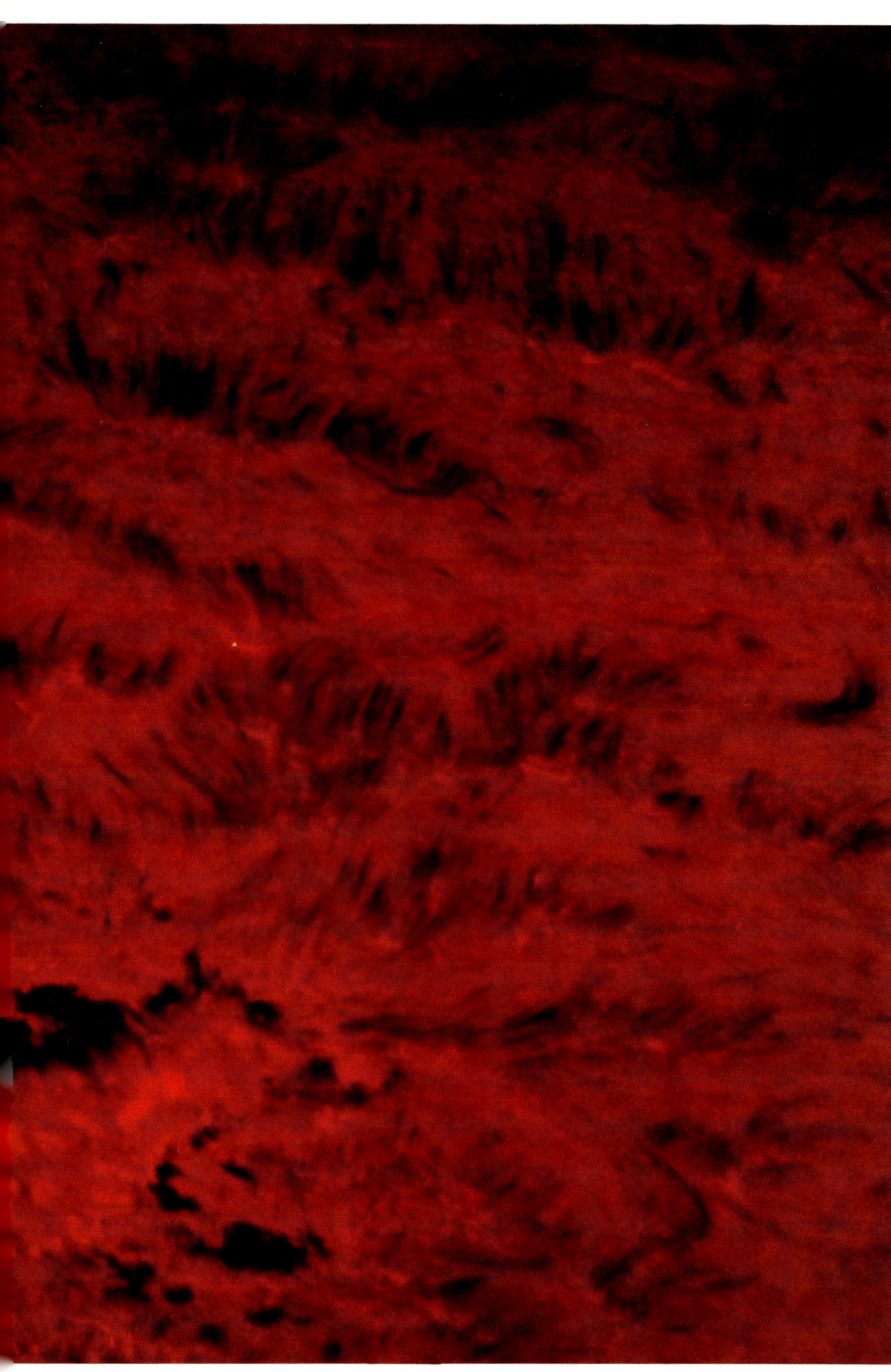

Wie von einem
Buschfeuer über-
zogen erscheint die
Sonnenoberfläche
auf dieser vom Sacra-
mento-Peak-Obser-
vatorium gemachten
Aufnahme. Sie ent-
stand mit Hilfe eines
H-Alpha-Filters,
das nur rotes, von
glühendem Wasser-
stoff erzeugtes
Licht hindurchläßt. In
diesem Licht tritt
die Chromosphäre mit
den chaotischen
Wirbelbewegungen,
die in ihr herrschen,
besonders deutlich
hervor. Klar zu
erkennen sind die
zahllosen kleinen
Gasspritzer, die als
Spikulen bezeich-
net werden

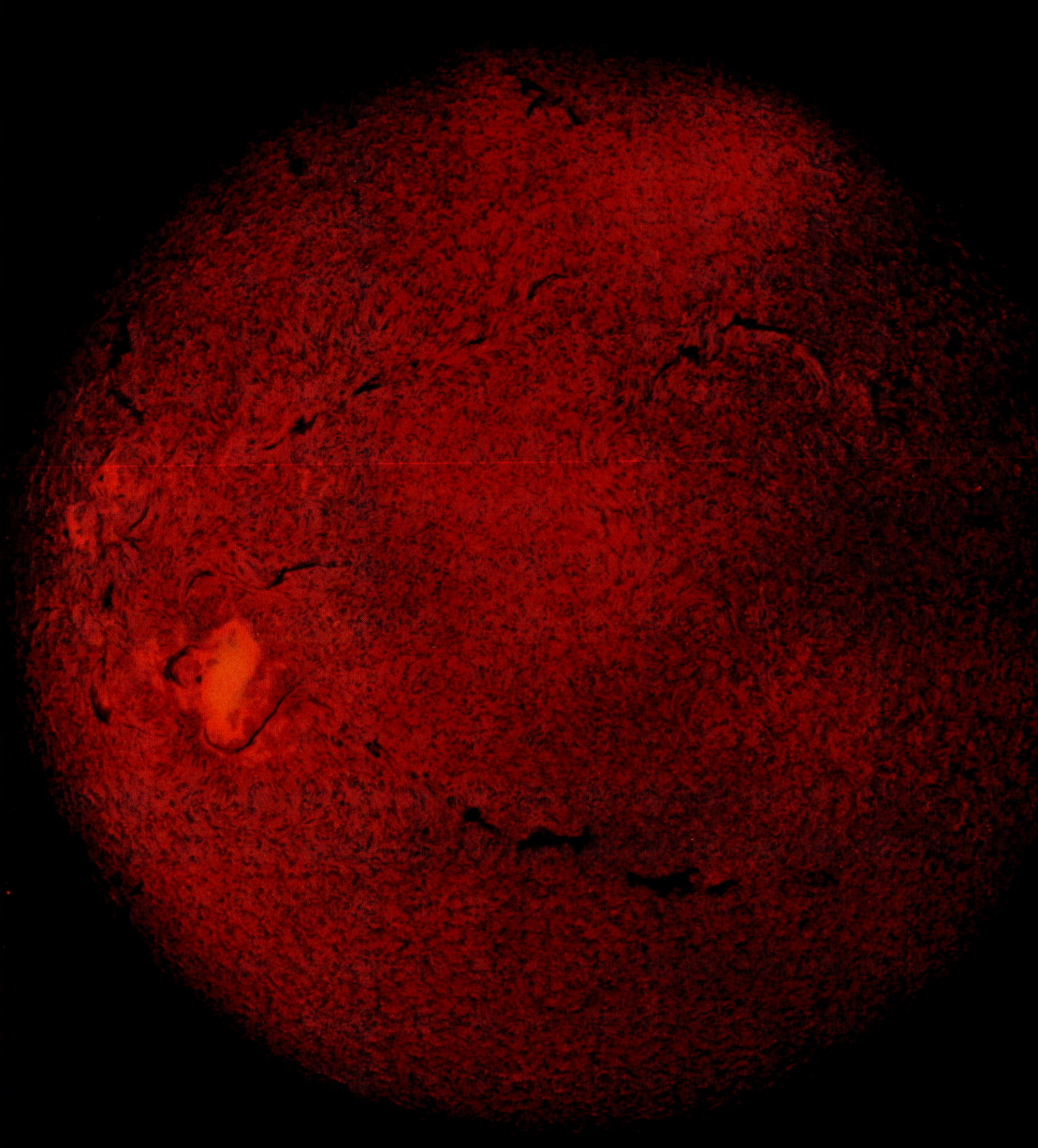

Etwa 5000 Kilometer über der Sonnenoberfläche leuchtet tiefrot die Chromosphäre im Wasserstoff-Licht. Auf dieser Aufnahme vom 7. August 1972 zerreißt gerade die größte Sonneneruption der letzten Jahrzehnte als blendend heller Fleck das feine Netzwerk der aufspritzenden Spikulen. Das an abstrakte Kunst erinnernde Sonnenbild zeigt die Temperaturverhältnisse in den unteren Schichten der Korona am 8. Mai 1974. Dieses Bild zeichnete ein Computer nach Messungen mit dem deutschen Radioteleskop in Bad Münstereifel-Effelsberg. Besonders heiße Gebiete sind rot, normalwarme gelb, kühle hingegen grün und blau dargestellt

ferentielle Rotation des Sonnenballs die magnetisierten Plasmaschläuche aus dem Sonneninneren inzwischen derart zusammengewunden, daß sie nur noch in der Nähe des Äquators die Oberfläche durchstoßen und Flecken bilden konnten.

Nach jener Theorie war auch vorauszusagen, daß sich zum Auftakt des zweiundzwanzigsten Fleckenzyklus wieder ein schwaches, ruhiges Magnetfeld ausbilden würde, das – wie 1975/76 – ähnlich dem Feld eines Stabmagneten von Pol zu Pol über die Sonne laufen sollte, mit einem Unterschied freilich: Das neue Magnetfeld wäre, im Vergleich zu seinem Vorgänger, umgepolt. Die Magnetlinien sollten nun beim Südpol herauskommen und beim Nordpol in die Sonne zurückkehren.

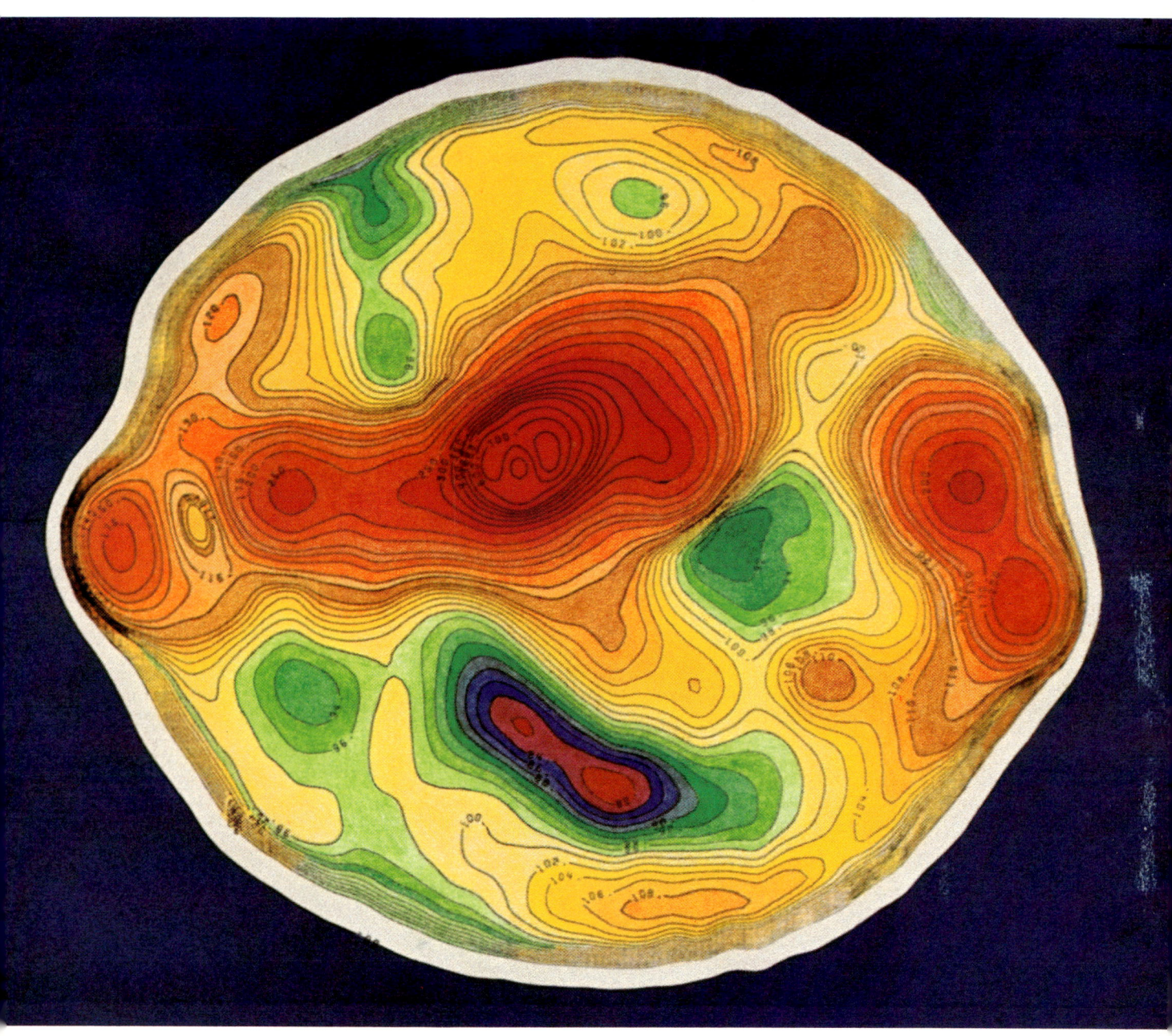

Diese Umpolung des Magnetfeldes auf der Sonne schien schon Mitte 1980 begonnen zu haben. Der Umschwung kam überraschend früh, Jahre, bevor die Sonne ihr nächstes Fleckenminimum erreicht hat, das die Astronomen für 1985/86 erwarten. Im Juli 1980 war die Sonne immerhin noch sehr aktiv, die Fleckenrelativzahl betrug 136; und am 25. Juni 1981 stand nochmals eine besonders große und komplexe Gruppe in der Mitte der Sonnenscheibe.

Das Sonnenmaximumsjahr ist inzwischen ausgelaufen, doch sensationelle Erkenntnisse lassen noch auf sich warten. Die Sonnenexperten brauchen Jahre, um die Flut der Beobachtungen und Meßdaten auszuwerten. Alle 60 beteiligten Sonnenwarten haben Aufnahmen mit H-Alpha-Filtern wie am Fließband

Auf der Ebene von San Augustin in New Mexico horchen Astronomen mit 27 Antennen von je 25 Metern Durchmesser das Weltall auf Radiosignale ab. Auch die Radiostrahlung der Sonne fangen diese Antennen ein, die zusammen so leistungsfähig sind wie eine Einzelantenne von mehreren Kilometern Durchmesser

produziert. Aber nicht nur das. Hinzu kommen lange Filmstreifen mit Spektren und Magnetogrammen sowie Zeichnungen der Sonnenoberfläche. Überdies waren rund ein Dutzend Erdsatelliten an der Überwachung beteiligt, die den Sonnenball unbehindert von den Einflüssen der Erdatmosphäre beobachteten.

Rund um die Erde hörten auch Radioobservatorien die Sonne ab und trugen so zum weltweiten Forschungsprogramm bei. Daß Sonnenflecken auch Radiosignale aussenden, wurde 1942

entdeckt – durch Zufall. Im Februar jenes Kriegsjahres peilten englische Soldaten mit den neuen Radargeräten über den Ärmelkanal. Dabei bemerkten sie, daß Geräte, die zufällig auf die Sonne gerichtet waren, im Meterbereich auffällig rauschten. 1942/43 wies dann der amerikanische Ingenieur George Clark Southworth nach, daß auch die ruhige Sonne ständig Radiowellen im Zentimeterbereich aussendet.

Heute empfangen mächtige Antennen Radiowellen aus fernsten Tiefen des Alls und von der vergleichsweise nahen

ter großen Kreis aufgebaut. Im Verbund können sie auch kleine Punkte auf der Sonne auf ihre Radiostrahlung untersuchen.

Die Radioteleskope vermittelten den Sonnenphysikern ein erstaunliches Bild von ihrem Forschungsobjekt. Könnten wir Radiowellen sehen, käme uns die Sonne viel größer vor, und zwar würde sie mit der Länge der Radiowellen immer mehr wachsen. Die nach Dezimetern und Metern messenden Radiowellen stammen aus der Korona, deren schwache Strahlung die Forscher nur studieren können, wenn die Sonnenscheibe abgedeckt ist. Weil lediglich ein Gas, das ein bis zwei Millionen Grad heiß ist, solche Radiowellen auszusenden vermag, konnten die Radioastronomen die zuvor bei Sonnenfinsternissen ermittelte hohe Temperatur der Sonnenkorona bestätigen.

Die solare Radiostrahlung schwankt mit dem Sonnenzyklus. Die Chromosphäre und die Korona senden über Sonnenflecken intensivere Radiostrahlung aus, und so nimmt die Intensität der Radiowellen mit der Zahl der Sonnenflecken zu und wieder ab. Mit jeder Eruption auf der Sonne steigt die Radiostrahlung plötzlich stark an. Auch bei den engagierten Radioastronomen stehen, soweit sie sich der Sonne widmen, die solaren Eruptionen im Mittelpunkt des Interesses.

Es ist nicht nur reine Forscherneugier, die Eruptionen so bedeutungsvoll erscheinen läßt. Anders als früher können sie heute nämlich direkt ins menschliche Leben eingreifen, über die Errungenschaften der modernen Technik. Von Natur aus schützt die Atmosphäre der Erde alle Lebewesen wie ein bergender Mantel vor zu vielen und besonderen Aktivitäten der Sonne. Erst die empfindlichere Technik, von der wir so abhängig geworden sind, läßt uns die Wirkung der Eruptionen auf verblüffende Weise spüren.

Sonne, so etwa in Effelsberg in der Eifel, wo das Max-Planck-Institut für Radioastronomie das größte frei bewegliche Radioteleskop der Welt mit hundert Metern Durchmesser betreibt. Auf der Ebene von San Augustin im US-Staat New Mexico horchen Radioastronomen mit 27 je 25 Meter weiten Radioantennen nach Signalen von der Sonne und fernen Sternensystemen. In Culgoora in Australien, 500 Kilometer nordnordwestlich von Sydney, sind für ein spezielles solares Radioteleskop sogar 96 schüsselförmige Antennen mit je 13 Metern Durchmesser in einem drei Kilometer großen Kreis aufgebaut.

# 8

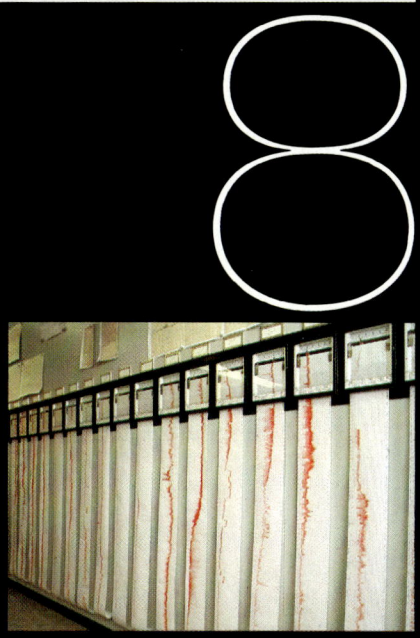

## Die Erde im Sonnensturm

er Krieg ist der Vater aller Dinge" – dieser klassische Satz des griechischen Philosophen Heraklit aus dem 6. Jahrhundert v. Chr. trifft sogar auf eine Wissenschaft zu, die man sich friedlicher kaum vorstellen kann: die Sonnenphysik. Zu Beginn des Zweiten Weltkrieges waren die Auswirkungen der Sonne und damit auch der irdischen Lufthülle auf den Funkverkehr nicht mehr zu übersehen. Die Militärs waren besorgt um die Qualität und mögliche Störungen der Nachrichtenverbindungen, und so widmeten sie den Arbeiten von Sonnen- und Geophysikern ein besonders tätiges Interesse.

Im Auftrag der deutschen Luftwaffe gründete der Astronom und Physiker Karl Otto Kiepenheuer zwischen 1941 und 1944 Sonnenstationen auf dem Wendelstein, der Zugspitze, dem Schauinsland bei Freiburg, der Kanzelhöhe bei Villach in Kärnten sowie bei Syrakus auf Sizilien. Dieselbe Aufmerksamkeit für die Sonnenforschung entwickelte auf der gegnerischen Seite die US-Air Force, vor allem, als gegen Kriegsende der funkgeleitete Flugverkehr über dem Atlantik zunahm. Aus diesen Aktivitäten der amerikanischen Luftwaffe ging 1946 das Sacramento Peak Observatory bei Alamogordo in New Mexico hervor.

Die Aufgabe der „feindlichen" Sonnenstationen, hüben wie drüben: Beobachtung der Sonnenoberfläche, der Chromosphäre und der Korona sowie Registrierung der Sonnenflecken und der Eruptionen. Wissenschaftler in Diensten der Luftwaffe, aber auch bei Heer und Marine versuchten, aus den Daten mögliche Auswirkungen der Sonnenaktivität auf das Wetter und den Funkverkehr vorauszusagen.

Kiepenheuer und seine Mitarbeiter gehörten zur Erprobungsstelle der Luftwaffe im mecklenburgischen Rechlin. In deren Auftrag gründete der Physiker

Karl Otto Kiepenheuer (1910–1975) gründete 1943 das Fraunhofer-Institut in Freiburg, das heutige Kiepenheuer-Institut für Sonnenphysik, das seit 1978 seinen Namen führt. Er trug mit seinen Forschungen wesentlich zum Verständnis der Vorgänge auf der Sonne bei. So war er maßgeblich an der Entwicklung des Magnetographen zum Studium der solaren Magnetfelder beteiligt

Walter Dieminger 1942 eine „Zentralstelle für Funkberatung" mit Sitz in Leobersdorf bei Wien und Außenstellen in Meudon bei Paris, in Kjeller bei Oslo, in Ekali bei Athen und ebenfalls in Syrakus. Überall dort untersuchten die Wissenschaftler die hohe Erdatmosphäre, die bereits erkanntermaßen von der Sonne beeinflußt wird.

Viele dieser Forschungsstätten gibt es, ebenso wie das Sacramento Peak Observatory, noch heute – freilich mit veränderter Aufgabenstellung. Aus Kiepenheuers Arbeitsgruppe ging nach dem Krieg das „Fraunhofer-Institut für Sonnenphysik" in Freiburg hervor, das seit 1978 nach seinem Gründer Kiepenheuer benannt ist. Die „Zentralstelle für Funkberatung" mauserte sich zum „Max-Planck-Institut für Aeronomie" – die Wissenschaft von der hohen Erdatmosphäre – in Lindau am Harz.

Hinweise auf die Beziehungen zwischen der Sonne, der irdischen Lufthülle und dem Funkverkehr hatte es schon zu Beginn dieses Jahrhunderts gegeben, aber erst heute werden die Einflüsse wirksam, die von der Sonne über die Erdatmosphäre auf unser von sensibler Technik immer mehr beherrschtes Leben ausgehen.

Als der italienische Funkpionier Guglielmo Marconi im Jahr 1901 die ersten Funksignale von England über den Atlantik nach Amerika sandte, war noch völlig rätselhaft, warum sie überhaupt dort ankommen konnten. Denn Funksignale, das wußte man, breiten sich genau wie Lichtstrahlen gradlinig aus. Sie folgen nicht der Erdkrümmung und hätten sich darum eigentlich im Weltraum verlieren müssen.

Wie die Signale dennoch nach Amerika gelangen konnten, versuchte im Jahr darauf der britische Physiker Oliver Heaviside zu erklären. „Es gibt in der oberen Atmosphäre möglicherweise eine Schicht von ausreichender Leitfähigkeit", spekulierte er. Und: „Wenn das der Fall ist, werden sich die Wellen sozusagen mehr oder weniger daran festhalten. Die Führung besteht dann zwischen dem Meer auf der einen und der oberen Schicht auf der anderen Seite."

Es ist der Fall. Die Untersuchungen zeigten, daß sich von etwa 80 Kilometer Höhe an rund um die Erde eine Art elektrischer Spiegel legt: In der dünnen Höhenluft existiert eine Schicht, die Funksignale im Bereich der Lang-, Mittel- und Kurzwellen reflektiert. Die Signale wandern zwischen dieser Schicht und der Erdoberfläche hin und her und erreichen schließlich die Empfängerantenne.

Der Spiegel für Radiowellen besteht aus gewöhnlicher, wenn auch stark verdünnter Luft, vor allem aus Stickstoff- und Sauerstoffatomen. Die Luftteilchen sind hier jedoch elektrisch positiv geladen, weil sie — ursprünglich elektrisch neutral — aus ihrer Hülle eines oder mehrere der negativ geladenen Elektronen verloren haben und die positive Ladung des Kerns nicht mehr ausgeglichen wird. Derart geladene Atome heißen Ionen, und nach ihnen wird die leitende Schicht als Ionosphäre bezeichnet.

Als Spiegel-Effekt wirksam sind aber nicht die Ionen, sondern die frei gewordenen Elektronen. Je mehr Elektronen die Ionosphäre enthält, um so kürzere Wellen wirft sie zur Erde zurück. Die Frequenz der kürzesten, gerade noch von der Ionosphäre reflektierten Funkwellen heißt die „Grenzfrequenz". Sie liegt je nach Anpeilwinkel bei 5 bis 16 Megahertz, das entspricht einer Wellenlänge von 60 bis 19 Metern.

Um die Luftatome zu ionisieren, also Elektronen aus ihnen herauszubrechen, muß Energie aufgewandt werden. Die einzige Quelle dafür ist die Sonne. Das konnten Funktechniker schon in den zwanziger Jahren nachweisen. Sie beobachteten nämlich enge Beziehungen zwischen Sonne, Ionosphäre und Grenzfrequenz.

● Tagsüber sind die Luftteilchen der Ionosphäre wesentlich stärker ionisiert als nachts. Darum reflektiert die Ionosphäre, wenn die Sonne sie bestrahlt, Funkwellen kürzerer Längen und höherer Frequenzen als nach Sonnenuntergang — die Grenzfrequenz liegt am Tage höher als bei Nacht.

● Im Sommer, bei langer Sonnenscheindauer, ist die Ionosphäre stärker aufgeladen als im sonnenarmen Winter; auch das wirkt sich auf die Reflexion aus.

● Bei einem Sonnenfleckenmaximum erreichen Ionisation und Grenzfrequenz Rekordhöhen, bei einem Fleckenminimum besonders niedrige Werte.

Lange blieb ungeklärt, auf welche Weise die Sonne die Luftatome hoch über der Erde ionisiert und damit überhaupt erst die Voraussetzung für drahtlosen Nachrichtenverkehr wie auch für den Empfang von Radioprogrammen schafft. Das sichtbare Licht konnte dies nicht bewirken — es dringt nahezu ungehindert zum Erdboden vor und erwärmt die Atmosphäre lediglich. Zum Ionisieren der Luftatome aber ist sehr viel Energie erforderlich.

Als Energielieferanten kamen entweder andere elektromagnetische Wellen in Betracht, also für uns unsichtbare Strahlen, oder Ströme von Elementarteilchen, zum Beispiel negativ geladene Elektronen oder positiv geladene Ionen.

Eine Entscheidung über diese Frage versprachen sich die Wissenschaftler von Beobachtungen bei totalen Sonnenfinsternissen. Wenn nämlich der Mond die Sonne verdeckt, so war die Überlegung der Forscher, wird die Energie zur Ionisation abgeblockt. Die Dichte der Elektronen in der Ionosphäre muß dann zurückgehen und damit auch die Grenzfrequenz sinken. Unklar war jedoch, wie schnell das geschieht.

Elektromagnetische Wellen brauchen gut eine Sekunde, um die rund 400 000 Kilometer vom Mond zur Erde zurückzulegen. Elementarteilchen dagegen fliegen nicht so schnell wie das Licht und benötigen darum für dieselbe Strecke erheblich mehr Zeit – zwischen sechs und fünfzehn Minuten. Wenn elektromagnetische Strahlen die Ionosphäre erzeugten, dann mußte die Zahl der Elektronen in der Ionosphäre und damit die Grenzfrequenz zu Beginn der totalen Finsternis schlagartig abnehmen. Bei Elementarteilchen wäre das so plötzlich nicht der Fall.

Die Ergebnisse aller Finsternisbeobachtungen seit 1925 sind eindeutig: Die Grenzfrequenz der Ionosphäre sinkt zu Beginn der totalen Sonnenfinsternis sofort. Elektromagnetische Strahlen von der Sonne also erzeugen den Funkspiegel rund um den Erdball. Aber welche? Da diese Strahlen nicht bis zum Erdboden dringen und es vor Beginn der Raumfahrt auch keine Möglichkeit gab, sie in großer Höhe zu orten, blieb den Experten nur zweierlei: Laborexperimente und theoretische Berechnungen.

Die Ozonschicht in 30 bis 50 Kilometern Höhe, die uns vor allzu starker UV-Strahlung schützt, erzeugt und erhält sich aus sich selbst. Die Aufnahmen des amerikanischen Wettersatelliten Nimbus VII vom 22. und 24. November 1978 zeigen, daß der Ozon-Gehalt der Erdatmosphäre nicht gleichmäßig um den Erdball verteilt ist und erheblichen Schwankungen innerhalb kurzer Zeit unterliegt. Die Farben geben die Konzentration des Ozons an: Von Schwarz über Violett, Rot, Gelb, Grün, Hellblau und Dunkelblau bis Weiß nimmt der Ozon-Gehalt der Luft kontinuierlich zu

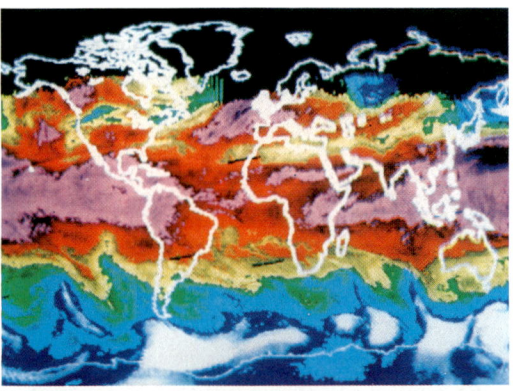

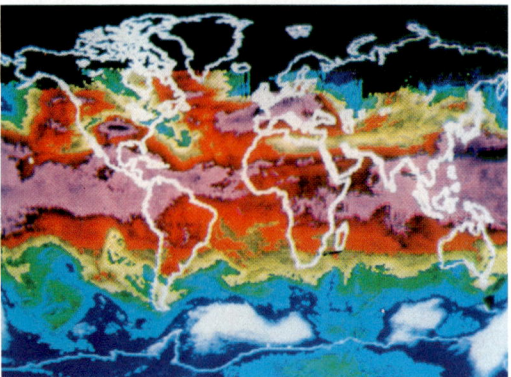

Bekannt war bereits, daß elektromagnetische Strahlen um so energiereicher sind, je kürzer ihre Wellenlänge ist. Solche Wellen konnten im Labor erzeugt und studiert werden. So wurde theoretisch berechnet und im Labor durch Experimente bewiesen, daß nur Röntgenstrahlen und harte, relativ kurzwellige Ultraviolettstrahlen imstande sind, Sauerstoff- und Stickstoffatome zu ionisieren. Auf diese Weise haben Ionosphärenforscher erstmals gezeigt, daß die Sonne nicht nur Licht und Wärme aussendet, sondern auch andere Strahlen aus dem extrem kurzwelligen Bereich des elektromagnetischen Spektrums.

Bis dahin waren die Wissenschaftler bei ihren Untersuchungen der Sonnenstrahlung kaum über das sichtbare Licht hinausgekommen. Am kurzwelligen Ende des Lichtspektrums, jenseits des Violetts, hatten sie noch ultraviolette (UV-)Strahlen nachweisen können, die an klaren Tagen die Atmosphäre durchdringen. Unser Auge sieht sie nicht, aber sie bräunen die Haut und können sie – wie mancher schon schmerzhaft erfahren hat – sogar verbrennen. Am langwelligen Ende des sichtbaren Bereiches gelangt jenseits des Rot unsichtbare Infrarotstrahlung von der Sonne zur Erdoberfläche. Das wies Wilhelm Herschel im Jahr 1800 erstmals nach. Er erzeugte in einem abgedunkelten Raum ein Sonnenspektrum und hielt neben das Rot ein geschwärztes Thermometer. Die Quecksilbersäule stieg, obwohl Herschel an der betreffenden Stelle des Spektrums keinerlei Strahlung sehen konnte.

Inzwischen ist gewiß, daß die Sonne auf allen Kanälen sendet. Sie überschüttet die Erde mit elektromagnetischen Strahlen jeder Art – mit

● Gammastrahlen bei Wellenlängen unter einem milliardstel Zentimeter;

● Röntgenstrahlen zwischen einem milliardstel und einem millionstel Zentimeter;

- UV-Strahlen bei einer Wellenlänge von einem millionstel bis zu 38 millionstel Zentimeter;
- sichtbarem Licht, das – vom Violett bis zum Tiefrot – Wellenlängen von 38 bis 78 millionstel Zentimeter aufweist;
- Infrarotstrahlen, auch Wärmestrahlen genannt, die von 78 millionstel Zentimeter bis zu einem Millimeter reichen;
- Mikrowellen mit einer Länge von einem Millimeter bis zu 30 Zentimetern und schließlich
- Radiowellen mit Längen von etwa dreißig Zentimetern bis zu vielen tausend Kilometern.

Alle diese Strahlen können heute auch künstlich erzeugt werden. Experimente untermauerten das physikalische Gesetz, nach dem elektromagnetische Strahlen um so mehr Energie transportieren – also um so gefährlicher für den Menschen sind – je kürzer ihre Wellen schwingen.

Gammastrahlen entstehen vor allem bei Kernreaktionen, also bei der Explosion von Atombomben und in Atomreaktoren. Röntgenstrahlen durchdringen den menschlichen Körper wegen ihrer hohen Energie, und beim Umgang mit ihnen ist deshalb strenge Vorsicht geboten. UV-Strahlen können zu Sonnenbrand oder gar zu Hautkrebs führen. Licht und Infrarot hingegen vermitteln Angenehmes. Licht macht die Welt für uns sichtbar, Infrarot erwärmt sie. Von Mikro- und Radiowellen schließlich spüren wir nichts, wenn nicht technische Mittel wie Radio- und Fernsehgeräte sie hör- und sichtbar machen.

Ihr Wissen über die Strahlungsaktivitäten der Sonne schöpften die Forscher vor allem aus drei Quellen. Da sind einmal die beiden „Fenster" in der Erdatmosphäre, das „Optische Fenster" und das „Radio-Fenster": Licht sowie Mikro- und Radiostrahlung mit Wellenlängen zwischen einem Zentimeter und etwa 30 Meter durchlaufen die Lufthülle nahezu ungehindert. Zum zweiten erzeugt die energiereiche Sonnenstrahlung in der hohen Erdatmosphäre die elektrisch leitende Schicht der Ionosphäre, die es erlaubt, diese Strahlung indirekt zu beobachten. Schließlich können Raketen, Satelliten und Raumsonden die Sonne heute ungehindert in allen Bereichen des elektromagnetischen Spektrums beobachten und ihre Meßdaten – in Funksignale umgewandelt – zur Erde übermitteln.

So wissen wir, daß die Röntgenstrahlen der Sonne in der Ionosphäre (bei etwa 100 Kilometer Höhe) oder in der Stratosphäre (bei etwa 30 Kilometer Höhe) steckenbleiben; ihre Energie geht durch die Ionisation der Atome verloren. Die UV-Strahlung der Sonne dringt etwas tiefer in die Atmosphäre ein. In einer Höhe von 30 bis 50 Kilometern verpufft sie den Großteil ihrer Energie, indem sie die Sauerstoff-Moleküle spaltet.

Sauerstoff tritt normalerweise in Molekülen aus jeweils zwei Atomen auf. Die UV-Strahlung zerlegt sie in einzelne Sauerstoff-Atome. Diese Atome sind sehr reaktionsfreudig; sie vereinigen sich rasch mit anderen Sauerstoff-Atomen und -Molekülen zu Ozon, einem scharf riechenden Gas, das aus jeweils drei Sauerstoff-Atomen besteht. Die UV-Strahlung zerlegt das Ozon, zu dessen Entstehung sie gerade erst beigetragen hat, auch wieder, worauf sich erneut Ozon bilden kann – ein ewiger Kreislauf. Dabei wird die Energie der gefährlichen ultravioletten Sonnenstrahlen in Wärme umgesetzt. So herrschen in der Ozonschicht (in 30 bis 50 Kilometer Höhe) Temperaturen um Null Grad Celsius, während die Piloten ziviler Jets in etwa neun bis zwölf Kilometer Reiseflughöhe ihren Passagieren schon um minus 50 Grad Außentemperatur zu melden pflegen.

Daß die Röntgenstrahlung und der härtere Teil der UV-Strahlung, die in großer Höhe das Ionisieren besorgen, mit der Aktivität der Sonne schwanken,

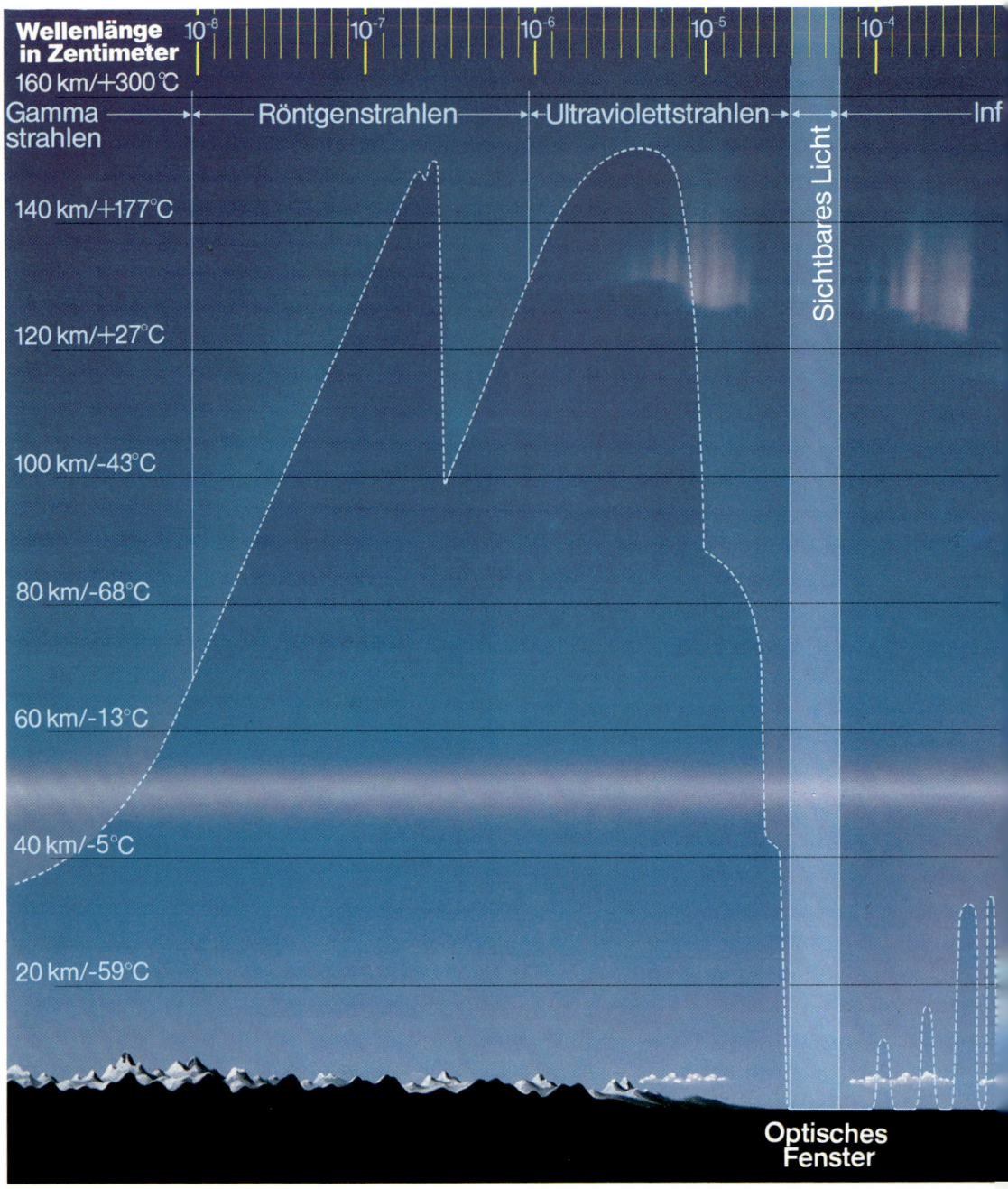

Wie ein dichtes Filter schützt uns die Erdatmosphäre vor gefährlichen Sonnenstrahlen. Denn die Sonne sendet in allen Bereichen des elektromagnetischen Spektrums – von den Gammastrahlen mit ihren nach Milliardstel Zentimeter messenden Wellenlängen bis hin zu Radiowellen von Kilometerlänge. Die auf dem Maßstab in Zentimetern angegebenen Wellenlängen werden in unterschiedlichen Höhen über dem Boden absorbiert und in Wärme umgesetzt. Wo dies jeweils geschieht, zeigen die gestrichelten Kurven. Extrem lange Radiowellen werden ins All reflektiert. Nur für Teile des Spektrums ist die Lufthülle durchlässig: für das sichtbare Licht und angrenzende Bereiche der Ultraviolett- und Infrarotstrahlung sowie für Radio- und einen Teil der Mikrowellen. Während die durch das »Radiofenster« zum Erdboden vordringende Strahlung energiearm ist, führt das »optische Fenster« zur Erwärmung der Erde – eine Voraussetzung für die Wettervorgänge in der Troposphäre, der untersten Atmosphärenschicht. Die unterschiedliche Eindringtiefe der Sonnenstrahlen, ihre Stärke in den verschiedenen Wellenbereichen sowie die Dichte und chemische Zusammensetzung der Luft in verschiedenen Höhen bestimmen den überraschenden Wechsel der Temperatur in den Atmosphären-Schichten

**Wellenlänge in Zentimeter** $10^{-8}$ $10^{-7}$ $10^{-6}$ $10^{-5}$ $10^{-4}$

160 km/+300°C
140 km/+177°C
120 km/+27°C
100 km/−43°C
80 km/−68°C
60 km/−13°C
40 km/−5°C
20 km/−59°C

Gamma strahlen — Röntgenstrahlen — Ultraviolettstrahlen — Sichtbares Licht — Inf

**Optisches Fenster**

interessiert nicht nur die Astronomen, sondern zum Beispiel auch militärische Stellen, Radiostationen und Fluggesellschaften, deren erdumspannende Funkverbindungen von der Sonne abhängen und durch sie gestört werden können.

Fremdsprachige Sendungen von der Deutschen Welle in Köln etwa erreichen ihre Hörer in Südostasien über Hoch-

frequenz während eines Sonnenfleckenmaximums viel besser als bei einem Minimum. Kurzwellen-Amateure begrüßen ebenfalls jedes Maximum, denn dann können sie schon mit wenigen Watt Sendeleistung rund um den Erdball mit ihren Partnern Kontakt aufnehmen.

Dann auch kann es passieren, daß Durchsagen im populären CB (Citizen

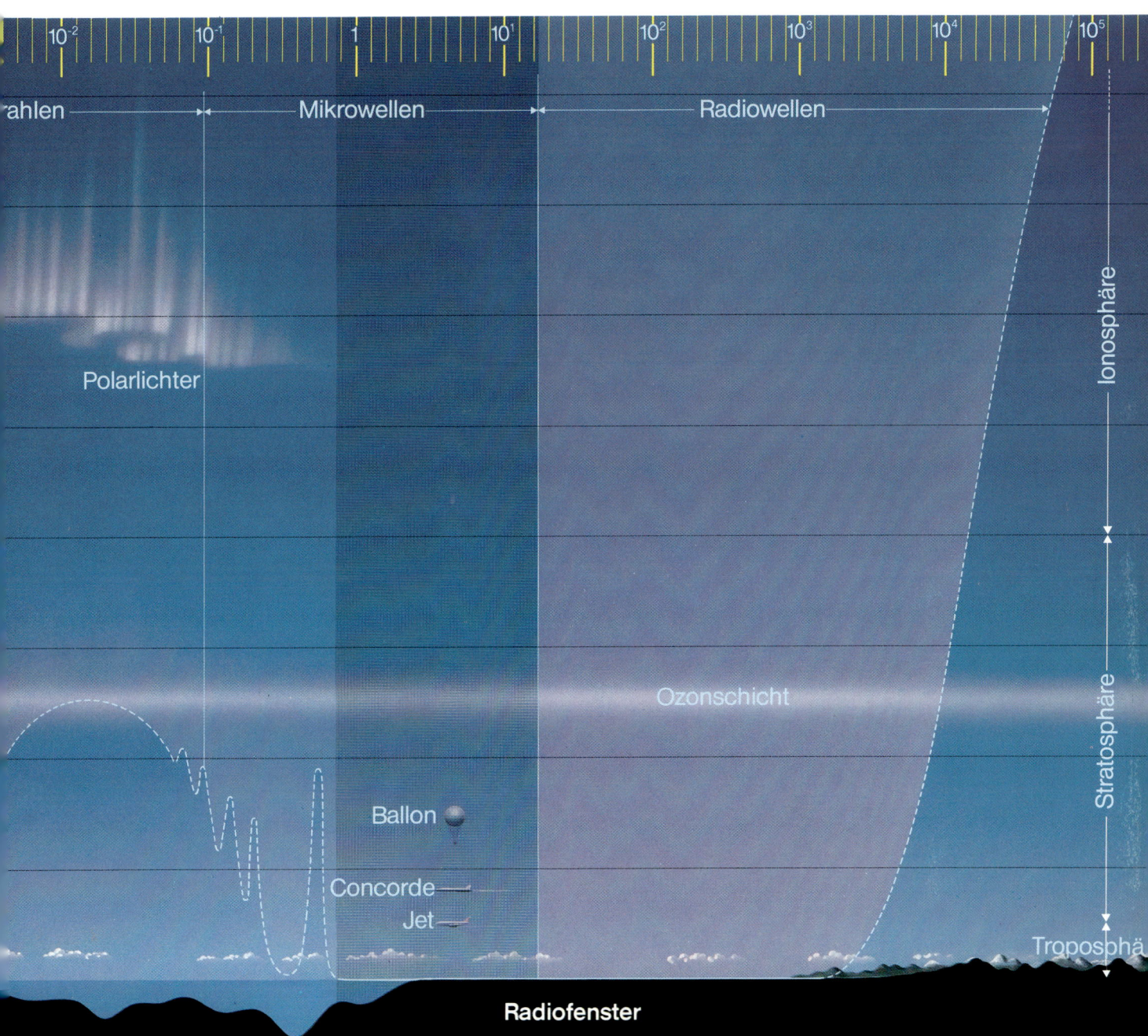

Mikrowellen

Radiowellen

$10^{-2}$  $10^{-1}$  1  $10^1$  $10^2$  $10^3$  $10^4$  $10^5$

Ionosphäre

Polarlichter

Ozonschicht

Stratosphäre

Ballon

Concorde

Jet

Troposphä...

**Radiofenster**

Band)-Bereich, die normalerweise nur zehn bis höchstens zwanzig Kilometer weit zu empfangen sind, von der Ionosphäre plötzlich Tausende von Kilometern weit getragen werden. So war zum Beispiel 1979, auf dem Höhepunkt des 21. Fleckenzyklus, der Funkverkehr von New Yorker Taxis in Deutschland zu hören.

Für alle, die an Funkverbindungen interessiert sind, Professionelle wie Amateure, unterhält die Deutsche Bundespost seit 1952 in ihrem Forschungsinstitut beim Fernmeldetechnischen Zentralamt in Darmstadt die „Forschungsgruppe Wellenausbreitung Ionosphäre". Regelmäßig erscheint hier der „Monatsreport Sonnenaktivität" mit den neuesten

Meldungen über „solar-terrestrische Beziehungen und Bedingungen für die Wellenausbreitung im Frequenzbereich 3 bis 30 MHz", das heißt im Bereich der Kurzwellen. Und täglich wird ein Fernschreiben „Kurzwellenfunkverbindungen" an Abonnenten durchgetickert − für 150 Mark monatlich. Um zu erfahren, wie dort gearbeitet wird, besuchte ich die Sonnenaktivisten der Bundespost.

An jedem Werktag zwischen neun und zehn Uhr treffen sich der Leiter der Forschungsgruppe, Dr. Thomas Damboldt, und seine beiden Mitarbeiter im Vorhersageraum. Aus automatischen Schreibern an den Wänden quellen Papierstreifen mit wild gezackten roten Kurven. Aufgezeichnet werden die Signalstärken von dreizehn rund um die Erde verteilten Kurzwellensendern auf verschiedenen Frequenzen − von Bracknell bei London, New York, Tokio und von Teheran. Es sind ganz gewöhnliche Rundfunksender, die allein wegen ihrer geographischen Verteilung zu einer Art Standardmeldern ausersehen wurden.

Und wie war, frage ich, die Empfangsqualität dieser Sender in den vergangenen 24 Stunden? Damboldt inspiziert die verschiedenen Streifen und kommt zu dem Schluß: „Normal, keine besonderen Vorkommnisse."

Einer seiner Mitarbeiter präsentiert die entsprechenden Daten über das Verhalten der Sonne. Sie kommen täglich per Telex aus Boulder im US-Bundesstaat Colorado, der Zentralstelle für die weltweite Sonnenüberwachung. Manchmal, sagt Damboldt, melden sich morgens auch die Astronomen der Münchener Universität von der Sonnenwarte Wendelstein oder ihre österreichischen Kollegen von der Kanzelhöhe per Telex und geben den neuesten Zustandsbericht von der Sonne: Zahl der Flecken, Position der Flecken, besondere Vorkommnisse in der Chromosphäre. Zur Besprechung heute haben auch die Radio-Observatorien Ottawa in Kanada und Weißenau bei Ravensburg ihre Daten beigesteuert. Die Radioastronomen gaben Zahlenkolonnen über die Stärke der Radiostrahlung der Sonne durch.

Mit allen diesen Angaben gerüstet, machen sich die Bundespostler an ihre Vorhersage für den nächsten Tag. Danach sollen auf fast der ganzen Erde normale Bedingungen für die Funkwellen herrschen, in Europa jedoch etwas schlechter als normal. Die Sonnenaktivität soll mäßig hoch eingestuft werden.

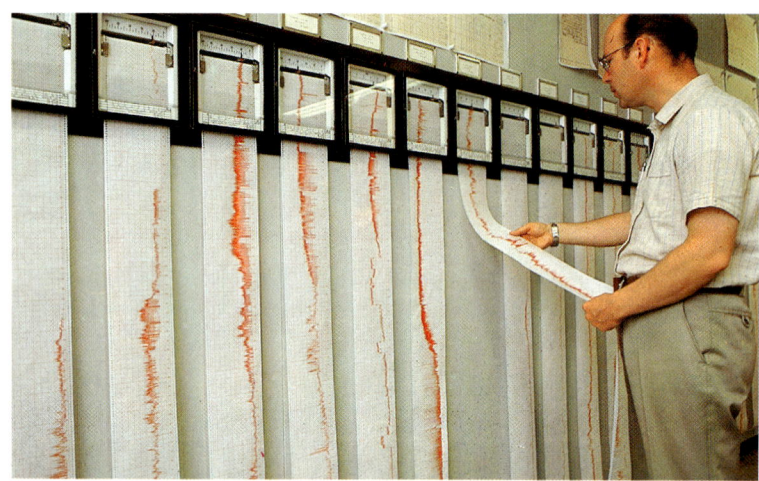

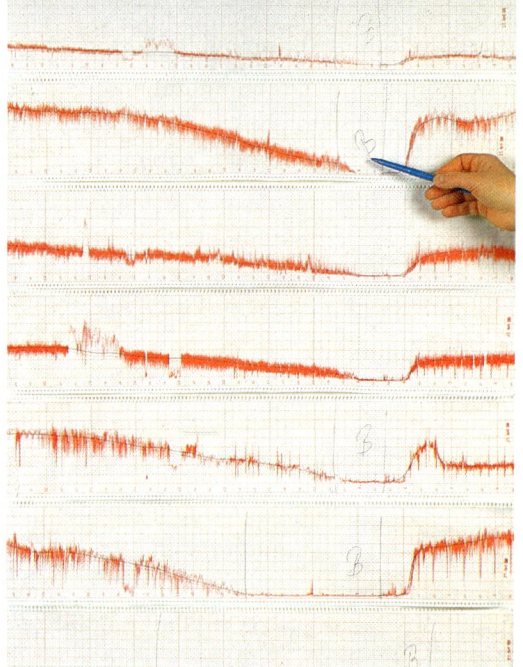

**Weil die Sonne oft den Funkverkehr behindert, sagen Experten im Fernmeldetechnischen Zentralamt der Deutschen Bundespost in Darmstadt an jedem Werktag die Ausbreitungsbedingungen für Kurzwellen voraus. Grundlage dafür sind die in Darmstadt aufgezeichneten Signale weit entfernter Sender. Am 27. April 1981 war Darmstadt ab 10.00 Uhr von Funkverbindungen im Kurzwellen-Bereich nahezu abgeschnitten: Eine Sonneneruption ließ die Stärke der Signale auf allen Frequenzen fast auf Null sinken. Auf den Meßblättern zeigte sich dieser »Mögel-Dellinger-Effekt« in abrupt fallenden Kurven**

Bis hier kann ich noch ohne Mühe folgen. Aber plötzlich bin ich durch einen Begriff aus der Fachsprache irritiert. „Wir geben am besten 70 Prozent Wahrscheinlichkeit für einen ‚Dellinger'", einigen sich Damboldt und seine Mitarbeiter nach einer kurzen Diskussion, und damit ist die Sitzung auch schon zu Ende.

Damboldt hilft mir aus meiner Verlegenheit. Als „Dellinger", erläutert er mir, bezeichnet man im Jargon den „Mögel-Dellinger-Effekt", ein höchst eigenartiges Phänomen im Funkverkehr, das der deutsche Ingenieur Ernst Hans Mögel 1930 und sein amerikanischer Kollege John Howard Dellinger 1935 beschrieben: Für Minuten bis zu mehreren Stunden bricht plötzlich der gesamte Kurzwellenfunkverkehr auf der Erde zusammen. Nichts erreicht mehr den Empfänger – im Äther herrscht Funkstille.

Um mir zu erklären, was es mit diesem merkwürdigen Mögel-Dellinger-Effekt auf sich hat, muß Damboldt weiter ausholen. Er erinnert daran, daß die Ionosphäre aus mehreren Schichten besteht, vereinfacht gesagt aus D-, E- und F-Schicht. Die D-Schicht reicht von etwa 50 bis 90 Kilometern Höhe, die E-Schicht von 90 bis 130 Kilometer, die F-Schicht von 130 bis 1000 Kilometer. Diese Schichten bilden sich durch die Wechselwirkung verschiedener Luftmoleküle mit Strahlung unterschiedlicher Wellenlänge: Während die Luft nach oben immer dünner wird, schwächen sich die Strahlen in umgekehrter Richtung, zur Erde hin, immer weiter ab. Dadurch sinken die Anzahl der Elektronen und die Grenzfrequenz von oben nach unten und führen in der D-Schicht zu einem erstaunlichen Effekt.

Als elektrischer Spiegel fungieren nur E- und F-Schicht. In ihnen ist die Luft so dünn, daß die aus den Atomen freigewordenen Elektronen ungebunden schwingen können, ohne mit anderen Teilchen zusammenzustoßen – Voraussetzung für die Reflexion der Funkwellen. In der D-Schicht hingegen können die Elektronen nicht mehr frei schwingen. Solche behinderten Elektronen aber reflektieren keine Funksignale mehr. Im Gegenteil: Sie schwächen sie und können sie sogar verschlucken.

Die Ionosphäre spielt somit ein doppeltes Spiel. E- und F-Schicht werfen die Funkwellen zurück, die D-Schicht schwächt sie. Besonders stark gedämpft werden Mittelwellen mit Längen von 187 bis 570 Metern. Nach Sonnenuntergang verliert die D-Schicht jedoch viel schneller als die E- und F-Schicht an Einfluß. Da die ionisierenden Sonnenstrahlen fehlen, finden die Ionen in der dichten Luft der D-Schicht sehr rasch freie Elektronen, mit denen sie sich zu neutralen Atomen vereinigen. Deshalb sind entfernte Mittelwellensender abends und nachts erheblich besser zu empfangen als tagsüber.

An manchen Tagen – niemals nachts – wird die D-Schicht ganz wesentlich verstärkt, weil die Röntgenstrahlung der Sonne plötzlich sehr viel mehr Elektronen aus den Luft-Atomen entstehen läßt. Dann nimmt die Dämpfung überhand. Alle Funksignale – ausgenommen die Langwellen – werden in der D-Schicht gelöscht, bevor sie den höher gelegenen Funkspiegel erreichen. Das ist der Mögel-Dellinger-Effekt.

Vorhersagen kann man ihn, weil fast jedem Zusammenbruch der Mittel- und Kurzwellenverbindungen eine Eruption auf der Sonne vorausgeht. Dann wird die Röntgenstrahlung unvermittelt stärker, und sie ist es, die in der D-Schicht den Funkverkehr zum Schweigen bringt. Die Wahrscheinlichkeit für einen „Dellinger" wird also aus einer angekündigten Sonneneruption abgeleitet.

Wie wichtig die Vorhersage solcher Störungen ist, erläutert mir Damboldt an einem Beispiel. „Wenn sich ein Flugzeug längere Zeit nicht mehr über

Kurzwelle meldet, braucht die Boden-
stelle heute nicht mehr gleich anzuneh-
men, daß es abgestürzt ist – falls wir
einen ‚Dellinger‛ vorausgesagt haben.
Dann konnte sich der Pilot nur einfach
nicht melden".

Rund um den Erdball sind heute regio-
nale Warnzentren verteilt, die der UR-
SI, der „Union Radio Scientifique International", in Paris angehören. Warnzentren wie jenes, das die Deutsche
Bundespost in Darmstadt betreibt, gibt
es in Paris, Moskau, Tokio, Sydney und
Boulder in Colorado, wo zugleich die
Zentralstelle für alle Informationen
über das „Sonnenwetter" ihren Sitz hat:
das Space Environment Services Center
(SESC), der Vorhersagedienst für die
Weltraum-Umwelt. Hier werden die
Beobachtungen vieler Sonnenobservatorien gesammelt, die fast permanent,
höchstens von Wolken gehindert, rund
um die Uhr ihr Objekt im Blick behal-
ten. Die Zentrale entstand 1964, indem
sich ähnliche Einrichtungen der US-
Luftwaffe, des amerikanischen Handels-
ministeriums und der Raumfahrtbehörde NASA zusammenschlossen. Heute
ist sie der National Oceanic and Atmospheric Administration (NOAA) ange-
gliedert, der Nationalen Behörde für
Meer und Atmosphäre. Einer so bedeu-
tenden Nachrichtenagentur in Sachen
Sonne stattete ich natürlich ebenfalls einen Besuch ab.

Das Space Environment Services Center erinnert mich zunächst an eine Wet-
terwarte. Fernschreiber, Bildschirme
und elektronische Zeichengeräte, sogenannte Plotter, liefern pausenlos Beobachtungsdaten aus aller Welt: Zahlenkolonnen und gezackte Kurven ebenso
wie Satelliten-Aufnahmen und abstrakt
anmutende Zeichnungen. Im roten H-
Alpha-Licht aufgenommene Sonnenfo-
tos und Magnetogramme an den Wänden weisen indes darauf hin, daß hier
das Sonnenwetter und nicht das Wetter
auf der Erde vorhergesagt wird.

Gary R. Heckman, der Leiter des
SESC, und seine 25 Mitarbeiter arbeiten
im Schichtdienst rund um die Uhr. Täglich schickt das SESC per Fernschreiber
Berichte über die Sonnenaktivität in alle
Welt und bei sehr großen Eruptionen
blitzschnelle Warntelegramme. Auch
Anfragen, die eine rasche Antwort er-
fordern, gibt es: „Wenn eine Flugzeug-
besatzung in ihrem Logbuch vermerkt
hat, daß während eines Fluges ihr Funk-
gerät nichts mehr von sich gab", führt
Heckman ein Beispiel an, „dann ruft die
Zentrale der Fluggesellschaft sofort bei
uns an, um zu erfahren, ob während
dieser Zeit vielleicht eine große Eruption aufgetreten ist. Denn in diesem Fall
haben sie den Fehler schon gefunden.
Es war dann die Sonne und nicht das
technische Gerät."

Da bis heute niemand genau weiß, wie
es zu einer Eruption auf der Sonne
kommt, sind Heckman und seine Vor-
hersage-Experten vielfach auf Erfah-

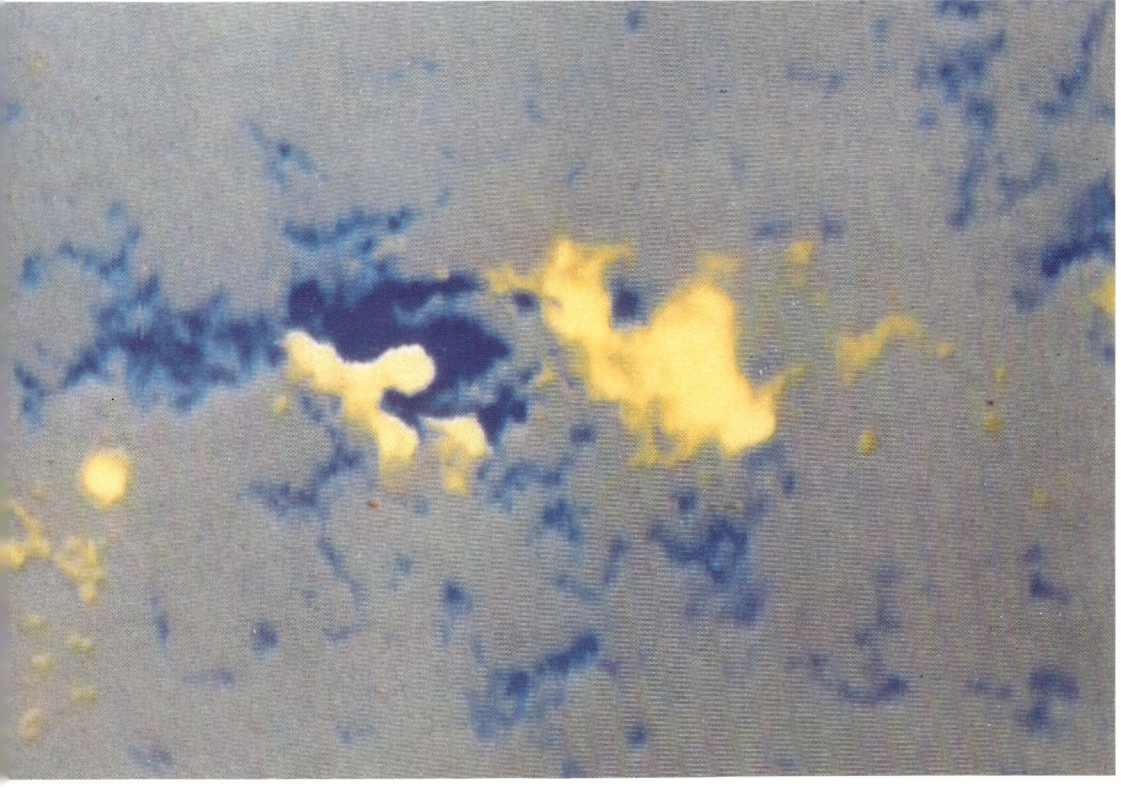

rung und Gefühl angewiesen. Junge oder chaotisch aussehende Fleckengruppen sind zum Beispiel meist aktiver und daher eruptionsverdächtiger als alte oder gleichmäßig aufgebaute Gruppen. Die Magnetogramme haben entscheidende Bedeutung. Je verwickelter das Magnetfeld aussieht, je komplizierter seine Struktur erscheint, umso eher kann dies eine Eruption ankündigen.

Die meisten Überraschungen bergen Flecken, bei denen mehrere Plus- und Minuspole innerhalb einer gemeinsamen gräulichen Penumbra dicht beieinanderliegen. „Den Ort einer möglichen Eruption können wir gut angeben", sagt Heckman. „Aber viel problematischer ist die Vorhersage, zu welchem Zeitpunkt eine Fleckengruppe eine Eruption erzeugt." Dennoch schätzt er die Trefferquote seiner Dienststelle hoch ein: 70 bis 80 Prozent.

Der Aufwand, den Heckman und seine Mitarbeiter in Boulder treiben, wäre kaum zu rechtfertigen, wenn es nur darum ginge, Unterlagen für die Vorhersage von Funkverbindungen zusammenzustellen, zumal der Kurzwellenfunk für die Übermittlung von Nachrichten seit der Errichtung von Erdsatelliten in seiner Bedeutung stark zurückgegangen ist. Heute bedient man sich der Ultrakurzwellen (UKW), die – mit einer viel höheren Frequenz als die Grenzfrequenz versehen – glatt durch die Ionosphäre hindurchlaufen.

Die Aufgabe von SESC besteht hauptsächlich darin, die Partikelstrahlung der Sonne kritisch zu beobachten und die interessierten Stellen rechtzeitig zu warnen. Bei einer Eruption ergießen sich nicht nur Stürme elektromagnetischer Wellen auf die Erde. Die Sonne jagt auch geladene Teilchen, vor allem Wasserstoffkerne, also Protonen, und Elektronen ins All.

Diese plötzlichen Materieausbrüche der Sonne, die nach etwa drei bis vier

Tagen auf die Erde treffen, sind außerordentlich reich an Energie. Genau wie die Teilchenstrahlung bei einer Atomexplosion, könnten sie allem Leben noch viel gefährlicher werden als Röntgenund UV-Strahlen − wenn die Erde nicht außer der Lufthülle noch einen zweiten Schutzschild gegen das Strahlenbombardement von der Sonne besäße: ihr Magnetfeld. Immerhin können Sonneneruptionen das irdische Kraftfeld mit „magnetischen Stürmen" erheblich und spürbar beeinflussen. Durch Teilchenströme von der Sonne werden zeitweise behindert − und lassen sich darum von Heckman und seiner Crew beim SESC beraten:

● Telefon- und Telegraphengesellschaften: Magnetische Stürme induzieren elektrische Spannungen in den Leitungen und stören so die Verbindungen;

● Stromversorgungsunternehmen: Starke magnetische Einflüsse führen zu empfindlichen Störungen in den Verbundnetzen und lassen zum Beispiel Transformatoren durchbrennen;

● Betreiber von Radarwarnsystemen: Teilchenströme beeinflussen die Ionosphäre, die es ermöglicht, durch Radarstrahlen Flugkörper noch hinter dem Horizont zu orten. Nur eine rechtzeitige Warnung bei Sonneneruptionen hilft, falsche Schlüsse aus Radarbildern zu vermeiden;

● Fluggesellschaften: Funkverbindungen auf der Polarroute sind zu Zeiten starker Sonnenaktivitäten erschwert − das Teilchenbombardement der Sonne ist dort besonders intensiv;

● Militärs: Funkverbindungen zu Flugzeugen und U-Booten können durch die Sonne unterbrochen werden. Während der Kuba-Krise 1962 verlor die US-AirForce zeitweise jeden Kontakt zu einigen Kampfflugzeugen − ohne Vorwarnung eine fatale Situation;

● Erdölgesellschaften: Große Pipelines für Erdgas und Erdöl werden heute mit schwachen, in den Rohrwänden fließenden elektrischen Strömen auf Lecks untersucht. Diese Testspannungen sind oft durch wesentlich höhere Störspannungen überlagert, die wahrscheinlich von Schwankungen des Erdmagnetfeldes und damit indirekt von der Sonne erzeugt werden. Während eines magnetischen Sturms können die Ergebnisse leicht ein gewaltiges Leck vortäuschen und aufwendige Aktionen auslösen, obwohl in Wirklichkeit alles in Ordnung ist. Freilich: Umgekehrt wäre es schlimmer . . .

● Geologen: Bodenschätze werden heute oft mit Hilfe von magnetischen Geräten aufgespürt. Diese Messungen werden verfälscht, wenn das Magnetfeld der Erde schwankt;

● Betreiber von Nachrichtensatelliten: Sehr intensive Teilchenstrahlung der Sonne kann die komplizierten Instrumente für Stunden außer Betrieb setzen und so wichtige interkontinentale Nachrichtenwege lahmlegen;

● Raumfahrtbehörden: Partikelstrahlung der Sonne kann Satelliten von ihrer Bahn abbringen, Meßgeräte beschädigen und Astronauten im All an Leib und Leben gefährden.

Auf das Magnetfeld, das uns auf der Erde vor körperlichen Schäden durch bestimmte Sonnenstrahlung schützt, weisen uns sichtbar die Kompaßnadeln aus Magneteisen hin, die mit ihrem „Nordpol" stets nach Norden zeigen. Die Kraftlinien des Magnetfeldes, die ein noch unbekannter Mechanismus tief im Erdinnern erzeugt, treten in der Nähe des Südpols aus dem Erdkörper hervor, laufen um ihn herum und münden dicht beim Nordpol wieder ein. Sie sind es, die magnetisierte Körper ausrichten und die Kompaßnadel in Nord-Süd-Richtung drehen.

Diese magnetischen Feldlinien beeinflussen auch die geladenen Teilchen, die von der Sonne kommen. Die Teilchen prallen zum allergrößten Teil an den Feldlinien ab; einige werden von ihnen

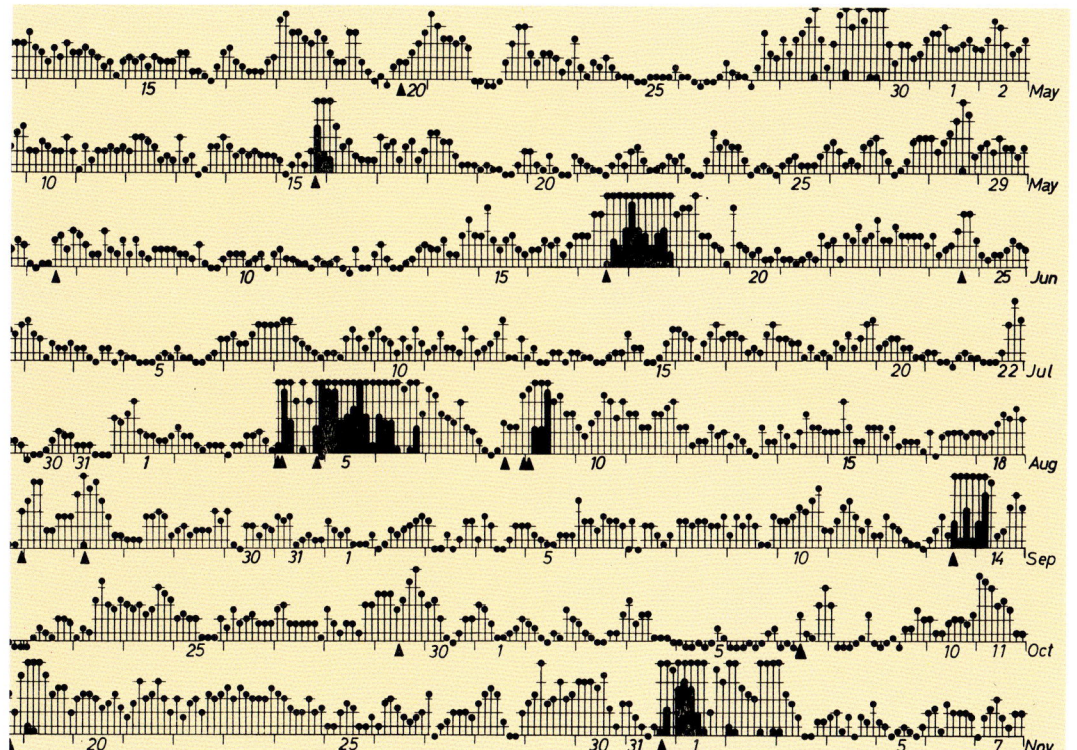

eingefangen und in den Van Allenschen Strahlungsgürteln gespeichert. In Spiralen laufen sie um die Feldlinien herum, bis sie in den höchsten Schichten der Ionosphäre mit Luftpartikeln zusammenstoßen und dabei ihre gefährliche Energie verlieren. Der Raum, den das irdische Magnetfeld umspannt, heißt Magnetosphäre. Sie reicht 60 000 bis 80 000 Kilometer weit in den Weltraum. Ohne den Schutz der Magnetosphäre hätte sich das Leben auf der Erde wahrscheinlich nicht entwickeln können. Manche Wissenschaftler vermuten sogar, daß viele Tier- und Pflanzenarten in bestimmten Epochen der Erdgeschichte ausgestorben sind, weil das irdische Magnetfeld zeitweise zusammengebrochen ist.

Der erste, der das Magnetfeld der Erde systematisch untersuchte, war der deutsche Mathematiker und Astronom Carl Friedrich Gauß. Er machte zusammen mit dem Physiker Wilhelm Eduard Weber zwischen 1834 und 1841 die Stern-

warte Göttingen zum Mittelpunkt der geomagnetischen Forschung. Unter seiner Leitung organisierte der „Göttinger Magnetische Verein" Messungen des Magnetfeldes rund um die Erde, an denen sich − damals noch ohne Telegraph, Telefon und Funkverkehr − 53 Stationen beteiligten, davon viele auch auf der Südhalbkugel, auf Tasmanien ebenso wie auf den Auckland-Inseln südwestlich von Neuseeland, am Kap der Guten Hoffnung wie auf St. Helena.

Gauß ließ für seine Messungen auf dem Gelände der Sternwarte ein „schickliches Lokal" bauen, eine Hütte, die nur aus Holz, Kupfer und Messing bestand, ohne jedes Eisenteil, um magnetische Störungen auszuschließen. Die Hütte steht heute als Denkmal auf dem Gelände des Geophysikalischen Instituts am Göttinger Hainberg. Noch heute sammeln die Göttinger Wissenschaftler die Meßergebnisse von dreizehn rund um den Erdball verteilten geomagnetischen Observatorien und ge-

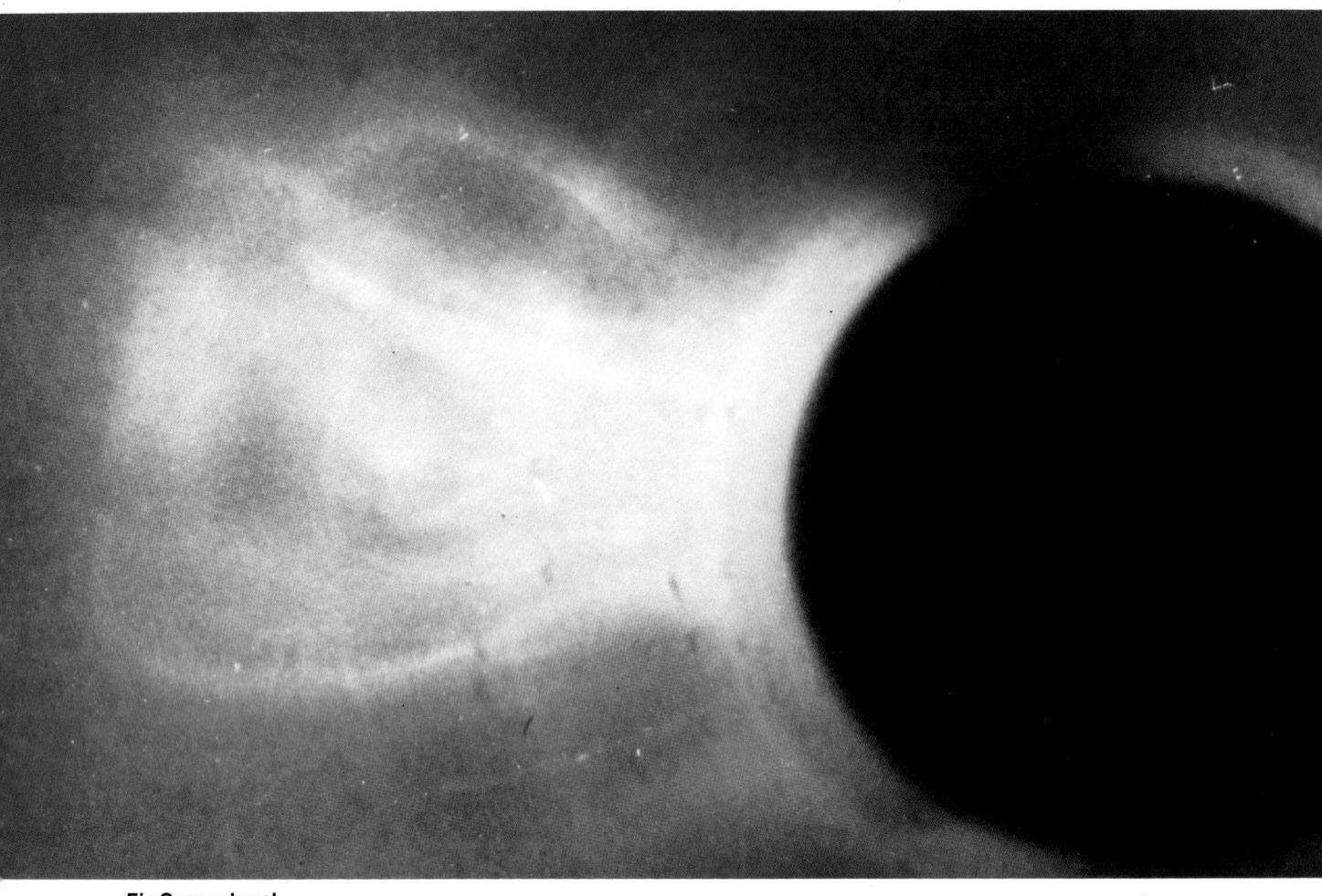

**Ein Gasausbruch auf der Sonne:** Mit einer Geschwindigkeit von 500 Kilometern pro Sekunde jagt die durch eine Eruption ausgelöste Stoßwelle durch das heiße Gas der Korona. Diese Aufnahme einer ins Weltall rasenden Schockfront wurde am 10. Juni 1973 an Bord der Raumstation Skylab mit einem Koronographen gemacht, der die Sonne durch eine schwarze Scheibe abdeckte

ben monatliche Übersichten über die Schwankungen des Erdmagnetfeldes heraus.

Bereits Gauß hatte bemerkt, daß eine Kompaßnadel niemals ganz ruhig steht – sie zittert ständig. Wenn magnetische Stürme toben und das gesamte Magnetfeld der Erde heftig schwankt, erreicht diese „magnetische Unruhe" Rekordwerte. Vorausgegangen ist regelmäßig eine Eruption auf der Sonne.

Solch eine Explosion auf der Sonne erzeugt zunächst eine Stoßwelle, wie sie auch ein Flugzeug auslöst, das die Schallmauer durchbricht. Eine solare Schockfront rast vor der ausgestoßenen Sonnenmaterie her, mit einer Geschwindigkeit bis zu 1500 Kilometer pro Sekunde. Sobald sie auf das Magnetfeld

der Erde trifft, preßt sie die Kraftlinien zusammen, die unter dem Anprall plötzlich zu zittern beginnen und so den Anfang eines magnetischen Sturms anzeigen.

Stunden später erst trifft die ausgestoßene Sonnenmaterie auf der Erde ein. Das irdische Magnetfeld lenkt sie größtenteils um die Erde herum. Bei einer Geschwindigkeit bis zu 700 Kilometern pro Sekunde erzeugen die elektrisch geladenen Partikel einen Strom von großer Stärke. Während eines heftigen magnetischen Sturms erreicht diese Stromstärke etwa eine Million Ampère (zum Vergleich: In einer 100-Watt-Glühbirne entstehen 0,5 Ampère, eine moderne Elektro-Lok wird bei voller Beschleunigung von 500 bis 600 Ampère vorwärtsgetrieben, und in einem Gewitterblitz fließen 10000 bis 100000 Ampère). Die Ströme in der Höhe erzeugen eigene Magnetfelder, wie auch jeder in einem Draht fließende Strom ein Magnetfeld um sich herum aufbaut.

Bewegen sich magnetische Kraftlinien durch einen elektrischen Leiter, etwa einen Draht oder eine Überlandleitung, so erzeugen, „induzieren" sie einen elektrischen Strom. Diese physikalische Gesetzmäßigkeit bildet die Grundlage der gesamten Elektrotechnik. In einem Generator zum Beispiel drehen sich zu Spulen aufgewickelte Drähte in den Kraftlinien eines Magnetfelds und erzeugen so elektrische Energie. In einer hunderte von Kilometern langen Überlandleitung kann bereits ein nur schwach zitterndes Magnetfeld beachtliche Störspannungen erzeugen.

Gewaltig aber sind die Auswirkungen, wenn die von den Sonnenteilchen erzeugten Magnetfelder sich mit dem irdischen Feld überlagern und es in heftige Unruhe versetzen. Dann entstehen auf der Erde Ströme, die durch Elektrizität betriebene Einrichtungen des Menschen erheblich stören können. Bei einem der stärksten jemals registrierten magnetischen Stürme, im September 1859, brachen die Telegraphenverbindungen in ganz Nordeuropa zusammen. Zu Ostern 1940 schaltete ein heftiger magnetischer Sturm in Nordamerika mehrere Kraftwerksnetze ab: Die Sicherheitsschalter sprachen auf die Störströme an. Um solche Ausfälle zu vermeiden, bauten Elektroniker vor dem Sonnenfleckenmaximum 1979 in große Computeranlagen besondere Schutzschalter ein, die sich nicht von solaren Störströmungen beeinflussen lassen.

Dank des Magnetfeldes und der dichten unteren Luftschichten, die auch die letzten Partikel von der Sonne abblocken, kann die Sonne das Leben auf der Erde nicht gefährden. Im Weltraum aber stellt sie eine ernstzunehmende Bedrohung für den Menschen dar. Die größte Eruption der letzten Jahrzehnte, im August 1972, jagte so gewaltige Mengen von elektromagnetischen Strahlen und Sonnenteilchen in die Nähe der Erde, daß das Bombardement für Astronauten an Bord einer Apollo-Mondkapsel mit Sicherheit tödlich gewesen wäre. Glücklicherweise war zu dieser Zeit kein bemanntes Raumschiff im All, obwohl im Mondprogramm Hochbetrieb herrschte. Apollo 16 war im April 1972 und Apollo 17 – das letzte bemannte Mondlandeunternehmen – im Dezember 1972 zum Mond unterwegs.

Um die Flüge zum Mond abzusichern, hatte die amerikanische Raumfahrtbehörde NASA ein weltumspannendes Netz von Sonnen-Fernrohren aufgebaut, dessen Rest heute zum Vorhersagezentrum in Boulder gehört. Ein abgestufter Plan sah Sicherheitsmaßnahmen bei Sonnenausbrüchen vor, vom Anlegen der Schutzanzüge bis zum Einschluß in die Kommandokapsel. Doch bei so heftigen Strahlen- und Teilchenschauern, wie sie im August 1972 auftraten, hätte das alles nichts genützt. Die Astronauten wären binnen weniger Tage an Strahlungsschäden umgekommen.

Auf wie vielfältige und dramatische Weise sich Sonneneruptionen auf der Erde auswirken können, zeigt das ausführliche Protokoll jener Tage im schwersten Sonnensturm unserer Zeit.

Es begann alles ganz harmlos.

*Dienstag, 11. Juli 1972*

Auf 13 Grad Nord und 36 Grad West erscheint auf der Sonne ein kleiner Fleck. Er wächst zu einer mittleren Fleckengruppe heran und verschwindet am 14. Juli hinter dem Westrand der Sonne. Die Gruppe erhält die laufende Nummer 331.

*Sonnabend, 29. Juli 1972*

Nach vierzehn Tagen ist Gruppe 331 am Ostrand der Sonne wieder aufgetaucht. Das Space Environment Services Center in Boulder sendet ein Fern-

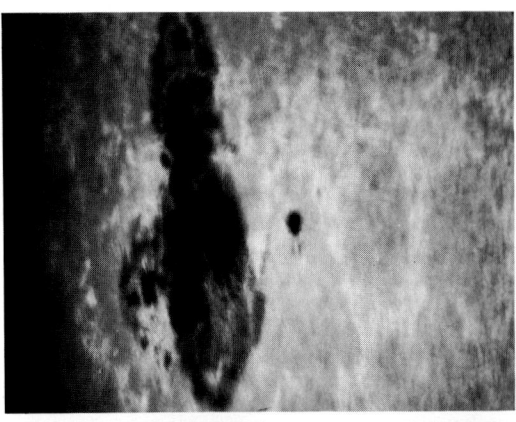

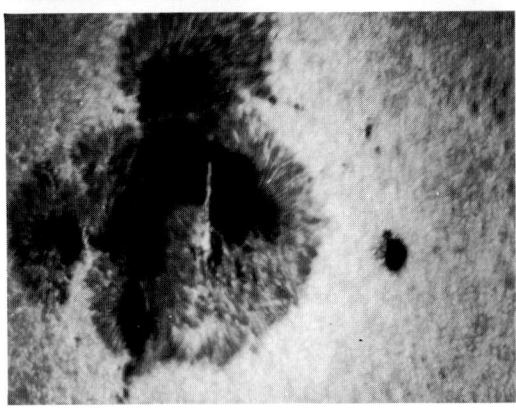

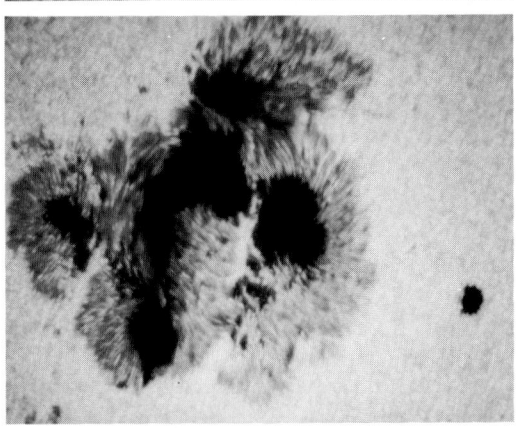

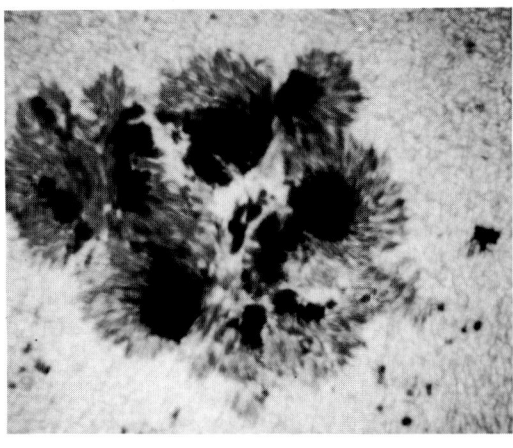

Im Sommer 1972 verfolgten Mitarbeiter des Fraunhofer-Instituts Freiburg und der Universitätssternwarte Göttingen auf der Kanaren-Insel Teneriffa tagelang die Entwicklung der Fleckengruppe 331, der aktivsten Gruppe von Sonnenflecken in den letzten Jahrzehnten. Die Aufnahmen vom 30. Juli, 1. August, 2. August und 5. August zeigen, wie die Struktur der etwa 90 000 Kilometer großen Fleckengruppe immer komplizierter wird. Starke Eruptionen ließen denn auch nicht mehr lange auf sich warten

schreiben an seine Kunden: „Region 331, Nordostrand, ist während ihrer Wanderung auf der erdabgewandten Sonnenseite beachtlich gewachsen. Ein sehr großer Fleck steht nun nahe 11 Grad Nord und 77 Grad Ost. Die eruptive Aktivität könnte sich während der Weiterwanderung von Region 331 auf der Sonnenscheibe erhöhen."

*Sonntag, 30. Juli 1972*

Ein weiteres Fernschreiben aus Boulder lautet: „Regionen 319 und 331 scheinen in der Lage zu sein, einige hochenergetische Explosionen während der nächsten 72 Stunden zu erzeugen." Die Wahrscheinlichkeit für Eruptionen am nächsten Tag wird mit 55 Prozent für kleinere, 5 Prozent für mittlere und 1 Prozent für sehr große angegeben.

*Montag, 31. Juli 1972*

Fleckengruppe 331, inzwischen auf einen Durchmesser von 80 000 Kilometer und eine Fläche von vier Milliarden Quadratkilometer angewachsen, bewegt sich weiter auf die Mitte der Sonnenscheibe zu. Noch sind keine Eruptionen zu verzeichnen.

*Mittwoch, 2. August 1972*

4.16 Uhr*: Die Sonnenstation Teheran meldet – wie schon am Vortag – den Beginn einer Eruption in Fleckengruppe 331. Die Helligkeit der Eruptionsstelle erreicht um 5.10 Uhr ihren Höhepunkt. Um 6.06 Uhr ist die Eruption vorbei. Die Stärke war nur mäßig: 1 B (B für: Besonders hell) auf der internationalen, von 1 bis 4 reichenden Skala, die die Fläche des explodierenden Gebiets angibt.

19.39 Uhr: Die Sonnenstationen Palehua auf Hawaii und Boulder/Colorado melden eine neue Eruption in Fleckengruppe 331.

20.58 Uhr: Der Sonnenbeobachter auf Hawaii sieht in Gruppe 331 eine weitere, wesentlich stärkere Eruption, diesmal von der Größe 2 B. Die Eruption erreicht ihren Höhepunkt um 21.58 Uhr.

* Alle Zeitangaben in Mitteleuropäischer Zeit

*Donnerstag, 3. August 1972*

1.30 Uhr: Die amerikanische Forschungsstation McMurdo in der Antarktis und Ionosphären-Beobachtungszentren in Alaska sowie in Thule auf Grönland registrieren den Beginn einer vollständigen „Polkappenabsorption" auf der Erde: Kurzwellensignale können den Nord- und den Südpol nicht mehr überqueren. Die Elektronendichte der Ionosphäre steigt infolge des Eintreffens der solaren Protonenströme stark an.

12.24 Uhr: Die 105 Millionen Kilometer von der Erde entfernte Raumsonde Pioneer 9 meldet, daß die von der ersten Eruption am Mittwoch ausgelöste Schockwelle nach 33 Stunden die Raumsonde erreicht hat. Boulder veröffentlicht eine Warnung: „Die Schockwelle kann morgen, am 4. August, gegen 4 Uhr die Erde erreichen und einen magnetischen Sturm erzeugen. Die größte Stärke des Sturms, verbunden mit Polarlichtaktivität, wird für 8 Uhr erwartet. Ein magnetischer Sturm der Eruption vom 2. August, 21 Uhr, wird in der zweiten Hälfte des 4.8. erwartet."

*Freitag, 4. August 1972*

2.19 Uhr: In Boulder beginnt das Magnetometer auszuschlagen – 46 Stunden nach der ersten Eruption vom 2. August. Das Magnetfeld der Erde fängt an zu zittern.

5.00 Uhr: Ungewöhnlich weit südlich auf der Erde, in Colorado und Illinois, werden Polarlichter gesichtet. Die Beobachter berichten von breitgefächerten, ziegelroten Erscheinungen, die ungefähr 15 Minuten im Zenit, der höchsten Stelle des sichtbaren Himmels, aufleuchten. Ein weißes Glimmen wird in nördlicher Richtung dicht am Horizont gemeldet. Weitere Nordlichter werden am Abend dieses Tages in den USA und in Europa gesichtet.

7.21 Uhr: Die Sonnenbeobachtungsstation Athen meldet eine Supereruption in Fleckengruppe 331. Stärke diesmal: 3 B.

7.22 bis 13.00 Uhr: Im Forschungszentrum der Deutschen Bundespost in Darmstadt läßt sich kein Kurzwellensender mehr empfangen. Ursache dafür ist der längste und stärkste Mögel-Delliger-Effekt, der dort jemals registriert wurde.

8.00 Uhr: Der Erdsatellit Explorer 41 stellt eine weitere starke Zunahme der von der Sonne heranströmenden Wasserstoffkerne fest.

Dem Erdsatelliten OSO 7 gelingt es zum erstenmal in der Geschichte der Sonnenphysik, Gamma-Linienstrahlung von der Sonne nachzuweisen. Die Instrumente registrieren zwei scharfe Impulse mit Wellenlängen von 0,243 und 0,558 Milliardstel Zentimetern.

In Kiruna, Nordschweden, lassen Wissenschaftler des Max-Planck-Instituts für Aeronomie einen Stratosphärenballon aufsteigen, um die von der Sonne ankommenden elektrischen Teilchen zu zählen. Doch die Geräte versagen, überlastet durch das Übermaß anstürmender Wasserstoffkerne.

21.30 Uhr bis 21.40 Uhr: Die Antarktisstation McMurdo registriert eine starke Erhöhung der Elektronendichte in der Ionosphäre.

Boston (USA) und São José dos Campos (Brasilien) melden heftige Zitterbewegungen des irdischen Magnetfeldes. Das Geophysikalische Institut in Göttingen registriert den stärksten magnetischen Sturm seit Jahresbeginn.

23.30 Uhr: In Illinois und Nebraska werden die Fernleitungen der amerikanischen Telefon- und Telegraphengesellschaft von starken Störströmen beeinträchtigt.

23.42 Uhr: In Minnesota schaltet sich der Transformator einer elektrischen Überlandleitung aus, weil ein Relais auf Störströme angesprochen hat.

*Sonnabend, 5. August 1972*

Um Mitternacht werden Nordlichter aus Frankreich, der Schweiz und der Tschechoslowakei gemeldet.

1.30 Uhr: Die Raumsonde Pioneer 9 meldet an die Beobachtungsstationen auf der Erde, daß der Strom geladener Teilchen von der Sonne seine Geschwindigkeit sprunghaft erhöht hat – nämlich von 900 auf 1200 Kilometer pro Sekunde. Eine neue Schockwelle, erzeugt von der dritten Eruption am 2. August, jagt auf die Erde zu.

4.00 Uhr: Anchorage in Alaska ist erneut von sämtlichen Kurzwellenverbindungen zur Außenwelt abgeschnitten.

Die Bowater-Elektrizitätsgesellschaft in Neufundland meldet eine Unterbrechung sämtlicher Verbindungen über Transatlantikkabel sowie einen Ausfall mehrerer Transformatoren.

Auf dem St. Lorenz-Fluß in Kanada können Schiffe nicht mehr sicher navigieren, weil ihre Kurzwellen-Funkgeräte ausgefallen sind.

Die kosmische Strahlung wird durch das gestörte Erdmagnetfeld so abgelenkt, daß sie nicht mehr zum Erdboden dringt. Die Meßkurve in Darmstadt schlägt aus wie nie zuvor. „Wir mußten zum ersten und einzigen Mal seit unserem Bestehen ein zusätzliches Meßblatt ankleben", berichtet Leiter Dr. Damboldt.

Am 7. August 1972 fotografierten Sonnenphysiker auf Teneriffa und am Big Bear Lake in Kalifornien die Sonne im Abstand von wenigen Stunden. Die im roten Licht glühenden Wasserstoffs gemachte Aufnahme des Big-Bear-Observatoriums zeigt den extrem hellen Lichtblitz einer starken Eruption. Sie bricht aus der Fleckengruppe 331 hervor, die auf Teneriffa kurz vor dieser Eruption aufgenommen worden war

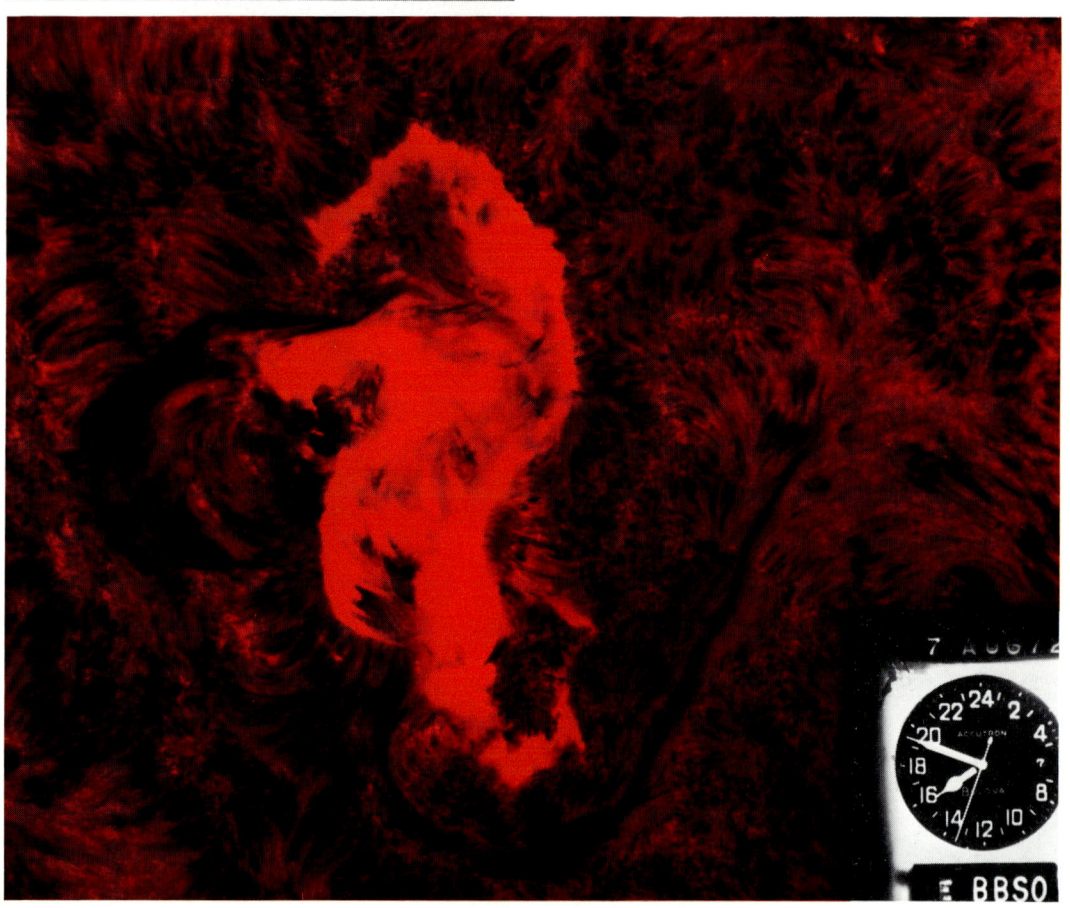

Nach nicht bestätigten Meldungen explodieren etliche Teller-Minen im nordvietnamesischen Hafen Haiphong, die von den Amerikanern während des Vietnam-Krieges gelegt wurden. Das schwankende Erdmagnetfeld hat ihre Magnetzündungen angesprochen.

*Sonntag, 6. August 1972*
Die Sonne scheint ruhig zu sein. Keine neuen Vorkommnisse auf der Erde, obwohl die Fleckengruppe noch immer eine Fläche von etwa 3,2 Milliarden Quadratkilometern einnimmt.

*Montag, 7. August 1972*
16.09 Uhr: Die Sonnenstation der Raumfahrtbehörde NASA auf Gran Canaria meldet in Fleckengruppe 331 eine erneute Eruption von der Stärke 3 B, stärker als die vom 4. August.

16.15 bis 16.40 Uhr: Das Max-Planck-Institut für Radioastronomie in der Eifel beobachtet eine 10000fach verstärkte Radiostrahlung im Bereich der Meterwellen, den heftigsten je beobachteten Ausbruch im Radiowellenbereich.

18.15 Uhr: In Britisch-Columbia, Kanada, brennt ein 230-Kilovolt-Transformator durch. Die Strahlung von der Sonne erreicht in der oberen Erdatmosphäre derart hohe Werte, daß die Royal Air Force in Großbritannien alle ihre Überschalljäger anweist, die Flughöhe wegen zu großer Strahlenbelastung für die Besatzung zu verringern.

23.00 Uhr: Das Vorhersagezentrum in Boulder meldet: „Die Aktivität der Region 331 wird voraussichtlich für die nächsten 72 Stunden anhalten. Die magnetische Störung, die von der 3-B-Eruption ausgeht, kann am 9. August um ungefähr 10 Uhr mit einem größeren magnetischen Sturm beginnen."

*Dienstag, 8. August 1972*
Das Meteorologische Büro in Sydney meldet, daß seit dem 4. August keine Funkverbindung mehr zu den antarktischen Forschungsbasen besteht.

In Europa und USA erscheinen Zeitungen mit Schlagzeilen wie: „Explosion auf der Sonne" – „Die Sonne beruhigt sich nicht" – „Duckt Euch, Erdbewohner. Sonnensturm heute".

*Mittwoch, 9. August 1972*
7.55 Uhr: Die Raumsonde Pioneer 9 registriert erneut eine Schockwelle, 40 Stunden nach der letzten Eruption vom 7. August.

Fleckengruppe 331 steht jetzt nahe vor dem Westrand der Sonne.

*Donnerstag, 10. August 1972*
17.00 Uhr: Die Fleckengruppe 331 beginnt hinter der Sonne zu verschwinden.

*Freitag, 11. August 1972*
Die Fleckengruppe 331 hat den Sonnenrand passiert und verabschiedet sich mit gewaltigen Ausbrüchen, deren Auswirkungen indes die Erde nicht mehr erreichen.

13.00 Uhr: Die Sonnenbeobachter der NASA auf Gran Canaria sehen eine Eruption der Stärke 2. Gegen 13.30 Uhr wird von ihnen und von Beobachtern in Locarno eine Protuberanz bemerkt, die eine Höhe von mehr als 350000 Kilometern erreicht und in einzelne Wölkchen zerfällt.

21.22 Uhr: Beobachter in Boulder registrieren einen weiteren Materieausbruch: Das Zentrum der Fleckengruppe liegt bereits 17 Grad hinter dem Sonnenrand, aber die mehr als 400000 Kilometer weit in den Weltraum geschleuderten Gaswolken sind durch einen H-Alpha-Filter von der Erde aus deutlich zu erkennen.

*Mittwoch, 26. August 1972*
Vierzehn Tage später taucht die Fleckengruppe 331 am Ostrand der Sonne nicht mehr auf: Sie ist auf der der Erde abgewandten Sonnenseite verschwunden. Nichts auf der Sonne erinnert mehr an die chaotischen Vorgänge vor drei Wochen, bei denen nach vorsichtigen Schätzungen Energie in Höhe von zwei Trillionen Kilowattstunden freigesetzt wurde – nach gegenwärtigem Verbrauch der Energiebedarf der Menschheit für 25000 Jahre.

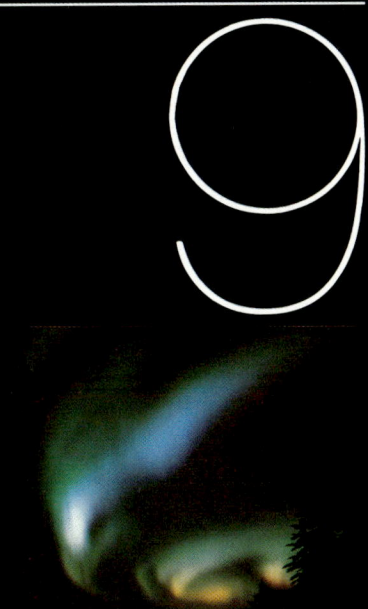

# 9

# Der kalte Zauber

Wenn in den
langen Wintern des
hohen Nordens —
wie hier in Alaska — ge-
heimnisvoll wabernde
Lichtvorhänge über
den Himmel geistern,
kann sich kaum jemand
dem Reiz des Polar-
lichts entziehen.
Ursache der nächtlichen
Lichtspiele ist die
Sonne, die in der
hohen Atmosphäre
Atome zum Leuch-
ten anregt

Wie von einem Steppenbrand überzogen erscheint der Himmel beim seltenen tiefroten Polarlicht. Die Aufnahme wurde 1977 in Alaska gemacht

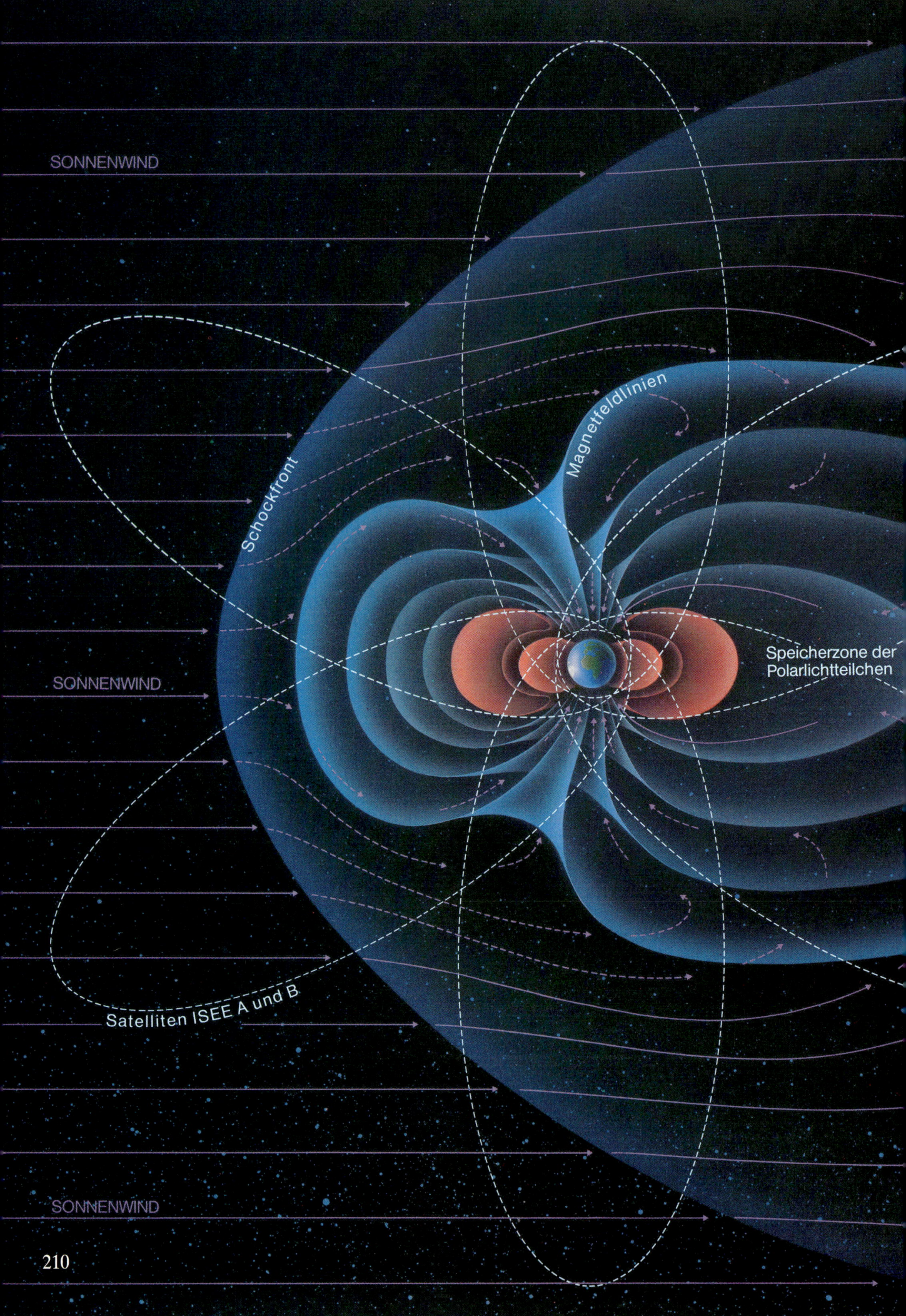

SONNENWIND

SONNENWIND

SONNENWIND

Schockfront

Magnetfeldlinien

Speicherzone der
Polarlichtteilchen

Satelliten ISEE A und B

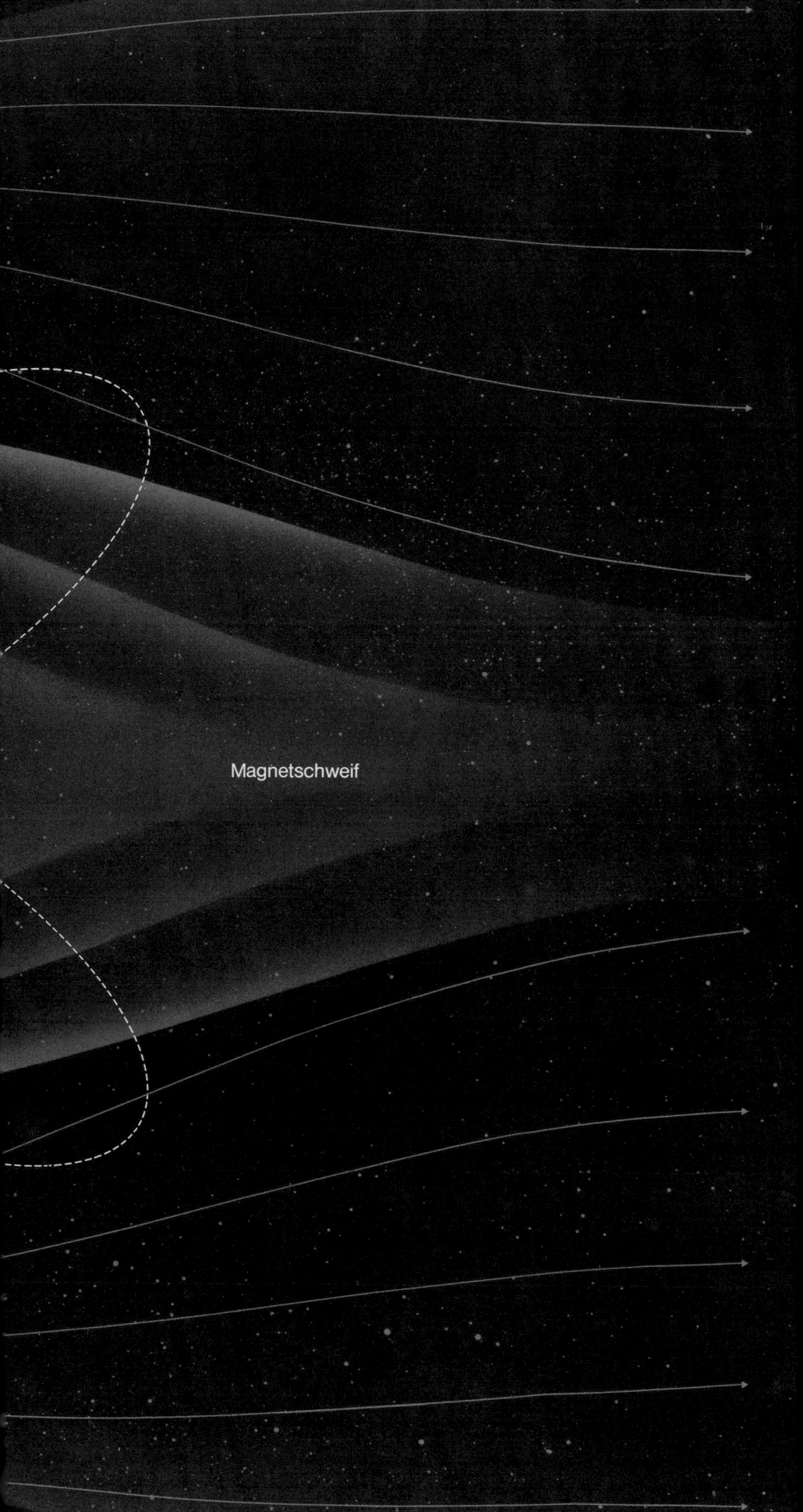

Magnetschweif

Wie ein Wellen-
brecher stemmt sich
das irdische Magnet-
feld dem von der
Sonne anströmenden
Teilchenstrom ent-
gegen. Durch diesen
»Sonnenwind« wird es
regelrecht verbogen –
auf der sonnenzu-
gewandten Seite stark
gestaucht und auf der
sonnenabgewandten
Seite zu einem
weiten tropfenförmigen
Schweif auseinander-
gezogen. Die Linien
des Erdmagnetfeldes
(hellblau) formen
schalenförmige Schutz-
bogen, an denen die
meisten Teilchen des
Sonnenwinds abprallen
und vorbeiströmen
(ausgezogene violette
Linien). Manche Teilchen
aber dringen auf noch
nicht genau bekannten
Wegen in das Magnet-
feld ein (gestrichelte
violette Linien). Sie
bilden dort die Van
Allenschen Strahlungs-
gürtel (rot) und erzeugen
die Polarlichter. Durch
alle Zonen der schüt-
zenden Magnetosphäre
verläuft die Bahn der
Zwillingssatelliten
ISEE-A und B, deren
Lage sich im Laufe
eines Jahres ständig
verschiebt

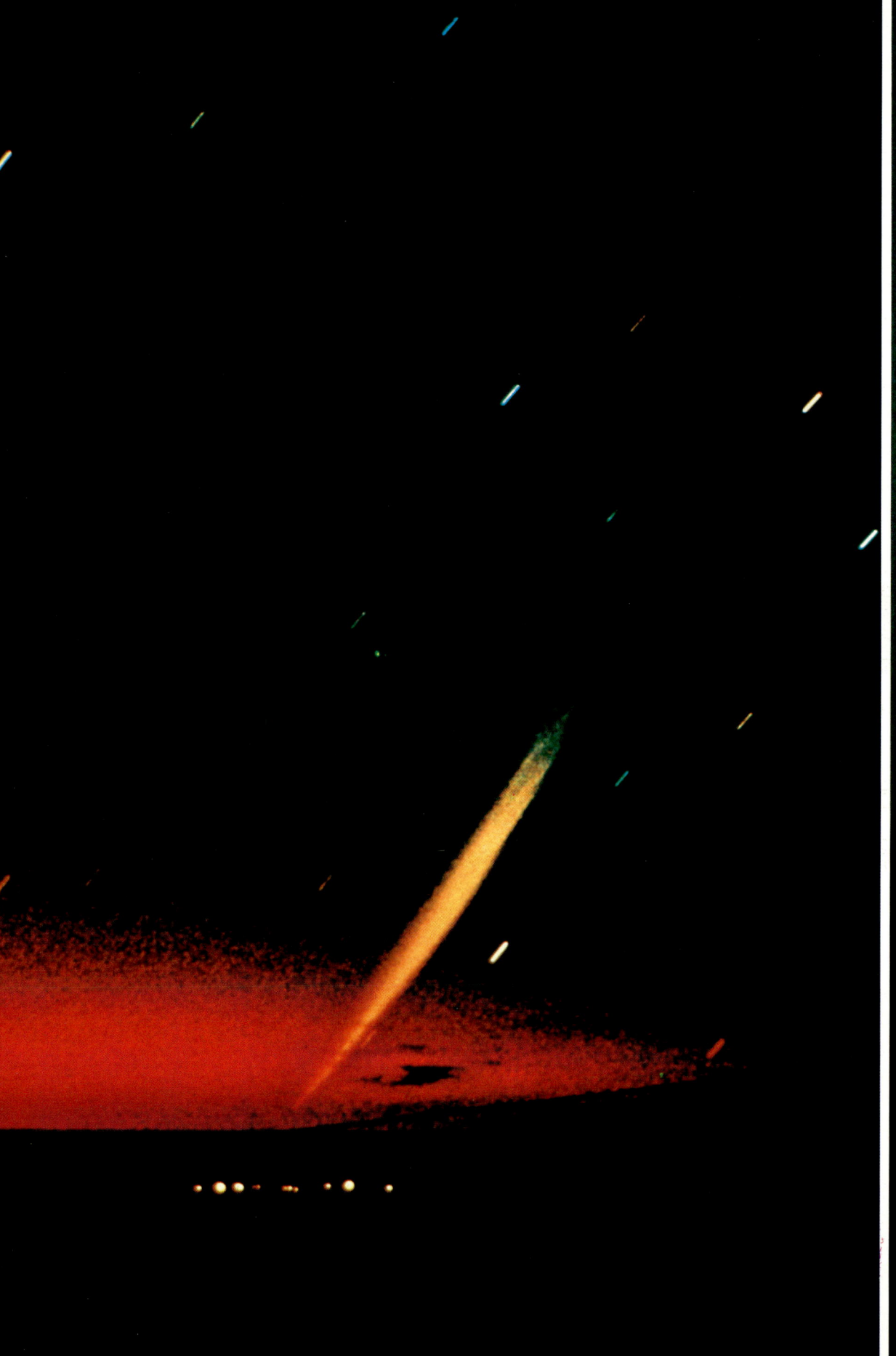

Die Schweife von
Kometen flattern wie
Fahnen im Sonnenwind:
Sie zeigen stets von
der Sonne fort. Der
Komet Ikeya-Seki (links)
mit einem besonders
langen Schweif stieg am
28. Oktober 1965 kurz
vor Sonnenaufgang in
Flagstaff, Arizona,
über den Horizont. Die
Aufnahme des
Kometen West hingegen
wurde in Deutschland
gemacht. Im März
1976 stand West als
brillante Erscheinung
am Morgenhimmel
– der für Jahre letzte
auffällige Komet
über Europa

enige Naturerscheinungen bezaubern Menschen derart wie die Polarlichter, jene phantastischen Erscheinungen, die im hohen Norden wie im tiefen Süden der Erde bei Dunkelheit über den Himmel geistern. Hingerissen, versuchen Beobachter immer wieder, ihre Empfindungen in Worte zu fassen – etwa der Forschungsreisende George F. Kennan, der 1952 US-Botschafter in Moskau war und dort Gelegenheit zu eigenen Beobachtungen hatte.

„Ein breiter Bogen aus funkelnden Regenbogenfarben", schrieb Kennan, „spannte sich von Ost nach West über das Firmament. Karminrote und gelbe Lichtstrahlen flammten vom höchsten Punkt des Bogens zum Zenit auf. Im Abstand von einer oder zwei Sekunden wuchsen große leuchtende Bänder parallel zu dem Bogen hinter dem nördlichen Horizont empor und überfluteten in makelloser Pracht den Himmel wie gewaltige Brecher phosphoreszierenden Lichts, die der endlose Ozean des Alls an Land spülte."

Unzählige Male hat Fridtjof Nansen, der berühmte norwegische Arktisforscher, Polarlichter erlebt. Und doch konnte auch er sich immer aufs neue nicht dem tiefen Eindruck entziehen, wenn das himmlische Leuchten besonders prachtvoll ausfiel. So notierte er während seiner Polarfahrt mit dem Expeditionsschiff „Fram" am 28. November 1893: „Ich ging an diesem Abend in einer ziemlich schlechten Stimmung an Deck und blieb sofort wie angewurzelt stehen. Das Übernatürliche tat sich auf – Nordlichter flammten in grenzenloser Schönheit über den Himmel, in allen Farben des Regenbogens schimmernd. Selten oder sogar nie habe ich die Farben so brillant gesehen. Die vorherrschende war zunächst Gelb, doch sie verblaßte langsam und ging in Grün über. Und dann zeigte sich ein Funken

sprühenden Rubinrots am unteren Ende des mächtigen Lichtvorhangs, das sich bald ganz über ihn ausbreitete."

Polarlichter haben Menschen stets in Staunen versetzt, sie haben aber auch Furcht erregt und ihre Sagen bereichert. In der altnordischen Mythologie wurde das flackernde Leuchten als das Funkeln goldener Schilde gedeutet, auf denen die gefallenen Helden nach Walhall eingingen. Die Eskimos an der Hudson Bay hielten Polarlichter für Fackeln, mit denen Götter nach den Seelen Verstorbener suchten.

Die Maoris, Ureinwohner von Neuseeland, deuteten die Polarlichter als große Feuer, entzündet von Ahnen, deren Kanus weit nach Süden abgedriftet waren.

In der klassischen Literatur tauchen Polarlichter frühzeitig auf – zum Beispiel beim römischen Schriftsteller Lucius Annaeus Seneca. Um das Jahr 30 n. Chr. flammte ein so gewaltiges Nordlicht über Europa, daß es noch in Italien beobachtet werden konnte. Und weil in Rom der Eindruck entstand, die Siedlung Ostia brenne, rückten Soldaten aus, um den vermeintlichen Großbrand zu löschen: „Während des größten Teils der Nacht", berichtet Seneca, „war am Himmel ein schwaches Leuchten sichtbar, das einem dicken, verqualmten Feuer ähnelte."

Welcher Europäer als erster Polarlichter der südlichen Hemisphäre sah, steht nicht fest. Gewiß war es nicht, wie häufig angenommen wurde, der britische Seefahrer und Entdecker James Cook. Auf seinen Forschungsreisen im Pazifik von 1772 bis 1775 beobachtete er, zusammen mit dem deutschen Gelehrten Johann Reinhold Forster, einmal ein seltsames Licht am Himmel, das er zutreffend dem Nordlicht gleichstellte.

Während der ersten Weltumsegelung sah der portugiesische Seefahrer Fernão de Magalhães im November 1520 an der Südküste des südamerikanischen Festlands einen lodernden Feuerschein und

taufte das Land dort „Tierra del Fuego"
(Feuerland). Ob der rote Schimmer
wirklich ein Südlicht war oder nur von
einem Feuer herrührte, das Eingeborene oder ein Blitzschlag entzündet hatten, weiß man jedoch nicht.

Sicher ist, daß der spanische Mathematiker und Schiffsoffizier Antonio de Ulloa ein Südlicht sah − wenn auch ein
anderer, der französische Naturphilo-
soph und Physiker Jean Jacques Dor-
tous de Mairan, die Nachricht von dieser Beobachtung verbreitete.

De Mairan veröffentlichte 1733 in Paris
das erste Buch, das sich ausschließlich
mit Polarlichtern befaßte, eine „Physikalische und Historische Abhandlung
über die Aurora Borealis", wie das
Nordlicht noch heute unter Naturwis-
senschaftlern genannt wird. 1750 kam
de Mairan auf den Gedanken, daß es
auch ein Südlicht, eine Aurora Austra-
lis, geben könne. Er fragte bei de Ulloa
an, und der weitgereiste Spanier ant-
wortete, er habe im März und April
1745 bei Kap Hoorn „eine deutliche
Lichterscheinung wahrgenommen, die
insgesamt das Aussehen der Polarlichter
hatte, welche mir von der Nordhemi-
sphäre so gut bekannt sind". Diese Mit-
teilung veröffentlichte de Mairan 1754
in der zweiten Auflage seines Werkes.

Die Morgenröte − lateinisch: aurora −
stand Pate für den Namen Aurora Au-
stralis und Aurora Borealis. Schon 1616
benutzte Galileo Galilei diesen Begriff,
den der französische Mathematiker und
Astronom Pierre Gassendi dann aus
Anlaß eines weitreichenden Polarlichts
im September 1621 allgemein bekannt
machte. Die Ähnlichkeit jenes schwachen Leuchtens am nördlichen Horizont
mit dem Farbenspiel des Morgenhim-
mels im Osten hatte zu dieser Namens-
gebung angeregt.

Polarlichter treten in Strahlen und Bögen, in Bändern oder auch nur als
schwaches Glühen auf. Am häufigsten
sind sie als Vorhänge aus grünlich- bis

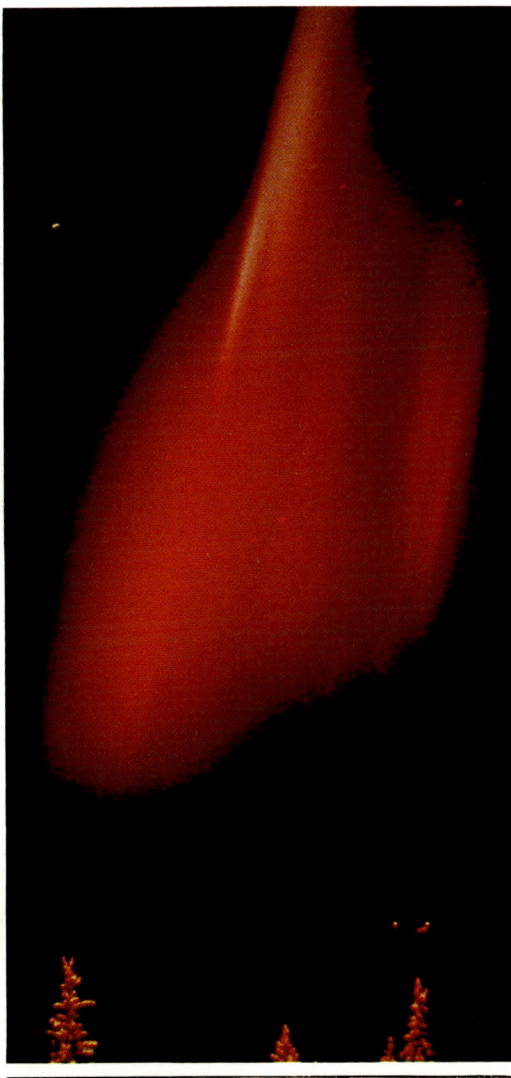

Polarlichter
bezaubern den
modernen Menschen
noch ebenso wie
seine Vorfahren: Das
rote Glühen am Himmel
über Alaska machte
auf die Beobachter
nicht weniger Eindruck
als das »Unerhörte
Wunderzeichen,
welches ist gesehen
worden auf Kuttenberg
in der Krohn Böhem«
vom 12. Januar 1570
oder das mantelförmige
Polarlicht, das 1838
über Bossekop
in Nordnorwegen
aufleuchtete

gelblich-weißem Licht zu sehen. Solch ein Vorhang, der meist in ost-westlicher Richtung verläuft, erstreckt sich über Hunderte von Kilometern. Dabei ist er nur wenige Kilometer dick. Aus der Ferne sieht er aus wie ein Bogen, der vom Horizont aufsteigt. Bis zu zehn Bögen zugleich wurden am Nachthimmel beobachtet.

Der untere Saum des Lichtvorhangs glimmt oft karminrot. Ihren Höhepunkt erreicht die Farbenpracht bei dem seltenen „flammenden Polarlicht". Dann wirkt der ganze Himmel wie von einem riesigen Steppenbrand überzogen. Und dies alles − das macht die Polarlichter besonders unheimlich − geschieht völlig lautlos. Obwohl Beobachter gelegentlich ein leises Knistern oder Knacken gehört haben wollen, konnten durch Polarlichter hervorgerufene Geräusche nie zweifelsfrei nachgewiesen werden.

Nachdem Edmond Halley schon 1716 einen Zusammenhang zwischen Nordlicht und Magnetismus vermutet hatte, wiesen ihn 1741 der schwedische Astronom und Physiker Anders Celsius und sein Schüler Olav Peter Hiorter nach. Sie beobachteten an der Sternwarte in Upsala, daß Kompaßnadeln immer dann heftig zu zittern begannen, wenn die Lichterspiele am Himmel am stärksten waren. Leuchtete das Polarlicht hingegen so schwach, daß es kaum auffiel, dann reagierten die Kompaßnadeln gering.

Wie sehr Magnetfeld und Polarlicht zusammenhängen, erfuhr ich bei einem Besuch des Nordlicht-Observatoriums von Tromsø in Nordnorwegen. Noch am Tag vor meiner Ankunft hatte über dieser nördlichsten Universitätsstadt der Welt ein sehr kräftiges, brillantes, grünweißes Nordlicht geschimmert. Im Observatorium hatte das Meßgerät für den Erdmagnetismus, im Prinzip eine mit einem Schreibstift verbundene Kompaßnadel, wilde Kurven auf eine rotierende Papierwalze gezeichnet. Als ich

aber ankam, ruhte das Magnetfeld, und Dr. Asgeir Brekke, Wissenschaftler im Observatorium, sagte mir eine ereignislose Nacht voraus: „Bei dieser Ruhe gibt es keine Polarlichter." So war es. Erst zwei Nächte später bekam ich die geisterhaften Lichtbögen zu sehen, schwach, „nichts Besonderes", wie Brekke herabspielte, aber für mich als Besucher aus südlicheren Breiten war es genug, um einen nachhaltigen Eindruck zu bekommen.

Der Zusammenhang zwischen Erdmagnetfeld und Polarlichtern weist bereits auf den Motor der himmlischen Leuchterscheinungen hin: die Sonne. Denn sie ist es ja, die das irdische Magnetfeld beeinflußt und darum auch die wabernden Lichtvorhänge an den polaren Himmel zaubert.

Ende des 19. Jahrhunderts begannen sich die Indizien für diesen Zusammenhang wie ein Puzzle zusammenzufügen. Der Schweizer Professor für Mechanik und Maschinenbau am Polytechnikum Zürich, Hermann Fritz, wies durch umfangreiches statistisches Material 1862 als erster nach, daß die Häufigkeit von Polarlichtern mit einem elfjährigen Rhythmus im Gleichtakt zur Zahl der Sonnenflecken variiert. Ist die Sonne sehr aktiv und erschüttern viele Eruptionen ihre Oberfläche, dann leuchten Polarlichter häufig und oft in eindrucksvoller Schönheit. Während eines Fleckenminimums dagegen werden Nordlichter selbst in Norwegen, Kanada und Alaska zu raren Erscheinungen − genau wie Südlichter über den Beobachtungsstationen in der Antarktis.

Im Jahr 1881 veröffentlichte Hermann Fritz eine monumentale Arbeit im Kleinformat unter dem Titel „Das Polarlicht". Er hatte fleißig alle Berichte über diese Erscheinung gesammelt. Schließlich entwarf er eine Karte der Linien gleicher Polarlicht-Häufigkeit („Isochasmen"). Diese Linien entpuppten sich als regelmäßig um die Pole angeordnete Kreise – allerdings nicht um die geographischen, sondern um die geomagnetischen Pole der Erde. Sie liegen bei 78,5 Grad Nord und 69 Grad West an der Nordwestspitze Grönlands sowie bei 78,5 Grad Süd und 111 Grad Ost in der Antarktis – tausend Kilometer von den magnetischen Polen entfernt, an denen die Feldlinien senkrecht auf die Erdoberfläche treffen.

Die Erde besitzt also drei Polpaare; zwei davon sind magnetischer Natur. Die geographischen Pole sind die Endpunkte der Achse, um die sich die Erde dreht. Ähnlich markieren die geomagnetischen Pole jene Stellen, an denen die Achse des irdischen Magnetfeldes aus der Erdoberfläche tritt. Lokale Störungen unter der Erdoberfläche, zum Beispiel durch Eisenerzlager, führen jedoch zu Verzerrungen des Magnetfeldes, so daß die Feldlinien nicht an diesen Polen senkrecht in den Erdkörper münden, sondern in einiger Entfernung

davon. Diese Stellen sind die magnetischen Pole, die von Jahr zu Jahr wandern.

In einem Kreis von etwa 23 Grad um die geomagnetischen Pole herum treten Polarlichter am häufigsten auf. Der einige hundert Kilometer breite Gürtel größter Häufigkeit berührt Europa nur im äußersten Norden, in Tromsø zum Beispiel, auf fast 70 Grad Breite, während sich in Amerika gute Chancen, ein Polarlicht zu sehen, schon in Kanada an der südlichen Hudson Bay bieten, am 60. Breitengrad.

Gelegentlich kommen Nordlichter auch viel weiter südlich vor, nämlich dann, wenn die Sonne sehr aktiv ist und starke Eruptionen ausbrechen. Je näher jedoch ein Ort am Äquator liegt, um so seltener ist ein Polarlicht zu sehen. In zehn Grad nördlicher oder südlicher Breite ist höchstens einmal in einem Jahrhundert mit diesem Schauspiel zu rechnen. Während eines der stärksten

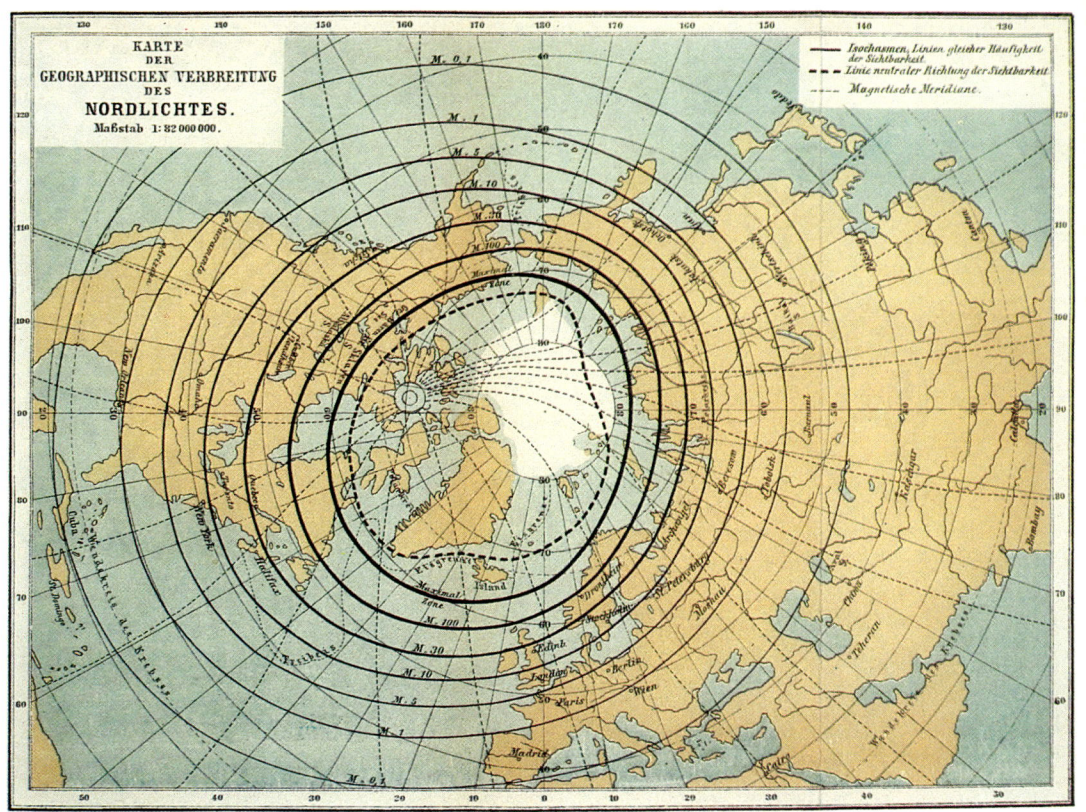

**Der Schweizer Hermann Fritz veröffentlichte 1881 die erste Karte über die Häufigkeit von Polarlichtern. Auf ihr verband er die Orte gleicher Häufigkeit durch Linien (Isochasmen). Die Linie 100 umschließt den Bereich der größten Häufigkeit. Diese Zone weicht deutlich vom geographischen wie vom magnetischen Nordpol ab. Ihr Mittelpunkt ist vielmehr ein dritter, der geomagnetische Nordpol. Er liegt in Nordwest-Grönland. An diesem Punkt durchstößt die Achse der Magnetlinien die Erdoberfläche**

magnetischen Stürme dieses Jahrhunderts, am 25. September 1909, zwischen 13 Uhr und 21.30 Uhr, wurde ein Polarlicht in Singapur gesichtet, nur ein Grad nördlich des Äquators.

1899 gründete Professor Kristian Birkeland von der Universität Oslo bei Alta, 160 Kilometer nordöstlich von Tromsø, die erste ständige Beobachtungsstation für Nordlichter. Bis 1927 vermaßen er und sein Kollege Carl Frederik Störmer von hier und von anderen, temporären Stationen aus die Positionen der Lichtbögen und -bänder, um die Höhe der Polarlichter über der Erde zu bestimmen − ähnlich, wie Landvermesser Entfernungen und Höhen aus Winkelmessungen errechnen.

Aus zahlreichen fotografischen Aufnahmen und mehr als zehntausend Messungen ergab sich, daß die meisten Polarlichter in etwa hundert Kilometern Höhe über der Erdoberfläche aufleuchten, in seltenen Fällen aber auch bis zu 500 Kilometer und mehr emporreichen. Damit war ein von Mairan, Hiorter und anderen schon im 18. Jahrhundert vermuteter Zusammenhang bestätigt, wonach die Polarlichter Erscheinungen der hohen Erdatmosphäre sind und nicht etwa Licht, das aus Bergspitzen emporsteigt, wie phantasievolle Beobachter gemeint haben.

Die Messungen stützten eine Theorie über die Polarlichter, die von Birkeland und Störmer bereits 1907/08 entwickelt wurde, ohne daß sie etwas von der Magnetosphäre und den Strahlungsgürteln der Erde wußten. Danach strömen von der Sonne schnelle, elektrisch geladene Teilchen zur Erde, vor allem Elektronen. Sie gleiten an den Linien des irdischen Magnetfeldes entlang zu den geomagnetischen Polen hin. Von den Feldlinien geleitet, gelangen die Sonnenteilchen an den Polen tiefer als irgendwo sonst in die Erdatmosphäre. Dort stoßen sie mit Luftmolekülen zusammen und bringen sie damit zum Leuchten. Das Polarlicht wird um so grandioser, je mehr Teilchen von der Sonne einströmen. Da die Sonnenteilchen beim schnellen Flug selbst ein Magnetfeld aufbauen, das von ihnen mitgeführt wird und das irdische Magnetfeld stört, ist der enge Zusammenhang zwischen den Polarlichtern und magnetischer Unruhe klar ersichtlich.

Weil die norwegischen Nordlicht-Forscher die abgeschiedene Lage ihrer Beobachtungsstation bei Alta schließlich als allzu unbequem empfanden, wurde 1927 auf Betreiben des Physikers Lars Vegard das Observatorium in Tromsø gegründet. Im Sommer 1930 begann dort die Arbeit.

Dr. Asgeir Brekke vom Polarlicht-Observatorium in Tromsø demonstriert eine frühe Spezialkamera für Nordlichter. Das Objektiv ist verschiebbar, so daß auf ein- und derselben Platte sechs verschiedene Aufnahmen gemacht werden können

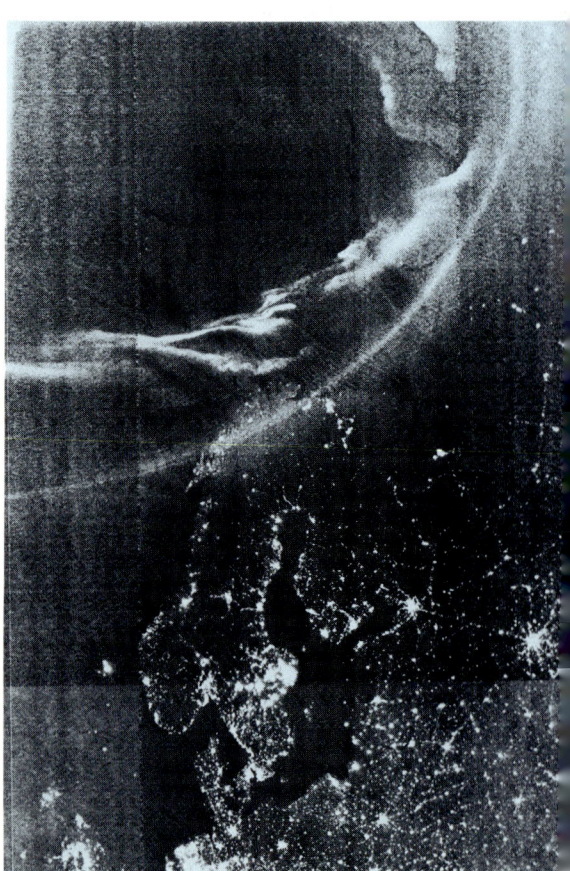

Das Nordlicht-Observatorium gehört heute zum Fachbereich Physik der Universität Tromsø. Die Kameras und die optischen Meßgeräte zur Beobachtung der Nordlichter sind freilich schon längst wieder ausgelagert, denn die Stadtbeleuchtung von Tromsø ist für eine optimale Arbeit viel zu hell geworden. In Skibotn, nahe der finnischen Grenze, etwa 130 Kilometer von Tromsø entfernt, besuchte ich die Feldstation des Observatoriums, wo Forscher die wabernden Lichtgirlanden ungestört vom Streulicht einer Siedlung beobachten können. Direkt daneben liegt die Sternwarte der Universität Tromsø.

Die Beobachtungsstation ist überraschend klein, eine unscheinbare Holzhütte mit einer Grundfläche von nicht mehr als fünfzig Quadratmetern. Das einzig Auffällige sind vier Plexiglas-Kuppeln auf dem Dach, die mich unwillkürlich an Fliegende Untertassen denken lassen.

Unter den Kuppeln stehen, gut geschützt vor Kälte, Schnee und Sturm, die Beobachtungsgeräte und sogar eine Liege, auf der man bequem aus dem warmen Häuschen heraus den Himmel übersehen und die Polarlichter genießen kann.

Selbst wenn es diese Kuppeln nicht gäbe, brauchten die Wissenschaftler in den eisigen Polarnächten nicht vor die Tür zu treten, um nach Nordlichtern Ausschau zu halten. Denn fast alle Arbeit geschieht hier vollautomatisch. Eine spezielle Weitwinkelkamera, die mit Hilfe eines halbkugelförmigen Spiegels den gesamten Himmel aufnehmen kann, lichtet ihn nachts in regelmäßigen Zeitabständen auf einen Filmstreifen ab und dokumentiert so lückenlos das Auftreten von Polarlichtern. Gleichzeitig

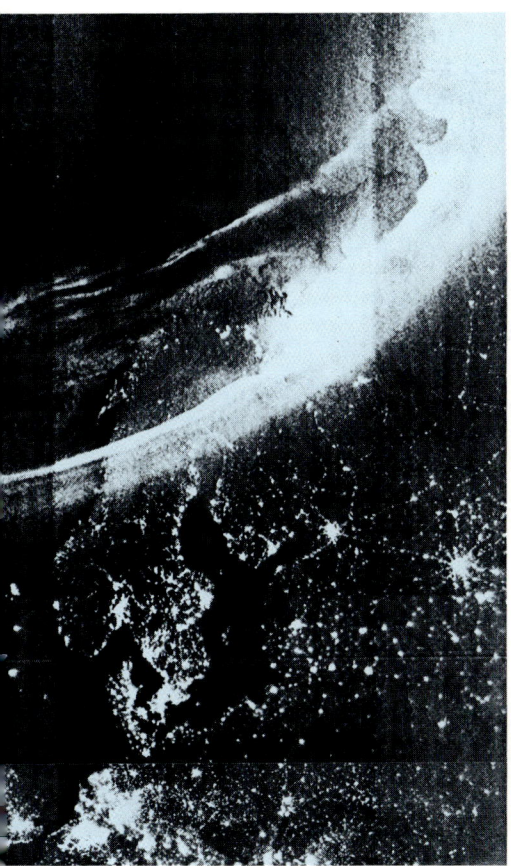 

Die Linien gleicher Polarlichthäufigkeit, die Hermann Fritz ermittelte, können heute durch Erdsatelliten direkt sichtbar gemacht werden. Im Januar 1979 nahm ein amerikanischer Satellit Europa bei Nacht auf. Die Bilder zeigen nicht nur die Lichtpunkte der Städte, die auch die Küstenlinien Nordeuropas markieren (in der Bildmitte der skandinavische »Löwe«), sondern auch Nordlichter bei verschiedenen Zuständen des irdischen Magnetfeldes. Wenn das Magnetfeld nicht durch den Sonnenwind gestört wird, glimmt der Nordlichtbogen oberhalb des Nordkaps. Wird das Magnetfeld unruhiger, strahlt das Polarlicht heller, und das Band verschiebt sich immer weiter nach Süden, bis es schließlich, bei stark erschüttertem Magnetfeld, bis Südnorwegen reicht. In extremen Fällen treten Polarlichter auch noch weiter südlich auf

Spektralaufnahmen, die in den dreißiger Jahren im Polarlichtobservatorium von Tromsø gewonnen wurden, enthüllten erstmals, daß Sauerstoff- und Stickstoff-Atome die Polarlichter erzeugen. Diese Spektren bestanden aus Linien und nicht aus einem durchgehenden Farbband. Um die These zu prüfen, daß solche Spektren von Gasen stammen, die durch Sonnenpartikel zum Leuchten angeregt wurden, erzeugten Wissenschaftler in Alaska ein künstliches Nordlicht (Bild oben): Sie feuerten eine kleine Menge des Metalls Lithium mit einer Rakete in die oberen Atmosphärenschichten, wo das Lithium verdampfte und, vom Sonnenwind angeregt, ein prächtiges Polarlicht erzeugte

überstreicht ein raffiniert konstruiertes Meßgerät den Himmel ständig von Osten nach Westen und registriert die Helligkeit. Durch den Mond, eine Sternschnuppe oder die Positionslampen eines Flugzeugs läßt es sich nicht täuschen. Denn seine Sensoren sprechen nur auf die speziellen Wellenlängen an, in denen die Polarlichter leuchten: ganz bestimmte Spektral-Linien.

Die Beobachtung dieser Spektren war und ist eine der Aufgaben des Tromsøer Observatoriums. Polarlicht-Spektren bestehen nicht − wie das Sonnenspektrum − aus Absorptions-, sondern aus Emissionslinien, also so wie Spektren aussehen, die von leuchtenden Gasen erzeugt werden. Das starke grünlichgelbe Licht stammt vom Luftsauerstoff, der − von Elektronen mit Energie versorgt − Licht mit einer Wellenlänge von 55,77 Millionstel Zentimeter ausstrahlt. Auch das schwächere Rot bei 63 Millionstel Zentimeter steuert der Sauerstoff bei. Blaues und violettes Licht entsteht, wenn die Elektronen den Stickstoff der Luft zum Leuchten bringen. Selbst die von der Sonne bekannte H-Alpha-Linie findet sich im Spektrum der Polarlichter. Diesmal sind es Protonen, die von der Sonne kommen und in die Polarregionen vordringen, sich mit einem Elektron zu einem neutralen Wasserstoffatom vereinigen und rotes H-Alpha-Licht aussenden.

Das Polarlicht entsteht im Grunde auf ähnliche Weise wie das uns so vertraute Bild auf dem Fernsehschirm. Der Bildschirm ist mit einem Material beschichtet, das Licht abgibt, wenn es vom Elektronenstrahl der Bildröhre getroffen wird. Beim Polarlicht ist die Atmosphäre der Leuchtschirm des kosmischen Fernsehens, und die Elektronen schickt die Sonne. Im Unterschied zum heimischen Fernsehen freilich wird das himmlische Programm nie langweilig, sondern sendet ohne Vorankündigung immer neue Variationen.

Wenn die Sonnenteilchen auf die Atmosphäre treffen, werden enorme Energiemengen freigesetzt: rund 100 bis 500 Milliarden Kilowatt pro Stunde. Das ist mehr, als die Bundesbürger in drei Monaten an Strom verbrauchen. Nur ein Prozent der freigesetzten Energie tritt jedoch als Licht in Erscheinung, der große Rest ist Wärme, welche die Atmosphäre anheizt.

„Warum eigentlich", frage ich Dr. Brekke, „werden Polarlichter immer noch untersucht, da doch schon seit Jahrzehnten geklärt ist, wie sie entstehen?"

Es gibt, wie mir Brekke berichtet, auch beim Polarlicht noch Rätsel. Etwa: Wie kommen die hohen Geschwindigkeiten von mehreren tausend Kilometern pro Sekunde zustande, mit denen Elektronen und Protonen in die hohen Schichten der Erdatmosphäre einfallen? Wo und wie werden die Teilchen, deren Geschwindigkeit bei ihrer Abreise von der Sonne erheblich geringer ist, beschleunigt?

Im Wesentlichen beantwortet ist hingegen eine andere Frage: Warum gibt es Polarlichter − obgleich sehr schwach − auch dann, wenn sich auf der Sonne überhaupt nichts tut?

Selbst nachdem wochenlang keine Eruption die Sonnen-Chromosphäre erschüttert hat, ist in den Polarregionen der Erde ein typisches Glimmen zwar kaum zu sehen, wohl aber mit empfindlichen Instrumenten zu messen. Es scheint, als ob von der Sonne ständig − und nicht nur bei Eruptionen − ein Strom geladener Teilchen zur Erde fließt und zu einem kleinen Teil über das Magnetfeld auf die Nachtseite der Polarregionen vordringt. Die Theorie von Birkeland und Störmer Anfang dieses Jahrhunderts war lange Zeit von anderen Forschern bezweifelt worden, weil man die Anzeichen für einen ständig von der Sonne ausgehenden Partikelstrom noch nicht kannte.

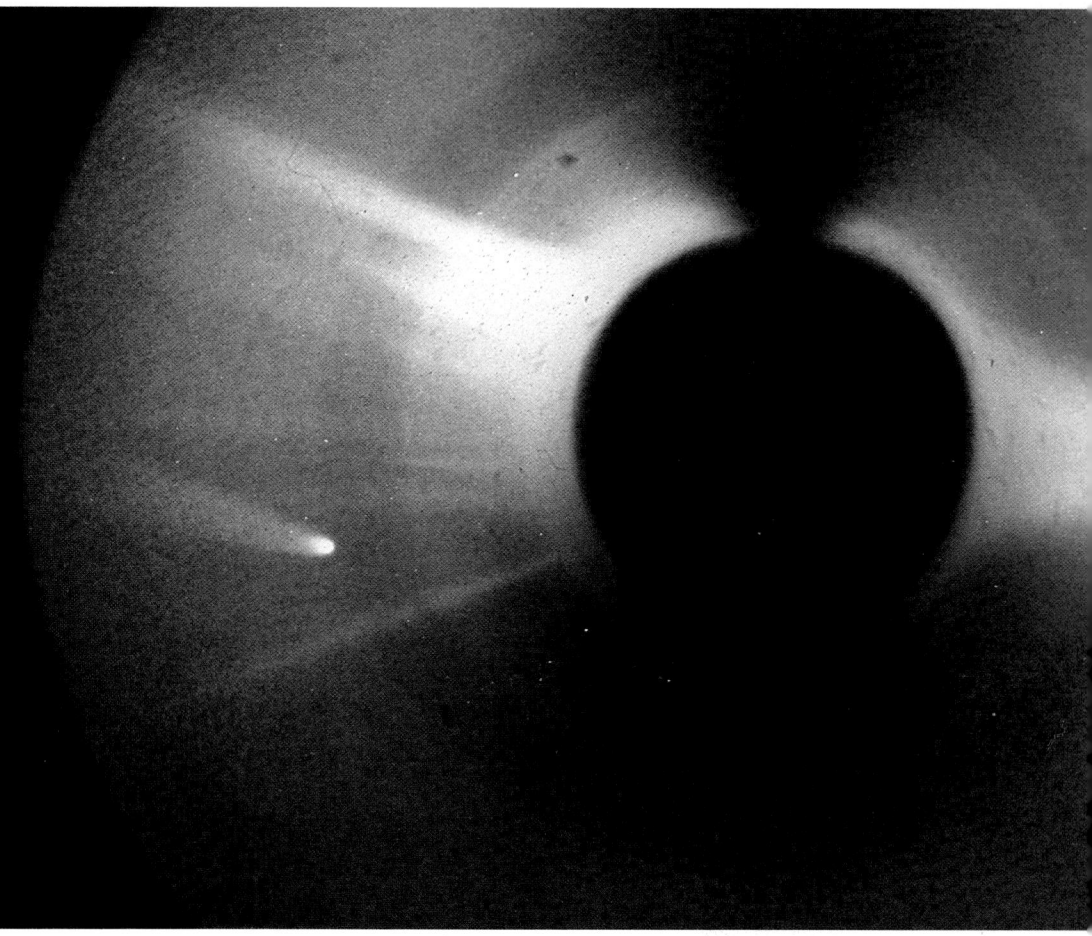

Mit Hilfe eines Koronographen, der die Sonnenscheibe abdeckte, wurde an Bord der Raumstation Skylab Ende Dezember 1973 der Komet Kohoutek in Sonnennähe sichtbar. Sein langer Schweif wird vom Sonnenwind fortgeblasen. Beobachtungen an Kometen ließen zuerst die Vermutung aufkommen, daß es einen ständig wehenden Sonnenwind aus geladenen Atomteilchen gibt. Ebenfalls von Skylab aus wurde ein Polarlicht südlich von Australien von oben fotografiert. Zwei Tage zuvor hatten auf der Sonne starke Eruptionen stattgefunden, die den Sonnenwind zum Sturm verstärkten und so das Polarlicht zu seltener Großartigkeit entfachten

Solche Anzeichen fanden sich schließlich. So fiel den Forschern bereits um die Mitte des 19. Jahrhunderts auf, daß das irdische Magnetfeld und das Polarlicht in ihrer Intensität in einem 27-tägigen Rhythmus schwanken. In 27 Tagen dreht sich die Sonne, von der Erde aus gesehen, einmal um sich selbst. Offenbar ging von bestimmten Stellen der Sonnenoberfläche ein starker Teilchenstrom aus und strich, wie der Lichtkegel eines Leuchtturms, in regelmäßigen Zeitabständen über die Erde und ihr Magnetfeld hinweg. 1934 bezeichnete der Göttinger Geophysiker Julius Bartels solche vermuteten Partikel-Quellen auf der Sonne, die das Magnetfeld der Erde rhythmisch stören und Polarlichter erzeugen sollten, als „M-Regionen", magnetisch wirksame Regionen.

1951 schloß der deutsche Astrophysiker Ludwig F. Biermann, daß die Schweife der Kometen nur durch einen ständigen Teilchenstrom zu erklären seien. Denn Kometen richten ihre Gasschweife immer von der Sonne weg, als ob ihnen unablässig ein Wind auf den Kometenkopf bläst.

Sieben Jahre nach dieser Hypothese veröffentlichte der amerikanische Astrophysiker Eugene N. Parker eine aufsehenerregende Theorie, die das Geheimnis der Polarlichter seiner Lösung näher brachte. Parker ging davon aus, daß die Granulen — die gigantischen Gasblasen auf der Sonnenoberfläche, die aus dem Sonneninnern emporschäumen und ihre Energie als Strahlung ins Weltall abgeben — außer der Strahlung auch Schallwellen und magnetische

Wellen produzieren. Diese Wellen heizen die Sonnenkorona auf ein bis zwei Millionen Grad auf.

Parker rechnete weiter und kam zu dem Ergebnis, daß das Korona-Gas infolge der hohen Temperatur und wegen des fehlenden Druckes von außen unablässig in den Weltraum hinausströmen muß. Ein ständiger Strom von Elektronen, Protonen und anderen geladenen Teilchen strebt mit einer Geschwindigkeit von mehreren hundert Kilometern pro Sekunde in radialer Richtung von der Sonne davon, ähnlich wie die Speichen eines Fahrrades von der Nabe. Für diesen Teilchenstrom prägte Parker den Begriff „Sonnenwind".

Den Sonnenwind nachzuweisen – nicht nur theoretisch, sondern tatsächlich – und ihn näher zu erforschen,

mußte den Erdsatelliten und Weltraumsonden überlassen bleiben. Den Polarlichtforschern aber bescherte Parkers Erkenntnis endlich die Antwort auf die Frage nach der Quelle für die Elektronen und Protonen, die Luftmoleküle aufleuchten lassen: Der Sonnenwind besorgt den Nachschub für den kosmischen Bildschirm.

Die Geophysiker gehen heute davon aus, daß die wenigen Teilchen des Sonnenwindes, die nicht an der Magnetosphäre abprallen, im irdischen Magnetfeld gespeichert werden, und zwar in den Van Allen-Strahlungsgürteln, vor allem aber auf der Seite, die von der Sonne abgewandt ist. Dort reicht das Magnetfeld viel weiter in den Weltraum hinaus als auf der Sonnenseite. Der anstürmende Sonnenwind verformt das irdische Magnetfeld, preßt seine Linien auf der sonnenzugewandten Seite zu einer Art Schutzschild zusammen und zieht sie auf der sonnenabgewandten zu einem langen Schlauch auseinander, zu einem „Magnetschweif", der von der Erde weit in den Weltraum reicht. Die Geophysiker nehmen an, daß die Teilchen im Sonnenwind hier am leichtesten in das Erdmagnetfeld eindringen können. Sie nähern sich also, von der Sonne aus gesehen, der Erde von hinten.

Nachdem die Teilchen eingedrungen sind, sammeln sie sich in der Mitte des Magnetschweifes, wo nördliche und südliche Linien des Erdmagnetfeldes zusammenstoßen. Es hält sie dort, wie in einer Flasche mit engem Hals, zusammen und speichert sie, bis die magnetische Kraft, die die gestauten Elektronen und Protonen hält, plötzlich zusammenbricht und die Teilchen explosionsartig entlang den Feldlinien in die Polarlichtzonen sausen wie der Elektronenstrahl in der Kathodenröhre des Fernsehapparats zum Bildschirm.

Diese Vorstellung macht verständlich, daß Polarlichter nicht direkt an den geo-

Polarlichtforscher registrierten eine verblüffende Übereinstimmung zwischen Nord- und Südlichtern, als sie die einander entsprechenden Himmelserscheinungen auf die Sekunde genau abgestimmt aus Flugzeugen fotografierten. Nord- und Südlicht wurden am 26. März 1968 um 10.48 Uhr und 5 Sekunden GMT aufgenommen. Um die Entstehung der in vielen Einzelheiten noch immer rätselhaften Polarlichter aufzuklären, haben Forscher aus sechs europäischen Ländern in Tromsø trogförmige Antennen errichtet, die Funksignale in die oberen Schichten der Ionosphäre senden und das extrem schwache, von Elektronen gestreute Echo auffangen

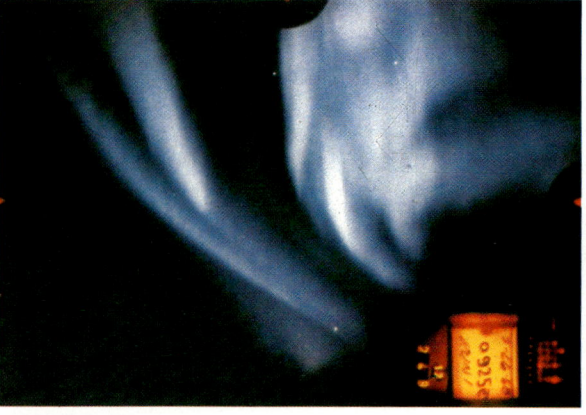

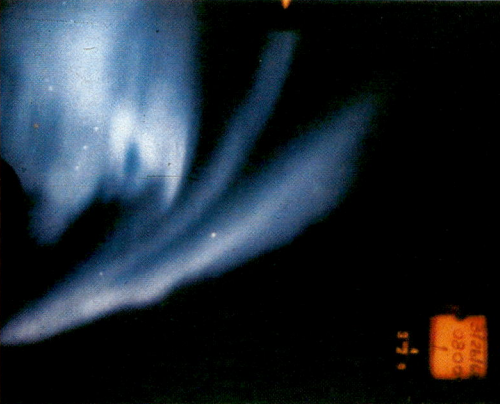

magnetischen Polen, sondern in einiger Entfernung davon aufscheinen: Erst die hier den Erdkörper berührenden Feldlinien laufen in den Magnetschweif, während die polnahen Feldlinien steil nach oben steigen und sozusagen „nicht mehr die Kurve kriegen", nämlich zur sonnenabgewandten Seite.

Wie dies alles im einzelnen funktioniert, blieb bis heute ungeklärt. Darum wollen europäische Forscher den Geheimnissen des Polarlichts gemeinsam zu Leibe rücken. Bereits 1976 gründeten Forschungsorganisationen aus der Bundesrepublik Deutschland, aus Finnland, Frankreich, Großbritannien, Norwegen und Schweden das Projekt EISCAT, das weder mit Eis noch mit einer Katze zu tun hat, sondern mit dem diffusen Zerstreuen (englisch: incoherent scattering) von Funksignalen. EISCAT ist die Abkürzung von „European Incoherent Scatter Scientific Association."

Diffus zerstreut werden sollen sehr kurzwellige Funksignale in der Ionosphäre, die Auskunft über die Zahl der Elektronen und Ionen, die Temperatur und die Strömungsverhältnisse zu geben vermögen. In einem aufwendigen Experiment sollen bei Tromsø mit einer beweglichen, schüsselförmigen, im Durchmesser 32 Meter großen Antenne nur 0,3 Meter lange Radiowellen in die Ionosphäre geschickt werden. Sie läßt die Wellen weitgehend passieren, reflektiert sie kaum. Nur ein winziger Bruchteil der Radiostrahlung, weniger als ein Milliardstel, wird zurück zur Erde gestreut. Von der Analyse dieses Echos erhoffen sich die Forscher wichtige Erkenntnisse auch über die Sonne.

Die drei Empfangsantennen, die bei Tromsø, im schwedischen Kiruna und im finnischen Sodankylä stehen, sind so empfindlich, daß sie das extrem schwache Echo aufzunehmen vermögen. Unterschiede in der Laufzeit der von den einzelnen Stationen aufgefangenen Signale und veränderte Frequenzen der Echos geben Hinweise auf den Zustand der Ionosphäre in etwa 1000 Kilometer Höhe. Alle drei Stationen sollen Ende 1981 ihren Betrieb aufnehmen, doch ihre Ergebnisse — wen wundert's angesichts der Datenflut moderner Hilfsmittel — werden noch lange auf sich warten lassen.

Für ein anderes Experiment errichteten die EISCAT-Forscher bei Tromsø vier schüsselförmige Antennen, die als Parabolzylinder geformt wurden und wie Futtertröge für Weltraum-Monster aussehen. 30 mal 40 Meter mißt jedes dieser Geräte, gemeinsam haben sie eine Fläche von 4800 Quadratmetern. Die Antennen sind genau in magnetischer Nord-Süd-Richtung angeordnet. Auch sie sollen Radiosignale mit Spitzenleistungen von mehreren Megawatt (diesmal mit 1,3 Metern Wellenlänge) in die hohe Atmosphäre der Erde schicken und zur Analyse auffangen, was davon zurückkommt.

Selbst wenn die Echos schwach sind — die Nordlicht-Forscher versprechen sich davon viel. Der Leiter des deutschen Anteils am Projekt EISCAT, Dr. Harry Kohl vom Max-Planck-Institut für Aeronomie, möchte endlich geklärt sehen, wie die Elektronen im Magnetschweif auf so hohe Geschwindigkeiten beschleunigt werden. Er will feststellen, warum die Teilchen von der Sonne in schmalen Bögen von manchmal nur zehn Kilometern Höhe einfallen. Niemand weiß bisher, wie die Teilchen längere Zeit in dem „magnetischen Flaschenhals" festgehalten werden und warum die „Flasche" plötzlich „platzt", also Teilchen freigibt.

Was auch immer die Polarlichtforscher über ihr himmlisches Studienobjekt noch herausfinden mögen — es kann kaum noch eindrucksvoller sein als die Erkenntnis, daß es letztlich doch wieder die Sonne ist, die gerade in den düstersten Gebieten der Erde die Nächte geisterhaft erhellt.

# 10

## Detektive
## des himmlischen
## Feuers

**R**und 150 Millionen Kilometer so gut wie leerer Weltraum liegen zwischen Sonne und Erde. Aber stärker als diese für den normalen Menschen kaum vorstellbare Entfernung trennen uns von der Sonne die irdischen Schutzschilde Magnetosphäre und Atmosphäre. Wie ein Filter schirmen sie aber auch die Sonne vor der Wißbegier der Menschen ab. Denn mit den „unterwegs verlorengegangenen" Strahlen wird den Wissenschaftlern auch die Fülle der darin übertragenen Informationen vorenthalten.

Es ist verständlich, daß die Sonnenforscher sich seit jeher bemühten, mit ihren Beobachtungen möglichst hoch über die Erdoberfläche hinauszukommen, damit sich ihnen ihr Studienobjekt so ungetrübt wie möglich offenbart.

Eine relativ bequeme Möglichkeit, zumindest die dichtesten, unteren Schichten der Erdatmosphäre zu überwinden, boten Ballons. Am 22. März 1874 starteten der Schiffskapitän Théodore Sivel und der Ingenieur-Student Joseph Crocé-Spinelli bei Paris mit dem ersten astronomischen Ballonflug einen solchen Angriff auf die Sonne. In Höhen bis zu 7300 Metern über der Erde zerlegte Crocé-Spinelli das Sonnenlicht mit einem Spektralapparat. Die beiden mutigen Luftfahrer kamen 1875 beim Aufstieg ihres Ballons „Zenith" durch Sauerstoffmangel ums Leben.

1935 erreichte der bemannte, mit Druckkabine ausgerüstete Ballon „Explorer II" über Süd-Dakota eine Höhe von 22 Kilometern und brachte mehr als 30 Spektrogramme der ultravioletten Sonnenstrahlung zurück.

Hundert Jahre nach dem ersten astronomischen Ballonflug war es nicht mehr nötig, daß die Forscher selbst mitflogen. Die Ballons waren nun mit voller Automatik ausgerüstet und stiegen bis in die Stratosphäre auf. Am 20. Juni 1973 trug ein sowjetischer Ballon das größte jemals in der Stratosphäre betriebene

Sonnenfernrohr mit einem Meter Durchmesser 25 Kilometer hoch über die Ebene von Kasachstan.

Am 17. Mai 1975 lieferte das deutsche Ballon-Unternehmen Spektro-Stratoskop aus 30 Kilometern Höhe eine lange Reihe schärfster Aufnahmen der Granulen auf der Sonne, und seither haben weitere Ballons mit kleineren Nutzlasten vor allem die Infrarotstrahlung untersucht.

Weiterreichende Chancen, der Sonne näherzukommen, hatten sich den Forschern nach dem Zweiten Weltkrieg mit der Entwicklung der Raketen eröffnet. 1946 feuerten Wissenschaftler des For-

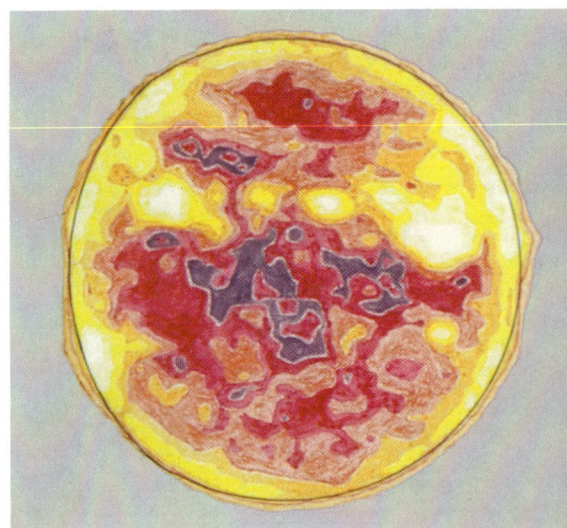

schungslabors der US-Marine einen Spektrographen an der Spitze einer erbeuteten deutschen V2-Rakete über die Erdatmosphäre. In 55 Kilometern Höhe nahmen sie so zum erstenmal ein Sonnenspektrum im Bereich der Ultraviolettstrahlung auf.

Obgleich Raketen die Meßgeräte der Sonnenforscher nur für wenige Minuten aus der dichten Atmosphäre heraustragen, bevor die irdische Schwerkraft sie wieder nach unten zieht, stehen Raketenflüge noch immer auf dem Programm der Sonnen-Experten. So starteten sie etwa anläßlich der totalen Sonnenfinsternis vom 16. Februar 1980 in Kenia

sieben Raketen, deren Köpfe mit Meßinstrumenten vollgestopft waren, um in Höhen zwischen 75 und 333 Kilometern die Auswirkungen der Finsternis zu registrieren, zum Beispiel auf die Ionosphäre.

Erdsatelliten und Raumsonden sowie Raumstationen in Hunderten oder Millionen Kilometern Abstand von der Erde bieten den Geräten der Wissenschaftler ein allzeit perfektes „Seeing", eine freie Auswahl aus dem gesamten Strahlungsangebot der Sonne und direkte Informationen über den Sonnenwind, der die Späher im All ständig umfächelt. In das Programm für die späteren Flüge

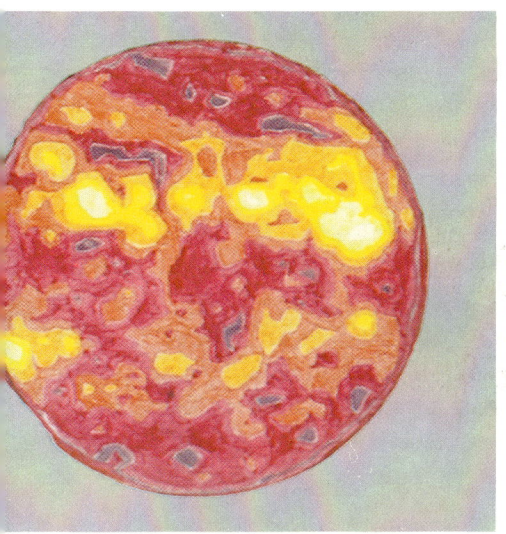
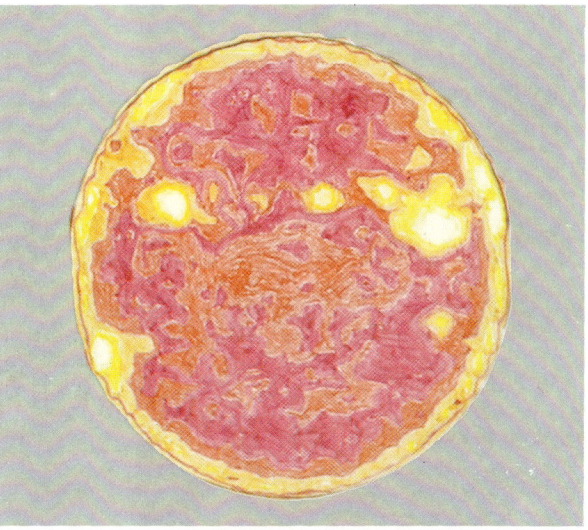
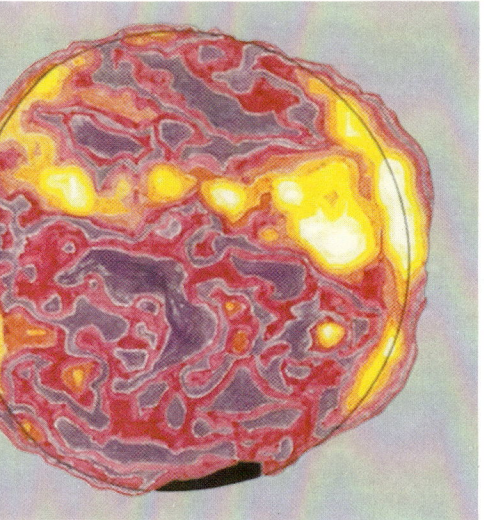
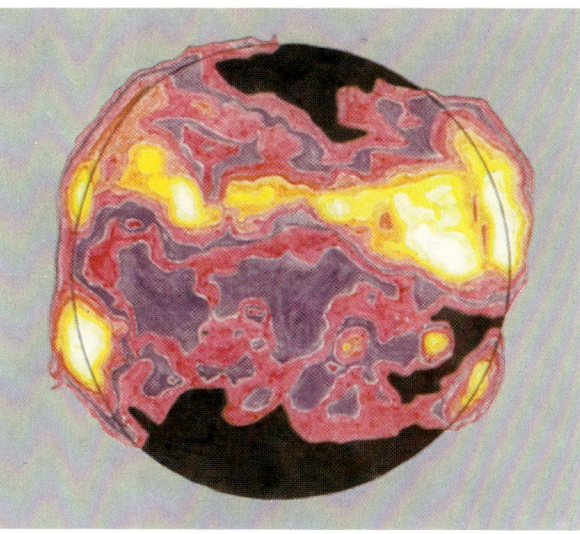

Der im Oktober 1967 gestartete Satellit OSO 4 registrierte in 550 Kilometern Höhe verschiedene Bereiche der ultravioletten Sonnenstrahlung. Ihre unterschiedlichen Stärken wurden farbig wiedergegeben und einer zur gleichen Zeit von der Erde gewonnenen Aufnahme im roten Wasserstoff-Licht (oben links) gegenübergestellt. Auf allen Bildern sind Zonen erhöhter Sonnenaktivität als helle Flecken zu erkennen. Die UV-Aufnahmen wurden bei immer kürzerer Wellenlänge gewonnen (Bild oben Mitte bis unten rechts). So erfaßten sie immer höhere Schichten der Sonnenchromosphäre bis hinein in die Korona. Der einkopierte Kreis markiert die Sonnenoberfläche. Satelliten-Aufnahmen können auf diese Weise verdeutlichen, wie Sonnenflecken die Atmosphäre der Sonne beeinflussen

des US-Raumlabors SPACELAB wurde bereits 1975 der Transport eines großen Sonnenteleskops SOT (Solar Optical Telescope) ins All aufgenommen.

Mit der amerikanischen Sonde Mariner 2, die 1962 in die Nähe der Venus flog, gelang es zum erstenmal, den lange umstrittenen Sonnenwind, den die Sonne ununterbrochen in alle Richtungen verströmt, nachzuweisen. Im selben Jahr wurde das erste die Erde umkreisende Sonnenobservatorium OSO 1 (Orbiting Solar Observatory) vom amerikanischen Raumflughafen Cape Canaveral in eine Umlaufbahn um die Erde geschossen. Bis 1975 folgten OSO 2 bis OSO 8, die alle die Sonne im Visier hielten und ihre Meßdaten zur Erde funkten − in einer Beobachtungsreihe, die weit mehr als einen Sonnenfleckenzyklus umfaßte.

Auch die Sowjetunion steuerte mit ihrer „Prognoz"-Serie spezielle Sonnensatelliten bei. Die Europäer räumten ebenfalls der Sonnenforschung einen hohen Rang in ihrem Weltraumprogramm ein. Im Grunde waren sogar die meisten Weltraumunternehmungen − zumindest die zivilen − in irgendeiner Weise auch mit der Sonne befaßt. Dutzende von Forschungssatelliten, was immer ihre Hauptbestimmung war, beobachteten nebenbei stets die Sonne oder eine ihrer Auswirkungen. Die zu den Planeten ins All hinausgeschickten

Das bemannte Weltraumlabor Skylab verhalf den Sonnenforschern zu zahlreichen Erkenntnissen über ihr Studienobjekt. Skylab, das am 14. Mai 1973 ins All startete und am 12. Juli 1979 über dem Indischen Ozean verglühte, vermittelte Meßdaten von der Sonne mit sechs Instrumenten, die von vier kreuzförmig angeordneten Sonnenzellen-Paddeln mit Energie versorgt wurden

Weltraumsonden maßen und messen auf ihren Flügen zu Merkur und Venus, Mars und Jupiter, Saturn und Uranus immer auch den Sonnenwind. Ebenso stellten die Apollo-Astronauten auf dem Mond Meßgeräte für den Sonnenwind auf.

Am stärksten erweiterten vier westliche Weltraumprojekte das Wissen über die Sonne und ihre Strahlung:

● das amerikanische Himmelslabor Skylab, das bemannte Sonnenobservatorium im All, das 1973 und 1974 als Beobachtungsstation diente;

● die deutsch-amerikanischen Sonden Helios 1 und 2, die seit 1974 und 1976 die Sonne umkreisen und sich ihr auf weniger als ein Drittel der Entfernung Erde/Sonne nähern;

● das europäisch-amerikanische Gemeinschaftsprojekt ISEE (International Sun-Earth Explorer) mit Beteiligung der Bundesrepublik, bei dem seit 1977 drei verschiedene Sonden, besonders ausgeklügelt zwischen Erde und Sonne verteilt, den Sonnenwind und die Magnetosphäre erforschen;

● der amerikanische Erdsatellit SMM (Solar-Maximum-Mission), ein besonders kompliziert gebauter Sonnenspäher, der seit Februar 1980 mit sieben verschiedenen Meßgeräten die bisher genauesten Werte liefert.

Das Unternehmen Skylab, eines der erfolgreichsten in der Geschichte der Sonnenforschung, begann zunächst mit einer schweren Panne schon eine Minute nach dem Start am 14. Mai 1973. Ein Hitze-Schutzschild brach von der 77 Tonnen schweren und 28,2 Meter langen, 6,7 Meter dicken zylinderförmigen Forschungsstation ab. Er riß einen Sonnenzellen-Flügel mit sich, der die Sonnenstrahlung in elektrische Energie umsetzen sollte, und seine Splitter blockierten den anderen, der deshalb nicht ausfuhr. Mit stark reduzierter Energieversorgung und damit auch ohne ausreichende Kühlung jagte Skylab durchs

All, 439 Kilometer über der Erdoberfläche. Die Innentemperatur stieg auf 88 Grad Celsius, die Station schien verloren.

In einer dramatischen Rettungsaktion gelang es jedoch drei Astronauten, die elf Tage später zu dem taumelnden Raumschiff starteten, Skylab zu reparieren. Sie lösten das verklemmte Sonnenpaddel und spannten, um die hohe Temperatur im Inneren weiter zu senken, eine speziell entwickelte Schutzplane aus vergoldetem Nylon über den Rumpf.

Damit war Skylab doch noch funktionsfäng geworden. 28 Tage blieb die erste Besatzung an Bord. Sie wurde abgelöst von zwei weiteren Weltraum-Crews. Die letzte verließ Skylab im Februar 1974 nach 84 tägigem Aufenthalt. Im Juli 1979 zerbarst und verglühte das Himmelslabor, inzwischen tiefer und

tiefer gesunken, in den dichteren Schichten der Atmosphäre.

Niemals zuvor wurden in kurzer Zeit so viele neue Erkenntnisse über die Sonne gewonnen wie zwischen Mai 1973 und Februar 1974. Ein spezielles Sonnenobservatorium, die „Apollo-Teleskop-Montierung" auf der Außenhülle der Station, überwachte mit seinen sechs verschiedenen Instrumenten die Sonne ununterbrochen. Die Fotos brauchten nicht per Funk zur Erde übermittelt zu werden, was die Qualität zwangsläufig gemindert hätte. Die Astronauten in der Höhe wechselten vielmehr die Filmkassetten aus und brachten die Fotos später mit zur Erde. 150 000 Aufnahmen von der Sonne, eine bis dahin einzigartige Serie, waren die wissenschaftliche Ausbeute.

Mit zwei Spezialteleskopen fotografierten die Astronauten die Sonne im Rönt-

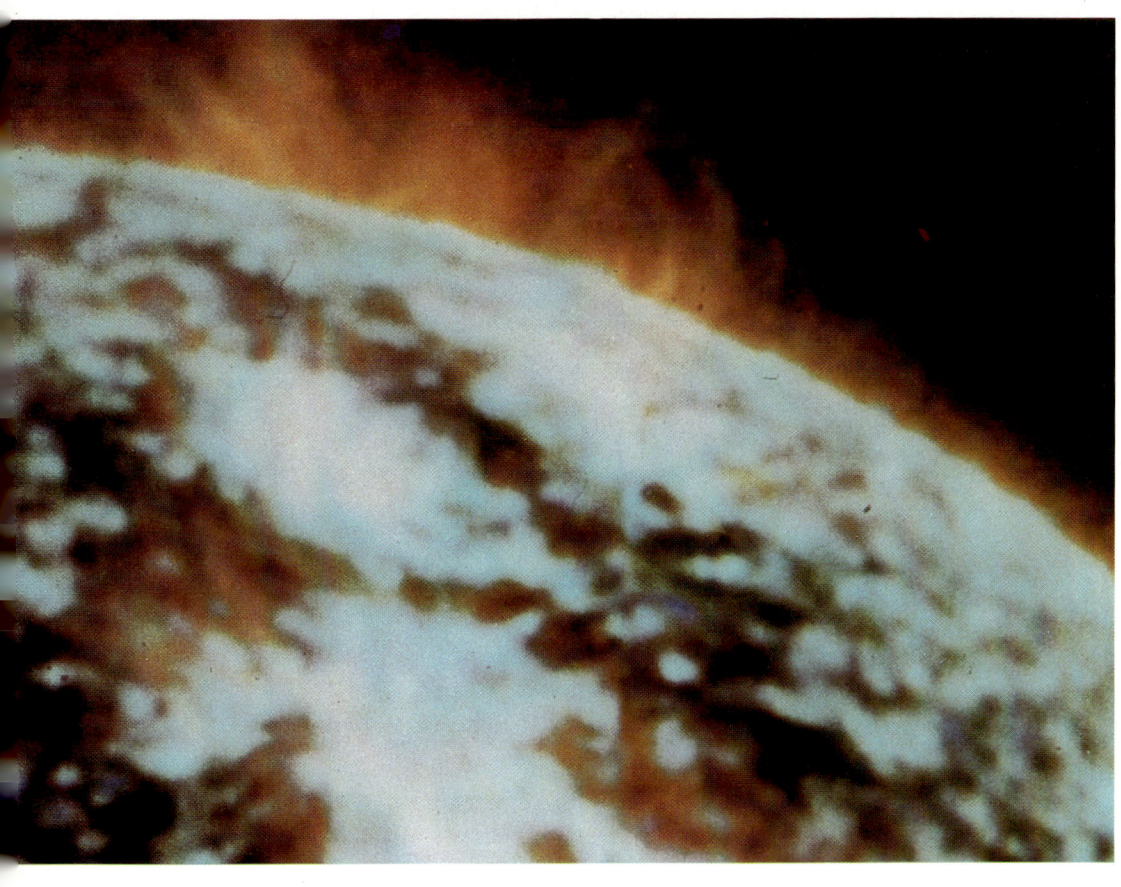

Viele Satelliten-Aufnahmen der Sonne erscheinen grellfarbig verfremdet. Ursprünglich zeigen diese Aufnahmen, da vor allem Strahlung außerhalb des Bereichs des sichtbaren Lichts beobachtet wird, keine Farben, sondern nur – wie etwa Röntgenbilder – Grautöne verschiedener Abstufungen. Da unser Auge jedoch Farben besser unterscheidet als Grautöne, werden die Grauwerte häufig in Farben umgesetzt. Aus den Messungen einer aktiven Region am Sonnenrand, die von Skylab am 11. September 1973 gewonnen wurden, entwarfen Wissenschaftler ein Farbbild, auf dem Blau eine Temperatur von 100 000 Grad kennzeichnet, Grün zeigt 300 000 Grad an und Rot 1,5 Millionen Grad

genbereich, drei andere Geräte registrierten das ultraviolette Licht. Das sechste Gerät, ein Koronograph, deckte die Sonne mit einer schwarzen Scheibe ab wie ein künstlicher Mond und produzierte so im weißen Licht die Sonnenkorona deutlicher und klarer, als sie bis dahin auf der Erde in ähnlichen Geräten aufleuchten konnte.

Es dauerte Jahre, bis die Sonnenphysiker die Mengen von Fotos und Meßdaten ausgewertet hatten. Die Skylab-Teleskope, die Aufnahmen in den verschiedenen Spektralbereichen, enthüllten auf der Sonne Strukturen, die im sichtbaren Licht nicht zu erkennen sind.

Die ein bis zwei Millionen Grad heiße Sonnenkorona sendet sehr kurzwellige Röntgenstrahlung aus. Ein Teleskop, das nur Röntgenstrahlung aufnimmt, „sieht" daher die Korona nicht nur am Sonnenrand, sondern enthüllt sie auch vor der Sonnenscheibe. Denn das Licht von der eigentlichen Sonnenoberfläche, das sonst die Korona völlig überstrahlt, wird ja im Röntgenteleskop nicht registriert.

Ähnlich blickt ein nur für kurzwelliges UV-Licht eingerichtetes Teleskop in die „Übergangsschicht" zwischen Chromosphäre und Korona, eine nur etwa 10 000 Kilometer mächtige Schicht, in

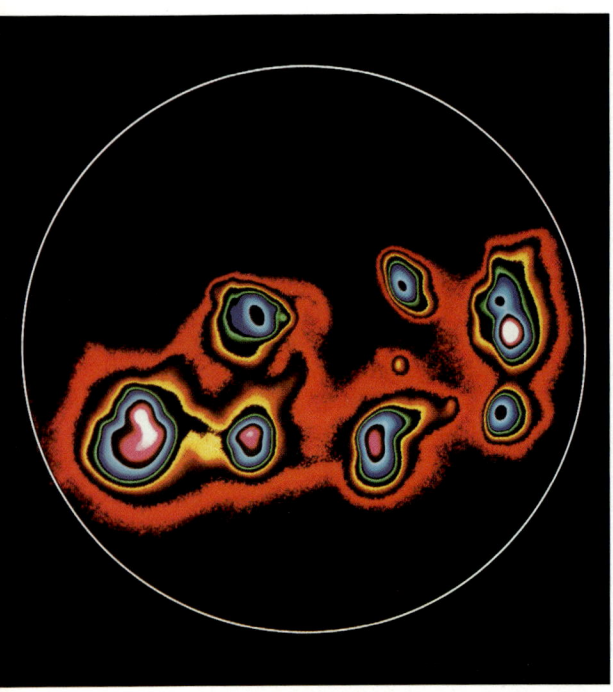

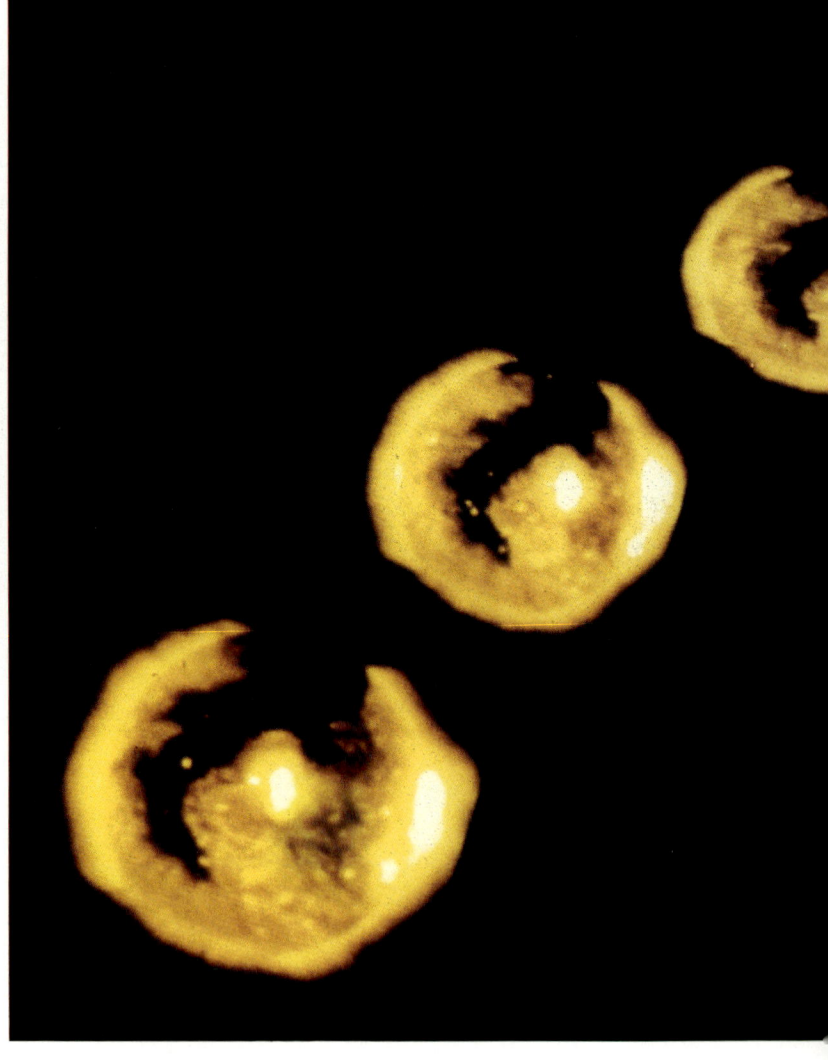

Im Bereich der Röntgenstrahlung präsentiert sich die Sonnenkorona mit strahlenden Punkten, die auf extrem hohe Temperaturen schließen lassen. In der Computerdarstellung sind die von Skylab gemessenen Werte farbig wiedergegeben, wobei Weiß der Höchsttemperatur von fünf Millionen Grad entspricht. Mit den Skylab-Instrumenten für den Röntgen-Bereich wurden in der Korona auch große Gebiete beobachtet, in denen die Temperatur nur 600 000 Grad beträgt. Der Vergleich von Aufnahmen solcher »Koronalen Löcher« vom 19. bis 23. August 1973 zeigt, wie die Löcher zusammen mit der Sonne rotieren

der die Temperatur von 10 000 Grad auf mehr als eine Million Grad ansteigt.

Eine solche „Röntgen-Sonne" oder eine „UV-Sonne" sehen völlig anders aus als die Sonne im weißen, in dem für Menschen sichtbaren Licht. Die Flecken und Fackeln sind verschwunden. Dafür blinken an anderen Stellen helle Punkte auf einer Sonne auf, die umso größer ausfällt, je kurzwelliger die Strahlen sind, die auf Spezialfilmen das Bild formen. Die UV-Sonne, auf der sich die Chromosphäre abzeichnet, ist größer als die Licht-Sonne, und die Röntgen-Sonne, welche die Korona zeigt, wiederum größer als die UV-Sonne.

Vor allem die Röntgen-Sonne, das Abbild der Korona, enthüllte den Forschern erstaunliche Details. Die zahlreichen Aufnahmen zeigen deutlich, daß die Temperatur in der Korona nicht − wie die Physiker bis dahin angenommen hatten − gleichmäßig ein bis zwei Millionen Grad beträgt, sondern daß manche Stellen noch heißer, andere hingegen kühler sind. Die fast punktförmigen heißen Stellen offenbaren sich als helle Flecken, da sie eine besonders intensive Röntgenstrahlung aussenden, während die kühleren Partien dunkler erscheinen.

In den hellen Flecken, so errechneten die Wissenschaftler, beträgt die Temperatur mehr als fünf Millionen Grad, denn nur bei einer derart hohen Temperatur kann die Korona so kurze Wellen mit solcher Intensität abstrahlen. Die Analyse der Aufnahmen ergab, daß die hellen Röntgenflecke mit den Linien starker magnetischer Felder verbunden sind, die aus der ruhigen Photosphäre weit in die Korona hinausragen, das heiße Gas aufheizen und es zusammenhalten. Weiterhin zeigen die Röntgenaufnahmen helle Bögen („Loops"), die den Verlauf der Feldlinien zwischen verschiedenen Fleckengruppen „nachzeichnen".

Die charakteristischen, besonders dunklen Gebiete, die sich teilweise von einem Sonnenpol über den Äquator bis auf die andere Hemisphäre erstrecken, erscheinen wie Löcher in der heißen Koronahülle, und so wurden sie auch genannt: Koronale Löcher. Sie waren zwar schon früher auf den Aufnahmen von Forschungsraketen und OSO-Satelliten schemenhaft in Erscheinung getreten. Doch von Skylab aus gelang es zum erstenmal, sie unter besten Bedingungen über einen längeren Zeitraum zu beobachten und − ihre wahre Natur zu entschleiern.

Die Koronalen Löcher rotieren, so zeigte sich nun, mit der Sonne und vollenden – von der Erde aus gesehen – in jeweils 27 Tagen einen Umlauf. Im Gegensatz zur differentiellen Rotation der Photosphäre, wie sie bereits beschrieben wurde, rotieren sie jedoch praktisch starr, an den Polen so schnell wie am Äquator. Sie sind fast eine Million Grad kühler als die normale Korona, also „nur" etwa 800 000 Grad heiß – zu „kühl", um Röntgenstrahlung zu erzeugen; sie zeichnen sich deshalb auf der Röntgen-Sonne als dunkle Gebiete ab. In den Löchern sind die örtlichen Magnetfelder nicht in sich geschlossen und zur Sonne zurückgebogen, sondern offen; die Kraftlinien laufen also frei in den Weltraum hinaus. Hier wird die Materie nicht, wie in den hellen Röntgen-Flecken der Korona, von Magnetfeldern eingeschlossen und an die Sonne gebunden. Sie kann ungehindert die Sonne verlassen.

Diese Beobachtungen warfen bald die Frage auf, ob die Koronalen Löcher nicht die erwähnten geheimnisvollen M-Regionen des Göttinger Geophysikers Julius Bartels sein könnten, die ja ebenfalls in einem 27tägigen Rhythmus das irdische Magnetfeld stören. Konnten die Koronalen Löcher vielleicht sogar die Quelle für den Sonnenwind sein, weil aus ihnen das Plasma frei ins All fortzuströmen vermag? Schon Skylab lieferte für diese Annahme viele Indizien. Aber den endgültigen Beweis erbrachten erst die Flüge der deutsch-amerikanischen Helios-Sonden.

Dieses Gemeinschaftsprojekt begann im Dezember 1965 mit einem überraschenden politischen Akt. Der deutsche Bundeskanzler Ludwig Erhard besuchte den US-Präsidenten Lyndon B. Johnson. Einer der Hauptpunkte des Gesprächs war der deutsche Wunsch nach Mitwirkung am Atomwaffen-Programm. Der Amerikaner verweigerte eine Zusage, und gewissermaßen als Trostpreis schlug er seinem Gast ein gemeinsames Programm zur Erforschung des Weltalls vor – eine Zusammenarbeit bei der Entwicklung einer Jupiter- und Sonnen-Sonde. Der überraschte Ludwig Erhard äußerte sich darüber so begeistert, daß ihm die Presse in Anspielung auf einen anderen großen Ludwig in der Geschichte den Titel „Sonnenkönig" verlieh.

Dieses erste Weltraumprojekt mit deutscher Beteiligung traf die Wissenschaftler in der Bundesrepublik ziemlich unvorbereitet. Pläne mußten entwickelt, Erfahrungen gesammelt werden. Nachdem das Jupiter-Vorhaben rasch als zu aufwendig erkannt worden war, unterzeichneten im Juni 1969 die Bundesrepublik und die USA eine „Vereinbarung über die Durchführung des Helios-Projekts (Sonnensonde)". Danach sollte die Bundesrepublik zwei gleichartige Sonnensonden bauen und acht der insgesamt elf wissenschaftlichen Experimente an Bord beisteuern. Sie sollte außerdem für den Betrieb der Sonden über die Bodenstation der Deutschen Forschungs- und Versuchsanstalt für Luft- und Raumfahrt (DFVLR) im bayerischen Oberpfaffenhofen sorgen. Die Vereinigten Staaten stellten die Startraketen zur Verfügung und steuerten die drei restlichen Experimente bei.

Das Ziel dieses Unternehmens war ehrgeizig. Die beiden Sonden sollten wie richtige kleine Planeten um die Sonne laufen und sich ihr dabei bis auf die minimale Distanz von 43 Millionen Kilometern nähern, auf weniger als ein Drittel des Abstandes Erde/Sonne.

Helios 1 startete im Dezember 1974. Helios 2 folgte im Januar 1976. Ins All geschossen wurden zwei Flugkörper, 4,20 Meter hoch bei 2,77 Metern Durchmesser, die wie überdimensionale Garnrollen aussehen. Dies erwies sich als die günstigste Form, um der starken Hitze zu widerstehen. In ihrer sonnennächsten Position sind die Sonden elfmal stärkerer Strahlung und Hitze ausgesetzt als in einer Erdumlaufbahn.

Sonnenzellen auf der Außenhaut versorgen die Helios-Sonden mit der elektrischen Energie, welche die elf Experimente benötigen, insgesamt 240 Watt. Die Geräte für diese Experimente sitzen größtenteils in der „Taille", im Mittelteil der Sonden. Sie messen die Zusammensetzung und Geschwindigkeit des Sonnenwindes, die Stärke von Magnetfeldern und kosmischer Strahlung, zählen winzige Staubpartikel im Weltraum. Damit die Sonden während ihres Fluges stabil im Weltraum stehen, drehen sie sich wie Kreisel jede Sekunde einmal um ihre eigene Achse. Ein entgegengesetzt arbeitender Motor sorgt dafür, daß die Antenne für Funkkontakte dennoch ständig zur Erde weist.

Helios 1 hatte Mitte 1981 fast dreizehn, Helios 2 fast elf Umläufe um die Sonne vollendet. Die zweite Sonde ist seit März 1980 außer Betrieb − wahrscheinlich hat die Hitze die Radioröhren zerstört. Helios 1 hingegen hat seine erwartete Lebensdauer von etwa 18 Monaten weit überschritten und funkt noch laufend Meßdaten. Sein Ende wird voraussichtlich eher durch Geldnot als durch technische Defekte erzwungen, denn die DFVLR sieht sich genötigt, den kleinen Sonnensatelliten spätestens Ende 1981 abzuschalten.

Daß die Überwachung der Helios-Mission teuer ist, erfuhr ich bei einem Besuch der Leitstelle in Oberpfaffenhofen bei München. Im Kontrollraum sitzen Flugkontrolleure im Schichtdienst an mehreren Konsolenreihen. Sie sind mit der Bodenantenne über einen Mikrowellenstrahl verbunden, der zunächst von einer 25-Meter-Antenne im nahen Lichtenau bei Weilheim aufgefangen, anschließend zur Zugspitze und von dort erst nach Oberpfaffenhofen gelenkt wird. Gehälter und Betriebskosten summieren sich jedes Jahr zu Millionenbeträgen.

Sobald Helios 1 für Weilheim am Horizont untergeht, schalten sich die Boden-stationen der NASA ein. Monate im voraus wird für jeden einzelnen Tag ein Empfangsplan aufgestellt. Am 26. Juli 1980 beispielsweise trafen die Meßdaten von Helios bei folgenden Stationen ein: bis 3.50 Uhr Mitteleuropäischer Zeit in Canberra in Australien; von 3.50 Uhr bis 16.30 Uhr in Weilheim, zusätzlich von 6.00 Uhr bis 10.55 Uhr in Madrid; von 16.30 Uhr bis 21.00 Uhr herrschte kein Kontakt; Helios speicherte seine Daten; schließlich rief von 21.00 Uhr an wieder Canberra die Ergebnisse ab.

Ich fragte den deutschen Projektleiter Dr. Herbert Porsche nach dem Aufwand und dachte dabei auch an die 695 Millionen Mark, die das „Unternehmen Helios" Deutsche und Amerikaner allein bis zum Start gekostet hat. Porsche ist fest davon überzeugt, daß der wissen-

**Am 10. Dezember 1974 startete die deutsch-amerikanische Sonnensonde Helios 1 an der Spitze einer Titan-Centaur-Rakete ins All. Die Sonde, deren Form an eine riesige Garnrolle erinnert, näherte sich der Sonne bis auf 44 Millionen Kilometer − die mittlere Entfernung der Sonne von der Erde beträgt 149,6 Millionen Kilometer**

schaftliche Nutzen den Einsatz lohnt, und er führte mir die wichtigsten Ergebnisse der Helios-Mission vor Augen, vor allem über den Sonnenwind und den Einfluß der Sonne auf den interplanetaren Raum.

Es gibt im Sonnenwind, erläuterte Porsche, zwei verschieden schnelle Ströme: einen langsamen Wind, in dem die Sonnenteilchen mit rund 300 Kilometern pro Sekunde strömen, und einen schnellen, in dem sie mit 600 bis 800 Kilometern pro Sekunde dahinjagen. Beide Winde unterscheiden sich in ihrer Zusammensetzung kaum. Sie bestehen überwiegend aus Wasserstoffkernen (Protonen) und Elektronen; außerdem strömen etwa 4,5 Prozent Heliumkerne mit. Die Dichte aller Teilchen ist indes so gering, daß man besser von einem Hauch statt von einem Wind reden sollte. Ein Kubikzentimeter Sonnenwind enthält durchschnittlich nur etwa zwölf Teilchen, jeder Kubikzentimeter Luft auf der Erde dagegen 27 Trillionen Moleküle. Pro Jahr verliert die Sonne so die schwindelnd hohe Zahl von 31 Billionen Tonnen Materie; doch das ist selbst nach mehr als sechs Milliarden Jahren ihrer bisherigen Existenz nur ein Zehntausendstel ihrer Masse.

Die Helios-Sonden brachten eindeutige Indizien dafür, daß der schnelle Sonnenwind aus den von Skylab gefundenen Löchern in der Korona stammt. Schnelle Sonnenwinde umfächelten die Sonden periodisch alle 27 Tage, entsprechend der Rotation der Sonne um ihre Achse. Diese Winde aus den Koronalen Löchern störten regelmäßig das irdische Magnetfeld − womit Helios endgültig bewies, daß die legendären M-Regionen mit den Koronalen Löchern identisch sind.

Einen letzten Mosaikstein für das Verständnis des Sonnenwindes fügte vor allem Helios 1 über die Jahre seines Fluges in das Gesamtbild ein. Die Sonde wurde gestartet, als die Sonne dem Tief-

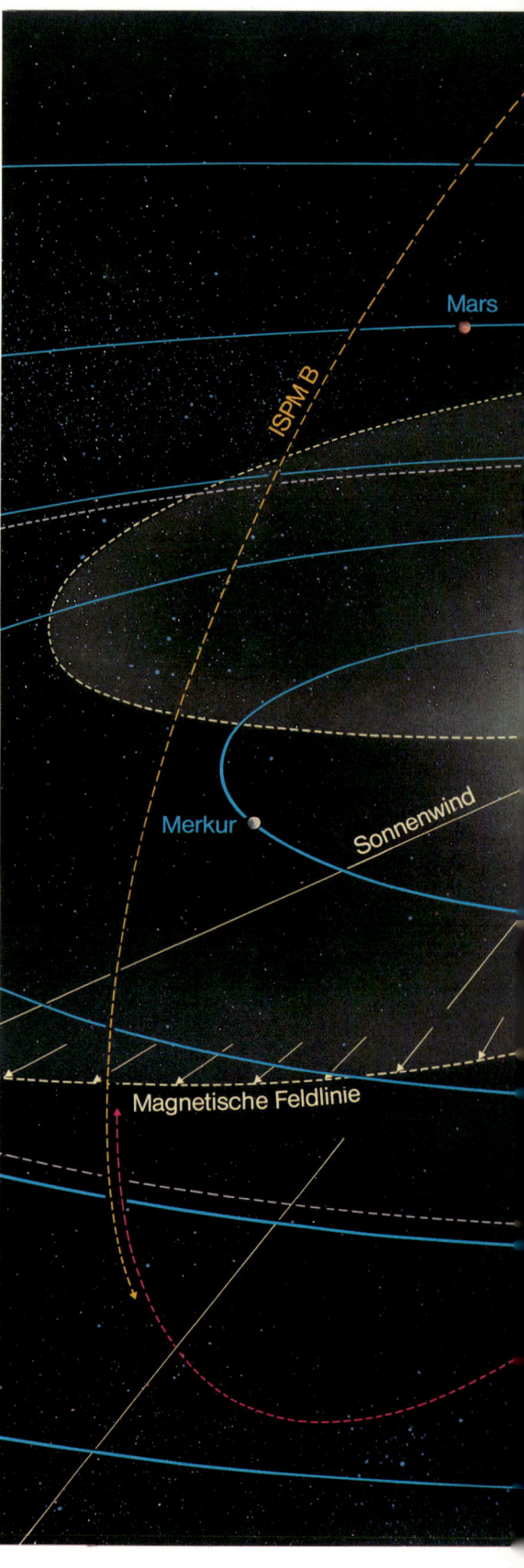

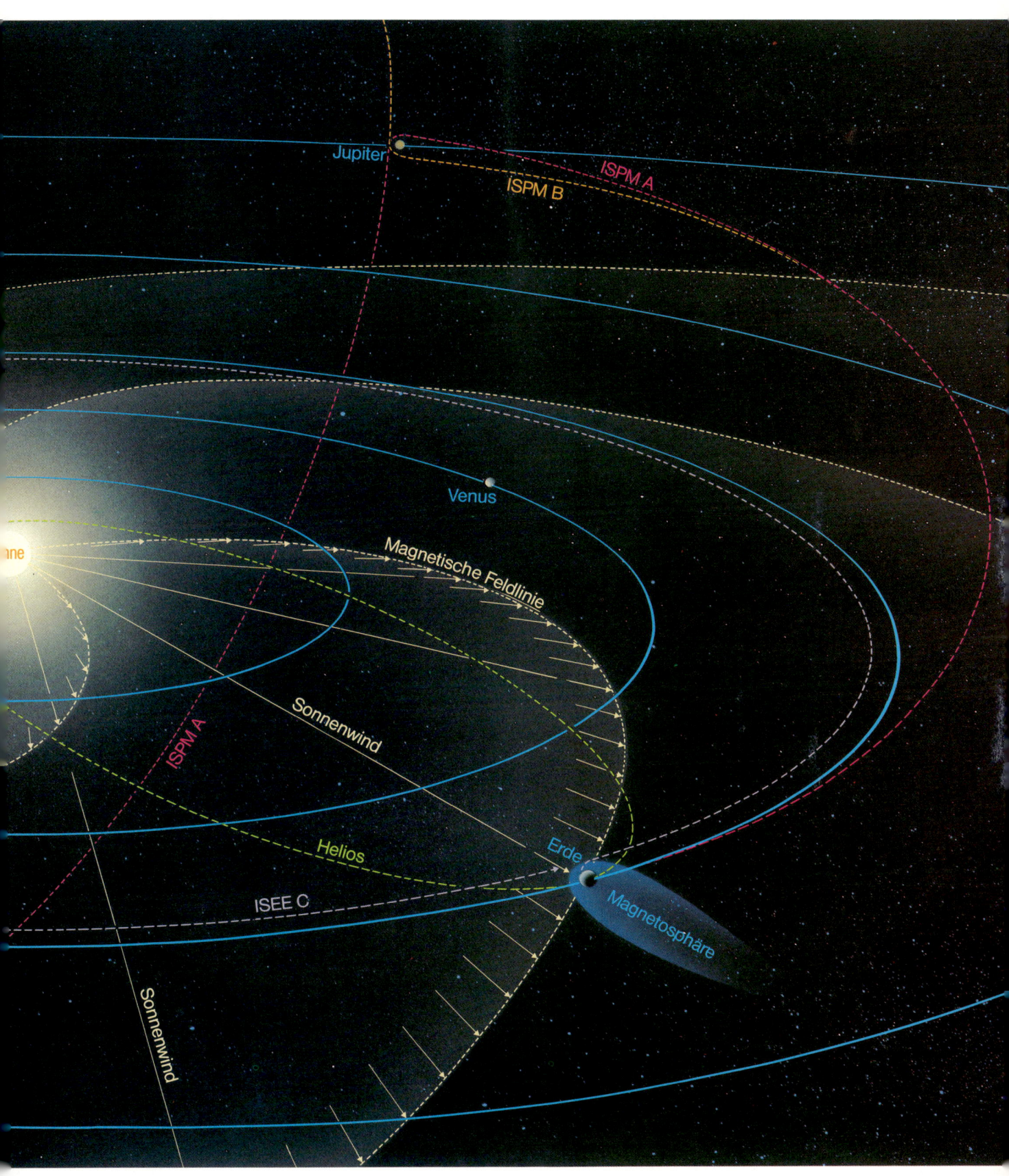

Jupiter

ISPM A

ISPM B

Venus

Magnetische Feldlinie

Sonnenwind

ISPM A

Helios

Erde

ISEE C

Magnetosphäre

Sonnenwind

punkt einer Fleckenperiode zustrebte. Nur wenige Flecken durchwirbelten die Korona, die zahlreiche große Löcher aufwies. Schneller Sonnenwind wehte darum häufig um die Sonden. Als die Sonnenflecken immer mehr zunahmen, sollten – nach den Vorstellungen der Physiker – starke Magnetfelder die Korona „dicht machen", die Koronalen Löcher sollten sich schließen, der Sonnenwind darum von etwa 1978 an immer schwächer werden. Und so war es: Die

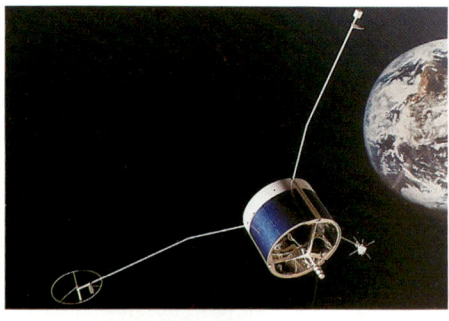

Um den Einfluß des Sonnenwindes auf das Magnetfeld der Erde zu untersuchen, startete die europäische Raumfahrtbehörde ESA den Satelliten ISEE-B. Zusammen mit seinem amerikanischen Bruder ISEE-A umkreist der Satellit die Erde und mißt ihr Magnetfeld. Ein dritter Satellit, ISEE-C, steht weit draußen im All im Sonnenwind – als eine Art Wetterschiff, das frühzeitig Warnungen schickt

Helios-Sonden meldeten einen nachlassenden Sonnenwind, der 1980 zu einer „leichten Brise" abflaute.

Die kontinuierliche Beobachtung der Flecken über mehr als sechs Jahre – also einen halben Zyklus – bezeichnet Dr. Porsche als das bedeutendste Ergebnis der Helios-Mission. Dazu gehört aber auch die Erforschung des interplanetaren Magnetfeldes, das der Sonnenwind mit den Materieteilchen in den Weltraum hinausführt. Die von der rotierenden Sonne fortstrebenden Feldlinien laufen – so die überraschende Erkenntnis aus den Meßdaten der Satelliten und Raumsonden – spiralförmig gekrümmt in den Weltraum hinaus, ähnlich, wie die Wassertröpfchen eines rotierenden Rasensprengers auf spiralförmiger Bahn davonfliegen.

Noch nicht geklärt ist, wie der Sonnenwind entsteht. Nach den ursprünglichen Vorstellungen des Sonnenwind-Theoretikers Eugene Parker strömen die Teilchen aus einer sich ständig und gleich-

mäßig ausdehnenden Korona. Daß dies nur teilweise richtig sein kann, zeigen die starken Schwankungen des Sonnenwindes. Er scheint vielmehr aus tieferen Schichten zu kommen, und die Korona verteilt ihn höchst ungleichmäßig, bremst ihn in manchen Gebieten durch Magnetfelder und läßt ihn aus den Koronalen Löchern frei entweichen.

Seit 1977 wird das Unternehmen Helios bei der Jagd nach den Geheimnissen des Sonnenwindes von zwei und seit 1978 von drei Satelliten unterstützt, die im Rahmen des europäisch-amerikanischen Projekts ISEE (International Sun Earth-Explorer) ein Forschungsteam bilden. Einer der drei, ISEE-C, läuft auf der ungewöhnlichsten Bahn, die je ein Satellit eingeschlagen hat: Er ist ein Zwitter zwischen einem Erd- und einem Sonnenbegleiter oder – wie Dr. Erhard Keppler vom Max-Planck-Institut für Aeronomie ihn beschrieb – „ein Satellit, der um eine Mulde kreist".

Jene „Mulde" liegt weit draußen im Weltraum zwischen Erde und Sonne, etwa 1,5 Millionen Kilometer von der Erde entfernt. Dort heben sich die Kräfte, mit denen Erde und Sonne einander anziehen, gerade gegenseitig auf. Ein Satellit bleibt dort ohne jeglichen Energie-Aufwand auf der Stelle stehen. In dieser schmalen Zone ist ISEE-C gewissermaßen verankert, allerdings nicht ganz fest. Denn stünde der Satellit stets exakt vor der Sonne, ließen sich seine Funksignale auf der Erde nicht empfangen, weil die Sonne den Empfang durch ihre eigene Radiostrahlung zu sehr störte. So läuft ISEE-C langsam um einen toten Punkt, um die Schwerkraft-Mulde herum und dient als eine Art Frühwarnsystem – ein Wetterschiff im Sonnenwind. Alle Störungen des Sonnenwindes erreichen ISEE-C etwa eine Stunde vor ihrer Ankunft auf der Erde, und der Satellit gibt die Warnung mit Funksignalen weiter, die schon nach fünf Sekunden auf der Erde eintreffen.

Die Satelliten ISEE-A und ISEE-B untersuchen währenddessen das Magnetfeld der Erde. Sie sind echte Erdsatelliten, die sich 139 000 Kilometer von der Erde entfernen und dann wieder bis auf 287 Kilometer an sie heranfliegen. Die beiden starteten im Oktober 1977 an der Spitze einer Rakete und fliegen in derselben Umlaufbahn hintereinander her. Den Abstand zwischen den beiden können die Flugkontrolleure zwischen Null und mehreren tausend Kilometern variieren.

Warum es zwei Satelliten auf derselben Bahn sind, erläuterte mir Tycho van Rosenvinge, einer der beteiligten Wissenschaftler, mit einem Vergleich: „Das müssen Sie sich so vorstellen", sagte er im Goddard Space Flight Center, dem amerikanischen ISEE-Kontrollzentrum bei Washington, „als ob Enten durch eine Wolke fliegen und deren Größe messen sollen. Eine einzelne Ente könnte die Zeit stoppen, in der sie durch die Wolke fliegt, und dann aus ihrer eigenen Geschwindigkeit die Größe der Wolke berechnen. Da sich aber auch die Wolke bewegen kann, wäre dieses Ergebnis fragwürdig. Fliegt jedoch eine zweite Ente hinter der ersten her und stellt dieselben Messungen an, so läßt sich aus den Daten beider Enten die Größe der Wolke und auch die Bewegungsrichtung bestimmen."

Auf solche Weise sollen diese beiden ISEE-Satelliten die Magnetosphäre erforschen, jenen Raum, der die Teilchenstrahlung der Sonne, den Sonnenwind und die bei Eruptionen ausgestoßenen Materiewolken von der Erde abschirmt. Die Magnetosphäre entsteht aus dem Zusammenwirken zwischen irdischem Magnetfeld und dem vom Sonnenwind mitgeschleppten solaren Magnetfeld.

Wenn der Sonnenwind auf die äußeren Kraftlinien des irdischen Magnetfeldes trifft, bildet sich vor dieser schützenden Hülle eine Art Bugwelle wie vor einem Schiff. Diese Schock- oder Stoßfront bremst 80 000 bis 100 000 Kilometer vor der Erde die anstürmenden Sonnenteilchen ab.

Bis zur Stoßfront beherrscht das mitgeschleppte Sonnenmagnetfeld den Weltraum allein. Dahinter überdecken sich Sonnen- und Erdmagnetfeld, und von etwa 50 000 Kilometer Entfernung an ist das Magnetfeld der Erde dominant. Die Teilchen werden gebremst, prallen ab und laufen, da sie sich nicht senkrecht zu den Feldlinien bewegen können, zum größten Teil um die Magnetosphäre herum. Der Ansturm der Teilchen ist allerdings so heftig, daß die Magnetosphäre auf der sonnenzugewandten Seite stark zusammengepreßt wird, während sie sich auf der sonnenabgewandten Seite zu einem langen Magnetschweif auseinanderzieht und weit in den Weltraum hinausragt.

Was genau in der Magnetosphäre geschieht, ist größtenteils noch ungeklärt und soll durch die beiden ISEE-Satelliten untersucht werden. So wissen die Geophysiker bis heute nicht, warum trotz Stoßfront und Magnetfeld immer noch rund zehn Prozent der Sonnenteilchen Löcher im irdischen Schutzwall finden und sich in den Van Allen-Strahlungsgürteln sammeln oder in den Magnetschweif eindringen, von wo sie in die Polregionen der Erde rasen und in den oberen Luftschichten Polarlichter aufleuchten lassen.

Während ihres Gemeinschaftsfluges haben die Satelliten schon einige Resultate erbracht. Danach flattert die Stoßfront der Magnetosphäre „wie eine Fahne im Wind." Bei einer starken Sonnen-Eruption drücken die anstürmenden Materiewolken aus Protonen und Elektronen das Magnetfeld auf der sonnenbeschienenen Seite der Erde bis zu 20 000 Kilometer zusammen. ISEE-C warnt dann aus seiner vorgeschobenen Position vor jeder Explosion auf der Sonne, und seine Geschwister A und B verfolgen die Wirkungen in der Nähe.

Lagebesprechung im Goddard Space Flight Center der NASA bei Washington: Wissenschaftler diskutieren das Beobachtungsprogramm ihres Satelliten »Solar-Max« für die nächsten Tage. »Solar-Max« beobachtet vor allem Eruptionen in sämtlichen Bereichen des elektromagnetischen Spektrums. Magnetkarten und Übersichtsskizzen helfen den Forschern bei der Entscheidung, auf welche Stellen der Sonnenoberfläche die hochempfindlichen Meßgeräte gerichtet werden sollen

Nicht mehr ganz rechtzeitig zum Sonnenmaximumsjahr, das die Physiker vom 1. August 1979 bis zum 28. Februar 1981 angesetzt hatten, jagte der Satellit „Solar-Max" (Solar Maximum Mission) im Februar 1980 ins All. Solar-Max ist der am stärksten von Computern gelenkte unbemannte Raumflugkörper, den die NASA je gestartet hat. Sieben Experimente an Bord, vom Boden aus gesteuert, beobachten die Sonne in allen Bereichen des elektromagnetischen Spektrums. Solar-Max soll vor allem Eruptionen untersuchen.

Die Kommandozentrale für Solar-Max ist ebenfalls im Goddard Space Flight Center untergebracht. Von hier aus soll der Satellit bis Anfang 1983 ununterbrochen eingesetzt werden. Vergebens hielt ich bei Goddard nach Antennen Ausschau. Die Funkverbindungen zu Solar-Max halten die rund um den Erdball verteilten Bodenfunkstellen der NASA aufrecht, die alle Meßdaten per Mikrowellen nach Washington übertragen.

Täglich mittags um ein Uhr trifft sich die Solar-Max-Crew, um das Programm des Satelliten für die nächsten Tage festzulegen. Von jedem Team, das ein Meßinstrument an Bord von Solar-Max betreut, sitzt ein Mitglied am Konferenztisch.

„Auf der Sonne ist heute nichts los", erläutert der Sonnenwetter-Vorhersager David Speich bei meinem Besuch. Speich steht an der Leinwand, auf der die jüngste Sonnenaufnahme im roten H-Alpha-Licht aufleuchtet. Nur die Fleckengruppe 1217 scheint etwas Aktivität zu versprechen, leichte Chancen für eine Eruption. Nach knapp zwanzig Minuten haben sich alle geeinigt, die

Teleskope für Gamma-, Röntgen- und Ultraviolettstrahlung auf diese Flecken-gruppe gerichtet zu lassen.

In der Zentrale des Kontrollzentrums herrscht Hochbetrieb. Ununterbrochen laufen über Telefon die neuesten Sonnenmeldungen aus aller Welt ein, darunter auch die Daten von ISEE-C und den europäischen Satelliten. Über einen Bildschirm kann Speich per Standleitung das aktuelle Sonnenbild von einer der großen Sternwarten im Westen der USA heranholen. So fließen aktuelle Entwicklungen auf der Sonne sofort in das Solar-Max-Programm ein. Leuchtet unvermutet eine Eruption auf, tritt gleich ein Krisenstab zusammen, und die Meßinstrumente an Bord werden neu ausgerichtet.

Allein in den ersten acht Monaten funkte Solar-Max Meßdaten von 1270 Eruptionen zur Erde, die alle bei Goddard auf Magnetbändern gespeichert wurden und größtenteils noch der Auswertung harren. Meist handelt es sich um kleinere Eruptionen, aber auch gewaltige Ausbrüche vollzogen sich quasi unter den Augen der Wissenschaftler so detailliert wie nie zuvor. Solche Meßdaten fischten die Sonnen-Experten aus der Datenflut natürlich sofort heraus, um sie auszuwerten.

Eine der mächtigsten Eruptionen verfolgte Solar-Max am 30. April 1980. Wie von einem Logenplatz im All beobachteten die Forscher durch den Satelliten, daß ein Schlauch glühenden Plasmas emporschnellte und mit einem darüber schwebenden Plasma-Bogen zusammenstieß. Unmittelbar darauf explodierte das gesamte Gebiet, starke Röntgen- und Gammastrahlen trafen die Meßinstrumente. Derartige Plasmaschläuche können nur durch starke Magnetfelder zusammengehalten werden. Beim Zusammenstoß ineinander verwobener magnetischer Kraftlinien entladen sich plötzlich gewaltige Energiemengen, die in den Magnetfeldern gespeichert waren. Elektronen und Protonen werden beschleunigt, Gasmassen jagen durch die Korona, Röntgen- und Gammastrahlung nehmen ungewöhnlich zu.

Magnetfelder, so bestätigte Solar-Max, sind der Schlüssel zum Verständnis der Eruptionen. Ihre Energie entlädt sich um so stärker, je verwickelter die Magnetfelder waren. Bekräftigt wurden auch die Beobachtungen, daß die Wahrscheinlichkeit für Eruptionen um so größer ist, je komplizierter strukturiert die Sonnenflecken aussehen.

Noch sind viele Fragen offen. Warum, zum Beispiel, steigt die Temperatur in der Korona während einer Eruption plötzlich auf fünf bis zehn Millionen Grad Celsius an? Wie können die Magnetfelder auf der Sonne, etwa bei der Eruption am 21. Mai 1980, in nur fünf Minuten die Korona über einer Fläche von sechs Milliarden Quadratkilometern sogar auf 16 Millionen Grad erhitzen? Warum können andererseits manchmal kühle Gaswolken von nur 13 000 Grad durch die gewöhnlich knapp zwei Millionen Grad heiße Korona wandern, ohne sich aufzulösen? Warum werden bei der einen Eruption Protonen ausgestoßen, bei der anderen aber nicht?

Die Solar-Max-Experten sind zuversichtlich, auch diese Fragen bald beantworten zu können. David M. Rust, der Koordinator des Sonnenmaximumsjahres für die USA, schätzte die Chancen, die Eruptionsmechanismen aufzuklären, hoch ein: „Ein wirklicher Durchbruch", sagte er, „scheint wegen der detaillierten Beobachtungsdaten bald möglich." Und er fügte hinzu: „Wenn wir einige Dutzend umfassend dokumentierte starke Eruptionen zusammen haben, dürfte das zur Klärung reichen."

Der Klärung näher kommen wird man voraussichtlich 1983. Dann soll Solar-Max als erster unbemannter Satellit vollständig aus dem All geborgen und zur Erde gebracht werden. Astronauten an Bord der amerikanischen Weltraumfähre Space Shuttle sollen Solar-Max buchstäblich auf den Haken nehmen und zur Erde abschleppen, um das in Serienbauweise gefertigte Satellitengerüst als Chassis für weitere Weltraummissionen zu retten.

Später soll Space Shuttle zwei Satelliten ins All tragen, die auf ganz ungewöhnlicher Bahn die Sonne umrunden: über ihre Pole hinweg. Ihre Bezeichnung: ISPM (International Solar-Polar-Mission).

Bisher sahen alle Sonnensatelliten, wie raffiniert sie auch konstruiert waren, die Sonne stets aus demselben Blickwinkel wie die Beobachter auf der Erde. Sie flogen zwar dichter an die Sonne heran, aber immer nur in jener Ebene, in der die Erde ihre Bahn um die Sonne zieht. Alle Daten, die bis heute über den Sonnenwind, das von ihm mitgezerrte Ma-

Die Meßdaten für dieses Bild der Sonnenkorona übermittelte der Koronograph an Bord der Sonnensonde »Solar-Max«. Die Punkt für Punkt registrierte Elektronendichte setzte später ein Computer im Kontrollzentrum zu diesem Farbbild zusammen. Grün markiert die Gebiete stärkster Elektronenkonzentration, Violett zeigt die Gebiete geringster Elektronendichte an

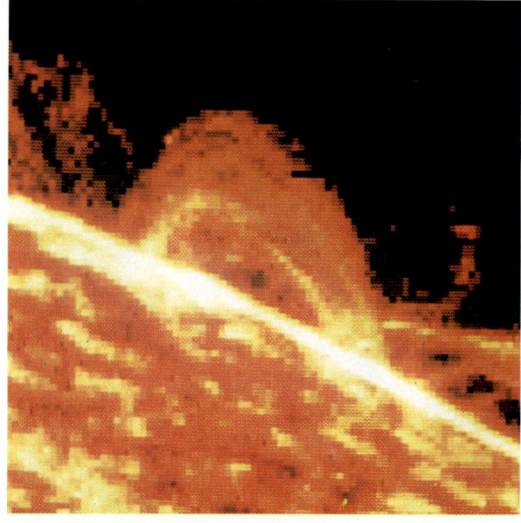

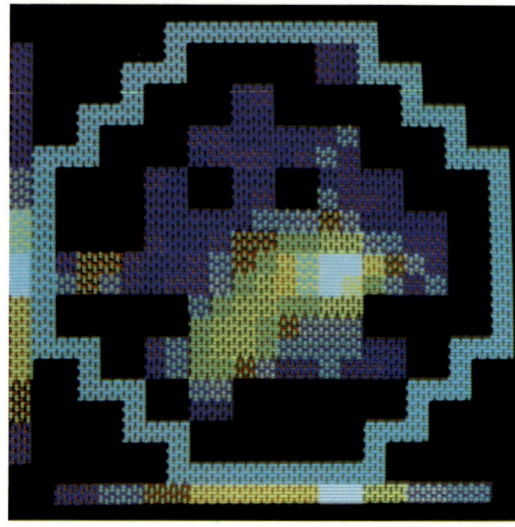

**Der Satellit »Solar-Max« registrierte die Aktivitäten der Sonne im Bereich der UV-Strahlung (oben rechts) und der Röntgenstrahlung (unten). Alle Bilder zeigen Eruptionen. Während im UV-Bereich aus den Meßdaten der Sonnenrand mit den ausgeschleuderten Gasmassen erkennbar dargestellt werden kann, liefern die Instrumente für die Röntgenbeobachtungen nur ein grobes Raster. Der Sonnenrand füllt jeweils die obere rechte Hälfte der Röntgenbilder aus. Da die Helligkeit der Rasterquadrate die Stärke der Strahlung angibt, läßt sich erkennen, wie aus einer kleinen, sehr hellen Eruption am Sonnenrand eine glühend heiße Wolke ins All wirbelt, die Röntgenstrahlen aussendet**

gnetfeld, die Eruptionen und die Korona gewonnen wurden, stammen aus solchen Beobachtungen.

Die Physiker träumen schon lange davon, einmal die Sonnenpole von oben in Augenschein zu nehmen. Sie stellen sich vor, daß an den Polen mächtige Koronale Löcher liegen, weil dort − wenigstens bei geringer Fleckentätigkeit − das schwache, allgemeine Magnetfeld seine Linien frei und fast senkrecht in den Weltraum laufen läßt. Die Materieteilchen müßten hier ungehindert ausströmen können, weil kein Magnetfeld sie bremst; der Sonnenwind sollte dort besonders kräftig wehen. Aber niemand

vermag zu sagen, welche Überraschungen der Entdeckung durch die Sonnenforscher an den Polen noch harren.

Doch einer Flugbahn, die eine senkrechte Aufsicht auf die Polregionen ermöglicht, steht ein schwer zu überwindendes Hindernis entgegen: Nach den Gesetzen der Himmelsmechanik, welche die Bewegung der Planeten um die Sonne ebenso bestimmen wie die Bahnen von Solar-Max oder Skylab um die Erde, ist ungeheuer viel Energie erforderlich, um einen Satelliten schräg oder gar senkrecht aus der Erdbahnebene herauszukatapultieren. Kein Triebwerk kann bisher soviel Schub leisten.

Dennoch gibt es eine Möglichkeit, genügend Energie dafür zu gewinnen – durch eine höchst ungewöhnliche „Tankstelle" im All. Die großen Planeten können den Raumsonden durch ihre Anziehungskraft sehr hohe Geschwindigkeit verleihen, sie aus ihrer Richtung ablenken und in eine neue Bahn werfen.

Der größte Planet im Sonnensystem, Jupiter, zeigte dies 1979 auf höchst eindrucksvolle Weise. Im März und Juli jenes Jahres flogen die amerikanischen Sonden Voyager 1 und Voyager 2 dicht an den Jupiter heran, umrundeten ihn in genau vorherberechnetem Anflugwinkel und Abstand, und wie eine Riesenschleuder lenkte sie der massige Planet auf einen neuen Kurs zum Saturn. Jupiter gab den Voyager-Sonden einen derartigen Schwung mit, daß sie den Saturn zwei Jahre früher erreichten, als es bei einem direkten Anflug von der Erde aus möglich gewesen wäre.

Die neuen Bahnen der Voyager-Sonden verliefen freilich noch immer nahezu in der Ebene der Erdbahn. Die Astronomen haben jedoch errechnet, daß die Anziehungskraft des Jupiter ausreicht, Raumschiffe mittels eines derartigen „Swing-by-Manövers" auch aus der Ebene der Erdbahn heraus in Richtung auf die Sonnenpole zu schleudern. Für die Polar-Mission zur Sonne planen die Raumfahrtingenieure darum einen Kurs, der zunächst weit von der Sonne wegführt, hin zum Jupiter, und dann erst in einem riesigen Bogen zurück in Richtung Sonne – nun aber außerhalb der Erdbahnebene. Der Jupiter soll gleichzeitig die eine der beiden Sonden nach Norden, die andere nach Süden um die Sonne katapultieren.

Und so, phantastischer, als es sich selbst Jules Verne hätte träumen lassen, sieht der Fahrplan für die zwei ISPM-Sonden aus:
● Start zwischen dem 27. März und dem 5. Mai 1985 von Bord des Space Shuttle, das beide Sonden ins All trägt;
● Ankunft beim Jupiter im Juli 1986, nach einer Flugzeit von 468 Tagen;
● Flug über die Sonnenpole im September 1989 – jede Sonde überfliegt einen Pol. Die Sonden nähern sich der Sonne bis auf 225 Millionen Kilometer, eineinhalbmal die Entfernung von der Sonne zur Erde;
● Zweiter Flug über die Sonnenpole im Juni 1990. Jede Sonde überfliegt jetzt den entgegengesetzten Pol der Sonne;
● Ende der Mission 1991 durch Stillstand der Geräte. Die beiden Sonden ziehen auf unabsehbare Zeit weiter ihre Bahn über die Pole der Sonne.

Die eine der beiden ISPM-Sonden soll von der NASA gebaut werden. Die andere entsteht in Regie der europäischen Raumfahrt-Organisation ESA (European Space Agency) bei der deutschen Dornier AG. Auf beiden Sonden fliegen Meßinstrumente sowohl amerikanischer als auch europäischer Wissenschaftler mit. Von deutscher Seite ist vor allem wieder das Max-Planck-Institut für Aeronomie beteiligt.

Die Meßinstrumente werden aus ungewohntem Blickwinkel vor allem den Sonnenwind untersuchen, über den Sonnenpolen dazu die Magnetfelder, die mit dem Sonnenwind aus den Polregionen herausgetragen werden. Sie sollen Eruptionen im Wellenbereich der Röntgen- und UV-Strahlen beobachten, die kosmische Strahlung in diesen noch unerforschten Regionen des Alls analysieren und auch die dünne Staubschicht unter die Lupe nehmen, die sich in der Ebene der Erdbahn ausdehnt. Die amerikanische Sonde führt einen Koronographen mit sich, der das Spektrum der Korona im sichtbaren Licht aufnehmen soll. Von allen diesen Untersuchungen erhoffen sich die Forscher Erkenntnisse, die dazu verhelfen, die Sonne, unser alles beherrschendes Zentralgestirn, noch besser zu verstehen sowie ihre Einflüsse auf die Erde und auf unser Leben genauer abzuschätzen.

# 11

# Die Wetter-
maschine

Der Laie
verbindet mit der
Sonne vor allem ihren
Schein, den er sich
für Urlaub und Wochen-
ende wünscht. Aber
die Sonne erzeugt auch
den Regen. Das Wasser,
das sie verdunsten
läßt, steigt als Dampf auf.
In der kühlen Höhe
bilden sich Wolken, aus
denen das durch
Sonnenenergie empor-
gepumpte Wasser
wieder herabfällt

Der ausgedörrte
Boden eines Sees in
Kalifornien zerbirst unter
der sengenden Sonne.
Extreme Trockenperioden,
so haben die Forscher
im amerikanischen Baum-
ringlabor herausgefunden,
kehren im Südwesten
der USA in regelmäßigen
Abständen von 22 Jahren
wieder – ein Rhythmus,
der an den magnetischen
Zyklus der Sonnen-
aktivität erinnert

Die Sonne bewässert dieses Sonnenblumenfeld bei Jamestown im US-Staat North Dakota, indem sie die regenbringenden Wolken erzeugt. Sie erwärmt den Boden, und sie liefert mit ihrem Licht den Antrieb für das Wachstum der Pflanzen. Alle im Sonnenblumen-öl gespeicherte Energie stammt – wie jegliche Energie in Nahrungs-mitteln – letztlich aus dem Sonnenlicht

Das Labor für Baumring-Untersuchungen in Tucson im US-Staat Arizona zählt zu den sonderbarsten Stätten der Sonnenforschung. Einzigartig ist schon seine Lage: Die Baumring-Experten arbeiten im Football-Stadion der Universität von Arizona unter den Tribünen.

Warum gerade hier? Dr. Bryant Bannister, der Direktor des Labors, erklärt gelassen: „Warum nicht hier? Kurz nach der Gründung unseres Instituts 1938 waren keine anderen Räume verfügbar. Und der Betrieb im Stadion hat uns noch nie gestört."

In den Arbeitsräumen sehe ich Baumscheiben und Holzreste, viele in bizarren Formen und Farben. Die Mitarbeiter des Instituts zählen die Jahresringe, messen ihre Breite, vergleichen neu eingetroffene Stücke mit alten, bereits früher untersuchten und analysieren winzige Holzproben aus vergangenen Jahrhunderten, ja selbst Jahrtausenden.

Auch die ältesten Baumringe enthalten, so seltsam das klingen mag, Informationen über die Sonnenaktivität zu jener Zeit, in der sie wuchsen – lange bevor Astronomen die Sonne regelmäßig beobachteten. Die Kenntnis der Sonnenaktivität in früheren Zeiten bietet die Möglichkeit, Beziehungen zu bekannten Klimaschwankungen auf der Erde zu untersuchen. Aus dem Baumring-Labor in Tucson kamen dafür entscheidende Anstöße, die jetzt, nach jahrzehntelangen Bemühungen, zu überraschenden Resultaten führten.

Seit langem ist unbestritten, daß die Sonne den Motor für alles Wettergeschehen auf der Erde spielt. Die Sonne schickt uns Tag für Tag, das ganze Jahr hindurch die Temperatur, die unsere Erde bewohnbar macht. Daß es Frühling und Sommer, Herbst und Winter gibt, liegt allerdings nicht allein an ihr, sondern auch an der Erde selbst: Weil die Rotationsachse der Erde schräg steht, um 66,6 Grad gegen die Ebene ihrer Bahn um die Sonne geneigt, fallen die Sonnenstrahlen auf den beiden Hemisphären je nach Jahreszeit mal steiler und mal flacher ein. Je niedriger die Sonne am Himmel steht, umso geringer fällt ihre wärmende Kraft auf dem Erdboden aus.

Der Energiestrom der Sonne erwärmt Kontinente und Meere unterschiedlich schnell – das Land schneller als das Wasser – und beide speichern die Sonnenwärme unterschiedlich lange – das Wasser länger als das Land. Wo es je-

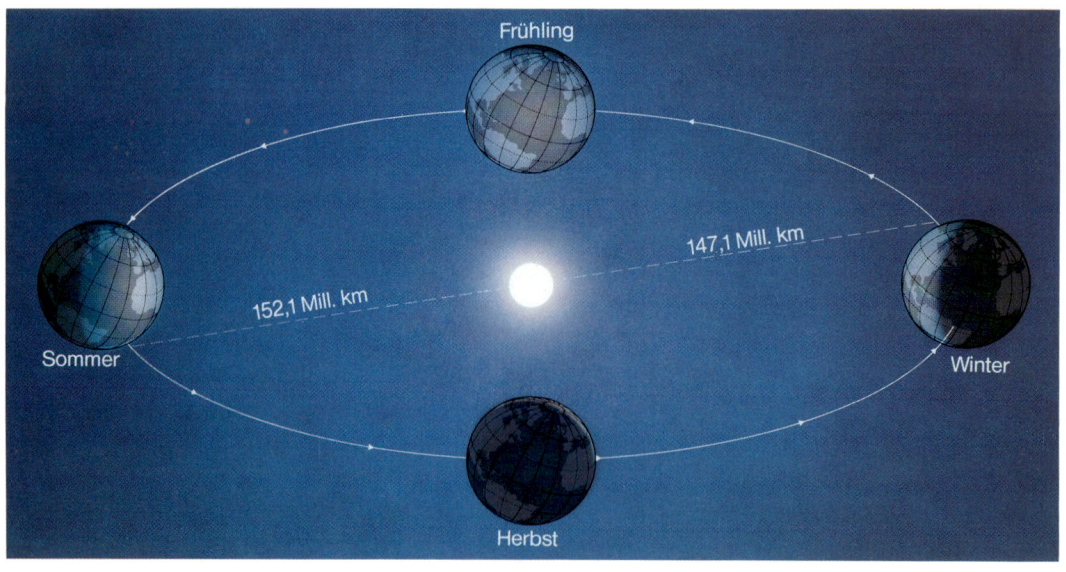

Die schräge Lage der Erdachse läßt die Sonnenstrahlen im Laufe eines Jahres unterschiedlich steil auf die verschiedenen Breitenzonen der Erde fallen. So entstehen die Jahreszeiten. Daß die Erde die Sonne nicht auf einer exakten Kreisbahn umrundet – kurz nach Sommerbeginn auf der Nordhalbkugel ist die Erde am weitesten von der Sonne entfernt – wirkt sich dabei kaum aus

Frühling

147,1 Mill. km

152,1 Mill. km

Sommer

Winter

Herbst

weils wärmer ist, steigt die Luft auf. Es bilden sich Zonen unterschiedlichen Luftdrucks und Winde, die diese Druckunterschiede allmählich ausgleichen.

Winde und Meeresströmungen transportieren viel Sonnenwärme in die klimatisch benachteiligten Zonen der Erde — etwa der Golfstrom, der warmes Wasser aus den tropischen Regionen des Atlantik bis an den Polarkreis führt und Norwegens Häfen auch im Winter eisfrei hält. Gäbe es keinen Temperaturausgleich durch Atmosphäre und Ozeane, herrschten am Äquator im Jahresdurchschnitt plus 39 Grad Celsius, auf der Breite von Frankfurt minus 6 Grad und am Nordpol minus 44 Grad. Tatsächlich beträgt die Temperatur im Jahresdurchschnitt am Äquator plus 26 Grad, in Frankfurt plus 9 Grad und am Nordpol minus 22 Grad.

Die Sonne beschert uns nicht nur die ausgleichende Wärme, sondern auch den Regen. Denn bevor es regnen kann, muß Wasser verdunsten. Vor allem aus den Ozeanen steigen, von der Sonne erhitzt, gewaltige Mengen Wasserdampf auf, die in den Wolken zu Wassertröpfchen kondensieren und als Regen wieder zur Erde gelangen — durchschnittlich 800 bis 1000 Liter pro Jahr auf jeden Quadratmeter Erdoberfläche. Dieses mächtige Bewässerungssystem ist ein ewiger Kreislauf, angetrieben von der Sonne als kosmischer Pumpe.

Wasser braucht, um zu verdunsten, extrem viel Wärme. Um aus den Ozeanen ständig die im Kreislauf befindliche Wassermenge zu verdampfen, die später als Regen niedergeht, müssen etwa 300 bis 400 Billiarden Kilowattstunden Sonnenenergie einstrahlen. Das ist das 4300fache der Energie, die von der gesamten Menschheit gegenwärtig pro Jahr verbraucht wird. Sobald der verdunstete Wasserdampf in der Höhe abkühlt und kondensiert, wird die gespeicherte Sonnenenergie wieder frei. Da das Wasser seine Energie zumeist in hö-

heren geographischen Breiten abgibt, als es sie aufgenommen hat, findet auch so ein globaler Wärmeaustausch statt.

Sollten bei so eindeutigem Zusammenhang zwischen der Sonne und den elementaren Wettervorgängen auf der Erde nicht auch feinere Einflüsse der Sonne auf Wetter und Klima nachweisbar sein? Könnten nicht zum Beispiel die Wanderung von Hochdruckgebieten, der Pegelstand in großen Binnenseen oder die Häufigkeit von Taifunen mit den Sonnenflecken zusammenhängen? Solche Vermutungen hegten jedenfalls die Autoren von gewiß schon mehr als tausend Arbeiten, die nach einer Schätzung des amerikanischen Physikers John M. Wilcox von der Stanford-Universität in Kalifornien in den letzten hundert Jahren über den Einfluß der Sonne, vor allem ihrer Flecken, auf das irdische Wetter geschrieben wurden.

Die ersten Veröffentlichungen darüber gab es bereits, kurz nachdem Samuel Heinrich Schwabe 1843 den elfjährigen Fleckenzyklus der Sonne entdeckt hatte. In rascher Folge erschienen damals Untersuchungen mit Titeln wie: „Sonnenflecken und Regenmengen"; „Über die Abhängigkeit der mittleren Windrichtung von den Perioden der Sonnenflecken", und auch, ein wenig umständlich: „Über das Steigen und Fallen der Lufttemperatur binnen einer analogen elfjährigen Periode, in welcher die Sonnenflecken sich vermindern oder vermehren". Alle diese frühen Versuche, Beziehungen zwischen Sonne und Erdenwetter aufzuspüren, hielten genaueren Überprüfungen über einen längeren Zeitraum nicht stand. Über 10 oder 20 Jahre hinweg mochte sich ein Zusammenhang finden lassen; nach 30, 40 oder 50 Jahren ging er unerbittlich im Zahlenmaterial verloren.

Unter den vielen, oft abstrusen Ideen, die heute weitgehend vergessen sind, ragt eine jedoch heraus, die am Ende zu weitreichenden Konsequenzen für unsere Vorstellungen von der Sonne führte. Ihr Urheber war der Amerikaner Dr. Andrew Ellicott Douglass, der sich ein langes Forscherleben hindurch − er starb 1962 im Alter von 94 Jahren − mit Versuchen herumschlug, die Auswirkungen früherer Fleckenzyklen ausgerechnet in Baumringen nachzuweisen.

Douglass, der ursprünglich Astronom war, ließ sich von den Baumringen faszinieren, weil sie die Möglichkeit boten festzustellen, wie alt vorgeschichtliche Funde sind und weil sie Auskunft über das Klima vergangener Zeiten geben. Er gilt als einer der Begründer der Dendrochronologie, des Verfahrens der Datierung früher Kulturschichten aus den Jahresringen der darin gefundenen Holzreste.

Die Jahresringe, die am Querschnitt eines Baumstamms deutlich zu erkennen sind, bilden sich von innen nach außen. Jährlich wächst unter der Rinde eine neue Schicht um das schon vorhandene Holz. Auf das im Frühjahr gebildete Frühholz folgt das festere Spätholz. Früh- und Spätholz zusammen bilden jeweils einen Jahresring. Wie breit er ausfällt, hängt von der Witterung im Jahr seiner Entstehung ab, vor allem von der Menge des Niederschlags. Regnet es viel, bildet sich ein breiter Ring, ist das Jahr trocken, wird der Ring

schmal. So ergibt sich für eine bestimmte Folge von Jahren ein charakteristisches Muster von Baumringen. Dieses Muster zeigen alle Bäume aus einem Gebiet mit denselben klimatischen Bedingungen. Ist es einmal gelungen, eine lange Folge von Baumringen exakt zu datieren, so können Holzstücke unbekannten Alters aus demselben Gebiet damit verglichen und entsprechend ihrem Ringmuster datiert werden.

Für den Astronomen Douglass lag die Vorstellung nicht so fern, daß die Baumringe auch Auskünfte über die Sonne enthalten könnten. Ihn beeindruckten vor allem die kalifornischen Mammutbäume (Sequoia dendron giganterion), die schon im ersten Jahrtausend v. Chr. keimten und heute noch immer wachsen. Sollte es einen Zusammenhang zwischen Sonnenflecken und Wetter geben, so boten diese uralten Baumriesen am ehesten die Möglichkeit, die Auswirkungen der Fleckenzyklen über einen langen Zeitraum zurückzuverfolgen. Mit unendlicher Geduld maß Douglass daher zunächst die Breite der Jahresringe auf Scheiben der Mammutbäume aus, in der Hoffnung, eine Periodizität entdecken zu können.

Später dehnte er seine Untersuchungen auch auf andere Hölzer aus vielen Ländern der Welt aus. In seinen Arbeitsräumen an der Universität von Arizona häuften sich die Baumscheiben. Aber zu einem eindeutigen Ergebnis kam er zunächst nicht. Manchmal glaubte er, einen elfjährigen Rhythmus erkannt zu haben, dann wieder verflüchtigte sich jegliche Hoffnung.

1919 veröffentlichte Douglass eine Zusammenfassung sei-

Andrew Ellicott Douglass (1867–1962) begründete die Dendrochronologie, die das Alter von Holzfunden aus den Jahresringen von Bäumen abzuleiten ermöglicht. Das Prinzip ist einfach. Die Jahresringe von Holzproben etwa aus Bauwerken verschiedener Epochen (a) werden analysiert (b). Der charakteristische Wechsel der Ringbreiten, der für alle Bäume eines Wachstumsgebietes ähnlich verläuft, wird in Kurven dargestellt (c), bei denen die Höhe der Zacken jeweils den Ringbreiten entspricht. Durch das Aneinanderfügen der Meßkurven, die sich teilweise überlappen, ließ sich so Schritt für Schritt eine Baumringchronologie bis weit in die Vergangenheit (d) aufbauen

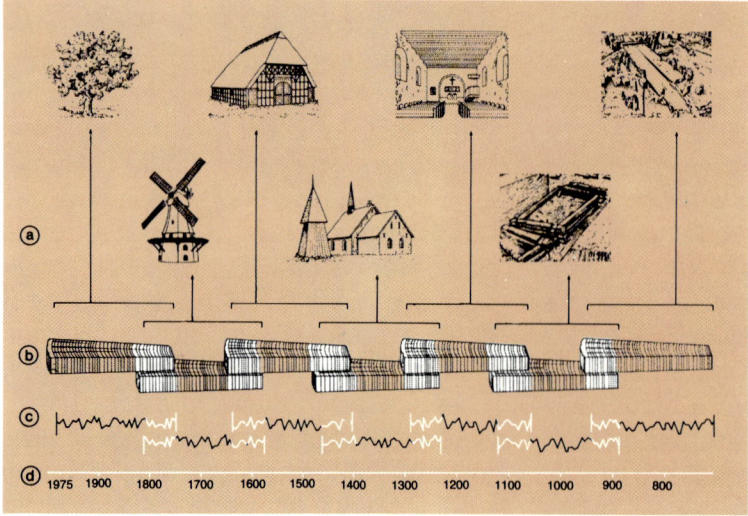

In der Bucht von Florida hat sich ein mächtiger Wirbelsturm gebildet. Auch er ist ein Werk der Sonne: Ihre Energie setzt den zerstörerischen Riesenwirbel in Gang, in dessen Zentrum ein Wasserrüssel ungeheure Kraft entwickelt

ner enttäuschenden Ergebnisse. Besonders entmutigend erschien ihm der seltsame Befund, daß er bei Baumringen, die zwischen 1660 und 1720 gewachsen waren, niemals auch nur geringe Anzeichen für einen Elfjahres-Rhythmus entdecken konnte. Ein kosmischer Zyklus aber, der plötzlich verschwand, erschien dem Forscher schwer vorstellbar. Douglass war schon bereit, den Gedanken an eine Beziehung von Baumringbreiten zu Sonnenflecken aufzugeben.

Da erhielt er im Frühjahr 1922 einen Brief von dem Astronomen Walter Maunder von der Sonnenabteilung der berühmten britischen Sternwarte in Greenwich: Beim Durchstöbern alter Berichte über Sonnenflecken war Maunder aufgefallen, daß etwa zwischen 1645 und 1715 offenbar nur wenige Flecken über die Sonnenscheibe gewandert waren. Jedenfalls schienen die Astronomen jener Zeit kaum Flecken beobachtet zu haben. Sollte es einen

Zusammenhang zwischen Baumringen und Sonnenflecken geben, schrieb Maunder, dann dürfe Douglass in diesem Zeitraum keinen Rhythmus in den Baumringen feststellen.

Douglass war wie elektrisiert. Seine schon verloren geglaubte Hoffnung, den Zyklus der Sonnenflecken in den Jahresringen wiederzufinden, wurde schlagartig wiederbelebt. Und von da an hatte er keine Schwierigkeiten mehr, vor und nach jener merkwürdigen historischen Pause elfjährige Perioden zu entdecken. Von seiner Idee, daß Baumringe kosmisches Geschehen widerspiegeln müßten, war Douglass nun derart besessen, daß er in den letzten Jahren seines Lebens auch nach anderen Perioden in den Baumringen suchte, selbst nach den Umlaufzeiten der Planeten − und sie schließlich sogar gefunden zu haben glaubte.

Spätestens damit aber war der angesehene Wissenschaftler deutlich ins Abseits geraten. Auch seine Berichte über die Sonnenfleckenzyklen in den Baumringen stießen bei den Kollegen immer mehr auf Skepsis. Darum erteilte die US-Raumfahrtbehörde NASA 1971 zwei Mitarbeitern des von Douglass gegründeten Baumringlabors, Valmore C. Lamarche und Harald C. Fritts, den Auftrag, endgültig festzustellen, ob sich denn nun in den Jahresringen der Bäume eine elfjährige Fleckenperiode widerspiegelt oder nicht.

Das 1972 veröffentlichte Ergebnis war eindeutig: Faßte man alle Daten zusammen und analysierte sie mit modernen statistischen Methoden, so ließ sich keine Übereinstimmung zwischen Sonnenflecken und Baumringbreiten erkennen. Douglass war bei seinen Untersuchungen voreingenommen gewesen, er glaubte − was auch anderen Wissenschaftlern gelegentlich passiert − gefunden zu haben, was er finden wollte. Einige seiner Baumscheiben zeigen, wie ich mich in Tucson überzeugen konnte,

den Sonnenzyklus wirklich eindrucksvoll, die allermeisten aber nicht. Doch ausgesuchte Einzelfälle reichen eben nicht aus, einen statistischen Zusammenhang stichhaltig zu beweisen.

Zu Beginn der siebziger Jahre hatten Bemühungen, Sonne und Wetter im Gleichklang miteinander zu sehen, gründlich den Ruch der Unwissenschaftlichkeit erlangt. Solche Versuche, spottete der sowjetische Meteorologe Andreij Monin 1972, „erzeugten zum Glück nur den Eindruck erfolgreicher Experimente in Selbstbeeinflussung und Voreingenommenheit".

Dennoch verstummte die Frage nie ganz, ob sich die unterschiedliche Aktivität der Sonne nicht doch auf das Wettergeschehen auswirken könne. Warum gelang es nicht, die Frage ein für allemal zu klären?

Ein Grund bestand darin, daß Einflüsse der Sonne immer schwieriger zu verfolgen sind, je tiefer die Sonnenstrahlen in die Atmosphäre eindringen. In den hohen Schichten der Ionosphäre entscheidet praktisch nur die Sonnenstrahlung über den Zustand der Atmosphäre. Je tiefer jedoch die Sonnenenergie eindringt, um so stärker nimmt der Einfluß irdischer Faktoren zu. So erwärmt sich Wasser langsamer als Land; Winde und Meeresströmungen transportieren Sonnenergie weit vom Ort der Einstrahlung fort; Staub und Aerosole über Industriegebieten verändern die Stärke der Sonneneinstrahlung; unterschiedlicher Gehalt der Luft an Kohlendioxid sowie die Urbanisierung weiter Landstriche spielen bei der Wärmerückstrahlung der Erde eine Rolle.

Der Klimaforscher Dr. Stephen Schneider vom National Center for Atmospheric Research in Boulder, Colorado, führte mir das Dilemma mit einem anschaulichen Vergleich vor Augen. „Das ist", sagte Schneider, „im Grunde wie bei der Buchführung über Ihre Einnahmen und Ausgaben. Ihr Einkommen geht als feste Größe ein, doch was dann unter dem Strich übrigbleibt, hängt von einer Kette verschiedenster Ausgaben ab, die das ursprüngliche Einkommen in alle Richtungen zerstreuen. Aber ohne ein Einkommen würde die Rechnung gar nicht aufgemacht werden können."

Eine zweite Schwierigkeit für Wissenschaftler, die nach „solar-terrestrischen Beziehungen" suchten, nach Beziehungen zwischen Sonne und Erde also, bestand darin, daß bis etwa 1960 nur ein einziges Maß für die Veränderlichkeit der Sonne bekannt war: die Zahl ihrer Flecken, ausgedrückt durch die Wolfsche Relativzahl. Zwar ist diese Zahl tatsächlich ein guter Anhaltspunkt für die Aktivität der Sonne, doch eigentlich nur ein Signal für den Zustand des 150 Millionen Kilometer entfernten Himmelskörpers. Solange es keine allgemein anerkannten Vorstellungen gab, wie sich die Sonnenflecken über diese Entfernung auf die Erde auswirken konnten, mußte das Problem ungelöst bleiben.

Erst als das Raumlabor Skylab die Koronalen Löcher entdeckt hatte, als Scharen von Erd- und Sonnensatelliten die Empfangsstationen auf der Erde mit einer Flut von Daten versorgten, konnte das faszinierende alte Problem wieder aufgegriffen werden. Seit Mitte der siebziger Jahre erlebten die Untersuchungen über die Beziehungen zwischen irdischem Wetter und Sonnentätigkeit eine Renaissance. 1972 tagte in Moskau eine Konferenz über das Thema „Beziehungen zwischen Sonne und Atmosphäre in der Theorie des Klimas und der Wettervorhersage". 1973 fand am Goddard Space Flight Center der NASA in Greenbelt/USA ein Symposium zum Thema „Mögliche Beziehungen zwischen Sonnenaktivität und meteorologischen Phänomenen" statt. Im August 1978 befaßte sich eine Tagung in Ohio mit „Solar-terrestrischen Einflüssen auf Wetter und Klima", und im Oktober

1979 wurde in Boulder eine Tagung über „Die Sonne in der Vergangenheit – Fossile Aufzeichnungen in Erde, Mond und Meteoriten" abgehalten.

Zwei neue Versuche, nach mehr als hundert Jahren doch noch einen Einfluß der Sonne auf das Wetter nachzuweisen, veranschaulichen besonders gut, wie mühsam die Fortschritte der Wissenschaftler auf diesem Wege sind. Einer stammt von dem Physiker Professor John M. Wilcox und seinen Mitarbeitern an der Stanford University bei San Francisco. Sie analysierten die Entstehung von Tiefdruckgebieten im Pazifik bei 180 Grad westlicher Länge. Dabei zeigte sich, daß die Tiefdrucktröge viel größer waren, wenn die Feldlinien des vom Sonnenwind ins All getragenen Magnetfeldes von der Sonne wegwiesen, als wenn sie auf sie zu gerichtet waren. Nach diesem Befund geht also von den magnetischen Feldlinien der Sonne, die mit dem irdischen Magnetfeld zusammenstoßen, eine mittelbare Wirkung auf das Erdwetter aus. Die Richtung des Magnetfeldes zwischen Sonne und Erde ändert sich etwa einmal pro Woche. Wilcox vermutet, daß diese Umpolung auch weitere Einflüsse auf das Wetter haben könnte.

Einen anderen Ansatz wählten Dr. Charles Stockton vom Baumringlabor in Tucson und zwei seiner Kollegen. Sie untersuchten Baumscheiben aus dem Südwesten der USA, die den Zeitraum von 1600 bis heute überdecken – allerdings nicht, um in ihnen doch noch den elfjährigen Zyklus der Sonne aufzuspüren. Stockton nimmt die Unterschiede in der Breite der Jahresringe einfach als das, was sie tatsächlich sind: als Ausdruck unterschiedlicher Niederschläge. Die Analyse der vielen in Tucson gespeicherten Daten hatte ein verblüffendes Ergebnis: Extrem trockene Jahre kehrten in den südwestlichen Staaten der USA regelmäßig wieder, aber nicht alle elf, sondern alle 22 Jahre. Diese

Gerade an sonnenreichen Tagen im Frühjahr, an denen die Knospen springen, sind Blüten durch Nachtfrost gefährdet, denn bei klarem Himmel strahlt besonders viel Wärme in den Weltraum ab. Obstbauern besprühen daher, um Frostschäden zu verhüten, die Blüten mit Wasser. Die beim Gefrieren des Wassers freiwerdende Wärme schützt die empfindlichen Pflanzenorgane: Sie läßt die Temperatur in ihnen nicht unter Null sinken

Zeitspanne entspricht dem magnetischen Zyklus der Sonnenaktivität.

Sowohl Wilcox als auch Stockton lehnen es jedoch ab, über die Ursachen der von ihnen erkannten Zusammenhänge zu spekulieren. Stockton möchte sein Datenmaterial erst noch erweitern und auch andere Kontinente in die Untersuchung einbeziehen. Er verhandelte sogar mit russischen Wissenschaftlern über die Lieferung von Baumscheiben aus der Sowjetunion. Wilcox verweist darauf, wie jung sein Forschungsgebiet trotz der Emsigkeit seiner Vorgänger ist: „Vor zehn Jahren betrachteten viele Astronomen die Beziehungen zwischen Sonne und Wetter noch als moderne Astrologie".

Inzwischen ist sein Forschungszweig wieder respektabel geworden. Eines erscheint jedoch sicher: Beim gegenwärtigen Stand des Wissens wird sich die tägliche Wettervorhersage so bald noch nicht um das aktuelle Geschehen auf der Sonne zu kümmern brauchen.

Ganz anders sieht es dagegen aus, wenn man die langfristigen Änderungen des Wetters betrachtet. Das Klima auf der Erde hat in der Vergangenheit erheblich geschwankt. Vor erdgeschichtlich gar nicht langer Zeit lag beispielsweise Norddeutschland unter einem mächtigen Eispanzer begraben. Die Vereisung begann vor etwa eineinhalb bis zwei Millionen Jahren. Mehrere Vorstöße des Eises aus dem Norden wechselten mit kürzeren Rückzügen ab – den wärmeren Zwischeneiszeiten. Während der letzten Kälteperiode betrugen die durchschnittlichen Temperaturen in Mitteleuropa im Juli nur fünf bis zehn Grad Celsius (heute: etwa 19 Grad). Damals waren auf der Erde 55 Millionen Quadratkilometer vergletschert, während es heute nur rund 16 Millionen Quadratkilometer sind, von denen allein etwa 85 Prozent auf die Antarktis entfallen.

Auch nach dem bisher letzten Rückzug des Eises hörten die Schwankungen des Klimas nicht auf, sie waren nur weniger ausgeprägt. Von etwa 1440 bis zum Beginn des 18. Jahrhunderts wurde Europa von einer Kälteperiode heimgesucht, die als „Kleine Eiszeit" bezeichnet wird. Damals stießen die Gletscher – ein besonders empfindlicher Anzeiger für Klimaschwankungen – in den Alpen, in nordamerikanischen Gebirgen und in Patagonien weit über ihre ursprünglichen Positionen vor.

Aus alten Steuerlisten läßt sich ein dramatischer Rückgang der Bevölkerung Islands während der Kleinen Eiszeit ablesen. Im Jahr 1095 lebten etwa 77 520 Menschen auf der Insel im Nordatlantik. 1314 waren es 72 420 – ihre Anzahl war praktisch gleich geblieben. 1703 wurden jedoch nur noch 50 358 Isländer gezählt, und 1784 war die Zahl gar auf 38 000 gefallen. Damals dachten die Isländer ernsthaft daran, ihre Insel ganz

Anders als in der jüngeren Geschichte fror die Themse in der Kleinen Eiszeit häufig zu – im Winter 1684 sogar für zwei Monate. Auf dem Bild »Die Themse bei Temple Stairs« hielt Abraham Hondius damals die Winterfreuden der Engländer fest

In vielen
Teilen der Welt
überdauern mächtige
Gletscher, wie die
bläulich schimmernden
Eismassen in
Patagonien, im Süden
Chiles, den Sommer.
Gletscher reagieren
besonders schnell
auf Schwankungen des
Klimas: Sie stoßen
vor, wenn die Durch-
schnittstemperaturen
fallen und ziehen
sich zurück, wenn es
wärmer wird. Als Folge
einer weltweiten
Erwärmung seit Beginn
des 20. Jahrhunderts
schmolz beispielsweise
der Hintereisferner-
Gletscher in den
österreichischen Alpen
immer weiter, wie
die Aufnahmen aus den
Jahren 1903, 1924, 1940
und 1956 beweisen.
Seit etwa 20 Jahren
schrumpft der Gletscher
nicht mehr – ein
Anzeichen dafür, daß
die Durchschnitts-
temperaturen auf der
Erde nicht weiter
steigen

aufzugeben. Aber da war das Klima bereits wieder umgeschlagen.

Historiker haben aus alten Preislisten und Chroniken ermittelt, daß in Europa während jener Zeit Mißernten den Preis für Weizen sprunghaft steigen ließen. Um 1650 erreichte er Rekordhöhen. Der Anteil guter Weinjahre in Südwest-Deutschland, von Klimatologen als „Wein-Index" zur Beurteilung des längerfristigen Wetterwandels herangezogen, sank zwischen 1541 und 1640 auf nur noch 25 Prozent. Heute bringt im Durchschnitt jedes zweite Jahr den Winzern reiche Ernte – der Wein-Index liegt gegenwärtig bei 50 bis 60 Prozent.

Viele Künstler jener kalten Zeit, etwa die holländischen Maler Pieter Bruegel d. Ä. (1525 bis 1569), Lucas van Valckenborch (1530 bis 1597) oder Jacob van Ruisdael (1628 bis 1682), stellten auf ihren Bildern die extrem harten Winter ihrer Tage anschaulich dar. Der britische Klimaforscher Hubert Lamb versuchte sogar, aus den Gemälden die mittlere Bewölkung über Mitteleuropa während der Kleinen Eiszeit zu errechnen. Sein Ergebnis: Zwischen 1550 und 1568 war der Himmel zu 4,5 Zehntel verhangen, zwischen 1590 und 1700 dagegen zu 7,5 Zehntel. Während die Winter in Südengland heute so milde sind, daß die Themse (allerdings auch im Zusammenhang mit anderen Einflüssen) nicht mehr völlig vereist – zuletzt tat sie es im Jahr 1814 – fror sie in der Kleinen Eiszeit häufig zu, im Winter 1684 gleich für zwei Monate. Damals fanden Eisfeste auf dem Fluß statt, und Abraham Hondius malte sein Bild „Die Themse bei Temple Stairs", auf dem er das Leben und Treiben auf dem zugefrorenen Gewässer schildert. Insgesamt lag in Europa die mittlere Wintertemperatur damals etwa ein bis eineinhalb Grad unter den heutigen Werten – kleine Ursachen, große Wirkungen.

Um diese und vor allem die weitaus stärkeren Klimaschwankungen während der Eiszeit zu erklären, ersannen Wissenschaftler bis heute mehr als ein halbes Hundert Hypothesen. Danach könnten beispielsweise Verlagerungen der Erdachse für die Abkühlung verantwortlich gewesen sein, Annäherungen von Kometen, gewaltige, Staubmassen in die Atmosphäre wirbelnde Vulkanausbrüche, kosmische Staubwolken zwischen Sonne und Erde. Und natürlich dachten die Forscher gelegentlich auch an Veränderungen auf oder in der Sonne, die zu einer geringeren Ausstrahlung an Licht und Wärme geführt haben könnten.

Schon ein Nachlassen der Sonnenstrahlung um nur ein Prozent, so haben Experten berechnet, würde zu einem weltweiten Rückgang der mittleren Temperatur um ein bis zwei Grad führen; fünf Prozent Minderleistung brächten eine neue Eiszeit mit sich und acht bis zehn Prozent führten schließlich zur Katastrophe: Die gesamte Erde würde sich allmählich mit einem Eispanzer überziehen und das Leben würde weitgehend ausgelöscht werden. Doch auch ein Nachlassen der Strahlungskraft um nur 0,1 Prozent hätte auf erdgeschichtlich längere Dauer schwerwiegende Folgen: Gletscher dehnten sich aus, die Wachstumsperioden in höheren Breiten würden kürzer, globale Luftströmungen verlagerten sich, Hungerkatastrophen mit all ihren Folgen, von sozialen Unruhen bis zu weltweiten Kriegen, erschienen kaum vermeidlich.

Astrophysiker und Meteorologen bemühten sich jahrzehntelang vergeblich, eine Antwort auf die Frage zu finden, ob die Sonne ihre Energie ganz gleichmäßig abgibt oder ob der Energieausstoß manchmal schwankt. Als Maßstab entwickelten sie den Begriff der „Solarkonstanten", die es zu bestimmen galt: jene Menge Sonnenenergie, die an der oberen Grenze der Erdatmosphäre pro Zeiteinheit senkrecht auf einen Quadratmeter fällt. Mit der Bezeichnung

„Konstante" nahmen die Forscher freilich vorweg, was erst noch festzustellen war: Ob die Sonne konstant scheint oder nicht.

Der eifrigste Sonnenscheinmesser aller Zeiten war der amerikanische Astrophysiker Charles Greeley Abbot. Bis zu seinem Tod — Abbot starb 1973 im Alter von 101 Jahren — bemühte er sich um die Solarkonstante. Mit fast hundert Jahren erhielt er noch ein Patent für die Erfindung eines Apparats, der Sonnenenergie in Elektrizität umwandelt. Abbots Problem bestand vor allem darin,

daß die Intensität der Sonnenstrahlung vor ihrem Eintritt in die Erdatmosphäre festgestellt werden mußte, daß die Messungen aber erst vorgenommen werden konnten, nachdem die Atmosphäre die Sonnenenergie teilweise zerstreut oder durch Absorption geschwächt hatte. Es galt also, die Meßwerte an der Erdoberfläche mittels Korrekturfaktoren umzurechnen, die ebenfalls erst noch zu bestimmen waren.

Abbot stellte seine Meßinstrumente an vielen Orten rund um die Welt auf, in den USA und in Ägypten, in Chile und Südafrika. Er nahm seine Messungen vor allem auf hohen Bergen vor, wo die Strahlung noch nicht so geschwächt ist. Zunächst hatte der Forscher den Eindruck, daß die Sonne ihre Strahlung tatsächlich ungleichmäßig abgibt. Er errechnete Schwankungen der Solarkonstanten bis zu fünf Prozent. Einmal, im Jahr 1912, sank die Sonnenstrahlung nach seinen Messungen sogar um 20 Prozent. Spätestens zu diesem Zeitpunkt wurde jedoch klar, daß solche Werte nichts über die absolute Solarkonstante aussagten. Ein Rückgang der

Sonnenstrahlung um ein Fünftel hätte eine weltweite Klimakatastrophe mit plötzlichem Rückgang der Temperaturen zur Folge haben müssen. Tatsächlich hatte lediglich der Vulkan Mount Katmai in Alaska eine drastische Verminderung der Sonneneinstrahlung verursacht: Ein großer Ausbruch hatte die Erdatmosphäre mit Staub durchsetzt und dadurch weniger durchlässig für die Sonnenstrahlung gemacht. Oberhalb des fast erdumhüllenden Staubmantels jedoch kam die Sonnenstrahlung mit gewohnter Stärke an und hielt so den Energiehaushalt der Erde aufrecht.

Die Unberechenbarkeit der verschiedenen Einflüsse in der irdischen Lufthülle erwies sich schließlich als unüberwindlich für eine exakte Aussage über Schwankungen der Solarkonstanten. Als Ergebnis aller Mühen stand darum Mitte der fünfziger Jahre dieses Jahrhunderts, als Abbot seine Messungen allmählich aufgab, nur zweierlei fest:

● Messungen der Solarkonstanten vom Erdboden aus mit anschließender Umrechnung lassen sich auf höchstens ein Prozent präzisieren — für wissenschaftliche Arbeiten ein viel zu ungenauer Wert.

● Die Solarkonstante beträgt 1,36 bis 1,38 Kilowatt pro Quadratmeter bei senkrechter Einstrahlung am oberen Rand der Atmosphäre. Die Sonnenstrahlung schwankte im Zeitraum der Messungen — wenn überhaupt — um weniger als ein Prozent. Für genauere Messungen mußten die Geräte über die irdische Atmosphäre gebracht werden. Erste Meßgeräte flogen bereits 1969 an Bord der Marssonden Mariner 6 und 7 mit. Doch ihre Genauigkeit war unbefriedigend.

Es dauerte mehrere Jahre, bis erstmals ein wirklich exaktes Meßgerät für die Solarkonstante in den Weltraum aufstieg: Seit Februar 1980 mißt es vom Satelliten „Solar Maximum Mission" aus regelmäßig die Sonnenstrahlung.

Auch jetzt noch bedurfte es taktischer Überlegungen, bevor dieses Meßgerät für die Gesamtstrahlung der Sonne überhaupt mitfliegen konnte. „Wir haben es auch deshalb an Bord", sagte mir Peter Burr, der Projektleiter von Solar-Max, „um die Finanzierung des Gesamtprogramms zu sichern". Dem amerikanischen Kongreß wurden die hohen Kosten dieses Projekts auch durch die Aussicht schmackhaft gemacht, daß man wenigstens nebenbei etwas über Klimaschwankungen auf der Erde in Erfahrung bringen werde.

Das Meßgerät, ACRIM genannt (Abkürzung von „Active Cavity Radiometer Irradiance Monitor", auf deutsch: Aktives Hohlraum-Strahlungsfluß-Meßgerät), vermag 99,99 Prozent der gesamten Energie der Sonnenstrahlung einzufangen, also bis auf ein Zehntel Prozent genau zu registrieren. Dr. Richard C. Willson vom Jet Propulsion Laboratory in Pasadena, Kalifornien, hat es konstruiert.

Die ersten Ergebnisse offenbaren eine erstaunliche Wandelbarkeit der Sonnenstrahlung. Ihre Stärke ändert sich ständig, wenn auch im Durchschnitt nur um 0,05 Prozent. Die größten Schwankungen wurden bisher im April und Mai 1980 festgestellt, kurz nach dem Gipfel einer Sonnenaktivität, als große Fleckengruppen die Sonne bevölkerten. Zu dieser Zeit sank die Strahlung der Sonne binnen zehn Tagen zweimal um 0,15 Prozent und stieg danach plötzlich wieder, und zwar jeweils deutlich über den Mittelwert hinaus. Warum, weiß bis heute niemand genau.

Um die kurzfristigen Veränderungen der Solarkonstanten beurteilen zu können, meint Willson, seien mindestens 22 Jahre kontinuierlicher Beobachtung durch Stationen im Weltall erforderlich, also über zwei Fleckenzyklen oder einen magnetischen Sonnenzyklus hinweg. Willson hofft darum, seine Meßgeräte auf möglichst vielen Weltraumflügen unterbringen zu können, vor allem an Bord des Raumtransporters Space Shuttle und des europäischen Weltraum-Labors Spacelab.

Wie groß war die Solarkonstante in der Vergangenheit? Hat sie sich so stark verändert, daß es auf der Erde zu deutlichen Klimaschwankungen kommen konnte? Diese Frage ließ den Astrophysiker Dr. John A. Eddy vom High Altitude Observatory in Boulder, Colorado, seit 1970 nicht mehr los. Eddy war durch eine merkwürdige Diskrepanz in der Entdeckungsgeschichte der Sonnenflecken stutzig geworden. Schon um das Jahr 1611 waren Galilei, Fabricius, Harriot und Scheiner die ersten Flecken aufgefallen, doch erst 1843 − mehr als 200 Jahre später − hatte Schwabe in Dessau den elfjährigen Zyklus der Fleckenzahl gefunden. Hatten die Astronomen in der Zwischenzeit geschlafen?

Bei seinen Recherchen stieß Eddy bald auf Walter Maunder, jenen Astronomen aus Greenwich, der den Baumringforscher Douglass 1922 auf eine merkwürdige Pause der Sonnenfleckentätigkeit im 17. Jahrhundert aufmerksam gemacht hatte. So hatte etwa der französische Astronom Giovanni Domenico Cassini 1671 geschrieben: „Es ist nun schon 20 Jahre her, daß Astronomen auf der Sonne zuletzt bemerkenswerte Flekken sahen, obgleich sie zuvor, nach der Erfindung des Fernrohrs, von Zeit zu Zeit einige beobachtet haben."

Kaum jemand außer dem Baumringforscher Douglass hatte Maunders Veröffentlichungen beachtet, und auch Eddy hatte eigentlich vor, sie zu widerlegen. Denn „das Fehlen eines Berichts über bestimmte Beobachtungen wie Sonnenflecken", so sagte er mir, „ist noch lange kein Beweis dafür, daß das, was hätte beobachtet werden sollen, auch wirklich nicht da war." Vielleicht hatte eine lange Periode schlechten Wetters die Beobachtungen verhindert? Vielleicht hatten die Menschen nach

dem Dreißigjährigen Krieg ganz andere Sorgen, als ausgerechnet nach Sonnenflecken zu suchen?

Eddy forschte darum nach weiteren Indizien für die Sonnenaktivität in der Vergangenheit. So sind Polarlichter bei einem Fleckenminimum viel seltener zu sehen als bei einem Maximum. Wenn der Sonnenwind bei starker Sonnenaktivität kräftiger in die hohen Schichten der Erdatmosphäre strömt, bringt er die Luftatome dort häufiger zum Leuchten. Heftige Eruptionen, wie sie bei einem Fleckenmaximum häufig auftreten, tragen ebenfalls dazu bei, daß Polarlichter heller strahlen und in weiter südlich gelegenen Orten zu sehen sind.

Von der Sonnenaktivität geprägt wird auch das Aussehen der Korona während einer totalen Sonnenfinsternis. Je stärker die Sonne von Flecken gesprenkelt ist, um so runder leuchtet die Korona und um so weiter dehnt sie sich im Polbereich − umso weniger im Äquatorbereich − in den Weltraum aus. Die Sonnenflecken selbst sind bei einem Fleckenmaximum ebenfalls leichter zu erkennen. Sie bilden größere Gruppen und können unter günstigen Bedingungen sogar ohne Fernrohr, mit dem bloßen Auge gesehen werden.

Natürlich besagen einzelne Berichte wenig. So kann ein riesiger Sonnenfleck auch kurz vor einem Sonnenfleckenminimum über die Sonnenscheibe ziehen und nach einer Eruption ein gewaltiges Polarlicht erzeugen. Treten die Indizien aber gehäuft auf, läßt sich doch mit einiger Sicherheit eine Aussage machen.

Als Eddy in alten Quellen nach solchen Belegen forschte, kam er zu einem verblüffenden Ergebnis: Der Mangel an Sonnenflecken zwischen 1645 und 1715 ist nicht durch nachlässige Beobachtung vorgetäuscht, sondern offenbar real. Denn auch die Polarlichter verschwanden in dieser Zeit fast völlig vom Himmel. Und in Berichten über totale Sonnenfinsternisse wird die Korona als klein und unscheinbar beschrieben. Das stärkste Argument für eine seltsam verminderte Sonnenaktivität aber fand Eddy schließlich in den Baumringen; sie bereicherten die Sonnenforschung nun doch noch auf erstaunliche Weise.

Das Holz von Bäumen enthält, wie jede organische Substanz, reichlich Kohlenstoff (chemisches Symbol: C). Ein geringer Anteil dieses Kohlenstoffs ist radioaktiv. Die Kerne der radioaktiven Kohlenstoff-Atome bestehen nicht – wie die Atomkerne des normalen, beständigen Kohlenstoffs – aus zwölf, sondern aus 14 Kernteilchen (Neutronen und Protonen). Dieses Kohlenstoffisotop heißt daher C 14, zur Unterscheidung von C 12, und es erwies sich für Eddy als Schlüsselsubstanz für die Beurteilung der Sonnenaktivität.

Ein Baum unterscheidet nicht zwischen C 12 und C 14. Die Kohlenstoffatome werden, wenn sie als Kohlendioxid aus der Atmosphäre über die Blätter aufgenommen sind, in das Holz eingebaut. Das radioaktive C 14 zerfällt im Laufe der Zeit und verwandelt sich dabei in Stickstoff. Während die Menge des stabilen C 12 konstant bleibt, wird der Anteil des C 14 dabei allmählich immer geringer. Nach 5730 Jahren ist die Hälfte der ursprünglich vorhandenen Menge von C 14 zerfallen, nach weitere 5730 Jahren von dem übrigen wiederum die Hälfte und so fort. Auf diese Weise kann der Anteil des noch vorhandenen radioaktiven Kohlenstoffs am gesamten Kohlenstoff Auskunft darüber geben, wie viele Jahre seit der Entstehung des Holzes vergangen sind. Wissenschaftler sprechen von der „Halbwertzeit" und der „Radiocarbon-Uhr", die es erlaubt,

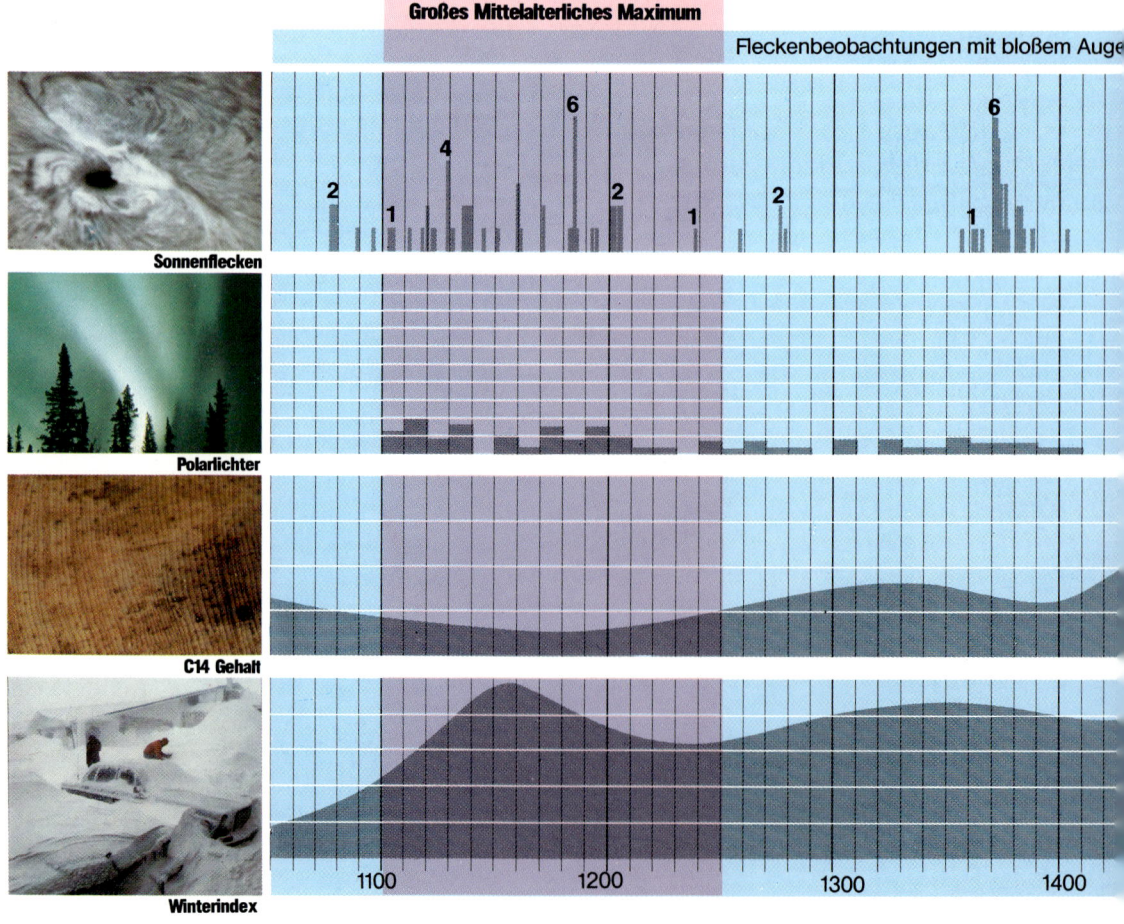

Großes Mittelalterliches Maximum

Fleckenbeobachtungen mit bloßem Auge

Sonnenflecken

Polarlichter

C14 Gehalt

Winterindex

1100    1200    1300    1400

vorgeschichtliche Funde aus Holz oder anderen organischen Substanzen zu datieren.

Umgekehrt bot die Bestimmung des radioaktiven Kohlenstoffs in Holz genau bekannten Alters die Möglichkeit zu überprüfen, ob der Anteil des C 14 in der Luft tatsächlich immer gleich groß gewesen ist, wie bis dahin als selbstverständlich vorausgesetzt wurde. Das war die Frage, die Eddy interessierte.

C 14 entsteht in den höheren Schichten der Atmosphäre, in etwa fünfzig bis hundert Kilometern Höhe, und verteilt sich von da aus in die gesamte Lufthülle. Dort oben prallen aus dem Weltraum einfallende Elementarteilchen, deren Entstehungsmechanismus noch weitgehend unbekannt ist, mit Stickstoff-Atomen der Luft zusammen und verwandeln sie in den radioaktiven Kohlen-

stoff. Die Anzahl der so gebildeten C 14-Atome ist allerdings sehr gering. Auf etwa eine Billion normaler Kohlenstoff-Atome kommt nur ein Atom des radioaktiven Kohlenstoffs.

Wieviel C 14 jeweils gebildet wird, hängt von der Stärke der kosmischen Strahlung ab, über die auch die Aktivität der Sonne entscheidet. Ist die Sonne sehr aktiv, so blockt sie durch den Sonnenwind und ihre Magnetfelder einen Teil der kosmischen Strahlung ab; die C 14-Produktion in der Atmosphäre wird geringer. Sinkt die Sonnenaktivität dagegen auf ein Minimum, prasselt die kosmische Strahlung wesentlich stärker in die Atmosphäre herein, und die C 14-Produktion steigt.

Als Eddy die Radiocarbon-Untersuchungen von Baumringen aus der fraglichen Zeit von 1645 bis 1715 auswertete,

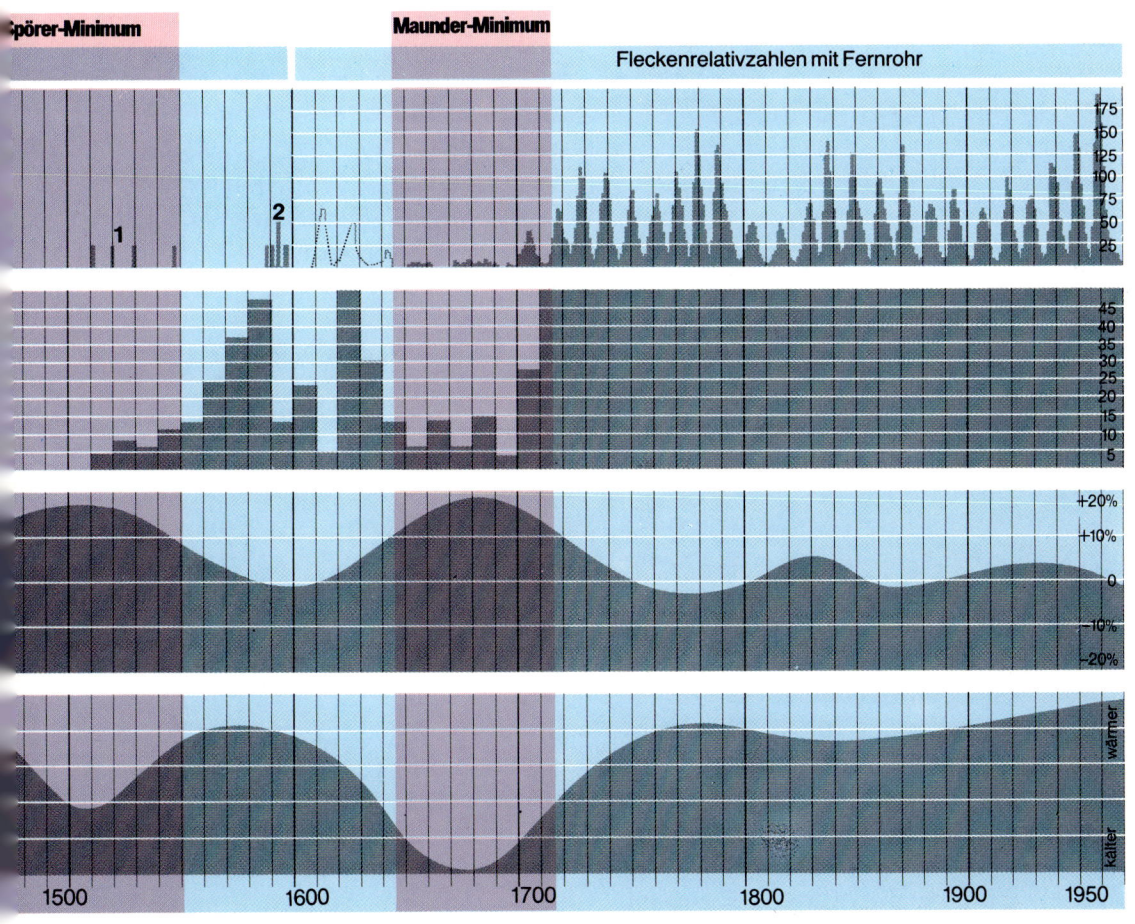

entdeckte er etwas, was zu allen anderen Beobachtungen paßte: einen ungewöhnlich hohen Gehalt an radioaktivem Kohlenstoff. Nach dieser Erkenntnis taufte Eddy die 70 inaktiven Sonnenjahre von einst das „Maunder-Minimum", nach jenem Astronomen, der schon früh auf das Phänomen hingewiesen hatte.

Der Forscher folgte der Spur des C 14 noch weiter zurück und wurde erneut fündig. Die Baumringe enthüllten ein ziemlich ungewöhnliches Verhalten der Sonne in der Vergangenheit, jedenfalls im Vergleich zu dem heute regelmäßigen Auf und Ab ihrer Fleckenzahl. Zwischen 1460 und 1550 war ihre Aktivität schon einmal deutlich abgesunken; aber zwischen 1000 bis 1250 hatte sie ein extremes Ausmaß erreicht. Ihre Oberfläche wäre damals ein wahrer Augenschmaus für Sonnenphysiker gewesen. Eddy nannte das frühe Tal der Sonnenfleckenaktivität im 15. und 16. Jahrhundert das „Spörer-Minimum", und die Zeit von 1000 und 1250 bezeichnete er als „Großes Mittelalterliches Maximum".

Maunder- und Spörer-Minimum sowie das Große Mittelalterliche Maximum gehören heute zu den am meisten diskutierten Themen in der Sonnenphysik und der Meteorologie. Denn die Ausschläge der Sonnenaktivität fallen etwa mit den bekannten Klimaschwankungen in historischer Zeit zusammen. So sind Spörer- und Maunder-Minimum mit der Kleinen Eiszeit identisch, und zur Zeit des Großen Mittelalterlichen Maximums deuten alle Berichte auf ein besonders warmes Klima.

Noch im ostpreußischen Tilsit, sogar in Süd-Norwegen wuchs damals Wein. Im Schwarzwald gab es Weinberge noch auf 780 Metern Höhe über dem Meeresspiegel, während es die Reben dort heute nur bis zu 560 Metern Höhe aushalten. Die durchschnittliche Jahrestemperatur in Mitteleuropa, so errechneten Meteorologen, muß bei 10,2 Grad gelegen haben, während sie heute nur 9,4 Grad beträgt – in der Wirkung ein gewaltiger Unterschied.

Sicherlich nicht zufällig fanden in dieser Zeit die großen Entdeckungsfahrten der Wikinger statt. Islands Küsten waren zwischen 1000 und 1200 nie für länger als zwei Wochen jährlich vereist. Im Sommer gab es auf dem weitgehend eisfreien Nordatlantik einen regelmäßigen Schiffsverkehr zwischen Norwegen, Island und Grönland, das seit der Zeit der Wikinger „grünes Land" heißt. Die Wikinger konnten in ihrer Grönland-Kolonie während des Klima-Optimums des Mittelalters Schafe züchten und sogar Getreide anbauen.

Doch vom Ende des 13. Jahrhunderts an setzte allmählich ein Umschwung ein. Das Packeis schob sich immer weiter nach Süden. Die im Norden Grönlands lebenden Eskimos drängten zur Südküste und vernichteten schließlich die letzten Wikingersiedlungen, die von der Heimat abgeschnitten waren. 1347 gelang die letzte bekannte Fahrt der Grönlandwikinger.

Diese überraschenden Klimaänderungen sind schon seit Jahrzehnten Thema zahlreicher Spekulationen – nur die Sonne kam darin bis zu Dr. Eddys Entdeckungen kaum vor. Der Forscher zweifelte angesichts der verblüffenden Übereinstimmung zwischen Sonnenaktivität und Klimawechsel nicht daran, daß die Sonne über Jahrhunderte in ihrer Strahlungsleistung schwankt – zwischen Kleiner Eiszeit und heute um etwa 1,4 Prozent – und damit vom Leben auf der Erde immer wieder neue Anpassungen erfordert.

Natürlich blieben derart aufsehenerregende Erkenntnisse nicht unwidersprochen. Aus den Archiven wurden doch noch einige Berichte über Sonnenflecken und Polarlichter zur Zeit des Maunder-Minimums ausgegraben und Eddy entgegengehalten. Der Göttinger Sonnenphysiker Dr. Axel Wittmann etwa

Die ältesten
lebenden Pflanzen
auf der Erde sind die
Borstenkiefern in
den White Mountains in
Kalifornien. Proben
aus den Baumringen der
bis zu 5000 Jahre alten
Patriarchen, die
nicht höher als sieben
Meter werden, ga-
ben überraschende Auf-
schlüsse über die
Aktivität der Sonne in
der Vergangenheit

den zu sein, und der Ruf unseres Instituts hat auf jeden Fall sehr gewonnen."

Kritiker indes halten nicht für gesichert, daß die Schwankungen der Sonnenaktivität die Ursache der Klimawechsel waren − es könnte sich auch um zufällige Parallelen gehandelt haben −, wie etwa der gleichzeitige Rückgang der Anzahl von Störchen und der Geburten bei Menschen kein Beweis für die Annahme ist, daß Störche die Babys bringen. Eddy − und mit ihm viele seiner Kollegen − finden jedoch jene Übereinstimmung zwischen Sonnenaktivität und Klimaschwankungen auf der Erde so überzeugend, daß sie an einen Zufall nicht mehr glauben möchten.

Dabei verkennen sie nicht, daß die Zusammenhänge komplizierter sein könnten, als sie im Augenblick erscheinen. „Alles muß einfach beginnen", sagte mir Dr. Eddy bei meinem Besuch und belegte die These mit einem Beispiel aus der Sonnenforschung: „Wenn Fraunhofer, als er die Spektrallinien entdeckte, gleich ein Sonnenspektrum mit 25 000 Linien gesehen hätte, wie wir es heute kennen, dann wäre er wahrscheinlich vor lauter Einzelheiten nicht auf seinen völlig richtigen Ansatz gekommen − und der führte zur Spektralanalyse, ohne die noch heute die Sonne für uns ein rätselhafter, heißer Ball wäre."

Die Baumringe haben Eddy inzwischen mehr als 7000 Jahre weit in die

hält es für sicher, daß die Sonne auch während des Maunder-Minimums einen elfjährigen Fleckenzyklus zeigte, nur eben auf einem so geringen Niveau, daß insgesamt sehr wenig Flecken beobachtet wurden. Immerhin sind die meisten Fachleute heute davon überzeugt, daß die Sonne zwischen 1645 und 1715 tatsächlich außergewöhnlich ruhig war.

Ein Rätsel jedoch bleibt: Wie konnte Douglass eigentlich vor mehr als 60 Jahren das seinerzeit gar nicht bekannte „Maunder-Minimum" in den Baumringen erkennen, wenn die Sonnenflecken in den Bäumen keine Spuren hinterlassen − wie sich später erwies? Dafür weiß auch der jüngste Direktor dieses Labors, Dr. Bryant Bannister, keine Erklärung. „Dieses Phänomen bleibt vorerst rätselhaft. Doch scheint mein Vorgänger dadurch etwas rehabilitiert wor-

Vergangenheit geführt. So alt sind die Reste von Bäumen, die Dr. Charles W. Ferguson, ein Mitarbeiter des Baumringlabors in Tucson, in Kaliforniens White Mountains fand. Sie stammen von der Bristlecone Pine, der Borstenkiefer (Pinus aristata), einem im Mittel nur sieben Meter hohen Baum, der so alt werden kann wie kein anderes Lebewesen auf der Erde. Die Luft ist dort, wo die Borstenkiefern wachsen, in mehr als 3000 Metern Höhe, so trocken, daß die Reste abgestorbener Bäume nicht vermodern, sondern noch Jahrtausende erhalten bleiben. Der Unterwuchs ist so gering, daß auch kein Feuer das Holz bedroht.

Allein die Baumring-Experten aus Tucson dürfen solches Holz sammeln, denn das ganze Areal ist Pflanzenschutzgebiet; das gilt auch für abgestorbene Pflanzenteile. Im Labor messen Ferguson und seine Assistenten die im Durchschnitt nur 0,2 Millimeter breiten Jahresringe auf Bruchteile genau aus und lassen den Computer die Folge schmalerer und breiterer Jahresringe mit der Standardfolge vergleichen, um so herauszufinden, wie alt das Holz ist. Jedes Stück, das sich an bereits bekannte Teile anschließen läßt, könnte weiter in die Vergangenheit führen, die für Ferguson bisher bis zum Jahr 5534 v. Chr. erhellt ist.

Der Gehalt von radioaktivem Kohlenstoff C 14 in dem Holz der uralten Baumringe wird anhand von Proben bestimmt, die Ferguson und seine Mitarbeiter teilweise mit feinen Zahnarztbohrern aus den Baumscheiben herausholen und nur schräg über die Straße bringen – zu Dr. Paul E. Damon vom „Labor für Isotopen-Geochemie" der Universität von Arizona, wo schon seit mehr als 15 Jahren der C-14-Gehalt alter Holzproben gemessen wird. Eddy hat alle diese Daten sorgfältig analysiert. Sein Ergebnis: Auch vor dem Mittelalter, bis zurück ins vierte Jahrtausend v. Chr.,

hat die Aktivität der Sonne ähnlich geschwankt wie in den letzten tausend Jahren.

Auch wenn Ferguson hofft, eines Tages Kiefernholz zu finden, das noch tausend Jahre älter ist als die bisher ältesten Proben – bis in die prähistorischen Eiszeiten zurück führen die Baumringe mit Sicherheit nicht. Gerade dieser Zeitabschnitt jedoch, der vor etwa 10 000 Jahren endete, ist für die Sonnenphysiker besonders interessant. Was war damals auf der Sonne los?

Seine Hoffnungen, auch aus dieser Zeit noch etwas über die Aktivität der Sonne in Erfahrung zu bringen, setzt Eddy vor allem auf Untersuchungen auf Grönland und in der Antarktis. Durch Tiefbohrungen holen Wissenschaftler dort Eis ans Tageslicht, das sich vor Zehntausenden, ja sogar vor Hunderttausenden von Jahren ablagerte. Wie heute fiel auch damals Jahr für Jahr Schnee; der ältere wurde unter dem Druck neuer Lagen immer mehr zusammengepreßt und so allmählich zu Eis, das deutliche Jahresschichten zeigt. In diesen Bohrkernen hofft Eddy Hinweise auf die Sonnenaktivität während der Eiszeiten zu finden, denn die Stärken der einzelnen Schichten können darüber genauso Auskunft geben wie etwa dazwischen abgelagerte Pflanzenreste, Pollen und Sporen, die der Wind in die Polargebiete trug.

Und wie wird sich die Sonne in Zukunft verhalten? Darauf weiß auch Eddy keine eindeutige Antwort. Der Schluß liegt nahe, daß sich die Sonnenaktivität weiter auf und ab bewegt. Zu unserer Zeit ist sie recht groß, aber auf eine aktive Phase folgte in den letzten Jahrtausenden noch jedesmal nach wenigen Jahrhunderten eine Phase geringerer Sonnentätigkeit.

Wenn es stimmt, daß eine ruhige Sonne zur Abkühlung auf der Erde führt, dann stehen der Menschheit wieder kältere Tage bevor.

# 12

# Die unbekannte
# Lebenskraft

Als auf der Sonne im August 1972 eine Serie von Super-Eruptionen startete, rauschte es nicht nur im irdischen Magnetfeld und in der Ionosphäre, sondern auch im Blätterwald der internationalen Presse. Von bevorstehenden magnetischen Störungen und erwarteten starken Polarlichtern erfuhren die Leser dabei wenig. Vielmehr erschreckten insbesondere die Boulevardzeitungen die Menschen mit Schlagzeilen wie: „Explosion auf der Sonne: Krebsgefahr nimmt zu", „Unfallziffer wird steigen", oder: „Wir werden schneller alt". Während der starken Eruptionen im April und September 1980 hieß es, als Folge der extremen Sonnenaktivität seien Rheuma, Schlaflosigkeit, Herzrhythmusstörungen und selbst Ehekräche vermehrt zu erwarten.

Die Reaktion der Sonnenphysiker auf solche Meldungen: „Alles Unsinn!" Damit haben sie recht − soweit es um die Befürchtung geht, Sonneneruptionen könnten uns durch eine erhöhte Strahlung an Leib und Seele gefährden. Irdische Magnetosphäre und Atmosphäre schirmen alle schädlichen Einflüsse der Sonne, sowohl Wellen als auch Elementarteilchen, wirksam ab. Auf dem Erdboden kommen − mit Ausnahme der bräunenden, aber auch krebserzeugenden UV-Strahlung − nur Wellen an, die keinen Schaden stiften: Licht-, Wärme- und Radiostrahlen.

Es ist jedoch denkbar, daß andere Einflüsse der Sonne indirekt durch den schützenden Luftpanzer hindurch wirken. Bei geomagnetischen Stürmen, die von der Sonne ausgelöst werden, induzieren schwankende Magnetfeldlinien nicht nur in Überlandleitungen elektrische Störströme. Magnetische Wellen durchdringen natürlich auch Menschen, Tiere und Pflanzen. Bei Brieftauben, die sich am Erdmagnetfeld orientieren, kann während einer starken Unruhe des Magnetfeldes der vielgerühmte Richtungssinn beeinträchtigt werden.

Ein Beispiel: Am 17. Juni 1972 begann das Erdmagnetfeld gerade zu zittern, als in den USA mehr als tausend Brieftauben von Norfolk in Nebraska auf einen 800 Kilometer weiten Flug nach Chicago geschickt wurden. Einige Zeit zuvor hatten 70 bis 80 Prozent der Tauben diese Strecke in 14 Stunden zielsicher zu-

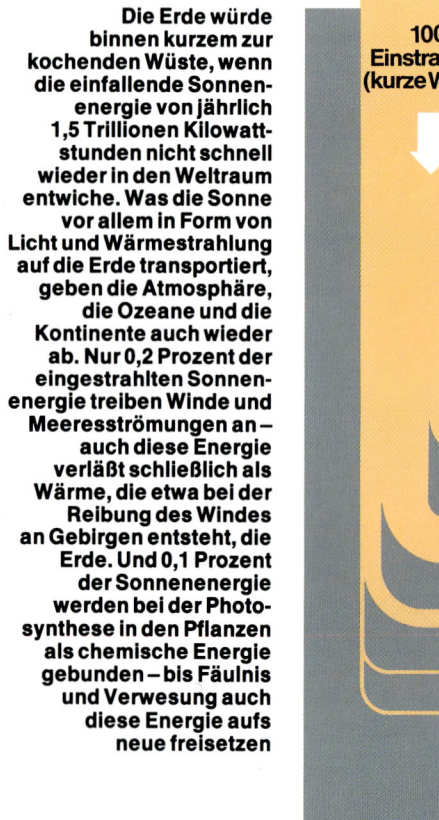

**Die Erde würde binnen kurzem zur kochenden Wüste, wenn die einfallende Sonnenenergie von jährlich 1,5 Trillionen Kilowattstunden nicht schnell wieder in den Weltraum entwiche. Was die Sonne vor allem in Form von Licht und Wärmestrahlung auf die Erde transportiert, geben die Atmosphäre, die Ozeane und die Kontinente auch wieder ab. Nur 0,2 Prozent der eingestrahlten Sonnenenergie treiben Winde und Meeresströmungen an − auch diese Energie verläßt schließlich als Wärme, die etwa bei der Reibung des Windes an Gebirgen entsteht, die Erde. Und 0,1 Prozent der Sonnenenergie werden bei der Photosynthese in den Pflanzen als chemische Energie gebunden − bis Fäulnis und Verwesung auch diese Energie aufs neue freisetzen**

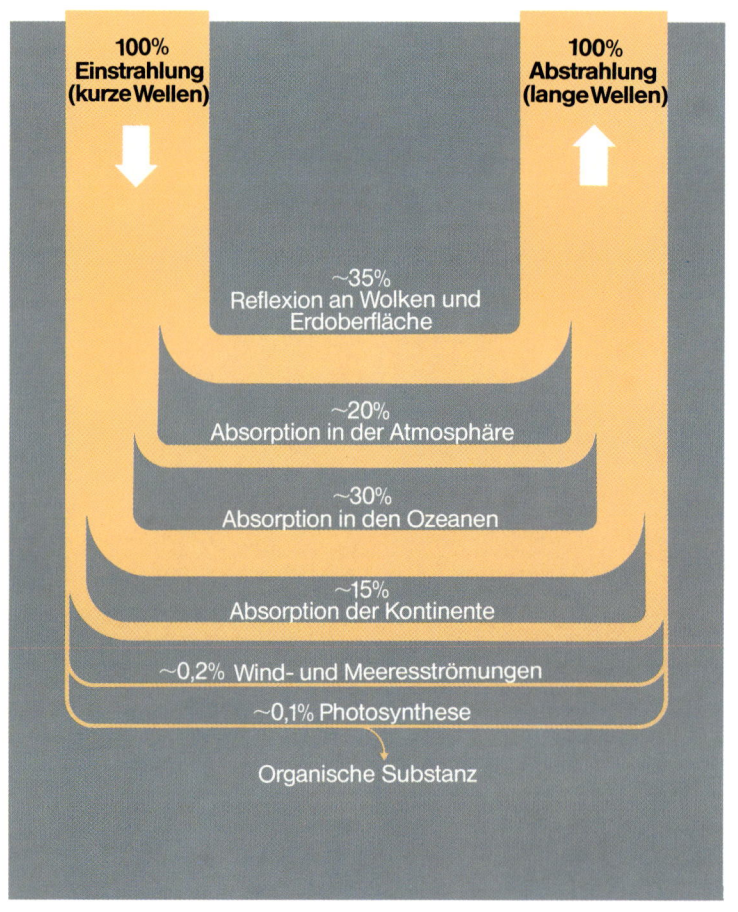

100%
Einstrahlung
(kurze Wellen)

100%
Abstrahlung
(lange Wellen)

~35% Reflexion an Wolken und Erdoberfläche

~20% Absorption in der Atmosphäre

~30% Absorption in den Ozeanen

~15% Absorption der Kontinente

~0,2% Wind- und Meeresströmungen

~0,1% Photosynthese

Organische Substanz

rückgelegt. Diesmal kamen nur vier Prozent von ihnen in der erwarteten Zeit an. Die Mehrzahl hatte sich total verflogen und erreichte erst nach Tagen die heimatlichen Schläge.

Im September 1980 veröffentlichten Dr. Günther Becker und Dr. Wolfgang Gerisch von der Bundesanstalt für Materialprüfung in Berlin eine Untersuchung, nach der die Freßlust von Termiten und Hausbockkäfern auffällig variiert. Die von Becker und Gerisch im Labor beobachteten Insekten wurden etwa alle 27 Tage von einer ungeheuren Freßlust überfallen. Plötzlich verzehrten sie bis zu 25mal mehr Holz als gewöhnlich. Diese Zeitspanne entspricht genau einer Sonnenrotation, wie sie sich von der Erde aus darstellt und somit auch dem Rhythmus, in dem der schnelle Teilchenstrom aus einem Koronalen

Loch wie der gebündelte Lichtstrahl eines Leuchtturms über das irdische Magnetfeld streicht und es stört. Die beiden Forscher schlossen daraus, daß die Sonne imstande ist, über das Magnetfeld der Erde biologische Vorgänge zu beeinflussen.

Mit diesen − im Ergebnis freilich nicht gesicherten − Untersuchungen haben Becker und Gerisch an eine schon beinahe ehrwürdige Tradition angeknüpft. Denn seit mehr als hundert Jahren gibt es Versuche, Einflüsse der Sonne nicht nur allgemein auf Wetter und Klima, sondern auch direkt auf Lebewesen nachzuweisen, vor allem auf den Menschen, auf seine Gesundheit und sein tägliches Leben.

Solche Bemühungen begannen schon bald nach der Entdeckung des Sonnenfleckenzyklus durch Heinrich Schwabe

Brieftauben orientieren sich vorwiegend mit Hilfe des irdischen Magnetfeldes. Das haben Versuche gezeigt, bei denen die Vögel Magnete auf dem Rücken trugen, die ihren Magnetsinn verwirrten. Ebenso verlieren Tauben schnell ihr berühmtes Orientierungsvermögen, wenn die Sonne durch starke Eruptionen das Magnetfeld der Erde in Unruhe bringt

im Jahre 1843. Nachdem dann auch Zusammenhänge zwischen Sonnenflecken und Polarlichtern sowie Schwankungen des irdischen Magnetfeldes entdeckt worden waren, schwoll die Flut der Veröffentlichungen bald an, in denen der Sonne wirklich Erstaunliches zugeschrieben wurde. Scharen von Amateuren und Fachleuten suchten wie mit der Lupe nach elfjährigen Zyklen in irdischen Vorgängen, und sie wurden überraschend oft fündig.

Der Züricher Astronom Rudolf Wolf, der die Flecken-Relativzahl entwickelt hat, erwähnt in seinem „Handbuch der Astronomie" aus dem Jahr 1893 einige der oft abenteuerlichen Versuche, die Sonne als direkten Manipulator von Lebewesen zu entlarven. So sollten Sonnenflecken auf den Ertrag von Heringsfängen einwirken, auf die Entwicklung von Heuschreckenschwärmen, auf die Preise von Getreide bei den Indianern. Wolf selbst glaubte beispielsweise nachweisen zu können, daß die Weinlese in Niederösterreich in fleckenreichen Jahren etwas später begann als in fleckenarmen.

Andere Autoren behaupteten, die Wahrscheinlichkeit für Hungersnöte steige und falle mit der Zahl der Flekken. Im Jahr 1900 schrieb der namhafte englische Astronom Joseph Norman Lockyer, der auch das Helium auf der Sonne entdeckte: „Das Geheimnis des voraussichtlichen Auftretens von Hungersnöten in Indien ist nun gelüftet worden, und wir können sie für die Zukunft exakt vorhersagen."

Die Methode beim Aufspüren solcher Beziehungen war immer dieselbe. Es wurde nach bestimmten Beobachtungswerten gefahndet, die sich rhythmisch änderten und ungefähr alle elf Jahre abwechselnd ein Hoch und ein Tief erreichten, so wie die Anzahl der Sonnenflecken. Doch alle diese frühen Versuche, einen direkten Einfluß der Sonnenflecken auf der Erde nachzuweisen, scheiterten, wenn sie nur lange genug fortgeführt wurden. Über zwei Sonnenfleckenzyklen mochte noch eine gewisse Übereinstimmung mit irdischen Meßwerten gegeben sein. Spätestens nach 40 oder 50 Jahren aber verlor sich der zunächst so klar erkannte Zusammenhang. Die anfänglichen Übereinstimmungen erwiesen sich als rein zufällig.

Ein klassisches Beispiel für voreilige Schlüsse war der Wasserstand des Victoria-Sees in Ostafrika. Zwischen 1900 und 1922 hob und senkte sich der Pegel des Sees parallel zur Kurve der Sonnenflecken. Just zur Zeit von Sonnenfleckenmaxima in den Jahren 1906 und 1917 stieg er auf 75 Zentimeter über Normal und fiel danach wieder zurück. Noch 1958 wurde der Pegel des Victoria-Sees in Büchern als Musterbeispiel für einen direkten, wenn auch noch unerklärten Einfluß der Sonne auf die Erde beschrieben, obwohl der britische Meteorologe Gilbert Walker bereits 1936 gezeigt hatte, daß diese Korrelation in den Jahren 1923 bis 1934 völlig zusammengebrochen war. Der Wasserstand des Victoria-Sees hängt von einer Vielzahl

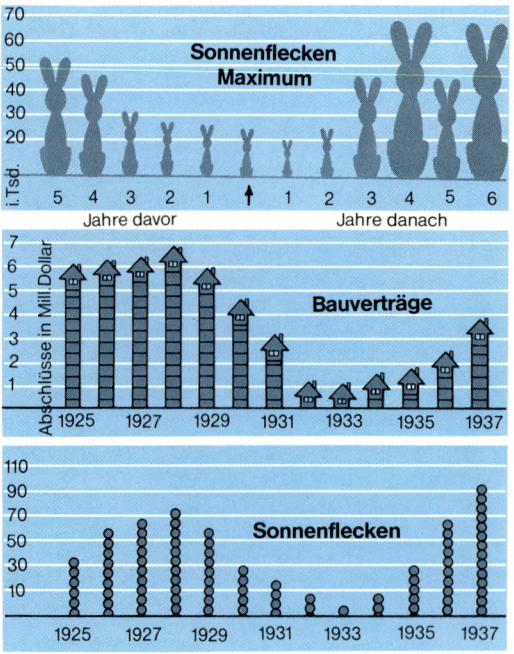

verschiedener, inzwischen nachgewiesener Einflüsse ab − nicht aber von den Sonnenflecken.

Ende der zwanziger Jahre nahm der Glaube an den Einfluß der Sonne oft groteske Züge an. Der Kurs der Aktien an der New Yorker Börse sollte parallel zur Fleckenzahl gestiegen und gefallen sein, doch die Sonnenflecken hatten mit dem berühmten „Schwarzen Freitag" 1929 und der folgenden Weltwirtschaftskrise so wenig zu tun wie mit anderen Entwicklungen, auf die sie eingewirkt haben sollten:

● auf die Anzahl von Bauverträgen in den USA;

● auf die Häufigkeit von Cholera-Erkrankungen in Rußland;

● auf die Häufigkeit von Erdbeben;

● auf die Anzahl der Luchs- und Fuchsfelle, die von der Hudson Bay Company aufgekauft wurden.

Britische Wissenschaftler veröffentlichten noch 1974 in der angesehenen Zeitschrift „Nature" eine Untersuchung über die Zusammenhänge zwischen der Sonnenflecken-Relativzahl und den Ernten auf der Erde. Danach war die Produktion der Landwirtschaft weltweit 1957 und 1968, während der jeweiligen Sonnenfleckenmaxima, erheblich höher als in den Jahren dazwischen. Es gehört keine prophetische Gabe zu der Voraussage, daß sich auch dieser Zusammenhang bei längerer Beobachtung verflüchtigen wird.

Der russische Wissenschaftler Wladimirsky zog im April 1980 in der Zeitung „Sowjetskaja Rossija" eine Parallele zwischen Sonnenfleckenmaxima und den genialen Einfällen Albert Einsteins. Einstein hat seine größten Entdeckungen in den Jahren 1905, 1916 und 1927 gemacht − nach Wladimirsky jeweils während oder in der Nähe eines Sonnenfleckenmaximums. Beim Studium der Biographien von 50 Komponisten aus dem 18. und 19. Jahrhundert will Wladimirsky ebenfalls einen Gipfel schöpferischer Aktivität während der Sonnenfleckenmaxima gefunden haben. So schufen 1829 und 1830, auf dem Höhepunkt eines Sonnenfleckenzyklus, viele Komponisten bedeutende Werke, etwa Hector Berlioz die „Sinfonie Phantastique", Frédéric Chopin seine beiden Klavierkonzerte und Gioacchino Rossini seine Oper „Wilhelm Tell".

So amüsant solche Versuche auch sind, direkte Einflüsse der Sonnenaktivität auf unser Leben zu entdecken, so wenig wären tatsächlich nachgewiesene Beziehungen dieser Art geeignet, meine Ehrfurcht vor der Sonne als allumfassender Lebensspenderin noch zu steigern. Denn nahezu alle Voraussetzungen dafür, daß sich auf der Erde überhaupt Leben entwickeln und eine derartige Vielfalt erreichen konnte, wie wir sie kennen, hat ohnehin die Sonne geschaffen: Das Wunder des Lebens. Ohne die Sonne wäre die Erde − abgesehen davon, daß sie gar nicht erst hätte entstehen können − höchstens ein kältestarrender Klumpen toten Gesteins, auf ewig ins kosmische Dunkel gebannt. Aber die Sonne spendet nicht nur Wärme und Licht. Sie versorgt indirekt die Kontinente mit Feuchtigkeit − eine unerläßliche Voraussetzung allen Lebens − indem ihre Wärme aus den Ozeanen unaufhörlich Wasser aufsteigen läßt, das über dem Land abregnet und es dadurch erst bewohnbar macht.

Die Sonne liefert die Energie, die den Organismus aller Lebewesen in Gang hält. Ihrem Wirken verdanken wir selbst die Grundvoraussetzung allen Lebens, den Sauerstoff, den wir atmen. Sie beschützt uns durch die Ozonschicht vor ihrer eigenen tödlichen Strahlung, aber doch nicht so perfekt, daß nicht immer wieder „Pannen" in der Gesetzmäßigkeit der Vererbung passierten. Diese wiederum brachten die Artenvielfalt des Lebens hervor, denn ohne Mutationen, ohne plötzliche Erbänderungen − zu denen die Sonne durch ihre Strahlung sicherlich in erheblichem Ausmaß beitrug – hätte sich nicht aus einfachen Organismen die Fülle hochorganisierter Pflanzen und Tiere bis hin zum Menschen entwickeln können.

Pflanzen, Tiere und Menschen beziehen Sonnenenergie durch die Photosynthese. Dieser bedeutsame chemische Prozeß im irdischen Leben spielt sich zwar nur in den grünen Pflanzen ab, aber andere Organismen zehren davon, indem sie Pflanzen fressen, oder aber Tiere, die sich ihrerseits durch Pflanzennahrung mit Energie versorgt haben. Mit Hilfe ihres grünen Farbstoffes, des Chlorophylls, das wie eine winzige chemische Fabrik arbeitet, nehmen die Pflanzen Sonnenergie auf, um Wasser und Kohlendioxid zu energiereichen Kohlehydraten umzuwandeln.

Die Sonnenenergie, die in den Kohlehydraten, Traubenzucker und Stärke, gelagert wird, setzt sich beim Abbau dieser Kräftespeicher wieder frei und wird vielfältig genutzt, um Eiweißstoffe, Fette und andere vitale Substanzen im Körper von Lebewesen aufzubauen. So nehmen wir letztlich mit jedem Bissen Nahrung das gewaltige Kraftwerk Sonne in Anspruch.

Rund 200 Milliarden Tonnen Kohlenstoff verarbeiten die Pflanzen auf der Erde jährlich mit dem Kohlendioxid aus der Luft. Während des chemischen Abbaues der Energieträger im lebenden Organismus bleibt schließlich wieder – neben Wasser – Kohlendioxid übrig. Durch die Atmung und – bei abgestorbenen Organismen – durch Verwesung gelangt es in die Luft. So ist der Kreislauf geschlossen, den die Sonne mit ihrer Energie unermüdlich in Gang hält.

Aber nicht immer wird organische Substanz beim Tod von Organismen total abgebaut. Unter günstigen Bedingungen können Reste von Organismen, die noch voller Sonnenenergie stecken, über Jahrmillionen erhalten bleiben und sich allmählich in andere energiereiche

Verbindungen verwandeln. So entstanden Torf, Kohle, Erdöl, Erdgas. Mit jeder Tonne Kohle, mit jedem Liter Benzin aus Erdöl und jedem Kubikmeter Erdgas, den wir verbrennen, setzen wir einen Teil der einst auf die Erde geströmten Sonnenenergie frei.

Ein Abfallprodukt der Photosynthese ist der Sauerstoff. Die Wissenschaftler haben rekonstruiert, daß die irdische Lufthülle in ihrem Urzustand vor mehreren Milliarden Jahren noch keinen Sauerstoff enthielt. Höhere Lebewesen, die ausnahmslos Sauerstoff zum Atmen brauchen, konnte es darum damals noch nicht geben. Niedere Organismen, die ohne Luftsauerstoff auskamen, vermochten sich nur im Wasser zu entwikkeln und ihm die notwendigen Anteile vom Sauerstoff zu entnehmen. Denn ungehindert prasselte noch die energiereiche, harte Ultraviolett- und die Röntgenstrahlung der Sonne auf die Erdoberfläche und zerstörte alles Leben, das ihr ungeschützt ausgesetzt war. Lediglich unter der schützenden Wasseroberfläche konnten primitive Einzeller und andere einfache Organismen gedeihen.

Erst als die Natur die Photosynthese „erfunden" hatte, änderte sich das Bild. Das Abfallprodukt Sauerstoff reicherte sich in der Erdatmosphäre an. So wurde die Voraussetzung zur Entstehung des Ozon-Schutzschildes gegen die gefährlichen Strahlen der Sonne geschaffen. Unter diesem Schutzschild konnten Lebewesen das Wasser verlassen und das Land erobern.

Eine feine Balance zwischen der Erdatmosphäre mit ihrer Ozonschicht und der Sonnenstrahlung macht unsere Existenz auf der Erde erst möglich. Der Energieausstoß des gewaltigen Gasballs von 100 Trillionen Kilowattstunden pro Sekunde enthält zu gut zehn Prozent die gefährlichen Gamma-, Röntgen- und vor allem Ultraviolett-Strahlen im kurzwelligen Bereich. Das ist gerade noch so wenig,

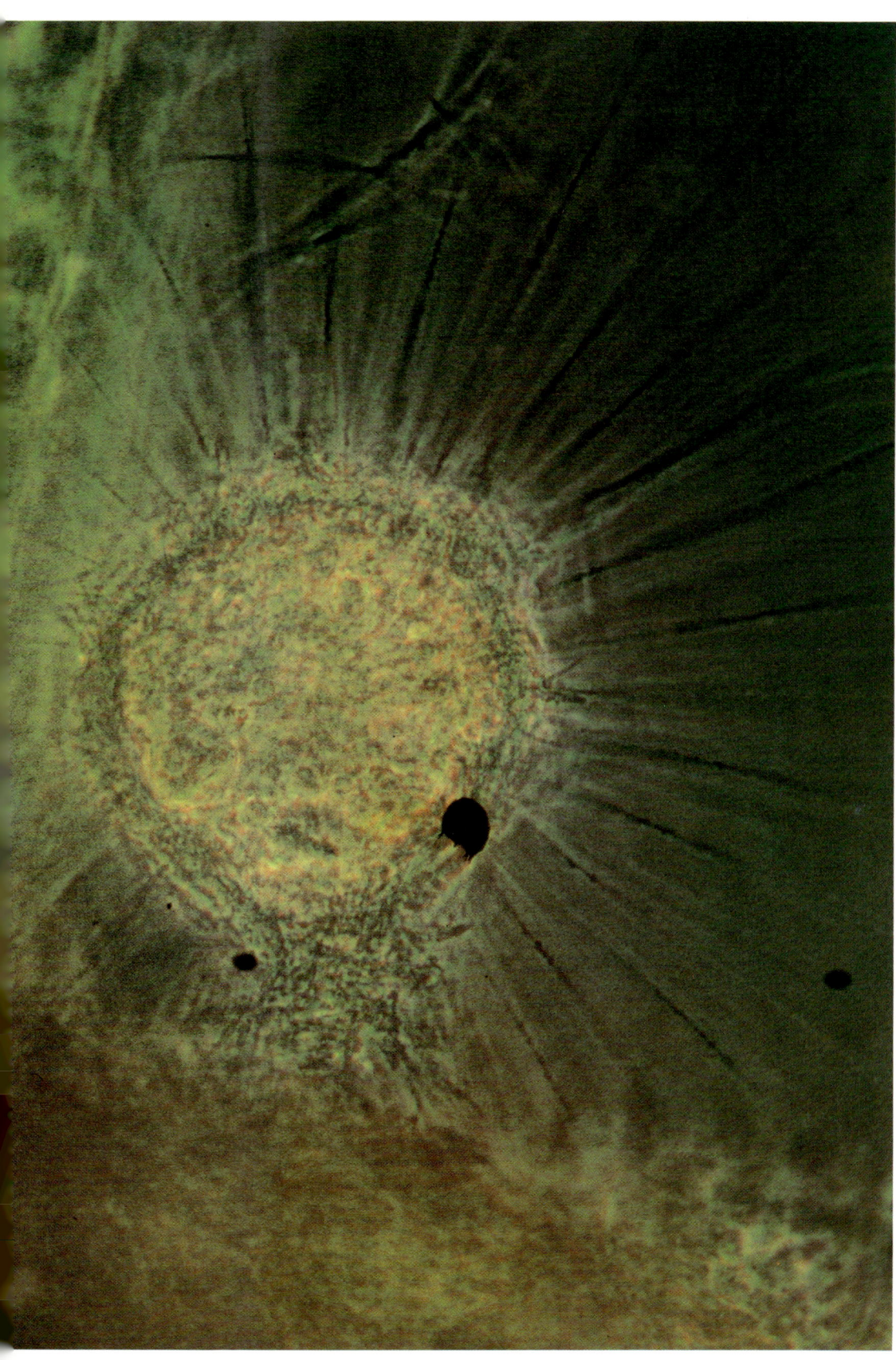

Wie die
Sonnenblume
verdanken auch
die einzelligen
»Sonnentierchen«
(Heliozoa) diesen
Namen ihrem Aus-
sehen, das an die
Sonne erinnert. Mit
allen anderen
Lebewesen aber
teilen sie ihre
Abhängigkeit von
der Sonne: Ohne
sie gäbe es
kein Leben auf
der Erde

daß es von der Erdatmosphäre unschädlich gemacht werden kann.

Vor allem das sichtbare Licht, das den größten Anteil der Sonnenstrahlung stellt, durchdringt die Erdatmosphäre. Darauf hat sich das Leben eingestellt. Mit Licht betreiben die Pflanzen die Photosynthese, und zwar verwerten sie vorzugsweise den blauen und roten Anteil des Lichts, während sie mit grünen Lichtwellen nichts anfangen können. Sie strahlen Wellen aus diesem Bereich zurück – darum erscheinen uns die Blätter grün. Unsere Augen, die das reichlich vorhandene Licht zur Orientierung nutzen, nehmen das so wahr.

Sinnesorgane, die auf Licht ansprechen, wurden im Tierreich frühzeitig entwickelt. Aber nicht alle Augen sind für genau denselben Spektralbereich eingerichtet wie das menschliche Auge. So sehen viele Tiere, vor allem Insekten, kein rotes Licht. Dafür reicht die Empfindlichkeit ihrer Augen bis in jenen Teil des ultravioletten Bereichs, der zusammen mit dem für uns sichtbaren Licht die Atmosphäre durchdringt. Im UV-Teil des Spektrums sehen sie noch, wofür wir blind sind. Und damit hat es eine besondere Bewandtnis.

Ultraviolettes Licht ist, wenn es auf der Erde ankommt, besonders stark polarisiert. Das heißt: Die Wellen schwingen nicht in allen Richtungen um die Achse des Strahls, sondern nur in einer bestimmten Richtung. Diese Ausrichtung erfolgt durch den Zusammenprall der Strahlen mit den Luftmolekülen. Die Stärke dieser Polarisation hängt von der Stellung der Sonne zur Erde und von der Wellenlänge des Lichts ab. Am größten ist sie in 90 Grad Abstand von der Sonne und im UV-Bereich. Das gibt Insekten die Möglichkeit, sich auch bei fast bedecktem Himmel nach der Sonne zu orientieren, indem sie die Polarisationsrichtung der UV-Strahlung feststellen und daraus auf Sonnenstellung und Himmelsrichtung schließen; zumindest

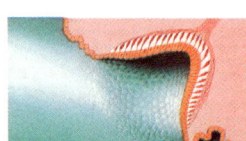
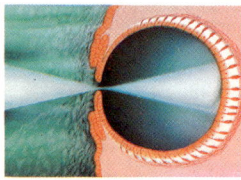
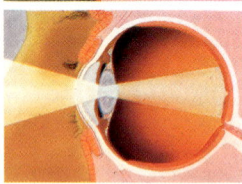

**Im Laufe der Evolution von niederen zu höheren Organismen entwickelten die Lebewesen immer kompliziertere Sehorgane, um das überreichliche Angebot der Sonne an sichtbarem Licht zur Orientierung zu nutzen. In den Augen wird die Energie des Sonnenlichts durch lichtempfindliche Stoffe in Nervenreize umgesetzt, die anschließend vom Gehirn verarbeitet werden. Das gilt für alle Entwicklungsstufen dieses mit Lichtsinneszellen ausgestatteten Organs: den einfachen Sehbecher der Napfschecke; das bereits mit einer Lochblende versehene Auge des Kopffüßlers Nautilus; und das Wirbeltierauge mit Pupille, Linse und Regenbogenhaut – die höchste Entwicklungsstufe dieses Sinnesorgans**

ein kleines Stück blauer Himmel muß allerdings sichtbar sein.

Diese Erkenntnis gewann 1949 der Münchener Zoologe Karl von Frisch durch Beobachtungen an Bienen, die ihren Artgenossen unabhängig vom Wetter durch Tanzfiguren Richtung und Entfernung eines Futterplatzes unter Berücksichtigung des Sonnenstandes mitzuteilen vermögen.

Der Mensch, der unfähig ist, die Sonne zu sehen, wenn sie nicht direkt scheint, ist dennoch auf seltsame Weise von unsichtbaren, den ultravioletten Strahlen abhängig geworden. Ein Teil der UV-Strahlen nämlich, und zwar der mit Wel-

In einem pflanzenphysiologischen Experiment setzten Forscher der Universität Freiburg Hafer-, Kürbis- und Senfkeimlinge je 14 Tage unterschiedlichen Lichtverhältnissen aus. Im weißen Licht gediehen die Pflanzen normal. Bei völliger Dunkelheit zehrten sie von ihren Reserven und reckten sich orientierungslos in alle Richtungen. Auch bei Dunkelrot fiel ihnen die Orientierung schwer, und es bildete sich – wie in der Dunkelheit – kein Blattgrün oder Chlorophyll. Hellrot ließ die Pflanzen zwar gut gedeihen, aber auch nach diesem Licht vermochten sie sich nicht auszurichten. Im blauen Licht erst wuchsen die Pflanzen der Lichtquelle entgegen. Das Experiment zeigt, daß Pflanzen bestimmte Bereiche des Lichtspektrums bevorzugt für die Photosynthese nutzen. Daß sie grünes Licht nicht aufnehmen, ist bereits ohne Experiment zu sehen. Sie reflektieren es – darum erscheinen uns Blätter grün

lenlängen von 31 bis 29 Millionstel Zentimetern, bewahrt die Menschen vor der Rachitis und hat wahrscheinlich auch die Entstehung der verschiedenen menschlichen Rassen gefördert.

Die Rachitis mit ihren mannigfachen Störungen der Knochenbildung bei Kindern tritt auf, wenn der Körper zu wenig Kalzium aufnimmt, einen Hauptbestandteil der Knochen. Die Kalziumaufnahme wird durch Vitamin D geregelt. Es ist in der Nahrung nur spurenweise enthalten, kann aber in der menschlichen Haut gebildet werden, wobei die UV-Strahlung der Sonne die nötige Energie liefert. Zuviel Vitamin D je-

doch ist ungesund. Wenn wir unsere Haut lange der Sonne aussetzen, färbt sie sich braun, damit die UV-Strahlen in den tieferen Hautschichten Vitamin D nicht im Übermaß erzeugen. Aus demselben Grund besitzen Menschen in den Tropengebieten der Erde viel dunklere Haut als die Bewohner höherer Breiten. Verlassen dunkelhäutige Menschen ihre sonnenreiche Heimat, sind sie viel stärker durch Rachitis gefährdet als Menschen mit heller Haut.

Die Eskimos freilich fallen aus dem Rahmen: Sie bekommen im hohen Norden trotz gelbbrauner Haut keine Rachitis, weil sie mit dem Tran aus Fisch-

und Wal-Leber genügend Vitamin D aufnehmen. Durch Lebertran und ähnlich wirkende Präparate der pharmazeutischen Industrie gelang es denn auch, die den hellhäutigen Menschen im nördlichen Mitteleuropa drohende Gefahr der Rachitis weitgehend zu bannen.

Wahrscheinlich hat die Sonne durch ihre UV-Strahlung sogar einen entscheidenden Anteil an der Entwicklung zur heutigen Vielfalt der Organismen. Die ältesten in Gesteinen aufgefundenen Lebewesen, sehr einfach gebaute Einzeller, lebten vor mehr als drei Milliarden Jahren. Die Erde selbst ist etwa 4,5 Milliarden Jahre alt. Vorstufen des Lebens dürften schon wenige hundert Millionen Jahre nach der Geburt der Erde entstanden sein. Zahlreiche Laborexperimente haben gezeigt, daß sich Aminosäuren, die Bausteine der Eiweißstoffe, und andere Grundsubstanzen des Lebens aus den Bestandteilen der damaligen Uratmosphäre mehr oder minder zufällig gebildet haben können. Die dazu benötigte Energie, so vermuten die meisten Experten, stammte aus der UV-Strahlung der Sonne, die von der Uratmosphäre nicht wesentlich behindert wurde.

Als das Leben entstanden war, entwickelten sich vielfältige organische Formen als Spielarten der Natur. Die harten Umweltbedingungen schieden viele von ihnen bald aus. Andere legten ihr erprobtes Überlebensprogramm im Erbgut fest und gaben es so an ihre Nachkommen weiter. Doch immer wieder kam es bei manchen Individuen zu Abweichungen von diesem genetischen Programm, zu Mutationen, aus denen – wenn sie sich bewährten – neue Arten entstanden. Die Evolution hatte begonnen.

Lange suchten die Wissenschaftler nach dem Anstoß für jene Mutationen. Inzwischen weiß man, daß die besonders energiereichen Sonnenstrahlen, die Röntgen- und die kurzwelligen UV-Strahlen, die heute durch die Lufthülle abgeschirmt werden, solche Mutationen leicht auslösen. Auf diese Strahlen setzte auch der Bonner Astronom Dr. Edward Geyer, als er 1980 die explosionsartige Entfaltung des Lebens vor rund 570 Millionen Jahren, zu Beginn der Kambrium genannten erdgeschichtlichen Formation, zu erklären suchte. Geyer stellte die These auf, der schnell zunehmende Artenreichtum im Kambrium und die rasche Eroberung des Landes durch Pflanzen und Tiere vor 400 Millionen Jahren seien auf eine außergewöhnlich hohe Aktivität der Sonne zurückzuführen: Die intensive Strahlung förderte die Mutation zu einer Zeit, als sich der schützende Ozonpanzer, der heute die Erde umgibt, noch nicht voll ausgebildet hatte.

Auch die aus Elektronen, Protonen und anderen geladenen Partikeln bestehende Teilchenstrahlung der Sonne kann Mutationen auslösen. Die Teilchen verfangen sich heute weitgehend in der Magnetosphäre der Erde – aber war das immer so? Die Geophysiker haben Anzeichen dafür gefunden, daß das irdische Magnetfeld in der Vorzeit gelegentlich zusammengebrochen ist. Dann könnten sowohl Sonnenteilchen als auch die besonders energiereichen Partikel der kosmischen Strahlung noch unbekannter Herkunft die Evolution durch Mutationen vorangetrieben haben.

Noch ist vieles ungewiß in der Geschichte des Lebens. Daß jedoch die Sonne in allen Phasen eine beherrschende Rolle spielte, steht fest.

Die Sonne also hat das Leben mitgeschaffen, und ihr verdanken wir Tag für Tag aufs neue die Voraussetzungen dafür, daß auf der Erde Leben existieren kann. Pflanzen und Tiere haben sehr unterschiedliche Lebensräume vorgefunden – warme und kalte etwa, trockene und feuchte, helle und dunkle. Sie waren gezwungen, sich dem anzupas-

Im Ruwenzori-
Gebirge, an der Grenze
zwischen den
afrikanischen Staaten
Uganda und Zaïre,
hat die Evolution beson-
ders groteske Formen
von Pflanzenwuchs her-
vorgebracht. Diese
Strohblumen, Lobelien
und Senecien werden
dort so groß wie Bäume.
Vermutlich ist die
intensive Ultraviolett-
Strahlung der Sonne
in mehr als 4000 Meter
Höhe die Ursache für
den Riesenwuchs

sen, was die Sonne, die fast alle natürlichen Umweltbedingungen bestimmt, ihnen an den verschiedenen Standorten jeweils bot. Das haben sie dann auch, wiederum mit Hilfe der Sonne, in bewundernswerter Vielfalt erreicht.

Viele Biologie-Bücher, ganze Enzyklopädien über das Leben der Pflanzen und Tiere schildern im Grunde – ohne daß dies immer deutlich hervorgekehrt wird – die vielfältigen Beziehungen zwischen Sonne und Leben. Nur ein paar Beispiele mögen für unzählige andere stehen, die ebensogut hätten angeführt werden können.

Es gibt weite Gebiete auf der Erde, die es Pflanzen schwer machen, sich anzusiedeln, weil die Sonne übermäßig heiß strahlt und Wasser knapp ist. Dennoch haben es viele Arten geschafft, in Halbwüsten, ja sogar in Wüsten vorzustoßen, mit einer Fülle von Tricks, die geeignet sind, zuviel Wärme abzuwehren, Wasser zu sparen, vor dem Austrocknen zu schützen. Die Pflanzen in solchen Gebieten haben ihre Hautzellen zu dicken Außenwänden ausgebildet und dadurch die Verdunstung aus den Blättern herabgesetzt; sie haben diese verdickten Wände zusätzlich mit einer spiegelnden Wachsschicht überzogen oder mit wärme-isolierenden Haaren bedeckt. Am auffälligsten haben sich solcherart die Kakteen angepaßt: Blätter besitzen viele Arten nur noch in Form von Dornen; die Photosynthese ist in den dicken Stamm aus saftigem Gewebe verlagert, der das kostbare Wasser unter der zähen Haut jahrelang zu speichern vermag. So schützen sich diese Pflanzen durch eine radikale Verringerung ihrer Oberfläche im Verhältnis zum Körpervolumen vor dem Austrocknen in der übermäßigen Hitze der Sonnenstrahlung.

Auch bei Tieren kann das Verhältnis ihres Körpervolumens zur Körperoberfläche eine lebensnotwendige Folge der Einwirkung der Sonne sein. Sie brauchen in heißem Klima, um Wärmestaus

Viele Organismen können nur existieren, wenn sie sich vor allzu starker Bestrahlung durch die Sonne schützen. Kakteen in der Wüste sind ein extremes Beispiel: An Stelle von Blättern, die viel Wasser verdunsten, tragen sie nur noch Dornen; die Photosynthese findet in den massiven Stämmen statt, die das Wasser unter der zähen Haut jahrelang zu speichern vermögen

im Körper zu vermeiden, eine möglichst große Körperoberfläche, in der Kälte aber, um nicht auszukühlen, eine möglichst kleine – so lautet eine Faustregel der Biologie. Da die Oberfläche eines Körpers mit der Größe langsamer zunimmt als sein Volumen, haben große Tiere im Verhältnis zu ihrem Volumen eine geringere Körperoberfläche als kleinere Tiere. Größere Tiere müßten darum kaltem Klima besser angepaßt sein als kleine, und genau dies ist, wie der deutsche Anatom und Physiologe Carl Bergmann schon 1847 entdeckte, innerhalb der verschiedenen Arten auch der Fall.

Beispielsweise ist eine Art von Dompfaffen in Skandinavien und Westsibirien deutlich größer als in Mitteleuropa, während in Südeuropa eine noch kleinere Rasse lebt. Die Pinguine in der Antarktis werden mehr als einen Meter groß; ihre Artgenossen am Äquator, die Pinguine der Galapagos-Inseln, bringen es knapp auf einen halben Meter Länge. Die Büffel am Kap der Guten Hoffnung sind wesentlich größer als ihre Verwandten in Zentralafrika – alles entsprechend der „Bergmannschen Regel" der Zoologie, die freilich nicht ganz unumstritten ist.

Ganz anders verhält es sich mit den Ohren und Schwänzen der Tiere. Je länger jene sind, um so leichter können sie auskühlen. Der britische Wissenschaftler Joel Asaph Allen formulierte 1877 die „Allensche Proportionsregel", nach der bei Tieren in kalten Regionen Extremitäten, die leicht abkühlen, klein bleiben, während sie bei verwandten Arten in warmen Gebieten beachtliche Ausmaße erlangen können. Sehr kurze Ohren hat zum Beispiel der Polarfuchs in der Arktis. Die Ohren des Rotfuchses in den gemäßigten Zonen sind bereits doppelt so lang, aber sie werden von den Ohren des Wüstenfuchses in den Subtropen nach proportionaler Größe weit übertroffen.

Eine perfekte Anpassung an wechselnden Sonnenschein erreicht beispielsweise das australische Thermometerhuhn (Leipoa ocellata), ein etwa 60 Zentimeter großer Hühnervogel, durch ein grotesk anmutendes Brutverhalten. Die Henne legt ihre Eier nicht in ein Nest, um sie mit gleichbleibender Körperwärme auszubrüten, sondern überläßt dieses Geschäft der Sonne im Verbund mit der Gärungswärme faulenden Laubes. Damit die Eier gleichmäßig auf 33 Grad Celsius gehalten werden, einerlei, ob die Sonne scheint oder nicht, rackert sich der Thermometerhahn monatelang ab.

Die Heimat der Thermometerhühner ist die Buschsteppe im Süden Australiens mit starken Temperaturschwankungen zwischen Tag und Nacht − bis zu 40 Grad Celsius. Mit seinen kräftigen Füßen scharrt der Hahn zunächst eine Grube und schichtet darin dann bis etwa einen Meter über dem Erdboden Zweige und Laub auf. Wenn Regen die Pflanzenreste durchnäßt hat, bedeckt der Vogel sie einen halben Meter hoch mit Sand. So entsteht ein ansehnlicher Hügel von eineinhalb Metern Höhe und bis zu fünf Metern Durchmesser. Diese Arbeit kann bis zu vier Monaten dauern.

Im Inneren beginnt das feuchte Laub durch Einwirkung von Bakterien zu gären und erwärmt sich damit. Sobald 33 Grad erreicht sind, legt das Weibchen das erste Ei in eine zentrale Brutkammer. Alle vier bis acht Tage folgt nun Ei auf Ei, bis zu 30 insgesamt. Rund acht Wochen dauert es jeweils, bis die Küken schlüpfen. So vergehen etwa sieben Monate vom Legen des ersten Eies bis zum Schlüpfen des letzten Kükens, und in der ganzen Zeit wird die Temperatur erstaunlich exakt auf 33 Grad gehalten. Das erreicht der Hahn, indem er unermüdlich Sand abwechselnd wegscharrt und wieder über das gärende Laub häuft.

Kaiserpinguin 65° südl. Breite
Magellanpinguin 50° südl. Breite
Galapagospinguin 0° südl. Breite
30 kg 114 cm
5 kg 71 cm
2 kg 53 cm

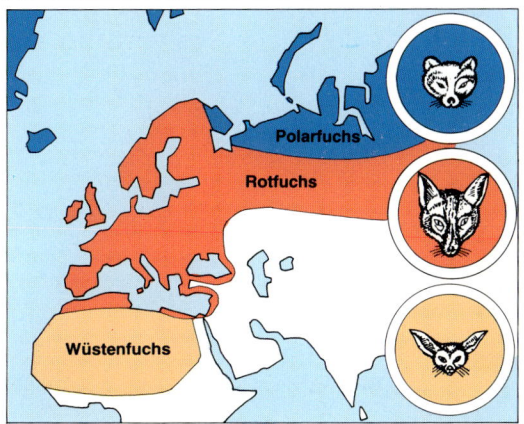

Polarfuchs
Rotfuchs
Wüstenfuchs

Wenn im Hochsommer tagsüber die Temperatur auf mehr als 40 Grad im Schatten steigt, öffnet der Hahn den Bruthaufen in der Morgendämmerung und kühlt ihn mit Sand, der über Nacht erkaltet war. Droht die Temperatur im Innern abzusinken, scharrt er den Hügel flacher, so daß Sonnenwärme eindringen kann. Wenn es erforderlich ist, breitet er sogar in der Mittagshitze Sand aus, damit ihn die Sonnenstrahlen erwärmen und er abends in die Nestdekkung zugemischt werden kann, um die erforderliche Temperatur aufrecht zu erhalten.

Schließlich schlüpft die vom Männchen so mühevoll umhegte Brut. Die Küken kämpfen sich aus dem Nisthaufen ans Licht − und laufen auf Nimmerwiedersehen fort. Sie brauchen nun niemanden mehr, der für sie sorgt − außer die Sonne.

# 13

## Sonnenschein –
## Energie der Zukunft?

Auf einem Ölfeld
bei Ahvaz im Iran wird
Gas abgefackelt.
Erdöl und Erdgas enthalten
– wie auch die Kohle –
Sonnenenergie, die vor
Jahrmillionen von Pflanzen
eingefangen wurde.
Dieser Energie aus weit
zurückliegenden Epochen
der Erdgeschichte ver-
danken wir den Wohlstand
des Industriezeitalters.
Jetzt soll die Energie
der Sonne auch direkt
nutzbar gemacht
werden

Solarzellen, die
Licht in elektrische
Energie umwandeln,
sind Wunderwerke
der modernen Technik.
Der Strom wird über
ein Filigran hauchdünner
Drähte gesammelt
und abgeleitet. Auf der
Mount-Laguna-Basis
der amerikanischen Luft-
waffe in Kalifornien
erzeugen 97 000 Solar-
zellen eine Leistung
von 60 Kilowatt-
stunden

Auf dem Dach
des Fraunhofer-
Instituts für
Festkörper-Physik
in Freiburg testen
Wissenschaftler Glanz-
stücke moderner
Solarenergie-Forschung:
Die farbigen Plexiglas-
platten nehmen das
Sonnenlicht mit ihrer
ganzen Fläche auf,
strahlen es aber nur an
den schmalen Schnitt-
kanten wieder ab.
So brauchen lediglich
die Schnittkanten
mit den teuren Solar-
zellen belegt zu
werden, die Licht in
Strom verwandeln

izilien hat in gewisser Weise eine besonders enge Beziehung zur Sonnenenergie. Als im Jahre 213 v.Chr. römische Truppen im Zweiten Punischen Krieg die Stadt Syrakus angriffen, soll der große Physiker und Mathematiker Archimedes die Sonnenkraft zur Verteidigung der Stadt eingesetzt haben. Mit Spiegeln, welche Archimedes am Strand von Syrakus aufstellen ließ, bündelte er die Sonnenstrahlen, richtete sie auf die römischen Schiffe und setzte so deren Segel in Brand. Der Erfolg war jedoch von kurzer Dauer. Ein Jahr später eroberten die Römer die Stadt dennoch. Die Legende sagt nichts über einen weiteren Einsatz der Archimedes'schen Spiegel.

Ob diese Geschichte wirklich stimmt, die der griechisch-römische Arzt Galenos mehr als 300 Jahre später überliefert hat − übrigens, ohne die Brennspiegel direkt zu erwähnen − bezweifeln die Historiker. Höchst real verlief jedoch ein zweiter Versuch mit der Sonnenkraft auf Sizilien. Genau 2193 Jahre nach der Eroberung von Syrakus, am 14. April 1981, zapften Bewohner dieser italienischen Insel zum erstenmal in der Geschichte der Menschheit Strom von der Sonne aus einem öffentlichen Versorgungsnetz. Das Sonnenkraftwerk EURELIOS nahe der Ortschaft Adrano, in Sichtweite des Ätna, hatte seinen Betrieb aufgenommen.

Ich besuchte EURELIOS − eine Kombination aus dem Wort Europa und dem Namen des griechischen Sonnengottes, Helios − im Januar 1981 noch vor der offiziellen Einweihung, während der Testphase. Die Sonne strahlte von einem nur leicht bewölkten Himmel. Sie ließ den schneebedeckten Ätna majestätisch leuchten − doch das solare Elektrizitätswerk stand still. Weil der Wind zu stark war, konnte kein Strom von der Sonne fließen.

Wenn EURELIOS jedoch läuft, produziert es Strom nach demselben Prin-

**Mit 182 großen Spiegeln, sogenannten Heliostaten, erzeugt das europäische Solar-Kraftwerk EURELIOS auf Sizilien bis zu ein Megawatt elektrischer Leistung. In 14 Reihen gestaffelt, richten die beweglichen, automatisch der Sonne nachgeführten Spiegel ihr gleißendes Licht auf eine Art Dampfkessel an der Spitze eines Turms und konzentrieren so die Sonnenstrahlung auf das Dreihundertfache**

Der Dampfkessel des Sonnenkraftwerks EURELIOS, auf einen 55 Meter hohen Stahlturm montiert, öffnet sich zu den Spiegeln hin wie eine Glocke. An der Innenwand sitzen die Rohrschlangen zum Erhitzen des Wassers, das – genau wie bei einem Kohle- oder Kernkraftwerk – mit Hilfe eines Generators Elektrizität erzeugt. Als die Aufnahme gemacht wurde, war EURELIOS nicht in Betrieb. Wenn die Anlage arbeitet, darf niemand den Turm betreten

zip, nach dem Archimedes die feindliche Flotte vernichtet haben soll: Große Spiegel, sogenannte Heliostaten, reflektieren das Sonnenlicht und bündeln es auf einen Punkt. Einige von ihnen sind 23 Quadratmeter groß, die anderen messen mehr als das doppelte, 52 Quadratmeter, um genügend Strahlung aufzufangen. Allesamt bieten sie allerdings dem Wind eine mächtige Angriffsfläche und geraten darum leicht in Gefahr, umgeblasen, zumindest aber beschädigt zu werden. So lautet die Anweisung von Windstärke 7 an unweigerlich: „Ruheposition!" Alle Spiegel drehen sich dann

mit ihrer „Arbeitsfläche" nach unten, in die Waagerechte. Das Sonnenkraftwerk schaltet ab.

EURELIOS arbeitet im Grunde wie ein konventionelles Öl-, Kohle- oder auch ein Kernkraftwerk. Die gewonnene Hitze verdampft Wasser. Der heiße, unter hohem Druck stehende Dampf treibt eine Turbine, diese wiederum einen Generator, der schließlich die Elektrizität erzeugt. Der Dampfkessel von EURELIOS besteht aus einer zu den Spiegeln hin offenen, glockenförmigen Metallröhre, deren Innenwand mit Rohrschlangen für die Erhitzung des

Wassers bestückt ist. Dieser Strahlungsempfänger ist auf der Spitze eines 55 Meter hohen Stahlturmes angebracht, genau im Süden des Geländes. Auf ihn konzentrieren die Heliostaten die Sonnenenergie. Liefern sie keine Wärme mehr, steht die Anlage still.

Mit Hilfe eines Salz-Wärmespeichers können nur kurze Ausfälle bis zu dreißig Minuten überbrückt werden. Längere Betriebspausen gibt es oft, nicht nur bei Nacht und bei Sturm, bei Regen und Wolken, sondern auch bis eineinhalb Stunden nach Sonnenaufgang und ab eineinhalb Stunden vor Sonnenuntergang, denn die Erdatmosphäre schwächt dann die Sonnenstrahlen zu stark.

Am zweiten Tag meines Besuchs hat der Wind nachgelassen; die Sonnenspiegel könnten in Aktion treten. Wie Zinnsoldaten stehen die 182 Heliostaten auf senkrechten Pfeilern exakt hinter- und nebeneinander, in 14 Reihen ordentlich gestaffelt. Als ich sie vom Turm aus betrachte, auf dem der Strahlungsempfänger montiert ist, fühle ich mich an alte Schlachtengemälde erinnert.

Rechts vor mir hat, surrealistisch verfremdet, die leichte Kavallerie Aufstellung genommen, links die schwere. Im rechten Feld, das die Ingenieure der deutschen Firma Messerschmitt-Bölkow-Blohm bestückten, stehen die 112 kleineren Spiegel. Die für das linke Feld verantwortliche französische Baufirma CETHEL errichtete 70 größere Heliostaten. Die Italiener bauten den Turm samt Empfänger, Turbine und Gebäude. Die EG-Kommission schließlich steuerte die Hälfte der Kosten von rund 25 Millionen Mark bei.

Ich erörtere gerade mit einem der MBB-Mechaniker Steuerungsprobleme der Anlage, die mächtigen Reihen der Spiegel im Rücken, da verspüre ich plötzlich eine starke Hitze. Mir ist, als ob mein Mantel hinten Feuer finge. Ich drehe mich um, reiße die Hand vor Augen. Zwei der großen französischen Heliostaten haben sich lautlos in Bewegung gesetzt, das Sonnenlicht eingefangen und für einen Augenblick auf mich geworfen – nur zwei von 182. Doch ich meinte, geblendet zu werden, so gleißend hell strahlten die Lichtbündel auf mich, bevor die Spiegel sie auf auf die Turmspitze richteten. Kein Wunder, daß bei vollem Betrieb niemand den Turm betreten darf, denn im Brennpunkt aller Heliostaten würden nicht nur die Kleider sofort Feuer fangen: Ein Mensch wäre binnen weniger Sekunden verdampft.

Jetzt verstehe ich, warum das Maschinenhaus und die Steuerungszentrale durch einen starken Zaun und eine dikke, fensterlose Wand von den Spiegeln getrennt sind. Aus der Kommandozentrale, die ich mir zunächst wie den Tower eines Flughafens mit breiten Panoramafenstern vorgestellt hatte, kann man nicht auf das Feld der Spiegel sehen. Denn spielten einige der Heliostaten verrückt und leuchteten in die Fenster, wäre die Bedienungsmannschaft in Lebensgefahr.

Es ist eine imposante Anlage, die da auf Sizilien entstand. Nur darf man sich über die Leistung im Vergleich zur Größe nicht täuschen. EURELIOS produziert, wenn die Sonne scheint, maximal ein Megawatt an elektrischer Leistung. Das ist weniger als ein Tausendstel dessen, was ein großes Kernkraftwerk Tag und Nacht, bei Regen, Wolken und bei Sturm, zu erzeugen vermag.

Diplomphysiker Dr. Jochen Hofmann, Projektleiter für den deutschen Teil, hütet sich denn auch vor Überschwang. „Nachdem wir soviel überlegt und gerechnet haben, wie es gehen könnte", sagt er betont zurückhaltend, „möchten wir hier einmal testen, ob das auch alles in der Praxis funktioniert."

In vielen Teilen der Welt entstehen heute Anlagen zur Nutzung der Sonnenkraft. Sonnenwärme heizt Häuser, erhitzt das Wasser von Frei- und Hallenbädern, erzeugt elektrischen Strom. Sonnenenergie ist „in". Als natürliche, saubere und unerschöpfliche Kraftquelle wird sie als eindrucksvolle Alternative zur umstrittenen Kernenergie und zu den rauchenden Schloten von Kohle- und Ölkraftwerken gepriesen.

Immer häufiger erscheinen Berichte über Versuchsanlagen zur Nutzung der Sonnenenergie, über neue Typen von Sonnenkraftmaschinen, neue Ideen zum Abernten des Sonnenscheins. Die Wertungen über die Chancen der Sonnenenergie für die nähere Zukunft sind freilich widersprüchlich. Die Skala reicht von der Auffassung, die solare Kraft könne im Jahr 2000 schon ein Drittel des gesamten Energiebedarfs in den USA decken, bis hin zu der boshaften Bemerkung, die Sonne werde bis zur Jahrtausendwende auf den Energiebedarf der Menschheit so viel Wirkung haben wie ein Mückenstich in einen Elefanten. Die erste Abschätzung stammt von Denis Hayes, dem Direktor des amerikanischen Solar-Forschungsinstituts in Golden in Colorado; die zweite von Richard Scott, dem Herausgeber des Fachblatts „World Oil".

Auch in der Zeitschrift GEO, die Wissenschaftlern unterschiedlicher Meinungen Raum gibt, damit kompetent gestritten werden kann, schieden sich am Thema Sonnenenergie die Geister. Das GEO-Forum in Heft 9/1980 stand unter der Überschrift „Viel Sonne können wir uns nicht leisten", während der Experte im Heft 5/1981 seinen Beitrag unter das Motto stellte: „Wir sollten die Sonne nicht verschlafen".

Professor Walter Seifritz vom Eidgenössischen Institut für Reaktorforschung in Würenlingen in der Schweiz, Autor des ersten Beitrages, glaubt nicht an einen schnellen Durchbruch der künstlichen Nutzung der Sonnenenergie, weil sie gerade das nicht sei, was ihre Anhänger behaupten: sanft, sauber und sicher, ökologisch unbedenklich

und bald rentabel. Deshalb kommt er zu dem Schluß, „daß die ‚sanften' Energien im Jahre 2000 nur wenige Prozent unseres Energiebedarfs decken können."

Optimistischer sieht dagegen Professor Adolf Götzberger, Leiter des Fraunhofer-Instituts für Festkörperphysik in Freiburg, Autor des zweiten Beitrags, die Chancen der künftigen Nutzung von Sonnenenergie. „Der in einem Energiegenerator genutzte Solarstrom", meint Götzberger, „ist bei Anwendung ohne Anschluß ans öffentliche Netz bereits heute konkurrenzfähig." Götzberger ist überzeugt, daß alle Probleme, die einer breiten Anwendung der Sonnenkraft noch im Wege stehen, bald zu lösen sind: „Die technischen Probleme der Solarenergie erlauben ökonomische Zuversicht schon für das Jahr 2000."

Eine sonnige Zukunft vor Augen hat auch Professor Eduard Pestel, einer der Autoren des düsteren Zukunfts-Thrillers „Grenzen des Wachstums". Pestel glaubt, daß sich die Menschheit nach einer weiteren Übergangzeit mit Kohle-, Öl- und ein bißchen Atomkraft spätestens Ende des nächsten Jahrhunderts vorwiegend mit Sonnenkraft versorgen könne. Hingegen umriß der Amerikaner Dixi Lee Ray vom amerikanischen Atomforum die Chancen der Sonnenenergie mit dem drastischen Vergleich: „Die technische Realisierung der Sonnenenergie-Nutzung ist in etwa der Schwierigkeit vergleichbar, die von zehn Millionen Flöhen geleistete Kraft dadurch nutzbar zu machen, daß man den Flöhen beibringt, alle zur gleichen Zeit in die gleiche Richtung zu hüpfen."

Einigkeit herrscht indes bei allen Experten über die grundsätzlichen Möglichkeiten, die Strahlung der Sonne einzufangen und technisch nutzbar zu machen – unabhängig von Kosten, Flächenbedarf und Materialaufwand. Dies kann geschehen durch

● Ausrichten der Häuser nach der Sonneneinstrahlung, überhaupt durch

Architekten-Planung, die sich nach der Sonne orientiert;

● Strahlungssammler, sogenannte Kollektoren, in denen Wasser oder andere Flüssigkeiten durch die Sonnenstrahlung erwärmt wird;

● Sonnenkraftwerke, die mit heißem, von der Sonne erzeugtem Dampf Strom produzieren;

● Solarzellen, die beim Auftreffen von Licht dank des „photoelektrischen Effekts" Strom entstehen lassen;

● Verwertung von Produkten der natürlichen Photosynthese, von „Biomasse", zum Beispiel von Brennholz, Klärgasen oder Ernterückständen.

Sonnenlicht und seine Wärme auszunutzen, ist im Grunde eine alte Kunst. Bereits der griechische Philosoph Sokrates gab etwa 400 v.Chr. seinen Landsleuten einen architektonischen Tip, wie sie ihre Häuser bauen sollten: „Im Winter dringen die Sonnenstrahlen in die Innenhöfe der nach Süden offenen Häuser ein. Daher sollten wir die Südseite der Häuser höher bauen, um die Wintersonne hereinzulassen, und die Nordseite tiefer, um die kalten Winde abzuhalten."

Das einfache Prinzip lautet also: Die tiefstehende Sonne muß im Winter durch hohe Fenster in die Zimmer scheinen können. Die Sommersonne dagegen sollte – in südlichen Breiten mit ihrem Übermaß an Einstrahlung – möglichst abgeschirmt werden, damit die Räume kühl bleiben. Ein nach Süden vorspringendes Dach spendet im Sommer Schatten und behindert im Winter nicht den Einfall der Sonnenstrahlung.

Daß so selbstverständliche Konstruktionsprinzipien in den industrialisierten Staaten weitgehend in Vergessenheit geraten sind, liegt daran, daß in den letzten Jahrzehnten andere Energie überreichlich und fast umsonst vorhanden zu sein schien. Wer mit billigem Öl seine Wohnung heizen und mit preiswertem

Strom kühlen konnte, sah sich kaum veranlaßt, die Sonnenstrahlung in sein Kalkül mit einzubeziehen. Erst die gewaltige Verteuerung der fossilen Brennstoffe änderte das Bewußtsein. Seither werden vielerorts „Solarhäuser" gebaut, die ihre Energie soweit wie möglich von der Sonne beziehen, vor allem über Kollektoren.

In Freiburg im Breisgau etwa unterstützt die Deutsche Forschungs- und Versuchsanstalt für Luft- und Raumfahrt (DFVLR) einen Versuch, ein Haus mit zwölf Wohnungen vorzugsweise von der Sonne beheizen zu lassen und begleitet den Versuch durch ein umfangreiches Meßprogramm. In Landstuhl in der Pfalz soll eine ganze Siedlung mit 60 Einfamilienhäusern entstehen, die Sonnenwärme nutzen und deren Leistung vom Fraunhofer-Institut für Systemtechnik und Innovationsforschung in Karlsruhe ausgewertet werden wird. Ein Solar-Dorf mit 21 Häusern, die „Wohnanlage Mozart", wurde 1981 im oberbayerischen Penzberg bezugsfertig. Auf der Zugspitze heizt die Deutsche Bundespost ihre Relaisstationen zum Teil mit Sonnenenergie. Rund 25 000 Häuser in der Bundesrepublik waren Mitte 1981 bereits mit Sonnenkollektoren ausgestattet.

Ein großes Sonnenprojekt wird auf historischem Boden vorbereitet. Deutschland und Griechenland planen, bei Athen gemeinsam einen ganzen Sonnen-Stadtteil zu bauen. Diese Anlage soll nach ihrer Fertigstellung Ende 1983 Europas wichtigstes Demonstrationsobjekt zur Nutzung der Sonnenenergie sein. Seine Planer hoffen, die 500 Wohnungen so wirkungsvoll heizen und mit warmem Wasser versorgen zu können, daß mehr als 70 Prozent des sonst erforderlichen Heizöls eingespart werden – mit Hilfe der Sonne und von Kollektoren.

Ein Sonnenkollektor ist im Grunde ein einfaches Ding – ein flacher Metallkasten mit einer Vorderseite aus Glas und einer dunkel gefärbten Rückseite. Dazwischen fließt, von einer Umwälzpumpe getrieben, ein dünner Wasserfilm. Die Sonnenstrahlung fällt durch das Glas und wird von der dunklen Hinterwand stark absorbiert. Die Kollektor-Rückseite gibt die aufgenommene Energie an das Wasser ab, das sie aus dem Kollektor heraustransportiert, um durch einen Wärmetauscher zu fließen und dort das eigentliche Brauchwasser für Zentralheizung oder Schwimmbad, für Dusche oder Waschmaschine auf Temperaturen zu bringen.

Damit die Sonnenstrahlen möglichst steil auftreffen, werden Sonnenkollektoren am besten nach Süden und – in mitteleuropäischen Breiten – in einem Winkel von etwa 40 bis 45 Grad gegen die Horizontale geneigt aufgestellt. Die meisten Kollektoren funktionieren nur bei direkter Sonneneinstrahlung befriedigend. Ist die Sonne hinter Wolken verschwunden, trifft zwar immer noch diffuses Licht auf den Strahlensammler. Doch dieses Streulicht entfaltet, abgesehen von besonders aufwendigen Hochleistungskollektoren, kaum noch wärmende Kraft.

Viele Firmen bieten bereits Kollektoranlagen für Einfamilienhäuser und Geschäftsbauten an. Da die Sonne jedoch unregelmäßig scheint und gerade zur Zeit des höchsten Wärmebedarfs – im Winter – besonders wenig Strahlung liefert, eignen sich Solar-Heizungen zumindest in der gemäßigten Zone bisher lediglich als Ergänzung zu einer bereits vorhandenen Kohle-, Öl- oder Elektro-Heizung. Angesichts der steigenden Ölpreise sind zwar erhebliche Einsparungen möglich – allerdings nur im Hinblick auf die Betriebskosten. Nimmt man dagegen auch die hohen Kosten der Anschaffung und des Einbaues einschließlich der erforderlichen Wärmedämmung hinzu, entsteht ein ganz anderes Bild.

Eine komplette Kollektoranlage für ein Einfamilienhaus hält nach dem gegenwärtigen Stand der Technologie höchstens 15 bis 20 Jahre. Über die Einsparungen, die sich durch den geringeren Heizölverbrauch ergeben, gehen die Schätzungen weit auseinander, doch in keinem Fall ist damit zu rechnen, daß die Anlagekosten rasch aufgewogen werden, selbst wenn man staatliche Zuschüsse oder steuerliche Abschreibungen einbeziehen kann.

Einen zusätzlichen Dämpfer erhielten die Hoffnungen auf die Sonne im Haus durch den ersten Dauertest mit Kollektoren, den die „Arbeitsgruppe Solarenergie" im Fachbereich Physik der Universität München 1981 veröffentlichte. Die Tester kamen zu dem Ergebnis, daß viele der Kollektoren wenig taugen; daß sie leicht korrodieren oder durch mangelnde Wärme-Isolierung bei weitem nicht die vom Hersteller versprochene Ausbeute liefern. Besonders bemängelten die Prüfer die Preise. Ein einfacher, wie sie sagten, „verglaster Kasten mit schwarzem Blech" kostet 350 bis 570 Mark pro Quadratmeter, pro Kilo Material etwa zwölf bis 20 Mark. Dagegen erscheint ein Kilo Auto inklusive aller Technik billig: Ein Kilo Kleinwagen kostet rund zehn Mark.

Dennoch handelt es sich bei der Wärmegewinnung durch Sonnenkollektoren um einen vernünftigen Ansatz, der allerdings erst mit steigenden Produktionsziffern, dadurch sinkenden Preisen, und verbesserter Qualität einen nennenswerten Beitrag zur Energiebilanz leisten kann – jedenfalls, soweit es sich um kleinere Anlagen für den Privatgebrauch handelt. Größere Anlagen dagegen können schon gegenwärtig ökonomisch interessant sein. So weihte das Institut für Anorganische Chemie der Freien Universität Berlin Anfang 1981 Europas größte „Solar-Fassade" ein. 80 Sonnenkollektoren sollen an jedem Sonnentag 8000 Liter auf 60 Grad er-

Seit 1976 versorgen Sonnenkollektoren auf dem Dach einer Sporthalle die Bewohner der Gemeinde Wiehl bei Köln mit warmem Wasser zum Baden. Das solare Freibad, die größte Versuchsanlage dieser Art in Europa, hat wertvolle Erkenntnisse über die Möglichkeiten geliefert, Sonnenenergie zu nutzen

hitztes Wasser abgeben. Erhoffte Ersparnis: fast 50 000 Liter Heizöl im Jahr.

Auch die größte europäische Versuchsanlage für Sonnenheizung liegt in der Bundesrepublik: das Freibad mit Mehrzweck-Sporthalle der Gemeinde Wiehl im Oberbergischen Kreis bei Köln. Das Wiehler Freibad wurde 1975 errichtet. Vor- und Nachteile einer solaren Heizung im großen Stil zeigen sich an diesem Beispiel deutlich.

Das Wiehler „Solar-Schwimmbad" verfügt über vier Schwimmbecken von 1500 Quadratmetern Gesamtfläche. Das Wasser wird vom 1. Mai bis zum 30. September bis zu 29 Grad Celsius aufgeheizt. Die Wärme stammt vom Dach der Sporthalle, das insgesamt 1100 Kollektoren trägt.

Messungen ergaben, daß in der Badesaison 1977 insgesamt 875 000 Kilowattstunden, im verregneten Sommer 1978 immerhin noch 790 000 Kilowattstunden auf die Kollektoren fielen. Allerdings erreichte nur ein Teil davon die Badegäste. Trotz aufwendiger Isolierung geht die meiste Sonnenenergie auf dem Weg ins Schwimmbecken verloren. Der Wirkungsgrad der Anlage beträgt durchschnittlich 35 Prozent. Das heißt: Nur etwas mehr als ein Drittel der einfallenden Sonnenenergie erhöht schließlich die Temperatur des Wassers.

Im Erdreich um das Musterschwimmbad liegen drei Wärmespeicher. Bei reichlichem Sonnenschein heizt überschüssige Energie durch ein System von Rohrschlangen den Boden auf. Wird das Wetter kühler, fließt Wasser durch diese Röhren und entzieht dem Boden die gespeicherte Wärme.

Auch die Kühlanlage der Eissporthalle erzeugt — wie jeder Kühlschrank — Abwärme, die dem Wasser beim Frieren entzogen wurde. Sie heizt zusätzlich die Räume der Halle.

In Schwierigkeiten gerät das System, wenn die Sonne lange nicht scheint und

Mit speziellen Meßgeräten wie diesem stellten 56 Wetterstationen in Europa von 1966 bis 1975 fest, wieviel Energie die Sonne an verschiedenen Orten liefert. Die Karte zeigt die Energiemenge an, die jeder Quadratmeter Erdoberfläche im Durchschnitt täglich erhält. Während die Werte bei den Linien gleicher Sonnenenergiemengen in Kilowattstunden angegeben sind, handelt es sich bei den Meßergebnissen der einzelnen Stationen um Wattstunden, die zum Vergleich mit den Linienwerten durch 1000 geteilt werden müssen. Die unterschiedliche Kennzeichnung der Meßstationen weist auf die jeweils verwendeten Meßinstrumente hin

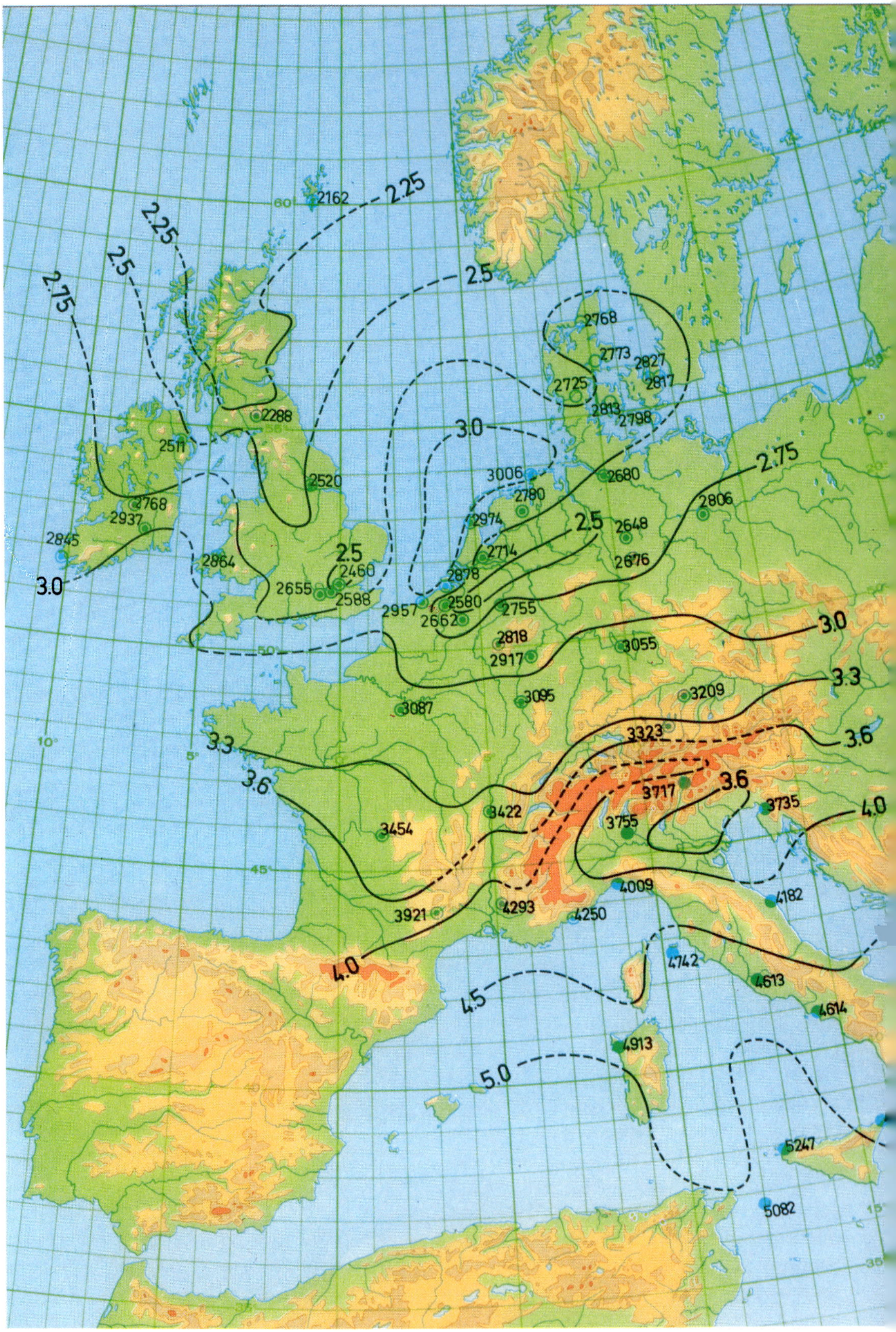

2162

2.25

2.25

2.5

2.75

2.5

2768

2773  2827

2725  2817

2813  2798

3.0

2288

3006  2680

2.75

2780

2511

2974  2806

2520

2714  2648

2.5

2878  2676

2768

2937

2.5  (2460)

2580

2.5

2845

2655  2957  2755

3.0

2864  2588  2662  2818

2917

3087  3095  3055  3.0

3209  3.3

3.3  3323  3.6

3.6  3717  3.6

3454  3422  3755  3735

4009  4.0

3921  4293  4250  4182

4.0  4742

4.5  4613

4614

5.0  4913

5247

5082

304

zusätzlich dicker Schnee die Kollektoren bedeckt. Zwar ist das Freibad im Winter geschlossen, doch die Räume müssen weiterhin warm gehalten werden. Die Betreuer der Eissporthalle haben dann häufig eine paradoxe Entscheidung zu treffen. Sie müssen das Eis der Sporthalle wesentlich stärker kühlen als eigentlich nötig, damit die Kältemaschine genügend Abwärme produziert, um die Räume zu beheizen. Bei sinkender Außentemperatur wird also mehr Kälte erzeugt, um zu wärmen, und das alles läuft dann voll aus dem örtlichen Stromnetz, denn Kältemaschine und Pumpen arbeiten mit konventionell gewonnener Elektrizität.

Seit das Schwimmbad in Wiehl in Betrieb ist, hat es eine solche Fülle von Erfahrungen geliefert, daß sich neben dem Bonner Ministerium für Forschung und Technologie auch die amerikanische Energiebehörde an den Kosten der laufenden Untersuchungen beteiligt. Wiehl demonstriert, wie Sonnenenergie fossile Energie sparen hilft, zeigt aber auch beispielhaft die Probleme, mit denen der Einsatz der Sonnenenergie behaftet ist:

● Sonnenenergie ist nicht immer verfügbar. Wer nachts und im Winter nicht auf Wärmeleistung verzichten will, braucht eine zusätzliche, ständige Energiequelle.

● Sonnenenergie kommt unregelmäßig. Wenn bei bewölktem Himmel das Duschwasser keine Gänsehaut erzeugen soll, müssen aufwendige Energiespeicher eingerichtet werden.

● Sonnenenergie strömt sehr dünn vom Himmel. Große Flächen sind erforderlich, um verhältnismäßig kleine Mengen aufzufangen. Die in Wiehl von 1500 Quadratmetern Kollektorfläche gesammelten rund 800000 Kilowattstunden pro Jahr kann auch ein Dieselmotor von nur 100 Kilowatt Leistung (136 PS) erzeugen, der nicht mehr Raum einnimmt als ein Kühlschrank.

Probleme mit der Sonnenenergie also?

Das erscheint zunächst kaum glaublich. Jahrein, jahraus schickt die Sonne 1,5 Trillionen Kilowattstunden auf die Erde, soviel, wie nach dem jetzigen Verbrauch die gesamte Menschheit in 19000 Jahren benötigt. Sonnenenergie ist genug da, doch man muß sie erst einmal abernten – in technisch und wirtschaftlich machbarer Weise.

Je nach Jahreszeit steht die Sonne unterschiedlich hoch am Himmel. Entsprechend wechselnd fällt die eingestrahlte Energie aus. Auch die schwankende Entfernung der Erde zur Sonne wirkt sich aus. Zwischen Januar und Juli, wenn sich die Erde von 147,1 auf 152,1 Millionen Kilometer von der Sonne fortbewegt, sinkt die Strahlungsleistung um rund sieben Prozent. Ohne Einfluß der Erdatmosphäre empfängt ein Quadratmeter Fläche je nach geographischer Breite und Jahreszeit mittags bei höchstem Sonnenstand folgende Energie (in KWh pro Stunde):

| Geogr. Breite | 21. März | 21. Juni | 23. Sept. | 21. Dez. |
|---|---|---|---|---|
| 90° Nord | 0 | 0,52 | 0 | 0 Polar- |
| 70° Nord | 0,47 | 0,90 | 0,46 | 0 nacht |
| 50° Nord | 0,88 | 1,17 | 0,87 | 0,40 |
| 30° Nord | 1,19 | 1,30 | 1,17 | 0,83 |
| 0° (Äquator) | 1,37 | 1,20 | 1,35 | 1,28 |
| 30° Süd | 1,19 | 0,78 | 1,17 | 1,39 |
| 50° Süd | 0,88 | 0,37 | 0,87 | 1,25 |
| 70° Süd | 0,47 | 0 Polar- | 0,46 | 0,96 |
| 90° Süd | 0 | 0 nacht | 0 | 0,56 |

Ein Quadratmeter Boden auf etwa 50 Grad nördlicher Breite erhielte also am Mittag bei Sommeranfang gerade 1,17 KWh und am ganzen Tag etwa 11,6 KWh Sonnenenergie zugestrahlt – wenn die irdische Lufthülle 100 Prozent der Strahlung hindurchließe. Das ist jedoch nicht im entferntesten der Fall.

Die Kommission der Europäischen Gemeinschaften hat 1979 einen „Atlas über die Sonnenstrahlung Europas" herausgegeben, der zum ersten Mal umfassende Angaben über die tatsächlich auf dem Erdboden eintreffende Sonnenenergie enthält. Er demonstriert, was von der Sonnenenergie in Mitteleuropa zu erwarten ist.

Über Hamburg zum Beispiel kommen an einem Junitag an der Oberseite der Erdatmosphäre 11,513 Kilowattstunden pro Quadratmeter an. Zum Boden dringen davon im Durchschnitt jedoch nur 5,437 Kilowattstunden durch – gerade 47 Prozent. Am günstigsten Tag von 1966 bis 1975 kamen auf der Meßstation im Hamburger Stadtteil Sasel 8,130 Kilowattstunden an; am schlechtesten, regnerischsten Tag nur noch 1,479 Kilowattstunden. Alles andere ging in der Erdatmosphäre verloren, wurde von Wolken reflektiert oder diffus gestreut.

Ein geradezu trostloses Bild bietet sich im Dezember. Von 1,568 Kilowattstunden pro Tag und Quadratmeter über der Atmosphäre erhielten die Bewohner Hamburgs im langjährigen Mittel gerade 0,401 Kilowattstunden – knapp 26 Prozent. Kein Wunder: von sieben Stunden und 18 Minuten theoretischem Sonnenschein bekamen die Hamburger zwischen 1966 und 1975 an einem durchschnittlichen Dezembertag die Sonne täglich nur eine Stunde und zwölf Minuten zu sehen. Im ganzen Jahr erhält die Hansestadt so nur 978 Kilowattstunden Sonnenenergie pro Quadratmeter.

Multipliziert man diesen Wert allerdings mit der Gesamtfläche Hamburgs von 747 Quadratkilometern, so erhält man die erstaunliche Menge von 730 Milliarden Kilowattstunden – gut zweimal mehr, als die gesamte Bevölkerung der Bundesrepublik an elektrischer Energie im Jahr verbraucht. Doch diese Zahl sieht bei näherer Betrachtung weniger eindrucksvoll aus. Denn eine vollständige Nutzung der Sonnenenergie setzte voraus, daß das gesamte Stadtgebiet dicht an dicht bis zum letzten Quadratzentimeter über alle Häuser, Grünflächen und Straßen hinweg mit Kollektoren bedeckt werden würde. Und weiter wäre Bedingung, daß die einfallende Energie ohne Verluste verwertet werden könnte. Das ist jedoch nach den Gesetzen der Physik nicht möglich.

Besonders hohe Verluste treten ein, wenn Sonnenenergie in elektrischen Strom umgewandelt werden soll. Der Wirkungsgrad, also das Verhältnis zwischen aufgewendeter Energie (Sonnenstrahlung) und daraus entstehender Energie (Elektrizität), hängt von der Temperaturdifferenz des in einer Wärmekraftmaschine zirkulierenden Treibstoffs ab. In einer Dampfturbine sollte der eintretende Dampf möglichst heiß und der austretende, der seine Energie auf die Schaufelräder übertragen hat, möglichst kühl sein. Hohe Temperaturen lassen sich aber mit Sonnenkollektoren überhaupt nicht erzielen. Sie arbeiten nur im „Niedertemperaturbereich", erwärmen also zum Beispiel das Brauchwasser im Haushalt auf maximal 70 bis 80 Grad. Damit die Sonne etwa eine Dampfmaschine mit angekoppeltem Generator betreiben kann, muß ihre Strahlung erst einmal stark konzentriert werden.

Die Idee, Dampfmaschinen mit Sonnenkraft zu betreiben, ist schon mehr als hundert Jahre alt. Während der Weltausstellung in Paris 1878 führte der französische Physiker Augustin Mouchot einem staunenden Publikum eine solche Maschine vor, die er zusammen mit dem Erfinder Abel Pifre konstruiert hatte. Ein schüsselförmiger Reflektor mit fünf Metern Durchmesser bündelte die Sonnenstrahlen in seinem Brennpunkt, in dem der Kessel einer Dampfmaschine saß. Der von der Sonne erzeugte Dampf trieb eine Druckpresse, mit der Mouchot stündlich 500 Exemplare eines Flugblattes „Le Soleil" (Die Sonne) druckte. Doch nach der Weltausstellung verschwand das solare Minikraftwerk bald; Mouchot starb 1911 als armer Mann.

Albin **MICHEL**
ÉDITEUR
22, rue Huyghens, 22
PARIS (14ᵉ)

ABONNEMENTS :
FRANCE..... **12** francs
ÉTRANGER.. **18** francs

# LE PETIT INVENTEUR

## L'UTILISATION DE LA CHALEUR SOLAIRE

L'appareil de Mouchot, permettant de récupérer directement la chaleur du soleil.

In der französischen Zeitschrift »Der kleine Erfinder« erschien 1878 ein Bericht über eine von der Sonne betriebene Druckmaschine, die Augustin Mouchot und Abel Pifre auf der Pariser Weltausstellung vorgeführt hatten. Die Anlage arbeitete nach demselben Prinzip, das ein Jahrhundert später für Sonnenkraftwerke wie EURELIOS genutzt wurde

Beinahe schlagartig hat in den letzten Jahren eine wahre Renaissance dieser alten Idee eingesetzt. In Europa arbeiten neben EURELIOS auf Sizilien inzwischen zwei halb so große solare Elektrizitätswerke bei Almeria in Südspanien. In den französischen Pyrenäen bei Targassone entsteht THEMIS, ein Sonnenkraftwerk mit zwei Megawatt Leistung. Japanische Ingenieure bauen nahe der Kleinstadt Nio auf der Insel Chikoku ebenfalls ein Sonnenkraftwerk von zwei Megawatt Leistung. Die Anlage ist Teil der Dauerausstellung „Solar Expo Nio" und soll mit einem Aufwand von 100 Millionen Mark die Hälfte des Energiebedarfs von Nio decken.

In den USA entsteht im sonnenreichen Südkalifornien, in der Mojave-Wüste bei Barstow, „Solar One", das nach seiner Fertigstellung größte Sonnenkraftwerk der Welt. Es soll zehn Megawatt elektrische Leistung in das US-Verbrauchernetz einspeisen. Kleinere amerikanische Versuchsanlagen produzieren schon seit Jahren Strom aus Sonnenlicht. Dabei wurde wichtige Pionierarbeit geleistet, zum Beispiel beim Bewässerungskraftwerk Coolidge im US-Staat Arizona.

Coolidge, eine kleine Gemeinde mit noch nicht einmal 7000 Einwohnern, liegt zwischen den Großstädten Tucson und Phoenix in einem weiten, menschenleeren Gebiet. Ende 1980, als ich sie besuchte, konnte sie sich noch rühmen, das größte Sonnenkraftwerk der Welt zu beherbergen: mit gerade 150 Kilowatt elektrischer Leistung für den Antrieb der Bewässerungspumpen auf einer Farm. Inzwischen hat jedoch EURELIOS Coolidge überrundet. Anders als bei EURELIOS folgen in Coolidge keine übermannsgroßen Spiegel der Sonne, sondern fangen flache, zur Sonne hin offene parabolförmige Spiegel das Sonnenlicht auf. 384 an der Innenseite verspiegelte Sonnentröge, jeder 1,8 mal 3,0 Meter groß, stehen in Zehnerreihen hintereinander gestaffelt. Jeder dieser Tröge reflektiert das Sonnenlicht genau auf seine Mittelachse und konzentriert es dort in einer schwarzen Metallröhre auf das 35fache der natürlichen Intensität. Eine in der Röhre zirkulierende Flüssigkeit erhitzt sich dadurch auf 287 Grad. Sie gibt ihre Wärme über einen Wärmetauscher an eine andere Flüssigkeit ab, die eine Turbine mit nachgeschaltetem Generator antreibt, oder sie fließt in einen 15 Meter hohen, zylinderförmigen Speichertank. Das ist das „Farmprinzip", im Gegensatz zu dem bei EURELIOS angewendeten „Turmprinzip".

Mit zwei jungen Ingenieurstudenten, die sich durch die Wartung dieses Mini-Elektrizitätswerks in den Semesterferien etwas Geld verdienen, machte ich einen Rundgang über die Anlage von Coolidge. Die Sonne strahlte so stark vom wolkenlosen Himmel, daß sich die Brennröhren in den Kollektoren bis zur Weißglut erhitzten. Ständig hörte ich ein leises Knacken. Es stammte von sensorengesteuerten Hilfsmotoren, die jeden einzelnen Trog in eine günstige Position zur Sonne zu bringen suchen.

Die Tröge von Coolidge sind in Nord-Süd-Richtung montiert. Sie können der Sonne freilich nur in der Höhe folgen, nicht aber ihrer Wanderung von Osten über Süden nach Westen.

Der technische Aufwand ist dennoch beachtlich. Allein die vielen kleinen Sensoren enthalten viel raffinierte Elektronik. Dazu kommen die Motoren, ein Gewirr von Leitungen, die Pumpen, die konventionelle Stromversorgung der Aggregate. Das alles kostet nicht nur eine Menge Geld, sondern macht auch erheblich Arbeit – für ganze 150 Kilowatt Leistung. „An sich sollte das hier alles vollautomatisch laufen", sagte einer meiner Begleiter, „doch damit das klappt, sind wir ständig zu viert hier."

Natürlich kostet eine neue Technik immer viel, und Anlaufschwierigkeiten

Sonnenkraftwerke können die Energie der Sonne auf dreierlei Weise nutzen. Die kühle Treibflüssigkeit (blau) fließt entweder durch den Brennpunkt schüsselförmiger Parabolspiegel, durch eine Röhre in der Brennlinie langer Sonnentröge oder durch den Empfänger an der Spitze eines Turms, der von vielen Heliostaten angestrahlt wird. Die stark erhitzte Flüssigkeit (rot) fließt ab, um eine Turbine samt Generator anzutreiben. Nach dem ersten Prinzip arbeitete Mouchots und Pifres Druckmaschine. Das zweite Prinzip wird in dem kleinen Sonnenkraftwerk Coolidge in Arizona genutzt (Foto), wo mehrere Reihen flacher Sonnentröge dem Sonnenlauf folgen, um die Energie zum Betrieb von Bewässerungspumpen zu liefern. Ein Beispiel für das dritte Prinzip ist EURELIOS

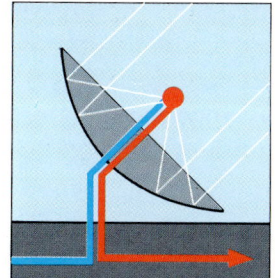
Parabolspiegel

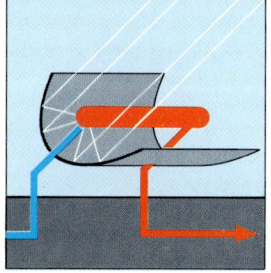
Sonnentrog

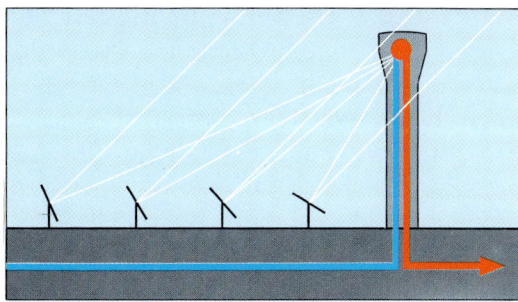
Turmkraftwerk

müssen zunächst überwunden werden. Am Hauptproblem im Umgang mit der Sonnenenergie, an ihrer extremen Verdünnung und dem dadurch bedingten hohen Materialaufwand für die Konzentration, läßt sich jedoch grundsätzlich nichts ändern.

Die dünne, unregelmäßige Sonnenstrahlung bereitet auch den Betreibern von EURELIOS erhebliches Kopfzerbrechen. Während die Sonne bei einem Farmkraftwerk wie in Coolidge das Treibgas für die Turbine in zahlreichen Energiesammlern erhitzt, konzentrieren bei diesem Turmkraftwerk die Spiegel des Heliostatenfeldes das Licht auf einen einzigen Punkt. Sie erzeugen dort außergewöhnlich hohe Temperaturen, die an den Strahlungsempfänger beträchtliche Ansprüche stellen. Bei leichter Bewölkung schwankt dort die Temperatur erheblich, und der Dampfdruck macht mächtige Sprünge; eine gleichbleibende Leistung ist so nicht möglich.

Bei vollem Sonnenschein erhitzt EURELIOS den Wasserdampf auf 512 Grad, bei einem Druck von 63 Bar. In Dampf verwandelt wird eine Strahlungsleistung von 4,8 Megawatt. Daraus gewinnt die Turbine 1,2 Megawatt elektrische Leistung, von denen 0,2 Megawatt für den Eigenverbrauch des Kraftwerks abgezweigt werden. So wird schließlich nicht mehr als ein Megawatt in das öffentliche Stromnetz Siziliens eingespeist, das ist ein Wirkungsgrad von kaum 21 Prozent. Verschleiert sich die Sonne auch nur ein wenig, sinkt der Wirkungsgrad spürbar ab.

Die deutschen und französischen Konstrukteure der Heliostaten mußten erhebliche Probleme meistern. Allein schon die optimale Höhe des Empfängerturms zu berechnen, war höhere Mathematik. Jeder einzelne Heliostat sollte ja möglichst viel Sonnenstrahlen auffangen, um sie genau auf die Turmspitze zu reflektieren – und zwar unter verschiedensten Bedingungen, sowohl vor- als auch nachmittags, im Winter wie im Sommer. Es mußte also der bestmögliche Kompromiß gefunden werden; dabei war die Stellung jedes einzelnen der 182 Heliostaten zu berücksichtigen.

Da sich die Heliostaten von EURELIOS – anders als in Coolidge die Tröge – um zwei Achsen drehen, vertikal wie auch horizontal, werden an die Steuerung erheblich höhere Anforderungen gestellt. So sind jedem der 112 deutschen Spiegel in einem Schaltkasten mehrere Minicomputer beigeordnet, die so programmiert sind, daß sie für die nächsten 20 Jahre im voraus die Sonnenstellung automatisch und genau berechnen können. Mehrmals in der Sekunde bestimmen sie die Soll-Position des Heliostaten für die betreffende Uhrzeit und vergleichen sie mit der Ist-Position, sie führen ferner den Spiegel in Abständen von 10 bis 20 Sekunden mit je zwei Motoren der Sonne nach. Jeder Spiegel hat eine etwas andere Neigung, jeder weist in eine etwas andere Richtung. Die vorderen in der Reihe stehen schräger als die hinteren, die äußeren des Feldes sind stärker nach innen ausgerichtet als die im Zentrum, damit alle gemeinsam zur Turmspitze strahlen.

Allgemeingültige Ergebnisse über Leistung, Störanfälligkeit und Rentabilität der verschiedensten Sonnenkraftwerke werden noch länger auf sich warten lassen. Besonders hilfreich für weitere Erkenntnisse über die Wirksamkeit der diversen Systeme dürften jedoch die Anlagen sein, die von der Internationalen Energieagentur IEA unter Beteiligung von neun europäischen Ländern (darunter die Bundesrepublik) und den USA in Südspanien bei Almeria bis 1981 errichtet wurden: zwei Sonnenkraftwerke mit jeweils 500 Kilowatt Leistung, ein Farm- und ein Turmkraftwerk direkt nebeneinander.

Auf der einen Seite der Zufahrtsstraße steht die Farmanlage, auf der anderen das Turmkraftwerk. Die Farmanlage wurde zu einer Hälfte von derselben amerikanischen Firma gebaut, die auch Coolidge errichtet hat. 84 der insgesamt 684 Sonnentröge steuerte das deutsche Unternehmen MAN bei, und diese Sonnensammler sind, wie die Spiegel von EURELIOS, sowohl um eine senkrechte als auch um eine waagerechte Achse zu bewegen. Die Treibflüssigkeit in den Brennröhren erzeugt Dampf von 285 Grad Celsius und einen Druck von 24,5 Bar. Die Erbauer wollen aus einer Sonneneinstrahlung von 4,9 Megawatt schließlich 577 Kilowatt Strom gewinnen, von denen 500 Kilowatt ins öffentliche Netz fließen.

Auf der anderen Straßenseite baute die deutsche Firma Interatom, die auch den „Schnellen Brüter" von Kalkar errichtet, ein Turmkraftwerk mit ebenfalls 500 Kilowatt Leistung. Insgesamt 100 Heliostaten mit 4000 Quadratmetern Spiegelfläche, von den USA beigesteuert, konzentrieren 2283 Kilowatt Sonnenstrahlung auf den Empfänger und erhitzen die Treibflüssigkeit – Natrium – auf 525 Grad Celsius. Dann sind, wie bei der Farmanlage, Dampferzeuger, Turbine und Generator hintereinandergekoppelt.

Beide Sonnenkraftwerke zusammen kosten 80 Millionen Mark, von denen die Bundesrepublik mehr als ein Drittel trägt. Bei den hohen Kosten für Bau und Betrieb wird der Gewinn an elektrischer Energie extrem teuer – voraussichtlich kommt die Kilowattstunde auf fünf bis sechs Mark. (Mitte 1981 zahlte ein Haushalt in der Bundesrepublik für dieselbe Einheit etwa zwanzig Pfennig.)

Diese hohen Entwicklungskosten werden natürlich mit größerer Erfahrung bei zahlreicheren Kraftwerken sinken. Wertvolle Erkenntnisse erwarten die Ingenieure im Dienst der Sonnenenergie auch von „Solar One", dem 300 Millionen Mark teuren Sonnenofen der Superlative in der kalifornischen Wüste bei Barstow.

1818 Sonnenspiegel, jeder 6,9 Meter hoch und breit, lenken dort das Sonnenlicht auf die Spitze eines 91 Meter hohen Turms. Sie bedecken mehr als 500 000 Quadratmeter Wüstenfläche. Allein die automatische Steuerung so vieler Heliostaten reicht an den Aufwand von Elektronik heran, der Raumsonden bei ihren Flügen zu Jupiter und Saturn so spektakulär erfolgreich werden ließ. Aber selbst bei mehr als 3000 Stunden Sonnenschein im Jahr mögen die Betreiber von „Solar One" nicht voll auf die Kraft der Sonne setzen. Direkt neben der Armee moderner Reflektoren steht ein konventionell mit Öl befeuertes Kraftwerk, das bei Ausfall des Energielieferanten die Stromversorgung aufrechterhält.

„Inselbetrieb" heißt dieses Prinzip der Kopplung, in dem viele Experten allein die Zukunft sehen. Ein noch größeres Inselbetriebs-Projekt wird mit Förderung des Ministeriums für Forschung und Technologie von einem deutschen Firmenkonsortium unter Federführung von Interatom in Köln entwickelt: GAST, ein 20 Megawatt starkes Turmkraftwerk.

GAST, dessen Bau wegen Finanzmangels verschoben wurde, soll entweder in

So wird nach den Vorstellungen seiner deutschen Konstrukteure das Sonnen-Superkraftwerk GAST (für Gasgekühltes Solar-Turmkraftwerk) einmal aussehen. 2800 Heliostaten sollen die Sonnenstrahlen bündeln und auf die Spitze eines etwa 200 Meter hohen Turms lenken. Vorgesehene Leistung: 20 Megawatt. Wegen finanzieller Engpässe mußte das für Standorte in Südeuropa geplante Projekt zunächst gestoppt werden

Südspanien oder auf Kreta mit 3000 Heliostaten Sonnenwärme sammeln und auf einen 200 Meter hohen Turm werfen. „Gasgekühlt" heißt dieses monströse Turmkraftwerk, weil nicht Flüssigkeit, sondern normale Luft − „Gas" also − die Wärme von der Turmspitze zum Dampferzeuger transportieren soll. Nachts allerdings würde die benötigte Energie wie überall anderswo aus Kohle oder Öl gewonnen werden müssen.

Die Ingenieure haben auf ihren Reißbrettern für GAST auch die zweite Möglichkeit eingeplant, Elektrizität aus Sonnenlicht zu gewinnen. An den Rändern des Strahlungsempfängers auf der Turmspitze sollen rund 30 Quadratmeter mit Solarzellen belegt werden. Sie fangen die dort vorbeiströmende Sonnenenergie direkt auf und erzeugen so zusätzlich Elektrizität − ohne Dampfkessel und bewegliche Teile, ohne Turbine und Pumpen.

Auf den ersten Blick erscheint die Wirkungsweise von winzigen Solar- oder Fotozellen so verblüffend einfach, daß Kraftwerke wie EURELIOS oder gar „Solar One" daneben wie zum Aussterben verurteilte Dinosaurier wirken. Raffiniert aneinandergefügte Halbleitermaterialien, wie sie auch in Transistoren und integrierten Schaltkreisen Verwendung finden − vor allem Silizium und Galliumarsenid − lassen Strom fließen, sobald ein Lichtstrahl sie trifft. Die Leistung einer einzelnen Silizium-Solarzelle von vier Quadratzentimetern Oberfläche beträgt bei 25 Grad zwar nur 0,064 Watt; aber tausend von ihnen zusammengeschaltet produzieren in acht Stunden immerhin schon eine halbe Kilowattstunde elektrischer Energie. Das Ei des Columbus?

Das gilt zumindest für einen bestimmten Bereich der modernen Technologie. Die Weltraumforschung wäre ohne die Entwicklung von Solarzellen nicht denkbar. Praktisch alle Erdsatelliten und Raumsonden bezogen und beziehen ihre elektrische Energie für Empfänger, Sender und Meßgeräte aus dem Licht der Sonne. Die deutsch-amerikanischen Helios-Sonden zum Beispiel sind mit 14 080 Solarzellen vollständig umkleidet, die maximal 240 Watt abgeben.

Für die meisten Zwecke des irdischen Gebrauchs, vor allem für die Befriedigung des alltäglichen Strombedarfs, sind Solarzellen noch zu teuer. Um ein Watt elektrischer Leistung zu erhalten, mußten für die dafür nötigen Siliziumplättchen 1981 immerhin noch fast 20 Mark gezahlt werden. So blieben Solarzellen exklusiven Anwendungen vorbehalten: etwa in abgelegenen Wetterstationen, auf Hochsee-Bojen und versuchsweise auf Segelbooten, in Armbanduhren oder in superleichten Flugzeugen wie dem „Solar Challenger", mit dem der Amerikaner Stephen R. Ptacek am 7. Juli 1981 den Ärmelkanal überquerte − angetrieben von zwei Elektromotoren, die ihre Energie aus rund 16 000 Solarzellen bezogen.

Trotz der Ölkrise liegt der Einsatz von Fotozellen zur Nutzung der Sonnenenergie noch weit hinter den Verfahren zurück, die aus Sonnenlicht zuerst Wärme und dann Elektrizität gewinnen. Die größte Solarzellenanlage der Welt steht im Nationalpark Natural Bridges im US-Bundesstaat Utah. Insgesamt 266 029 Solarzellen erzeugen dort eine elektrische Leistung von 100 Kilowatt, um das Besucherzentrum und die Personalunterkünfte mit Elektrizität zu versorgen. Mit 150 Kilowatt soll in Zukunft eine Schule in Massachusetts versorgt werden. Die erforderlichen Zellen benötigen rund 13 000 Quadratmeter, eine Fläche, die so groß ist wie zwei Fußballplätze. In Europa werden bereits Fernseh-Sender wie Lasel in der Eifel versuchsweise mit Solarzellen betrieben. Lasel wird mit 380 Watt versorgt.

Die Wissenschaftler und Ingenieure bemühen sich ständig, Solarzellen preiswerter zu machen − die Produktionskosten zu senken und den Wirkungsgrad zu erhöhen. Beides steht häufig im Widerspruch zueinander. Eine Solarzelle aus Silizium hat einen Wirkungsgrad von 11 bis 15 Prozent. Werden diese hochwertigen Fotozellen weniger aufwendig produziert, sinkt der Wirkungsgrad auf zehn bis zwölf Prozent. Die Boeing-Werke in Seattle haben 1980 besonders dünne Sonnenzellen aus der ungewöhnlichen Materialmixtur Kupfer, Indium, Selen und Cadmiumsulfid entwickelt, die zwar nur einen Wirkungsgrad von neun Prozent aufweisen, aber besonders kostengünstig zu produzieren sind. Andererseits kommen Solarzellen aus Galliumarsenid auf einen Wirkungsgrad von 21 Prozent, doch diesem Vorzug stehen hohe Kosten gegenüber.

Eine weitere Möglichkeit, Solarzellen nutzbar zu machen, liegt darin, das Licht zu konzentrieren. Die Zellen geben umso mehr Strom ab, je mehr Licht auf sie fällt. In den Sandia Laboratories in Albuquerque im US-Staat New Mexico wird eine ganze Reihe von teilweise abenteuerlich wirkenden Mechanismen getestet, mit denen Sonnenzellen mehr Licht zugeführt werden soll. Da bündeln optische Linsen die Strahlen, bevor sie auf die Fotozellen gelenkt werden; da drehen Motoren solare Zellanlagen auf Schienen und Gestellen der Sonne nach. Der Chef der Solarzellen-Abteilung von Sandia hofft, auf diese Weise einmal ein Watt elektrischer Leistung für rund vier Mark erzeugen zu können. Zum Vergleich: Ein Watt elektrischer Leistung in einem Kohlekraftwerk erfordert heute Investitionen von rund zwei Mark.

Einen ganz anderen Weg geht das Fraunhofer-Institut für Angewandte Festkörper-Physik in Freiburg. Dort testen Wissenschaftler in einer Versuchsanlage gelbliche Plexiglasscheiben, die das Sonnenlicht schlucken und an ihren schmalen Kanten gebündelt wieder abstrahlen. Nur diese Schnittkanten müssen also mit Solarzellen belegt werden, um die von der Scheibe eingefangene Sonnenenergie in Strom umzuwandeln. Dieses Verfahren funktioniert ohne teure Nachführung, ohne Motor und Sensor, und es liefert auch bei bewölktem Himmel Strom. Professor Adolf Goetzberger, der Leiter des Instituts, ist zuversichtlich, daß die Platten den Sonnenstrom bis zum Jahr 2000 ökonomisch interessant machen können.

Zur Zeit erscheint es noch schwer vorstellbar, daß mit Solarzellen der Energiehunger ganzer Nationen gestillt werden kann, die unter den schnell wachsenden Ölrechnungen ächzen. Welches Potential überhaupt die Sonnenenergie in Zukunft haben kann, welche Möglichkeiten in ihr liegen, darüber haben zahlreiche Experten nachgedacht. Ich möchte hier vor allem Überlegungen vorstellen, die der umfassendste und sorgfältigste Report zu Energiefragen der letzten Jahre enthält – der 1981 erschienene Forschungsbericht: „Energie in einer begrenzten Welt" des Internationalen Instituts für Angewandte Systemanalyse.

Die Gründung dieses Instituts geht auf einen Vorschlag des amerikanischen Präsidenten Lyndon B. Johnson zurück. Es entstand 1972 als Zusammenschluß der Wissenschaftsorganisationen von zwölf Staaten (inzwischen ist die Zahl der Mitglieder auf 17 gestiegen). Ihm gehören zum Beispiel die deutsche Max-Planck-Gesellschaft zur Förderung der Wissenschaften an und die Akademie der Wissenschaften der UdSSR, der Nationale Forschungsrat Italiens und die Nationale Akademie der Wissenschaften der USA, das Schwedische Komitee dür Systemanalyse und die Royal Society in Großbritannien. Als Arbeitsstätte dient Schloß Laxenburg bei Wien.

Zu den ersten Aufgaben des Instituts für Angewandte Systemanalyse gehörte die Berufung einer Programmgruppe „Energiesysteme". Ihr Leiter, der Karlsruher Physiker Professor Wolf Häfele, gewann für die Mitarbeit an einer Studie über die Energiezukunft der Welt 140 Wissenschaftler aus allen Fachrichtungen und Staaten, unabhängig von ihren Gesellschaftssystemen.

Um das wichtigste Ergebnis vorwegzunehmen: Bis zum Jahre 2030 — so weit geht der Laxenburger Energiebericht — kann die Sonnenenergie den Energiehunger der Menschheit nicht nennenswert stillen. Maximal sieben Prozent der jährlichen Energieproduktion werden ihr bis dahin zugestanden. Aber selbst diese sieben Prozent sind im wesentlichen erst nach dem Jahre 2000 zu erreichen. Der extrem dünne Fluß der Sonnenenergie, der dadurch bedingte hohe Materialaufwand für Sonnenkraftwerke, die ungleiche Verteilung der Strahlung über die Erdoberfläche und der unregelmäßige Einfall sind schwer zu überwindende Hindernisse auf dem Weg zu einer von der Sonne bedienten Zukunftsgesellschaft.

Die Laxenburger Projektgruppe verglich den Aufwand an Arbeit und Material, an Fläche und Kosten für neun verschiedene Kraftwerke, die mit einer Leistung von 1000 Megawatt dreißig Jahre lang jährlich 6100 Stunden arbeiten. Vier laufen mit Kohle, drei nutzen Kernkraft und zwei die Sonnenstrahlen.

Es zeigt sich, daß ein Sonnenkraftwerk dieser Größe je nach Standort und damit Intensität der Sonnenstrahlen zehn- bis zwanzigmal mehr Baumaterial benötigen würde als seine Energie-Konkurrenten. Ein Solarkraftwerk erforderte zwölfmal mehr Stahl als ein Kohlekraftwerk und sechzigmal mehr Beton als ein Kernkraftwerk. Beim Flächenbedarf sind Sonnenkraftwerke ebenfalls einsame Spitze — mit 55 bis 106 Quadratkilometern bei 1000 Megawatt Ausstoß. Ein Kernkraftwerk gleicher Leistung braucht nur etwa einen Quadratkilometer.

Auch die angebliche Umweltfreundlichkeit der Sonnenenergie erscheint in einem zweifelhaften Licht. Das solare Elektrizitätswerk selbst belastet zwar die Umwelt wenig. An anderen Orten aber müssen die Schlote um so kräftiger rauchen, um den benötigten Stahl zu schmelzen und den Zement zu brennen. Am ergiebigsten wären diese Kraftwerke, wenn sie in sonnenreichen Wüstengebieten gebaut werden. Doch dann sind Tausende von Kilometern lange Leitungen erforderlich, um den Strom in die Verbraucherländer zu transportieren.

Zwei Mitarbeiter des Max-Planck-Instituts für Festkörperforschung in Stuttgart, Professor Hans-Joachim Queisser und Dr. Peter Wagner, haben in einer vom Rat von Sachverständigen für Umweltfragen herausgegebenen Broschüre Berechnungen speziell über Solarzellen zur Energieerzeugung angestellt. Sie gehen davon aus, daß im Jahr 2000 in der Bundesrepublik Deutschland eine Billion Kilowattstunden elektrischer Energie verbraucht werden (Verbrauch 1980: 338 Milliarden Kilowattstunden). Sollen davon nur ein Prozent von Sonnenzellen geliefert werden, müßten bei einem Wirkungsgrad von zehn Prozent 100 Quadratkilometer Fläche dicht an dicht mit Solarzellen bedeckt sein; weitere 100 bis 200 Quadratkilometer nähmen Transformatoren und andere Einrichtungen ein. Auf dieser Fläche, die mehr als das ganze Naturschutzgebiet der Lüneburger Heide umfassen würde, herrschte Friedhofsruhe. Jeglicher Pflanzenwuchs müßte ausgerottet werden, damit die Zellen ständig und ungeschmälert Sonnenlicht erhielten. Die Kosten betrügen 20 bis 40 Milliarden Mark. Ein Kernkraftwerk mit gleichem Energieausstoß und auf einer viel kleineren Fläche kostet vergleichsweise nur ein Zehntel.

Natürlich läßt sich gegen solche Zahlen manches einwenden. Der Stromverbrauch steigt vielleicht nicht so stark wie angenommen. Kernenergie wird von breiten Kreisen der Bevölkerung nicht akzeptiert, wie seit den Protesten gegen die Anlagen von Wyhl und Brokdorf, Gorleben und Kalkar jeder weiß. Ein Kernkraftwerk braucht Uran, das nicht unbegrenzt zur Verfügung steht, bei Einsatz von Schnellen Brütern freilich noch jahrhundertelang Strom liefern kann. Sonnenlicht hingegen kostet als Energiequelle nichts und ist ungiftig.

Aber Probleme gibt es in jedem Fall. So benötigte das „Fotozellen-Kraftwerk 2000", das gerade ein Prozent des Stromverbrauchs in der Bundesrepublik decken soll, 117000 Tonnen Silizium. Die Weltproduktion an hochreinem Silizium betrug jedoch im ganzen Jahr 1980 gerade 10000 Tonnen, wovon ein großer Teil für andere wichtige Zwecke gebraucht wird.

Viele Anhänger der Sonnenenergie pflegen darauf hinzuweisen, daß sie ja solche Mammutprojekte gerade nicht wollen. Ihnen schwebt in erster Linie der dezentrale Einsatz der Sonnenenergie vor. Jedes Haus soll seine eigenen Kollektoren haben, die Sonnenwärme vom Dach in Küche und Bad leiten. Doch auch über das mögliche Potential dieser Nutzung von Sonnenenergie kommt das Internationale Institut für Angewandte Systemanalyse in seinem Report zu einem ernüchternden Resultat. Der dezentralen, „weichen" Nutzung der Sonnenenergie werden für die ganze Erde maximal 7,8 Billionen Kilowattstunden jährlich zugestanden. Das sind rund neun Prozent des derzeitigen Energieverbrauchs der Menschheit, und es macht nur die Hälfte der Reserven aus, die noch durch Wasserkraft mobilisiert werden könnten − deren Energie letztlich ja auch von der Sonne stammt.

Allzu optimistische Prognosen, so zeigt die Laxenburger Analyse, sind oft von Wunschdenken bestimmt. Die weiche Technologie wird vielfach unter gesellschaftspolitischen Gesichtspunkten propagiert. Sie paßt ideal in das alternative Zukunftsbild einer in überschaubaren, kleineren Organisationseinheiten lebenden Gesellschaft, die sich stärker auf die Grundbedürfnisse des Menschen konzentriert und durch weitreichenden Konsumverzicht gekennzeichnet ist. Natürlich bleibt es jedem unbenommen, diese Entwicklung zu fordern. Allerdings sollte dann auch auf die Folgen für eine hochindustrialisierte Gesellschaft hingewiesen werden.

Durch Sonnenkollektoren auf dem Dach lassen sich allenfalls Ein- und Zweifamilienhäuser mit warmem Wasser versorgen − und auch dann nur mit elektrischem Anschluß der nötigen Pumpen. Im achtstöckigen Hochhaus dagegen bekämen die Bewohner von mindestens sechs Stockwerken eine Gänsehaut. Selbst ein ganzes Dach voller Sonnenzellen versorgt höchstens ein bis zwei Stockwerke und läßt dann noch nicht einmal mehr Platz für die Kollektoren.

Wer voll auf die dezentrale, weiche Sonnenenergie setzen will, muß lernen, seine Ansprüche einzuschränken. Weil dazu aber, wenn es wirklich ernst wird, vermutlich nur eine Minderheit der Bevölkerung bereit wäre, dürften Sonnenkollektoren und andere Möglichkeiten der dezentralen Nutzung von Sonnenenergie eher als Ergänzung denn als Ersatz angesehen werden, als nur eine von mehreren Möglichkeiten, kostbare fossile Energieträger wie Öl und Kohle zu schonen, statt sie für Heizzwecke zu verschwenden.

Also bleibt die Zukunft der Menschheit im Glanz der Sonnenenergie für immer ein schöner Traum? Nicht unbedingt. Der Laxenburger Bericht macht nämlich eine wichtige Einschränkung. Er geht davon aus, daß bis zum Jahre 2030 keine weiteren technologischen Durchbrüche gelingen. Doch Ideen liegen in großer Zahl vor, vom großtechnischen Einsatz der Photosynthese bis zum gewaltigen Sonnenkraftwerk im

Weltraum. Vieles klingt noch utopisch, doch auch den Flug von Menschen zum Mond haben die Wissenschaftler Anfang dieses Jahrhunderts noch in den Bereich der Fabel verwiesen.

Fabulös und wie einem Roman von Jules Verne entnommen, erscheint der Vorschlag, den der amerikanische Physiker Dr. Peter Glaser 1968 machte. Riesige Satelliten mit weit ausgebreiteten Flügeln, die dicht an dicht mit Sonnenzellen besetzt sind, sollten die Erde umkreisen, in einer Höhe von 36 000 Kilometern. Sie fliegen genauso schnell, wie die Erde unter ihnen rotiert, scheinen darum über einem bestimmten Punkt der Erde stillzustehen. Dort oben, fast ständig in gleißendes Sonnenlicht getaucht, soll dieses Superkraftwerk Elektrizität erzeugen. Der Strom müßte in Mikrowellen umgewandelt und mit einer riesigen Antenne zur Erde gestrahlt werden. In einer Empfangsstation würde die Strahlung in Strom zurückverwandelt werden, der dann in die Versorgungsnetze fließt.

Die Boeing-Werke in Seattle griffen, finanziert von der amerikanischen Weltraumbehörde NASA, Glasers Ideen auf. Eine Projektgruppe unter der Leitung des Ingenieurs Gordon R. Woodcock entwickelte schließlich zwei Modelle, den Solarzellen- und den Wärmekraft-Satelliten, die Sonnenenergie in wahrhaft astronomischen Größenordnungen nutzbar machen sollen.

Der Solarzellen-Satellit trägt nach diesen Plänen auf einer Fläche von 128 Quadratkilometern insgesamt 14 Milliarden Sonnenzellen. Der Wärmekraft-Satellit wäre nach den Vorstellungen der Boeing-Gruppe 5,6 mal 23,7 Kilometer groß und lenkte das Sonnenlicht mit vier mächtigen, schüsselförmigen Spiegeln auf Dampfturbinen. Jeder dieser Supersatelliten würde rund einhunderttausend Tonnen Material benötigen und zehntausend Megawatt in seine Mikrowellensender einspeisen.

**Weit draußen im All, 36 000 Kilometer über der Erde, sollen nach den Vorstellungen amerikanischer Wissenschaftler Kraftwerke der Superlative entstehen. Aus dem überreichen Angebot an Sonnenlicht sollen Sonnenzellen so viel elektrische Energie gewinnen, daß damit ganze Länder versorgt werden können, nachdem der Strom aus dem All in einem stark gebündelten Mikrowellenstrahl zur Erde geleitet worden ist. Doch die Pläne für solche Milliarden-Projekte haben keine unmittelbaren Realisierungschancen. Zunächst einmal sind die Mittel dafür gestrichen worden**

Ebenso gewaltiger Aufwand müßte dafür auf der Erde betrieben werden. Um den Mikrowellenstrahl aufzunehmen, wäre ein Antennenwald von acht mal zwölf Kilometern erforderlich.

Da solche riesigen Satelliten nicht auf der Erde zusammengesetzt und dann betriebsfertig hochgeschossen werden können, müßten kosmische Baukolonnen Einzelteile von der Sonnenzelle bis zur letzten Schraube ins All transportieren und dort montieren. Ein ganzes Jahr lang, täglich 87mal, Sonn- und Feiertage eingeschlossen, müßten Raumtransporter vom Typ Space Shuttle im Pendelverkehr starten, um alles Material zu der Baustelle im Weltraum zu bringen.

Angesichts solcher Dimensionen erscheint das gesamte Projekt für die nahe Zukunft als irreal. Dies war auch die Meinung des US-Kongresses, der 1980 kurzerhand alle Mittel zur Weiterentwicklung der „Sun-Sats" strich.

Während die Planer der Sonnensatelliten auf Großanlagen bislang unbekannten Ausmaßes setzten, verweisen andere Technologen auf natürliche Prozesse. Die Photosynthese soll helfen, die Energiekrise zu meistern. Im Grunde ist das ein alter Hut. Brennholz sammeln und anzünden ist dasselbe, was neuerdings unter dem Begriff „Einsatz von Biomasse" angeboten wird.

Tatsächlich enthalten einige der Vorschläge, Energie durch Biomasse zu erzeugen, nichts weiter als die Anregung, die Brennholznutzung in den Industriestaaten wieder zu steigern. So könnten schnellwüchsige Bäume, wie 1980 während der Forstwirtschaftlichen Hochschulwoche in Göttingen vorgeschlagen wurde, auf riesigen Plantagen gezüchtet werden, um bald ihre irdische Existenz im nächsten Kraftwerk zu beenden.

In Brasilien wird bereits in großem Stil aus Zuckerrohr Methanol als Treibstoff für Autos gewonnen. Nicht nur in Indien, beispielsweise, sondern auch in der Bundesrepublik bemühen sich Wis-

senschaftler, das bei der Gärung landwirtschaftlicher Abfälle, etwa Kuhmist, entstehende Gas zu gewinnen. Dieses „Biogas", vor allem Methan, verbrennt mit einem sehr hohen Heizwert und spart so wertvolles Öl. Die Volksrepublik China meldete über ihre offizielle Agentur, daß auf dem Lande mehr als sieben Millionen Gaserzeuger in Betrieb seien, die etwa 30 Millionen Menschen mit Energie aus der Jauchegrube versorgen − auch dieser dunkle Ort ist ja eine Quelle der Sonnenenergie.

Die Laxenburger Gruppe schätzt das mögliche Potential der Biomasse recht günstig ein, sieht jedoch erhebliche Probleme, organische Substanz in größeren Kraftwerken industriell zu verwerten. Denn Pflanzen wachsen nun einmal über große Flächen verteilt. Um sie zu einer Verwertungsstation zu fahren, müssen oft weite Strecken zurückgelegt werden, und das kostet Energie. Außerdem stellt sich ein makabrer Beigeschmack ein, wenn bei einer Weltbevölkerung, die zu zwei Dritteln unterernährt ist, Nutzpflanzen angebaut werden, um sie zu Treibstoff für Motoren in Wohlstandsländern zu verarbeiten.

Weit in die Zukunft reicht der Vorschlag, eine „Wasserstoff-Wirtschaft" aufzubauen. Danach soll in großen Sonnenkraftwerken am Äquator Wasser mit Hilfe der Sonnenenergie in seine Bestandteile Wasserstoff und Sauerstoff zerlegt werden. Der energiereiche Wasserstoff würde dann durch Pipelines in die Verbraucherstaaten transportiert und dort, unter erneuter Zuführung von Sauerstoff, verbrannt werden können. Die vorher zur Trennung aufgewendete Sonnenenergie würde wieder frei werden und könnte nutzbar sein. Energiegewinnung auf diese Art wäre sehr umweltfreundlich: Als Verbrennungsprodukt, als Asche gewissermaßen, fiele nur harmloses Wasser an.

Die Grundzüge dieser Wasserstoff-Wirtschaft haben vor allem die Professoren John Bockris von der Universität von Texas und Eduard Justi von der Technischen Universität Braunschweig in eindrucksvollen Analysen berechnet. Das Hauptproblem der Sonnenenergie, die hohe Verdünnung bis zur Ankunft auf der Erdoberfläche, gilt allerdings auch für die Wasserstoff-Kraftwerke. Außerdem enthüllt das Wasserstoffprojekt besonders deutlich einen großen Nachteil, der vielen solchen Projekten anhaftet: Mit der Sonnenenergie droht, nach dem Ölmonopol, neue politische Abhängigkeit.

Denn: Der Sonnenschein ist, wie das Erdöl, nicht gleichmäßig über die Erde verteilt. Eine ausgeprägte Wasserstoff-Wirtschaft oder auch schon ein Anschluß der europäischen Staaten an große Sonnenkraftwerke etwa in der Sahara könnte Mitteleuropa, bei allzu einseitiger Ausrichtung auf die Sonnenenergie, politisch erpreßbar machen, sobald die Kraftwerke mit moderner Hochleistungstechnologie erst einmal in den Sand gesetzt worden sind.

Probleme über Probleme also – dennoch sollte die Untersuchung der Nutzung der Sonnenenergie nach Kräften gefördert werden – jedoch nur zusammen mit allen anderen Möglichkeiten. Denn auch wenige Prozent Anteil am gesamten Energie-Aufkommen sind bei voraussehbarer Energieverknappung, zumindest -verteuerung, interessant genug, um hohe Einsätze zu rechtfertigen. Wunder allerdings sind von ihr nicht zu erwarten.

Einsatz in kleineren Einheiten in abgelegenen Gebieten – darin liegt gegenwärtig und sicherlich noch für einige Zeit der Hauptanwendungsbereich der Sonnenenergie. Der Versuch, sie solche Aufgaben immer stärker übernehmen zu lassen, ohne zugleich die konventionellen Einrichtungen der Energieversorgung zu vernachlässigen, dürfte der vernünftigste Weg sein, sie zu unser aller Nutzen anzuwenden.

# 14

# Signale aus der Glut

**W**enn Sonnenphysiker ihr Forschungsobjekt betrachten, studieren sie meist Erscheinungen an der Oberfläche: die Sonnenflecken und Protuberanzen, die schäumenden Granulen, die Eruptionen, die Korona mit den typischen Löchern, aus denen der Sonnenwind strömt. Doch wo beobachtet man die Vorgänge im Inneren der Sonne, im Zentrum des fast 1,4 Millionen Kilometer dicken Feuerballs? Die Antwort klingt fast absurd: Wer der Sonne ins Herz sehen will, muß ins Bergwerk einfahren, muß unter Tage. In 1455 Metern Tiefe steht das seltsamste aller Instrumente, die ich während meiner vielen Reisen auf den Spuren der Sonnenforscher zu Gesicht bekam: das Neutrino-Teleskop der Homestake-Goldmine in Lead im US-Staat South Dakota, das dort in der Tiefe Signale direkt aus dem Kern der Sonne empfängt und unsere Vorstellungen von der Sonne grundlegend verändert hat.

In Lead erwartet mich Professor Kenneth Lande von der Universität von Pennsylvania, um mich in das tiefste Sonnenobservatorium der Welt mitzunehmen. Bevor ich in die Mine, die auch kommerziell noch genutzt wird, einfahren darf, werde ich bergmännisch ausgerüstet. Ich bekomme ein Atemgerät und einen Batteriegürtel mit Grubenlampe umgeschnallt, einen Helm aufgesetzt, eine Regenjacke und Sicherheitsschuhe angezogen – genau wie Professor Lande und seine Assistenten. Dann fahren wir mit den Goldschürfern ein. Das Wasser strömt von den Wänden und prasselt auf den Förderkorb, mit dem wir rasend schnell nach unten fallen. Auf einer der unteren Sohlen des Bergwerkes steigen wir aus, stolpern über Schienen, auf denen Loren stehen – und kommen schließlich in eine enge Kaverne mit einer hölzernen Plattform.

Wir sind vor Ort. Fast eineinhalb Kilometer unter Tage ist es heiß, mindestens 30 Grad Celsius. Schweiß perlt unter dem Bergmannshelm hervor. Ich sehe mich gespannt um, aber das Neutrino-Teleskop ist nicht zu sehen. Es liegt, wie mir Professor Lande sagt, unter den Spanplatten, auf denen wir stehen.

Dieses Teleskop hat nicht die geringste Ähnlichkeit mit allen anderen Sonnenbeobachtungsstationen der Welt. Es ist einfach ein riesiger, zylinderförmiger

Tank, gefüllt mit genau 390 000 Litern Perchloräthylen, einer Flüssigkeit, die gewöhnlich zur chemischen Reinigung benutzt wird.

Professor Lande entfernt eine der Spanplatten, damit ich einen Blick auf den Tank werfen kann, der von einer Wasserhülle umgeben ist. Auf der Wasseroberfläche sehe ich regelmäßig angeordnete Stutzen wie Pyramidenstümpfe,

auf denen jeweils ein Würfel mit elektronischen Meßgeräten sitzt.

„Mit diesen Instrumenten", erläutert mir Professor Lande den Inhalt der Würfel, „messen wir keine Neutrinos von der Sonne, sondern vor allem die kosmische Strahlung und Neutrinos ferner Sterne. Das sind eigenständige Experimente, aber auch wichtig für die Suche nach Sonnen-Neutrinos. Da näm-

In 1455 Meter Tiefe, im Stollen der Homestake-Goldmine in South Dakota, stellten Wissenschaftler vermeintlich gesicherte Vorstellungen der Sonnenphysik in Frage. In Experimenten mit dem seltsamsten Teleskop, das je konstruiert wurde, einem 390 000 Liter fassenden Tank voll Perchloräthylen, entdeckten Raymond Davis und Kenneth Lande, daß die Sonne in ihrem Inneren weniger aktiv ist als angenommen. Der 1965 installierte Tank, in dem Neutrinos – Elementarteilchen ohne Masse und elektrische Ladung aus dem Sonneninneren – eingefangen werden, ist heute von Wasser bedeckt und unter Spanplatten verborgen

lich die kosmische Strahlung falsche Neutrino-Werte von der Sonne vortäuschen kann, müssen wir zunächst sie genau beobachten. Dazu dienen die 320 Meßpyramiden, die alle durch Kabelstränge mit den Registriereinrichtungen vorne im Stollen verbunden sind."

Neutrinos, um die es hier unten geht, gehören zu den Elementarteilchen wie die Atom-Bausteine Elektron, Proton und Neutron. Von allen diesen Teilchen sind Neutrinos wohl die seltsamsten – von einer Geisterhaftigkeit, die Nichtphysikern wohl völlig unbegreiflich er-

scheint. Neutrinos haben vermutlich – ganz einig sind sich die Experten da immer noch nicht – keine Masse, mit Sicherheit aber keine elektrische Ladung. Wie das Licht, legen sie pro Sekunde 300 000 Kilometer zurück. Der schweizerisch-amerikanische Atomphysiker Wolfgang Pauli sagte ihre Existenz aufgrund theoretischer Berechnungen schon 1930 voraus, aber erst 1956 gelang es dem amerikanischen Physiker Frederik Reines, diese merkwürdigen Teilchen tatsächlich nachzuweisen.

Daß die Neutrinos so schwierig zu fassen waren, liegt an ihrem flüchtigen Wesen. Ohne Masse, ohne Ladung reagieren sie während ihres lichtschnellen Fluges nur selten auf andere Teilchen. Teilchenreaktionen aber sind die Voraussetzung dafür, daß ihre Existenz überhaupt erkennbar wird.

Die Erdkugel, auf der wir leben, erscheint uns fest und massig, als ein dichtes Gefüge kompakter Atome. Doch dieser Eindruck täuscht. Atome sind sehr locker strukturiert. Zwischen den atomaren Teilchen gibt es sehr viel freien Platz, so viel jedenfalls, daß Teilchen wie die Neutrinos die ganze Erde praktisch ungehindert durchfliegen können. Um die Stärke eines Stroms von Neutrinos durch Zusammenstöße mit Atomteilchen auf die

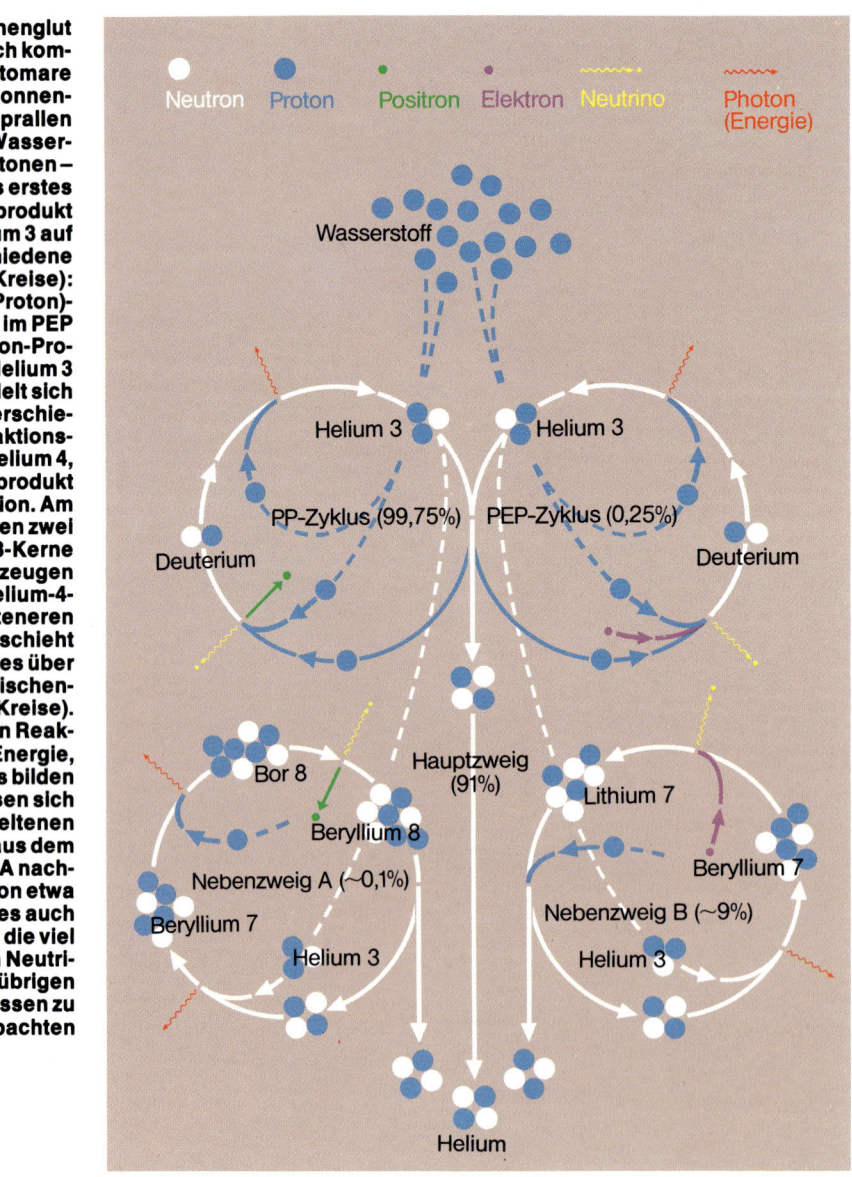

Die Sonnenglut entsteht durch komplizierte atomare Vorgänge. Im Sonneninnern prallen Atomkerne des Wasserstoffs – Protonen – zusammen. Als erstes Zwischenprodukt bildet sich Helium 3 auf zwei verschiedene Weisen (obere Kreise): im PP (Proton-Proton)-Zyklus und im PEP (Proton-Elektron-Proton)-Zyklus. Helium 3 verwandelt sich wiederum in verschiedenen Reaktionsschritten zu Helium 4, dem Endprodukt der Kernfusion. Am häufigsten prallen zwei Helium-3-Kerne zusammen und erzeugen sofort einen Helium-4-Kern. In den selteneren Nebenzyklen geschieht Komplizierteres über mehrere Zwischenschritte (untere Kreise). Bei allen diesen Reaktionen entsteht Energie, und Neutrinos bilden sich. Bisher lassen sich nur die extrem seltenen Neutrinos aus dem Nebenzweig A nachweisen. Doch von etwa 1984 an soll es auch möglich werden, die viel häufigeren Neutrinos aus den übrigen Prozessen zu beobachten

Neutron  Proton  Positron  Elektron  Neutrino  Photon (Energie)

Wasserstoff

Helium 3  Helium 3
PP-Zyklus (99,75%)  PEP-Zyklus (0,25%)
Deuterium  Deuterium

Bor 8  Hauptzweig (91%)  Lithium 7
Beryllium 8  Beryllium 7
Nebenzweig A (~0,1%)  Nebenzweig B (~9%)
Beryllium 7
Helium 3  Helium 3

Helium

Hälfte zu reduzieren, müßte man ihnen einen Bleiklotz der unvorstellbaren Dicke von 950 Billionen Kilometer in den Weg stellen.

So spüren wir also auch nichts von den Neutrinos, obwohl nach vorsichtigen Schätzungen in jeder Sekunde 65 Milliarden dieser geisterhaften Teilchen durch jeden Quadratzentimeter der Erdoberfläche und damit auch unseres eigenen Körpers jagen. Daß man diese Zahlen berechnen kann, erscheint fast unglaublich. Doch die Berechnungen sind gut begründet.

Sonnenforscher interessieren sich für die Neutrinos, weil sie nicht von der Sonnenoberfläche kommen, wo elektromagnetische Wellen und schnelle Teilchenströme aus Protonen, Elektronen und wenigen schweren Atomkernen den Sonnenkörper verlassen, sondern tief aus dem Sonneninnern – aus dem Kern, wo der geheimnisvolle Ofen sitzt, der die gigantische Sonnenkraftmaschine antreibt.

Über die Frage, wie die Sonne unvorstellbare Energie erzeugt, die sie jahrein, jahraus ins All schickt, begannen die Wissenschaftler schon zu Beginn des 19. Jahrhunderts nachzudenken, als ihnen erstmals das Ausmaß des Energie-Ausstoßes bewußt wurde. Zunächst dachten sie an vertraute irdische Vorgänge, vor allem an eine Verbrennung energiereicher Stoffe. Doch eine Sonne aus Steinkohle etwa wäre, wie sich leicht nachrechnen läßt, bereits 4900 Jahre nach ihrer Entstehung ausgeglüht, nur noch ein zusammengeschmorter Klumpen schwarzer Schlacke. Die Steinkohlen-Sonne hätte die Zeit vom ägyptischen Sonnengott Ra bis zum Start von Solar-Max kaum überlebt.

Näher lagen da schon die Erklärungen, die der deutsche Physiker Hermann von Helmholtz und – etwas später – der britische Physiker William Thomson (nachmals Lord Kelvin) um die Mitte des 19. Jahrhunderts formulierten. Die Sonne könnte, hatten sie sich überlegt, Energie dadurch erzeugen, daß sie sich langsam zusammenzieht – ähnlich wie ein fallender Stein immer schneller wird, also Bewegungsenergie gewinnt. Eine genaue Berechnung indes ergab, daß die Sonne nach diesem Prinzip etwa 30 Millionen Jahre nach ihrer Entstehung vom Himmel verschwunden wäre. Sie hätte sich, indem sie ständig neue Energie beim Zusammenziehen erzeugt, buchstäblich zu Tode geschrumpft.

Daß auch diese sogenannte „Gravitationsenergie" nicht der Antrieb des Sonnenmotors sein konnte, zeigten die Erkenntnisse der Geologen und Paläontologen. Die Erdwissenschaftler hatten längst versteinerte Reste von Lebewesen zu Tage gefördert, die älter waren als 30 Millionen Jahre. Da das Leben auf der Erde nicht ohne Sonne entstehen konnte und existieren kann, mußte sie also schon wesentlich älter sein.

Gesucht wurde darum eine Energiequelle, die seit etwa 4,5 Milliarden Jahren – zumindest aber, solange Leben auf der Erde besteht – mit ähnlicher Leistung wie heute arbeitet. Die moderne Wissenschaft von der Kernphysik machte es möglich, das Rätsel um die Sonnenenergie zu lösen. Die deutschen Physiker Hans Bethe und Carl Friedrich von Weizsäcker deckten in den Jahren 1937 bis 1939 unabhängig voneinander die Ursachen auf, die das Sonnenfeuer in Gang halten: die Prozesse der Kernfusion.

Während der Kernfusion in der Sonne verschmelzen jeweils vier Atomkerne des Wasserstoffs oder Protonen zu einem Atomkern des Heliums. Dabei werden gewaltige Energiemengen freigesetzt. Vier Protonen wiegen zusammen 4,0291 atomare Masseeinheiten; ein Heliumkern dagegen hat eine Masse von nur 4,0026 atomaren Masseeinheiten. Die Differenz von 0,0265 Einheiten verwandelt sich unmittelbar in Energie

– nach Albert Einsteins berühmter Formel $E = m c^2$: die Energie ist gleich der Masse multipliziert mit dem Quadrat der Lichtgeschwindigkeit. Weil die Lichtgeschwindigkeit sehr groß ist und die Masse mit ihrem Quadrat multipliziert werden muß, ergibt bereits eine sehr kleine Masse eine immense Energie: Ein Gramm Materie, vollständig in Energie umgewandelt, bringt 25 Millionen Kilowattstunden – genug, um 50 Mittelklassewagen ein ganzes Jahr lang ununterbrochen mit Höchstgeschwindigkeit fahren zu lassen, mit gerade 0,02 Gramm „Treibstoff" pro Fahrzeug.

Im Sonneninnern geschieht dasselbe wie bei der Explosion von Wasserstoffbomben auf der Erde. Auch in ihnen wird Wasserstoff zu Helium verschmolzen, und das bißchen Materie, das dabei in Energie umgesetzt wird, reicht aus, ihnen eine furchtbare Zerstörungskraft zu verleihen. Was in einer Wasserstoffbombe unkontrolliert abläuft, versuchen Wissenschaftler seit Jahrzehnten der energiebedürftigen Menschheit nutzbar zu machen – in Form eines Fusionsreaktors. Doch es wird wohl noch weitere Jahrzehnte dauern, bis die Sage buchstäblich wahr wird, nach welcher der griechische Held Prometheus das Feuer der Sonne auf die Erde holte und es – zum Zorn der Götter – den Menschen schenkte. Denn nur äußerst schwer sind die Voraussetzungen für eine kontrollierte Kernfusion auf der Erde zu erfüllen.

Damit Wasserstoffkerne zu einem Heliumkern verschmelzen können, müssen sie mit extrem hoher Geschwindigkeit aufeinanderprallen, denn normalerweise stoßen sie einander ab, da beide Partner positiv geladen sind. Um Atomkerne auf hohe Geschwindigkeiten zu bringen, bedarf es einer gewaltigen Temperatur und eines extremen Drucks. Diese Bedingungen herrschen im Sonneninneren, sind aber auf der Erde schwer zu schaffen, sofern man nicht – wie es zur Zündung der Wasserstoffbomben geschieht – eine Atombombe als „Streichholz" benutzen will, die ihre Energie wie ein Atomkraftwerk aus der Kernspaltung gewinnt.

Welche Zustände im Inneren der Sonne herrschen, läßt sich auf relativ einfache Weise aus der Größe und der Masse der Sonne sowie der Temperatur an ihrer Oberfläche berechnen. Die Größe und Masse der Sonne sind seit dem 17. und 18. Jahrhundert bekannt. Die Oberflächentemperatur wurde zu Beginn des 20. Jahrhunderts auf rund 5800 Grad Celsius bestimmt.

Wenn man weiß, daß die Sonne in ihrem Inneren noch viel heißer ist, könnte man meinen, sie müßte auseinanderfliegen wie heißes Gas bei einer Explosion. Doch die Schwerkraft des riesigen Glutballs, die Massenanziehung seiner inneren Teile, verhindert das Auseinanderbrechen. Die Schwerkraft der Sonne wirkt nach innen, zum Mittelpunkt des Körpers hin, dem nach außen wirkenden Druck des heißen Sonnengases entgegen. Druck und Schwerkraft halten einander überall im Sonnenkörper genau die Waage und verleihen ihm so Stabilität.

Zum Sonnenmittelpunkt hin nimmt die Schwerkraft nach dem Gesetz der Massenanziehung immer mehr zu. Damit das Sonnenplasma dem nach innen wachsenden Druck standhalten kann, muß seine Temperatur immer weiter steigen, denn nur dann übt es hinreichenden Gegendruck aus.

Aus diesen Verhältnissen haben Physiker berechnet, daß die Sonne 350 000 Kilometer unter ihrer Oberfläche eine Temperatur von 3,9 Millionen Grad aufweist und im Zentrum, knapp 700 000 Kilometer tief, 16 Millionen Grad. Die dort nach innen pressenden Plasmamassen üben einen Druck von 216 Milliarden Bar aus. Das Plasma im Kern der Sonne würde auf der Erde 150 Gramm pro Kubikzentimeter wiegen –

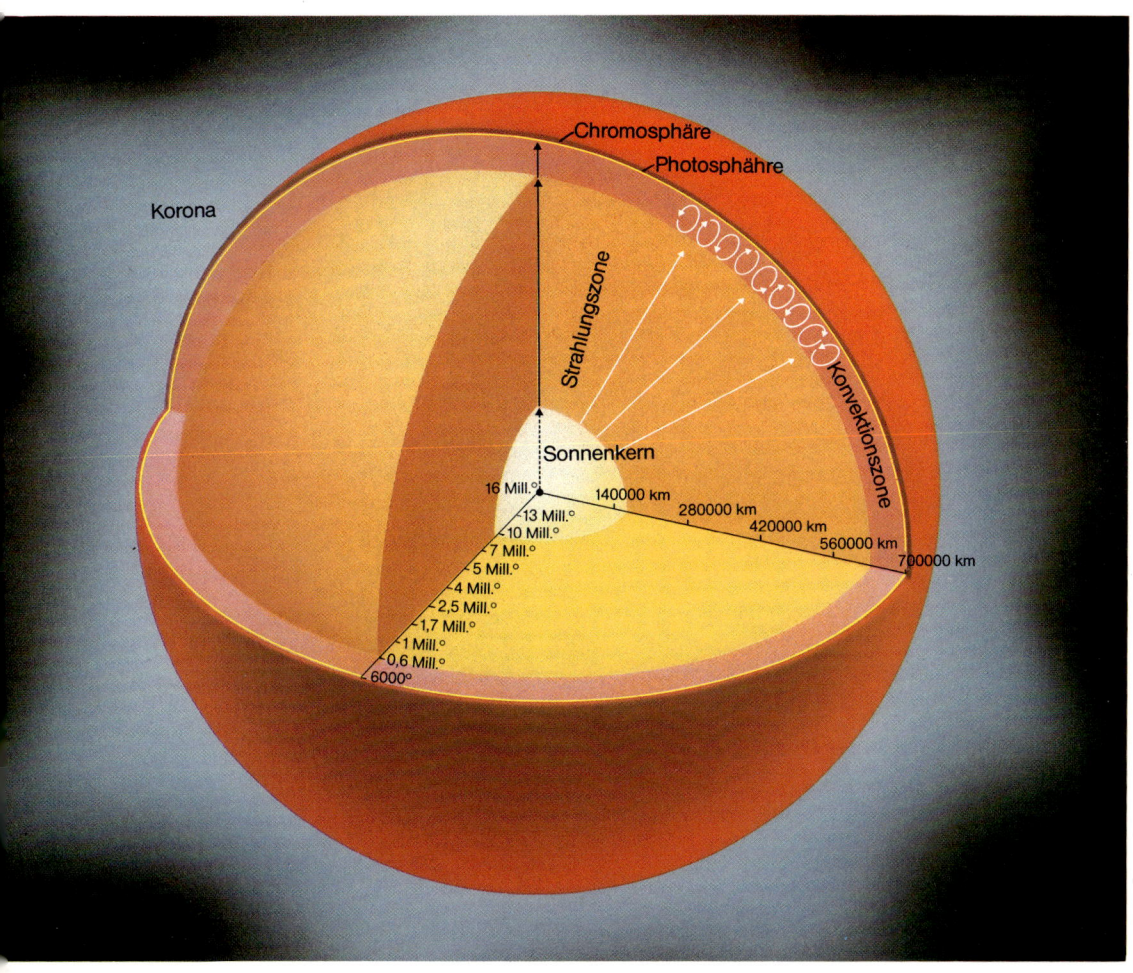

Korona

Chromosphäre

Photosphähre

Strahlungszone

Konvektionszone

Sonnenkern

16 Mill.°    140000 km
13 Mill.°      280000 km
10 Mill.°        420000 km
7 Mill.°          560000 km
5 Mill.°            700000 km
4 Mill.°
2,5 Mill.°
1,7 Mill.°
1 Mill.°
0,6 Mill.°
6000°

**Wie die Schalen einer Zwiebel umhüllen in der Sonne verschiedene Gasschichten den Kern, in dem Energie durch Verschmelzung von Wasserstoff-Kernen freigesetzt wird. Im Laufe von Jahrtausenden durchdringt diese Fusionsenergie als Strahlung den größten Teil des Sonnenkörpers. Erst auf den letzten 80 000 Kilometern ist das Sonnengas für Strahlung undurchlässig. Die Energie wird dort in gigantischen Wirbeln, in Form von Konvektionsströmen, an die Oberfläche getragen, wo sie – wiederum als Strahlung – die Sonne verläßt**

zwölfmal mehr als Blei. Das sind ideale Bedingungen für die Kernfusion.

Mit der Entdeckung der Kernfusion schien das Rätsel um die Herkunft der Sonnenenergie gelöst zu sein. Der schon Milliarden Jahre anhaltende gewaltige Energie-Ausstoß ist mit der Kernfusion überzeugend zu erklären. Obwohl die Sonne ständig Masse verliert, weil sich ein Teil der Materie in Energie verwandelt, löst sie sich doch noch längst nicht auf. Um ihre gegenwärtige Strahlungsleistung aufrechtzuerhalten, muß sie pro Sekunde zwar vier Millionen Tonnen Wasserstoff „verarbeiten". Das erscheint enorm, aber dennoch büßt die Sonne in fünf Milliarden Jahren nur 0,03 Prozent ihrer Masse von 1990 Quadrillionen Tonnen ein.

Die Fusionsenergie entsteht in einem Stufenprozeß. Gammastrahlen, die energiereichsten Wellen des elektromagnetischen Spektrums, machen den Anfang. Gammastrahlen können, wie Sonnenphysiker errechnet haben, keineswegs schnurstracks zur Sonnenoberfläche vordringen. Nur langsam kommt die durch Fusion erzeugte Energie voran. Dabei verwandeln sich die Gammastrahlen allmählich in Strahlen mit immer größerer Wellenlänge und immer geringerer Energie.

Auf den letzten 80 000 Kilometern schließlich kann die Sonnenmaterie die herangeführte Energie nicht mehr allein durch Strahlung abführen, da der Wasserstoff bei der niedrigeren Temperatur in den äußeren Sonnenschichten nicht mehr in ionisiertem („durchsichtigem") Zustand, sondern elektrisch neutral („undurchsichtig") vorliegt. Die aufsteigende Strahlungshitze wird deshalb durch Konvektionsströme weitertransportiert, ähnlich wie sich die Wärme über einem Heizkörper vor allem durch bewegte, in Schlieren aufsteigende Luft ausbreitet.

So steigen in dem äußeren Zehntel des Sonnenkörpers ständig heiße Gasblasen an die Oberfläche, geben ihre Energie in Form von Strahlung − vor allem Licht und Wärme − an die Sonnenatmosphäre ab, und sinken, abgekühlt, in den Sonnenkörper zurück. Diese Gasblasen, die unaufhörlich Energie nach oben pumpen, bilden das Netzmuster der auf- und abschäumenden Sonnengranulation.

Millionen von Jahren dauert es, so haben Physiker errechnet, bis die Sonnenenergie aus dem „Ofen" im Kern an die Oberfläche gelangt. Wenn sie oben angekommen ist, enthält sie keinerlei Hinweise mehr auf ihren Entstehungsort. Aber bei der Produktion jedes Heliumkerns aus Wasserstoff entstehen als unverwechselbare Produkte der Kernfusion auch zwei Neutrinos. Vom Sonnenkern fliegen die seltsamen masselosen Gebilde ungehindert durch die Sonne ins All, und ein kleiner Teil von ihnen gelangt dabei lichtschnell zur Erde − innerhalb von acht Minuten.

Pro Sekunde stößt die Sonne Neutrinos in so großer Zahl aus, daß ihre Menge sich nicht mehr begrifflich ausdrücken läßt; es handelt sich um eine 2 mit 38 Nullen. Könnte man mit einem für Neutrinos empfindlichen Auge diese Teilchen erkennen, erschiene die Sonne nur noch als winziger Stern, hundertmal kleiner, als wir sie sehen: Wir erblickten lediglich den Kern der Sonne, den Fusionsreaktor, aus dem die Neutrinos unentwegt nach allen Seiten entweichen.

Doch ein solches Auge gibt es nicht. Dennoch nahm sich schon kurz nach dem endlich gelungenen Nachweis der Neutrinos im Jahre 1956 ein Forscher vor, das schier Unmögliche zu wagen: Raymond B. Davis, Chemiker am Brookhaven National Laboratory in New York, wollte ins Innere der Sonne schauen − mit einem Neutrino-Teleskop, das die einzigen Nachrichtenträger aus dem solaren Fusionsreaktor nachweist.

Doch wie fängt man Neutrinos ein, für die selbst Millionen hintereinander aufgereihte Sonnen so durchlässig wären wie eine Glasscheibe für Licht? Davis ersann dafür einen Trick. Nach theoretischen Berechnungen sollte sich ein Atom des Elements Chlor, wenn es von einem Neutrino getroffen wird, in ein Atom des Edelgases Argon verwandeln, und zwar in eine radioaktive Form dieses Elements. Das radioaktive Argon-Isotop zerfällt im Mittel nach 49 Tagen wieder zu Chlor. Der radioaktive Zerfall läßt sich mit einem Zählgerät registrieren, und darauf setzte Davis seine Erwartungen.

Der Forscher war sich darüber im klaren, daß nur äußerst selten ein Neutrino ein Chlor-Atom trifft. Um die Gesamtzahl der zu erwartenden Treffer zu erhöhen, stellte er den Neutrinos möglichst viele Chlor-Atome in den Weg, nämlich zwei Quintillionen − eine 2 mit 30 Nullen: genau so viele Chlor-Atome sind in 390 000 Litern Perchloräthylen enthalten. Diese Flüssigkeit bot sich nicht zuletzt deshalb an, weil sie verhältnismäßig billig ist.

Davis hatte viele Schwierigkeiten zu überwinden. So erzeugt auch die kosmische Strahlung die erwartete Reaktion in den Chlor-Atomen. Um diese Strahlung abzuhalten, brauchte Davis eine möglichst dicke Schutzschicht um den Tank herum. Deshalb ging er tief unter die Erde, zweckmäßigerweise in ein Bergwerk.

Davis berechnete, daß in seinem Tank pro Tag nur ein einziges Argon-Atom durch solare Neutrinos erzeugt werden würde. Gegen das Herausfischen der wenigen Argon-Atome aus zwei Quintillionen Chlor-Atomen erscheint die berühmte Aufgabe, eine Stecknadel im Heuhaufen wiederzufinden, wie ein Kinderspiel. Aber auch dieses Problem löste Davis. Er konstruierte eine überaus raffinierte Meßapparatur, welche die Argon-Atome in dem Neutrinotank aufspürt. 1965 wurde der Tank schließlich in einem Stollen der Homestake-Goldmine gebaut. 1968 begannen die Messungen.

Nun, zwölf Jahre später, stehe ich selbst über der Neutrinofalle. Ich weiß, daß in jeder Sekunde Milliarden von Sonnen-Neutrinos auch durch meinen Körper jagen, aber davon merke ich natürlich nichts, und im Tank tut sich auch nichts. Nur einmal knackt es, während Professor Lande seine Meßgeräte erklärt, in einem Zählrohr, das einen radioaktiven Zerfall registriert und eine Markierung auf einen Lochstreifen stanzt.

Der Lochstreifen wird in regelmäßigen Zeitabständen von einem Minenarbeiter abgerissen und nach New York zu Davis geschickt. Davis selbst und auch Professor Lande kommen nur selten in die abgelegene Goldmine. Die meiste Zeit ist ihr unterirdisches Labor verschlossen. Der Tank fängt die Neutrinos von der Sonne automatisch ein.

Professor Lande sieht sich inzwischen die Meßergebnisse der vergangenen Nacht an. Die kleinen Detektoren, die auf die kosmische Strahlung ansprechen, zeigen deutlich, wie stark die Abschirmung hier unten ist. Nur noch die allerschnellsten Teilchen kommen durch. „Die können wir dann von den Meßergebnissen abziehen", erläutert mir der Professor. Kurz darauf knackt es wieder in der Meßapparatur. Hinter dicken Bleiplatten liegt ein Glasröhrchen von nur 0,6 Kubikzentimeter Inhalt. Es ist an zwei Metallplättchen an-

geschlossen, die über einen Stromkreis den radioaktiven Zerfall registrieren.

Aus diesem unscheinbaren Röhrchen kam unlängst schließlich das Resultat, das die Vorstellungen vieler Sonnenphysiker von ihrem Stern nachhaltig erschütterte. Seit Beginn der Messungen registrierte das Neutrino-Teleskop – nach Abzug der Atom-Umwandlungen durch die kosmische Strahlung – im Mittel nur alle vier Tage einen Neutrino-Zusammenstoß im Tank. Das aber ist lediglich ein Viertel des theoretisch errechneten Solls. Astronomen und Kernphysiker standen wieder einmal vor einem Rätsel.

Zunächst dachten die Wissenschaftler an einen Meßfehler, um die erhebliche Diskrepanz zwischen vorhergesagter und tatsächlich beobachteter Neutrinozahl zu erklären. Aber das konnte es wirklich nicht sein, denn Davis und seine Mitarbeiter haben ihre Verfahren derart verfeinert, daß alle denkbaren Fehlerquellen ausgeschlossen erscheinen. Die kleinen Tanks auf Loren beispielsweise, die mir gleich zu Beginn meines Besuchs auffielen, werden immer wieder in höherliegende Stollen des Bergwerks geschoben, um Störstrahlungen aufzuspüren. Doch stets zeigte sich im Vergleich, daß die Meßwerte im großen Tank korrekt waren.

Irgendetwas stimmt also nicht mit der Sonne – oder vielleicht nur mit unseren Vorstellungen von ihrem Innenleben? Verhalten sich die Neutrinos anders, als die Forscher bisher angenommen haben?

Heiß diskutiert wird von den Wissenschaftlern seither die Frage, ob Neutrinos nicht doch eine winzig kleine Masse haben, die zu einem anderen Verhalten führt als gedacht. Die meisten Physiker neigen aber dazu, die Ursache im Sonnenkern selbst zu suchen. Viele mögliche Erklärungen sind dazu bereits diskutiert worden. Beispielsweise könnte der Sonnenkern eine andere chemische

Zusammensetzung haben als vermutet. Starke Magnetfelder könnten dort wirksam sein, die bislang nicht genügend berücksichtigt wurden. Die Denkmöglichkeiten reichen bis hin zu der phantasievollen Überlegung, im Sonneninneren könnte eines der vielberedeten Schwarzen Löcher liegen, das mit Hilfe seiner immensen Anziehungskraft die Sonnenenergie erzeugt. Am nächsten liegt jedoch die Vermutung, daß der Fusionsreaktor im Sonneninneren gegenwärtig nicht mit voller Kraft läuft, denn dann entstehen zwangsläufig weniger Neutrinos.

Liefe die Kernfusion tatsächlich mit verminderter Leistung, dann hätte das für die Erde erhebliche Konsequenzen. Zwar würden die Erdbewohner wegen der langen Zeit von zehn Millionen Jahren, die von der Fusionsenergie benötigt wird, um an die Sonnenoberfläche zu steigen, nicht so schnell etwas davon merken. Aber in fernerer Zukunft müßte die Strahlungsleistung der Sonne, die „Solarkonstante", und damit die Temperatur auf der Erde empfindlich sinken. Hier drängt sich der Gedanke an die prähistorischen Eiszeiten und das Maunder-Minium in der Neuzeit auf. Vielleicht liegt die kältere Zukunft der Erde doch gar nicht mehr so fern, vielleicht ist die „kühle Welle" in der Sonne schon weit nach außen vorgedrungen?

Am weitesten ging der amerikanische Professor William A. Fowler vom California Institute of Technology in Pasadena mit einer Deutung, als er 1975 während einer Tagung in München meinte: „Die Sonne hat in ihrem Inneren eine Art Kerze, die an- und ausgeht. Zur Zeit befinden wir uns in einer Aus-Phase." Andere Wissenschaftler wie Professor Rudolf Kippenhahn, Direktor des Max-Planck-Instituts für Astrophysik in Garching bei München, glauben hingegen nicht, daß an den bisherigen Berechnungen des Sonneninneren etwas

Wesentliches falsch ist. Nur kleinere Korrekturen, etwa was die Temperatur des Kerns oder die einzelnen Schritte der Kernfusion betrifft, seien vielleicht erforderlich.

Auch Professor Lande hält Zweifel an den klassischen Vorstellungen von der Kernfusion im Sonneninneren für verfrüht. Er erhofft sich eine Klärung vor allem von einem neuen Neutrino-Experiment, das er zusammen mit Raymond Davis und dem Max-Planck-Institut für Kernphysik in Heidelberg vorbereitet. Das Chlor im Tank der Goldmine von Homestake soll durch einen anderen Stoff ersetzt werden – durch Gallium. Chlor hat als Neutrino-Fänger nämlich einen Nachteil: Es spricht nur auf besonders energiereiche Neutrinos an, die überwiegend zum Schluß der Umwandlungskette von Wasserstoff zu Helium entstehen. Sie aber machen nur knapp ein Prozent aller Sonnen-Neutrinos aus. Alle anderen können im Davis-Tank nicht aufgespürt werden.

Mit Hilfe des Elements Gallium sind aber auch energieärmere Neutrinos nachzuweisen. Gallium verwandelt sich beim Zusammenstoß mit einem Neutrino in radioaktives Germanium, dessen Zerfall wie der des Argons im Chlor-Experiment registriert werden kann. Die Meßgeräte dafür werden von einem Team unter der Leitung von Professor Till Kirsten am Max-Planck-Institut in Heidelberg entwickelt.

Das neue Neutrino-Teleskop für die Homestake-Goldmine wird aus 35 Tanks mit je 2800 Litern Galliumchlorid bestehen. Dafür sind 50 Tonnen Gallium nötig – mehr, als in einem Jahr auf der ganzen Erde produziert wird. Das dem Aluminium ähnliche, aber weitaus seltenere Metall ist denn auch extrem teuer. Eine Tonne davon kostet mehr als eine Million Mark. Die Kosten wollen sich Deutsche und Amerikaner teilen: 40 Prozent tragen die Deutschen, 60 Prozent die Amerikaner.

Wieder einmal kann ich mir auch bei meinem Besuch in Homestake die Frage eines einfachen Steuerzahlers, der dies alles schließlich finanziert, nicht verkneifen, ob denn die Ergebnisse dieses Experiments, die frühestens Ende 1985 zu erwarten sind, die hohen Kosten rechtfertigen. Ein unmittelbarer Nutzen für die Menschheit, so bemerke ich, sei doch nicht zu erkennen. Aber das läßt der Physiker nicht gelten.

„Wir stoßen hier", sagt Professor Lande, „auf ein vollkommen neues Gebiet vor. Für unser Verständnis von der Physik und dem Aufbau der Sonne können sich aus dem Experiment unabsehbare Konsequenzen ergeben." Außerdem sei das Gallium-Vorhaben gar nicht so teuer: „Sie müssen die Kosten einmal mit denen anderer Forschungsstätten vergleichen, etwa den gigantischen Teilchenbeschleunigern in Hamburg oder Genf. Da geht es um Milliarden."

Daß auch sowjetische Wissenschaftler ein Neutrino-Teleskop entwickeln, zeigt die Bedeutung, die der Suche nach den Sonnen-Neutrinos inzwischen beigemessen wird. Im Kaukasus soll für die Neutrino-Falle in den Berg Andryrtschi ein Tunnel gebohrt werden, der so weit in den Fels reicht, daß die Gesteinsmassen die störende kosmische Strahlung hinreichend schwächen.

Sollten auch bei den neuen Experimenten die energieschwachen Neutrinos in geringerer Zahl als vorausberechnet auf der Erde eintreffen, dann wäre es wieder endgültig fraglich, wie die Sonne ihre Energie erzeugt. Kämen die Teilchen an wie vorhergesagt, bliebe immer noch das Ergebnis des Chlor-Experiments zu erklären, aus dem sich eindeutig ergibt, daß zumindest einige unserer Vorstellungen über das Sonneninnere nicht ganz richtig sein dürften − ein Ergebnis, das auch durch viele andere Resultate der letzten Jahre gestützt wird: Die Sonne ist wieder ein rätselhafter Stern geworden.

# 15

## Starprobe
## soll ein Rätsel
## lösen

Eine Sonne, die ihren Reaktor abgeschaltet hat – die Vorstellung erscheint gespenstisch. Eine Sonne, die nur noch Energie zur Erde strahlt, die vor Jahrmillionen freigesetzt wurde? Eine Sonne, die ihre Strahlungsleistung drosselt oder die gar von innen her langsam erlischt?

Der amerikanische Professor für Astrophysik Martin Schwarzschild von der Princeton-Universität in New Jersey hat darüber nachgedacht, was eigentlich passieren würde, wenn die Kernfusion in der Sonne wirklich gedrosselt wäre. Wenn die Sonne nur noch mit verminderter Kraft liefe, errechnete Schwarzschild, geriete sie allmählich aus ihrem Gleichgewicht, aus der delikaten Balance zwischen der nach innen wirkenden Schwerkraft und dem nach außen wirkenden Gasdruck, der nur durch eine extrem hohe Temperatur, durch ständigen Energienachschub aufrechterhalten werden kann. Die Schwerkraft gewänne so an Übergewicht, und die Sonne müßte sich zusammenziehen. Dabei nähme die Gravitationsenergie zu und steigerte die Innentemperatur so lange, bis ein Gleichgewicht zwischen Schwerkraft und Gasdruck bestünde und der Fusionsreaktor, neu angeheizt, wieder auf vollen Touren liefe. Anschließend müßte sich die Sonne wieder langsam ausdehnen. Das Schwanken der Reaktorleistung hätte also einen feststellbaren Effekt: Die Sonne würde zeitweise kleiner und dann wieder größer werden.

Mit genau solch einer Beobachtung überraschten Ende 1979 der amerikanische Sonnenphysiker Dr. John Eddy, der die Sonnenforschung der letzten Jahre mit einer ganzen Reihe interessanter Ideen bereichert hat, und der amerikanische Mathematiker Aram A. Boornazian ihre Kollegen. Die beiden hatten alte Beobachtungen der britischen Sternwarte Greenwich und des Marine-Observatoriums der USA in Washington analysiert. Von 1836 bis 1953 hatten die britischen Astronomen und von 1846 bis 1950 ihre amerikanischen Kollegen jeweils mittags den Durchmesser der Sonnenscheibe genau bestimmt. Eine Überprüfung ihrer Messungen führte zu einem erstaunlichen Ergebnis: Die Sonne scheint zu schrumpfen, und zwar in einem erheblichen Tempo: um 0,1 Prozent ihres Durchmessers pro Jahrhundert. Das sind 1,6 Meter in der Stunde.

Bei derart schneller Abnahme, wenn sie permanent wäre, müßte die Sonne binnen 100 000 Jahren zu einem Punkt zusammengeschrumpft sein. Da sie aber schon seit Milliarden Jahren zumindest ungefähr so stark strahlt wie heute, stellten Eddy und Boornazian die Theorie auf, daß die Sonne sich nur zeitweise zusammenzieht und nach einigen Jahrhunderten, wenn die Kernfusion abermals kraftvoll läuft, wieder größer wird. Danach pulsiert die Sonne also im Rhythmus von Jahrhunderten, drosselt und steigert ihre Energieproduktion, schrumpft und dehnt sich wechselweise aus.

Das klang verblüffend und stellte alle gültigen Vorstellungen über die Sonne derart auf den Kopf, daß viele Wissenschaftler an den Ergebnissen zweifelten. Einige suchten nach weiteren Möglichkeiten, eine Veränderung des Sonnendurchmessers in den Jahrhunderten seit der Erfindung des Fernrohrs zu erkennen.

Irwin I. Shapiro vom Massachusetts Institute of Technology in Cambridge bei Boston nahm den kleinsten Planeten des Sonnensystems – Merkur – zu Hilfe. Von Zeit zu Zeit schiebt sich Merkur genau zwischen Erde und Sonne. Da die Bahn des Merkur und seine Geschwindigkeit gut bekannt sind, läßt sich aus der Zeit, die er braucht, um die Sonnenscheibe aus dem Blickwinkel des irdischen Betrachters zu passieren, auf den Sonnendurchmesser schließen. Shapiro benutzte die Daten von 23 solcher

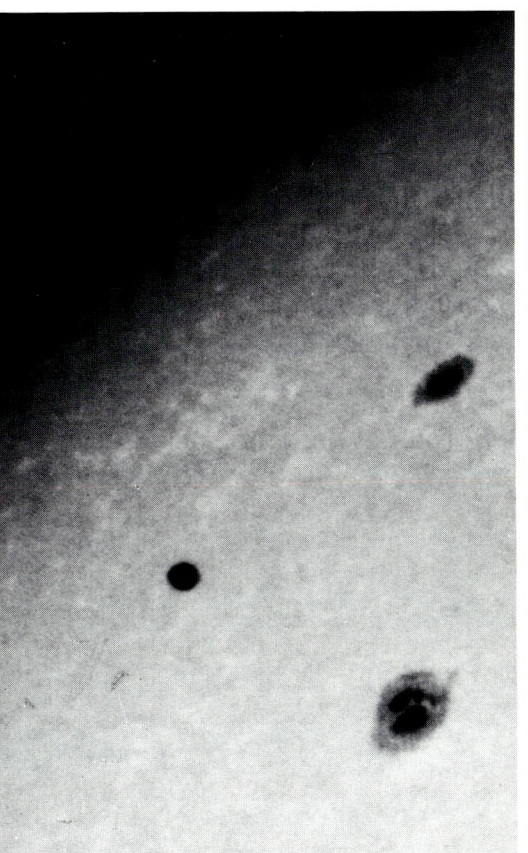

„Merkurdurchgänge", die zwischen 1736 und 1973 beobachtet worden waren. Sein Befund: Die Sonne schrumpft nicht; ihr Durchmesser ist während mehr als 200 Jahren konstant geblieben.

Einen anderen Versuch, den Sonnendurchmesser auf Veränderlichkeit zu überprüfen, unternahm Dr. Axel Wittmann von der Universitäts-Sternwarte Göttingen. Er wertete Beoachtungsprotokolle aus, die der namhafte Astronom Tobias Mayer im 18. Jahrhundert an der Göttinger Sternwarte aufgezeichnet hatte. Mayer hatte jahrelang sehr sorgfältig die Zeiten bestimmt, zu denen der West- und der Ostrand der Sonne den Meridian passierten, jene gedachte Verbindungslinie zwischen den geographischen Polen der Erde, die genau durch den Ort des Beobachters führt. Die Analyse von Mayers Beobachtungen zwischen 1756 und 1760 ergab keinerlei Abweichungen der Sonnengröße von den heutigen Werten.

Im High Altitude Observatory in Boulder sprach ich Dr. Eddy auf die Kritik an seinen Ergebnissen an. Eddy räumte ein, daß sich seine ursprüngliche Aussage über eine extreme Schrumpfung der Sonne wohl nicht halten lasse. Doch sei die Diskussion über Größenänderungen der Sonne noch lange nicht zu Ende. Auf seine Veranlassung hat das National Center for Atmospheric Research in Boulder, dem das High Altitude Observatory angeschlossen ist, ein spezielles Meßgerät angeschafft, das die Größe der Sonne über einen langen Zeitraum bestimmen soll.

Die ebenso altbekannten wie grandiosen Himmelsschauspiele der totalen Sonnenfinsternisse haben in diesem Zusammenhang plötzlich neue wissenschaftliche Bedeutung erlangt. So nutzte ein Team des Marine-Observatoriums in Washington die Finsternis vom 16. Februar 1980 in Indien, um den Durchmesser der Sonne exakt zu bestimmen. Mehrere Studenten-Teams verteilten sich mit Stoppuhren entlang der Kernschattenbahn und ermittelten auf Bruchteile von Sekunden den Zeitpunkt, zu dem der Sonnenrand hinter dem Mond verschwand. Da die Mondbahn sehr genau bekannt ist, läßt sich aus der Zeitdifferenz zwischen den einzelnen Beobachtungsposten auf den vom Mond zurückgelegten Weg und damit auf den Sonnendurchmesser schließen. Diese Beobachtungen schienen allerdings doch eine leichte Schrumpfung des Sonnendurchmessers gegenüber früheren Finsternissen anzudeuten.

Die Hinweise auf eine Schrumpfung der Sonne, der rätselhafte Mangel an Neutrinos und die Entdeckung des Maunder-Minimums haben der Sonnenphysik nach längerer Pause etwa seit 1975 einen wahren Boom des Interesses beschert. Der führende deutsche Sonnenphysiker und Direktor des Kiepenheuer-Instituts für Sonnenphysik in Freiburg, Professor Egon Horst Schröter, beschrieb die Situation so: „Bis vor etwa zehn Jahren hielten wir die Vorstellung über das Sonneninnere für ein sicheres Dogma. Alles schien klar zu sein. Heute fragen wir uns immer mehr, wie man von einer Beobachtung auf das Sonneninnere schließen kann, und wählen unsere Vorhaben schon danach aus, ob sie etwas über das Sonneninnere auszusagen vermögen."

In der Außenstation des Kiepenheuer-Instituts auf Capri zeigte mir Professor Schröter, auf welche Weise er versucht, einen Blick ins Sonneninnere zu werfen. Seit 1955 ist dieses Observatorium in Betrieb, genau über der Blauen Grotte. Tritt man an die Mauer über der Steilküste, sieht man direkt in die Ruderboote, mit denen die Touristen in die Grotte gefahren werden.

Das Teleskop hier ist ein Linsenfernrohr mit 35 Zentimeter großem Objektiv. Es wirft das Sonnenbild in einen fensterlosen Raum, der mit Geräten vollgestopft ist.

Schröter sucht möglichst genau Bewegungen an der Oberfläche der „Lampe", wie er sein Forschungsobjekt scherzhaft nennt, zu erfassen, um daraus auf Vorgänge im Inneren zu schließen. Erkenntnisse darüber, ob sich Teile der Sonnenoberfläche auf uns zu bewegen oder sich von uns entfernen, vermittelt ihm der sogenannte Doppler-Effekt: Eine Verschiebung der Spektrallinien zum roten Ende des Spektrums, eine Rotverschiebung also, zeigt an, daß sich die Lichtquelle von der Erde entfernt, während eine Blauverschiebung eine Annäherung bedeutet. Je größer die Verschiebung ist, um so schneller bewegen sich die leuchtenden Gasmassen.

Nun sitze ich hier auf Capri wieder, wie schon in Locarno und auf vielen anderen Observatorien, in einem dunklen Beobachtungsraum. Professor Schröter läßt zunächst Licht von einem Fleck am Sonnenrand in den Spalt des Spektrographen fallen. Er fotografiert das Spektrum und stellt daraufhin seine Apparatur neu ein, tastet den Sonnenflecken gewissermaßen mit dem Spektrographenspalt nach allen Richtungen ab. Als der Film gleich an Ort und Stelle entwickelt ist, sehen wir an den verschobenen Spektrallinien, daß in dem Sonnenfleck Wellen nach allen Seiten davonstreben.

Aber das ist nur die Vorbereitung, für mich eine willkommene Einführung in die Arbeit des Professors. Schröter mißt mit den vom Doppler-Effekt verzerrten Spektrallinien die Sonnenrotation, und da wird es für mich aufregend. Normalerweise wird die Rotation mit Hilfe der Flecken bestimmt, die von Osten nach Westen über die Sonnenscheibe ziehen. Beobachtet man nun die Spektrallinien am östlichen Sonnenrand, so erscheinen sie etwas zum blauen Ende des Spektrums hin verschoben − der Rand bewegt sich also auf uns zu. Am westlichen Sonnenrand dagegen finden wir die Linien etwas weiter im roten Teil − der Rand läuft von uns weg. Die auf diese Weise bestimmte Rotationsgeschwindigkeit scheint kleiner zu sein als die Geschwindigkeit, die aus der Bewegung der Flecken abzulesen ist. Das bedeutet: Das Gas an der Sonnenoberfläche rotiert langsamer als die Flecken.

Schröter glaubt, aus dieser Diskrepanz etwas über das Sonneninnere erfahren zu können. Er erklärte mir seine Vorstellung mit einem Vergleich: „Stellen Sie sich vor, Sie säßen in einem Flugzeug und beobachteten von oben einen gleichmäßig breiten, träge dahinfließenden Fluß. In dem Fluß schwimmt unsichtbar, tief unten, ein Taucher mit einem riesigen Schnorchel, der an die Oberfläche stößt. Der Schnorchel symbolisiert in diesem Vergleich einen Sonnenfleck, der Fluß das Gas der Sonnenoberfläche, und der Taucher soll das unsichtbare, unbekannte Sonneninnere sein. Wenn Sie dem Schnorchel folgen, können Sie aus der Veränderung seiner Lage auf seine Geschwindigkeit schließen. Errechnet man nun durch Messungen an der Mündung des Flusses die Geschwindigkeit des Wassers und findet einen Unterschied zur Geschwindigkeit des Schnorchels, so sollte diese Differenz Hinweise auf die Bewegung des Tauchers geben."

Dann also muß das Sonneninnere, versuche ich die naheliegende Schlußfolgerung zu ziehen, schneller rotieren als die äußeren Schichten des Sonnenkörpers. Denn die Sonnenflecken sind ja nichts anderes als kühlere Gebiete an jenen Stellen, an denen gebündelte magnetische Feldlinien zur Oberfläche steigen. Diese Linien müssen im Sonneninnern verwurzelt sein, so wie der Schnorchel am Taucher befestigt ist. Wenn sich der Schnorchel schneller bewegt als der

Fluß, muß auch der Taucher schneller schwimmen. Also: Das Sonneninnere rotiert schneller als die äußeren Schichten.

Aber so einfach, werde ich belehrt, ist Sonnenphysik nun auch wieder nicht. „Ihre Schlußfolgerung stimmt nur dann", erläutert Schröter, „wenn der Schnorchel, die Verbindung vom Inneren zur Oberfläche, starr ist. Wenn er sich aber durch die Geschwindigkeit des Schwimmers durchbiegt, kann ich diesen Schluß nicht ziehen. Denn dann würde der Schnorchel von der Bewegung des Wassers im Strom hin- und hergetrieben werden. Genauso könnte auch das Magnetfeld, das vom Sonneninneren an die Oberfläche steigt, im Sonnengas verzerrt werden oder gar abreißen. Gegenwärtig läßt sich darum noch nicht sagen, wie sich das Sonneninnere verhält, und wir müssen weiter beobachten." Es scheint jedoch so, als ob das Sonnengas in etwa 15 000 Kilometer Tiefe tatsächlich schneller rotiert, um etwa 70 bis 80 Meter pro Sekunde rascher als das Gas an der Oberfläche, dessen Rotationsgeschwindigkeit zwei Kilometer pro Sekunde beträgt.

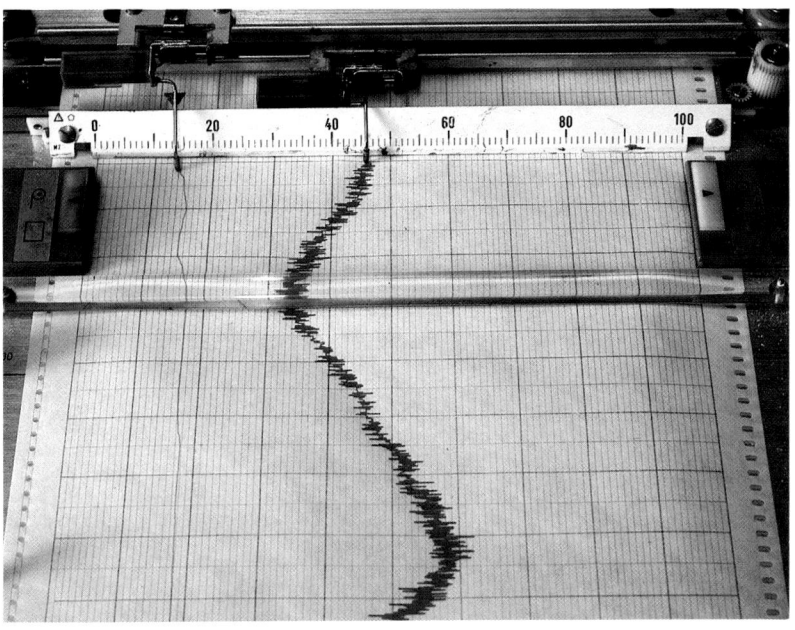

**Mit Hilfe eines komplizierten Meßgeräts, das winzige Zitterbewegungen einer Linie im Sonnenspektrum mißt, lassen sich Hebungen und Senkungen der Sonnenoberfläche erkennen. Solche Aufzeichnungen zeigen, daß die Sonne pulsiert: In einem Fünf-Minuten-Rhythmus dehnt sie sich mit einer Geschwindigkeit von 300 Meter pro Sekunde aus, um anschließend wieder zu schrumpfen**

Professor Schröter richtet das Capri-Fernrohr jetzt so aus, daß das Bild der Sonne voll auf einen langen Spektrographenspalt fällt. Aus dem Spektrum wählt er eine breite Spektrallinie des Eisens aus. Eine komplizierte Apparatur registriert an dieser Linie winzige Zitterbewegungen, die der Doppler-Effekt hervorruft.

Ein automatischer Schreibstift zeichnet das Hin und Her der Spektrallinie stark vergrößert auf. Geht er nach rechts, strebt das Sonnengas auf uns zu; geht er nach links, deutet die so sichtbar gemachte Doppler-Verschiebung der Spektrallinie auf eine von der Erde fortgerichtete Bewegung. Die Zickzacklinie auf der Papierwalze, vermute ich, stammt von den Granulen, den heißen, auf- und absteigenden Gasblasen der Sonnenoberfläche. Schröter nickt.

Nach wenigen Minuten beobachte ich Seltsames. Der hin- und herhuschende Stift strebt langsam höheren Werten zu und gleitet dann wieder nach unten. Alle fünf Minuten scheint die gesamte Oberfläche der Sonne mit einer Geschwindigkeit von etwa dreihundert Metern pro Sekunde auf uns zuzulaufen

und dann wieder zurückzufallen. Ich bin verblüfft: Die auf- und absteigenden Gasblasen werden von einer regelmäßigen, fünfminütigen Schwingung der Sonnenoberfläche überlagert.

Der Amerikaner Robert B. Leighton entdeckte 1960 am Mount Wilson-Observatorium diese „Fünf-Minuten-Oszillation" der Sonnenoberfläche. Doch erst fünfzehn Jahre später, als die Schwingungen insbesondere von Professor Franz Ludwig Deubner von der Universität Würzburg intensiver untersucht worden waren, erkannten die Physiker die Chance, die sich ihnen durch die Beobachtung solcher Schwingungen für neue Erkenntnisse bot. Sie dachten an ähnliche Vorgänge auf der Erde. Wenn die Erde bebt, jagt das schwingende Erdbebenzentrum rhythmisch Wellen durch den Erdkörper, die mit Seismographen aufgezeichnet werden können. Aus dem Lauf dieser Wellen, ihrer Ausbreitung und ihrer Geschwindigkeit konnten die Geophysiker verschiedene Schichten im Erdinneren erkennen, zum Beispiel den Erdkern und den Erdmantel. Könnten nicht Schwingungen auf der Sonne ebenfalls Auskunft geben

**Weil die Erdachse schräg zur Umlaufbahn der Erde steht, geht in den Polarzonen die Sonne im Sommer nicht unter, während sie im Winter nicht über den Horizont emporsteigt. Die Fotoserie zeigt die Sonne an einem Sommertag in der Arktis. Zeitweise hinter Wolken verborgen, steigt sie auf und sinkt nieder, um gegen Mitternacht knapp über dem Horizont zu neuem Höhenflug anzusetzen**

05.²⁷    06.²⁷    07.²⁷    08.²⁷    09.²⁷    10.²⁷    11.²⁷    12.²⁷    13.²⁷    14.²⁷    15.²⁷

über den Zustand, über die chemische Zusammensetzung oder die Temperatur des Sonnenkerns?

Mit diesen Forschungsaufgaben war ein neues Spezialgebiet der Sonnenphysik geboren: die „solare Seismologie" – die Sonnenbebenkunde.

Von da an suchten viele Physiker nach weiteren Schwingungen des Sonnenballs, vor allem nach längeren. Denn die Fünf-Minuten-Oszillation, darin stimmten alle überein, konnte nur aus der oberen Konvektionszone der Sonne stammen, aus den äußeren Schichten. Das nach oben strömende Gas könnte dort durch die ununterbrochen nachdrängende Energie – einfach gesagt – wie ein Pudding angestoßen und in rythmische Schwingungen versetzt werden. Obwohl die Vorgänge in Wirklichkeit erheblich komplizierter sind, erscheint doch sicher, daß eine nur etwa 30 000 Kilometer dünne Gasschicht unter der Sonnenoberfläche alle fünf Minuten auf- und abwabbelt.

Die ersten, die einen Erfolg bei der Suche nach längeren und damit aus tieferen Schichten des Sonneninneren kommenden Schwingungen meldeten,

waren der sowjetische Astrophysiker Dr. Valery A. Kotov und seine Mitarbeiter am Astrophysikalischen Observatorium auf der Krim sowie der britische Professor George R. Isaak mit seinen Kollegen aus Birmingham. Diese Forscher ersannen hochempfindliche Meßapparaturen, mit denen sie im Prinzip noch Geschwindigkeiten von wenigen Zentimetern pro Sekunde auf der Sonnenoberfläche feststellen können. Die Ergebnisse der seit 1974 laufenden Messungen, die 1976 veröffentlicht wurden, riefen bei den Astronomen in aller Welt zunächst ungläubiges Staunen hervor. Die gesamte Sonne sollte danach wie ein Herzmuskel schlagen, sich alle zwei Stunden und 40 Minuten ausdehnen und wieder zusammenziehen, und zwar um jeweils drei Kilometer. Wenn man bedenkt, daß drei Kilometer nur 0,0002 Prozent des Sonnendurchmessers sind, wird angesichts der minimalen Dimension die Skepsis der Kollegen verständlich.

Viele Sonnenphysiker glaubten darum zunächst an einen Meßfehler. Doch die sowjetischen Forscher und ihre britischen Kollegen erhielten bald Schützen-

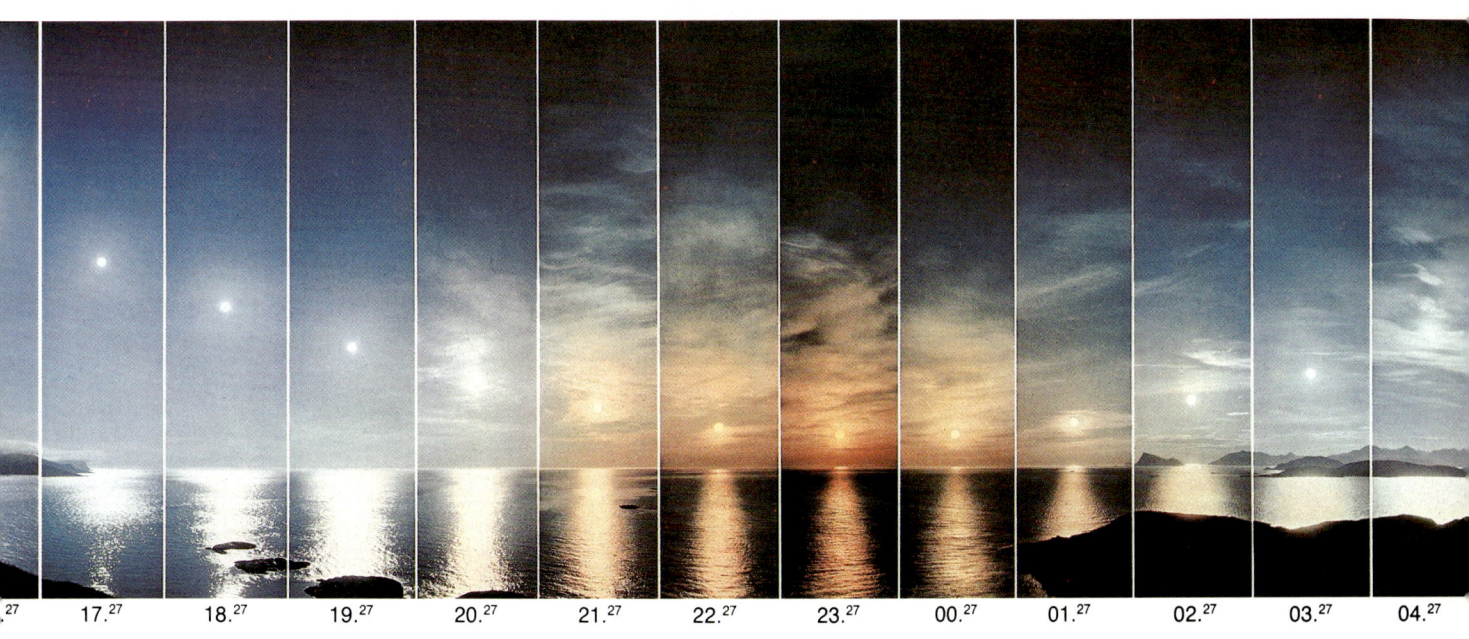

17.²⁷ 18.²⁷ 19.²⁷ 20.²⁷ 21.²⁷ 22.²⁷ 23.²⁷ 00.²⁷ 01.²⁷ 02.²⁷ 03.²⁷ 04.²⁷

hilfe. Die Astrophysiker Professor John M. Wilcox und Dr. Phillip H. Scherrer von der Stanford-Universität in Kalifornien fanden 1975 mit verfeinerten Meßinstrumenten ebenfalls den merkwürdigen Pulsationsrhythmus von zwei Stunden und 40 Minuten.

Doch die Sonnenphysiker waren noch immer nicht sicher. Sowohl die Krim als auch England und Kalifornien unterliegen, wie alle Observatorien auf der Erde, dem unabänderlichen Umstand, daß die Sonne abends untergeht. Selbst im Sommer, bei hohem Sonnenstand, lassen sich höchstens vier bis fünf jener Schwingungsperioden hintereinander beobachten, bevor die Sonne am Horizont verschwindet. Wenn sie am nächsten Morgen im Osten wieder auftaucht, sind drei oder vier mögliche Perioden unbeobachtet verstrichen. Die Sonnenphysiker wünschten sich, die rätselhaften Schwingungen tagelang, ohne Unterbrechung, untersuchen zu können. Für einen Satelliten erschien dieses Unternehmen zu kompliziert. Aber die ersehnten Beobachtungen waren auch auf der Erde zu machen: Am Süd- oder Nordpol.

Wenn die Sonne im Sommer ihren höchsten Stand erreicht, geht sie jenseits der Polarkreise nicht mehr unter. 24 Stunden täglich steht sie ununterbrochen über dem Horizont und kann dauernd beobachtet werden. Am Nordpol

stößt das allerdings auf Schwierigkeiten, weil sich die Forscher dazu auf das Treibeis begeben müßten. Aber in der Antarktis gibt es nicht nur festen Grund, sondern auch warme Räume mit Komfort: Auf der Scott-Amundsen-Station der US-Marine, direkt am Südpol, könnte man Sonnenbeobachtung betreiben.

Dr. Eric Fossat, ein Sonnenphysiker der Sternwarte Nizza, kam 1978 auf diese Idee. Im Südsommer 1979/80 konnte Fossat mit zwei Kollegen in die Antarktis zur 3100 Meter hoch gelegenen Scott-Amundsen-Station reisen, die dann (Sommer bedeutet dort, daß die Temperaturen über minus 30 Grad steigen) rund 40 Bewohner hat.

Fossat und seine Kollegen bauten das kleinste Fernrohr auf, das für ihren Zweck noch geeignet schien, mit nur acht Zentimeter Objektivdurchmesser und einer Brennweite von 1,4 Metern. Vom 31. Dezember 1979 bis zum 4. Januar 1980 konnten sie damit die Sonne 120 Stunden lang pausenlos verfolgen, bei wolkenlosem Himmel und staubfreier Luft. Die Ergebnisse erscheinen eindeutig: Die Sonne pulsiert. Im gleichen Rhythmus, wie ihn die Kollegen beobachtet hatten, dehnt sie sich aus und zieht sich wieder zusammen, ohne jede Unterbrechung.

Die Konsequenzen aus dieser Entdeckung sind noch gar nicht abzusehen. Denn nach den klassischen Vorstellungen der Sonnenphysiker dürfte die Sonne eigentlich maximal in einer Stunde einmal auf- und abschwingen. Ein Rhythmus von zwei Stunden und 40 Minuten wäre dadurch zu erklären, daß die Sonne in ihrem Kern viel kühler ist als angenommen und weniger Helium sowie schwere Elemente enthält. Doch dann könnte dort die Kernfusion nicht mehr ablaufen. Das Dilemma einer handfesten Erklärung kommentierte Dr. Scherrer von der Stanford-Universität: „Solche Vorstellungen würden zwar

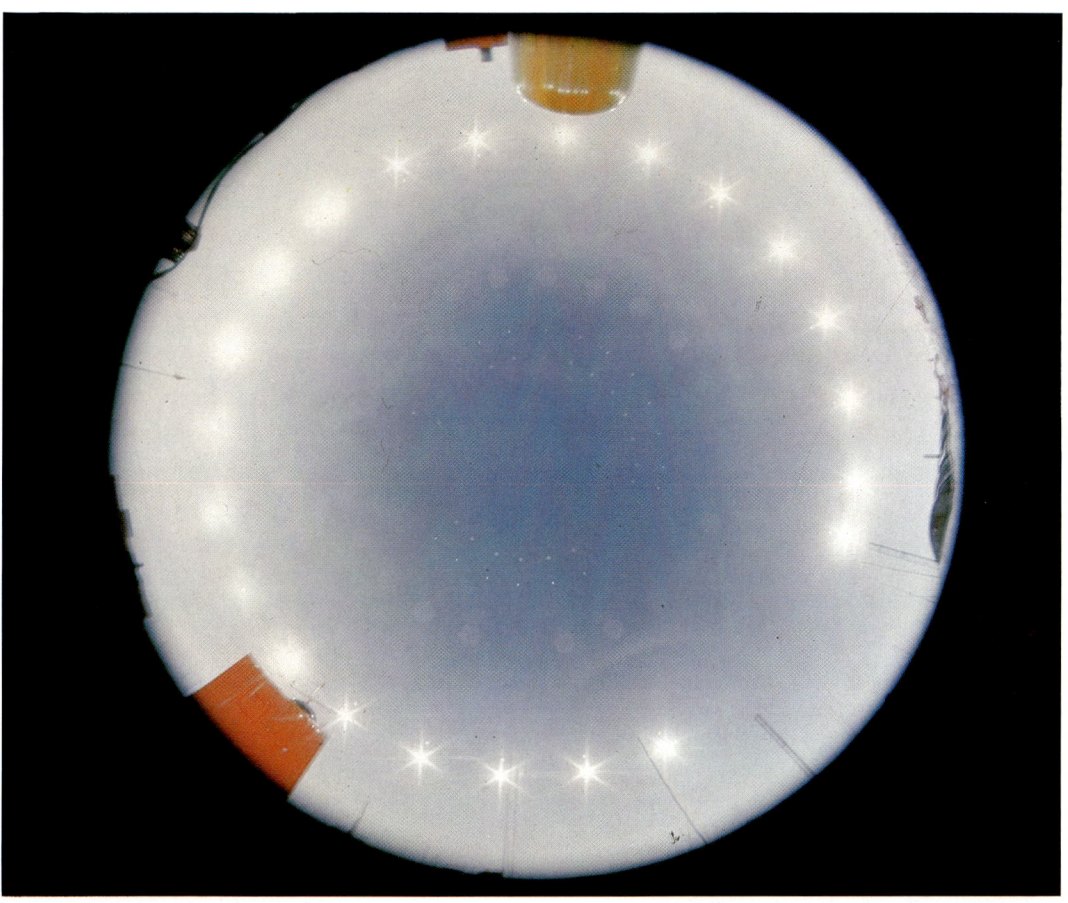

Direkt am Südpol, wo die Sonne im Sommer der südlichen Hemisphäre nicht untergeht, beobachteten der französische Sonnenphysiker Eric Fossat (zweiter von rechts) und seine Kollegen 120 Stunden lang ununterbrochen die Sonne. Die Forscher fanden bei ihrer Dauerbeobachtung eine sensationelle Vermutung sowjetischer und britischer Astronomen bestätigt: Die Oberfläche der Sonne schwingt nicht nur im Fünf-Minuten-Rhythmus, sondern pulsiert auch in einer Periode von zwei Stunden und 40 Minuten

die Pulsation und die wenigen Neutrinos erklären, aber nicht mehr, woher der Sonnenschein kommt."

Es läßt sich nun einmal nicht leugnen, daß die Sonne kräftig scheint. So brüten Experten bereits über neuen Modellen des Sonnenkerns, die bei voller Energieproduktion sowohl die Schwingungen als auch die Minderzahl von Neutrinos erklären. Niemand kann sich so recht vorstellen, daß die Kernfusion nicht im Sonneninneren abläuft, aber die Umstände, unter denen die Sonne ihre Energie produziert, erscheinen nun doch recht unklar.

Schon ist eine neue Möglichkeit aufgetaucht, das Sonneninnere zu untersuchen. Sie klingt so phantastisch, daß sie vor wenigen Jahren wohl noch in den Bereich der Science-Fiction-Literatur verwiesen worden wäre. Eine Meßsonde soll direkt zur Sonne fliegen, sich entweder in einer Kamikaze-Mission in sie hineinstürzen oder wenigstens so dicht an ihr vorbeifliegen wie irgend möglich. In unmittelbarer Sonnennähe, in weniger als fünf Millionen Kilometern Abstand von ihrer Oberfläche, fiele die Anziehungskraft, die von den verschiedenen Schichten im Sonneninneren ausgeübt wird, unterschiedlich aus. Dadurch würde die Bahn des Satelliten so beeinflußt, daß Forscher auf der Erde aus der Abweichung Rückschlüsse auf die Zusammensetzung und die Form des Sonnenkerns ziehen könnten.

Nach den jüngsten Vorstellungen der Wissenschaftler müßte sich der Hauptanteil der Sonnenmasse im Kern konzentrieren – die Hälfte der Masse bereits im innersten Viertel der Sonne. Durch die Kernfusion sollten sich näm-

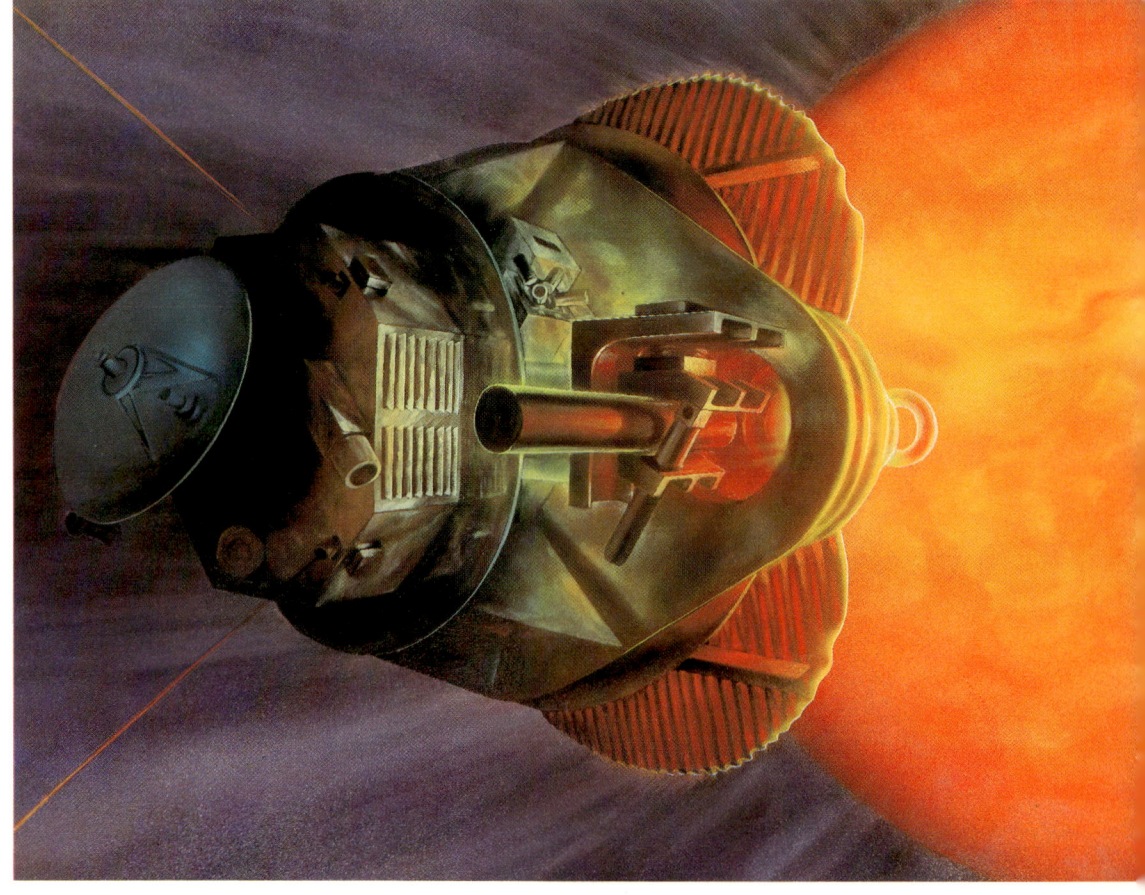

**1994 soll sich ein Raumschiff in einer selbstzerstörerischen Mission bis auf 2,7 Millionen Kilometer der Sonne nähern – ein Fünfundfünfzigstel der Entfernung von der Erde zur Sonne. Aus dieser Nähe, unter der Hitze einer – im Vergleich zur Erde – dreitausendfachen Stahlung, könnte diese Sonnensonde, »Starprobe« genannt, neue Erkenntnisse über den inneren Aufbau der Sonne und die Struktur ihrer Oberfläche gewinnen. Doch noch existiert das Projekt der Superlative, an dem Wissenschaftler des Jet Propulsion Laboratory in Pasadena in Kalifornien arbeiten, nur auf dem Papier**

lich in der langen Zeit von vier bis fünf Milliarden Jahren, in der die Sonne schon existiert, erhebliche Mengen des Kernbrennstoffs Wasserstoff in Helium umgewandelt haben. Darum müßte die Sonne im Kern zu rund 50 Prozent aus der „Kernfusionsschlacke" Helium bestehen, während es in den äußeren Regionen rund 20 Prozent Helium gibt. Helium aber ist schwerer als Wasserstoff.

Eine Weltraumsonde, die der Sonne ganz dicht auf den Leib rückt, könnte diese Vorstellungen bestätigen oder widerlegen und vielleicht auch zu weiteren Erkenntnissen über das Innenleben der Sonne verhelfen. Am Jet Propulsion Laboratory in Pasadena in Kalifornien haben die Vorarbeiten für die abenteuerliche Sonnenmission, das Projekt „Starprobe", bereits begonnen. Projektmanager James E. Randolph berichtete mir bei meinem Besuch in Pasadena begeistert von seiner Arbeit. „Starprobe" hieß ursprünglich „Solar Probe" – Sonnensonde – doch man änderte den Namen schnell; nicht nur, weil die Sonne ein Stern unter unzähligen anderen ist, sondern auch, weil die ganze Mission so etwas anspruchsvoller klingt, was bei der Bewilligung der Finanzen von Bedeutung sein kann.

Randolphs Sonnensonde „Starprobe" könnte bei optimistischer Schätzung 1988 starten und Mitte 1994 die Sonne erreichen. Wie die Sonden der internationalen Sonnen-Pol-Mission ISPM, soll „Starprobe" von Bord der Raumfähre Space Shuttle starten und zum Jupiter fliegen, den sie wie ISPM unter genau berechnetem Winkel ansteuert, um Schwung zu bekommen und nach einer kraftvollen Kurve zur Sonne zu fliegen. Dann erst beginnt die eigentliche Mission. „Starprobe" soll von Norden her auf die Sonne zustürzen und sich ihr auf nur 2,7 Millionen Kilometer nähern, also direkt durch die Korona fliegen. Dabei erreicht das Raumschiff eine Geschwin-

digkeit von einer Million Kilometer pro Stunde und ist in 14 Stunden bereits um die Sonne herum vom Nordpol zum Südpol gerast. Die Sonnenkorona ist trotz ihrer hohen Temperatur von rund zwei Millionen Grad für die Sonde kein Problem, weil das Korona-Gas zu dünn ist, um gefährliche Wärmemengen auf „Starprobe" übertragen zu können. Die große Gefahr geht vielmehr von der intensiven Strahlung der Sonnenoberfläche aus, die 3000mal stärker als auf der Erde auf „Starprobe" hereinprasseln wird. Die Sonde Helios 2, die bisher am dichtesten an die Sonne heranflog, hatte nur eine elfmal stärkere Strahlung als auf der Erde auszuhalten, und schon das hatte den Konstrukteuren erhebliches Kopfzerbrechen bereitet.

Randolph gibt darum auch zu, daß die Hitze der kritischste Punkt der ganzen Mission sein wird; die Konstrukteure müssen einen Hitzeschutz aus extrem widerstandsfähigem Material entwickeln, der die immense Strahlung aushält, aber nicht mehr als höchstens 250 Kilogramm wiegt. Es gibt nur eine Stelle auf der Erde, an der solche Materialien getestet werden können: Allein der französische Sonnenofen von Odeillo in den Pyrenäen vermag Sonnenstrahlen so stark zu bündeln, daß Strahlung derartiger Intensität entsteht, wie sie „Starprobe" zu erwarten hat. Die Sonne testet dann praktisch selbst den irdischen Kundschafter, der ihr einmal so nah wie keiner zuvor auf den Leib rücken wird.

Die wissenschaftliche Ausbeute einer solchen Mission wäre sicherlich enorm. Zum erstenmal würden Meßwerte direkt aus der Korona gewonnen und zur Erde gefunkt. Die Sonnenoberfläche ließe sich aus nächster Nähe betrachten wie nie zuvor. Vor allem aber bestehen gute Chancen, daß „Starprobe" die in den letzten Jahren so heftig diskutierte Frage löst, was nun wirklich im Sonneninneren vorgeht und was wir von der Sonne in der Zukunft zu erwarten haben.

# 16

**Am Ende
ist ein Weißer
Zwerg**

Wie heute der
Orion-Nebel, eine der
schönsten Erschei-
nungen in der Milch-
straße, muß vor viereln-
halb bis fünf Milliarden
Jahren der Geburtsort der
Sonne ausgesehen
haben: Eine chaotische
Gasmasse leuchtet im
Licht benachbarter
heißer Sterne. Im Orion-
Nebel, der einen
Durchmesser von etwa
15 Lichtjahren – rund
150 Billionen Kilometer –
hat und 1500 Lichtjahre
von der Erde entfernt
ist, entstehen noch
neue Sterne

Vor der leuchten-
den Wand eines fernen
Gasnebels hebt sich
eine dunkle Staubwolke
als kosmisches Schatten-
spiel in der Form eines
Pferdekopfes deutlich ab.
Dunkelnebel wie der
Pferdekopf-Nebel im
Sternbild Orion be-
obachteten Astronomen
in der Milchstraße
häufig. Die Gasatome der
leuchtenden Nebel und
kosmischer Staub
sind der Stoff, aus dem
Sonnen entstehen

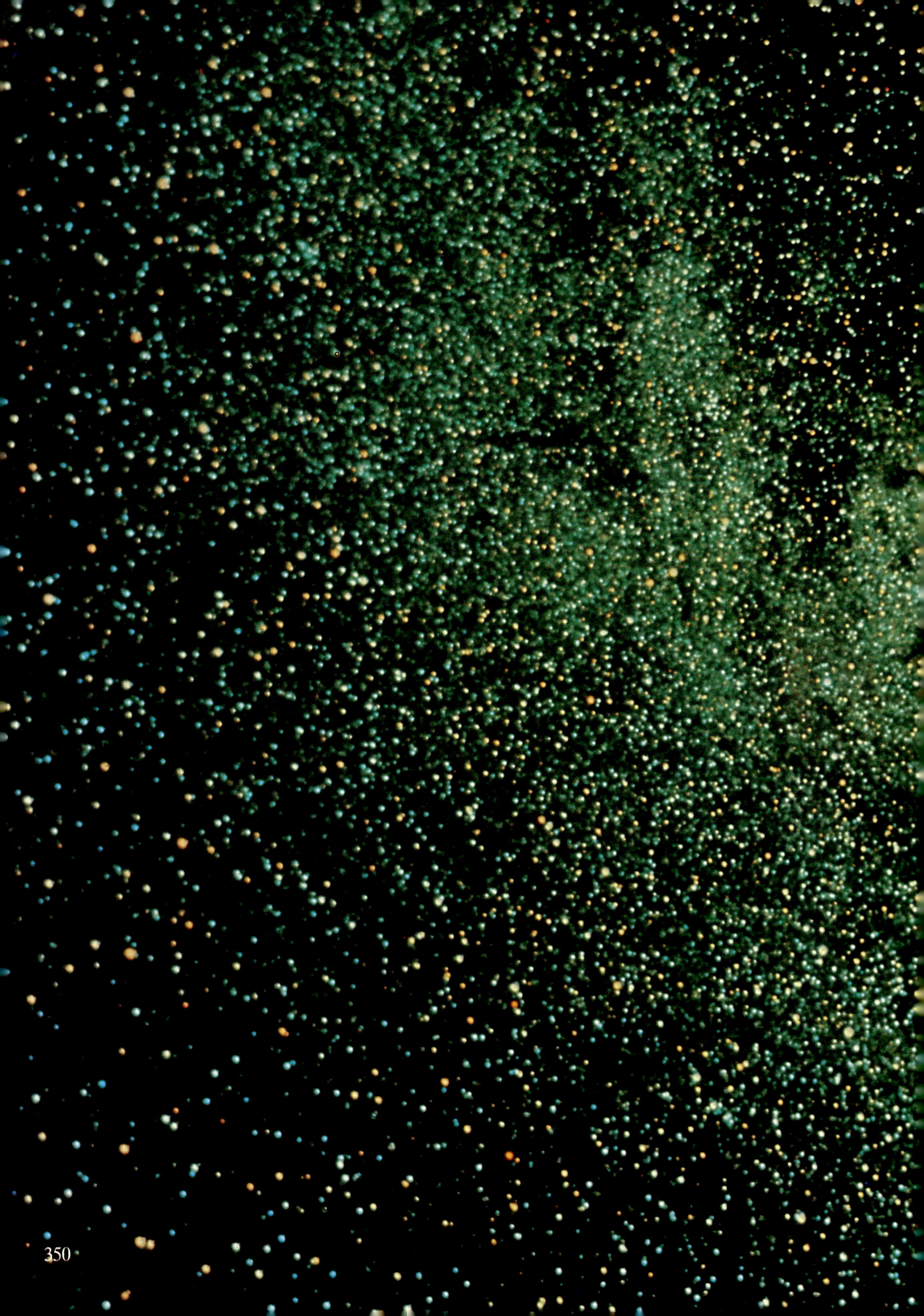

**Mehr als 100 Milliarden Sterne bilden das helle Band der Milchstraße. Jeder einzelne ist eine Sonne wie die unseres Planetensystems, doch präsentieren sie sich in den unterschiedlichen Phasen eines Sternenlebens. Diese Vielfalt ermöglicht den Astronomen Aussagen über Vergangenheit und Zukunft unserer Sonne. Die Aufnahme wurde am Flagstaff-Observatorium in Arizona mit einem extremen Weitwinkelobjektiv gemacht. Daher geriet die Observatoriumskuppel mit ins Bild**

Wir verdanken unsere Existenz der Sonne. Sie hat die Voraussetzungen für das Leben auf der Erde geschaffen. Sie wird das Leben, ja, die Erde selbst auch wieder zerstören.

Vor etwa fünf Milliarden Jahren, so nehmen die Astronomen heute aufgrund von Indizien an, die sie in geduldiger Detektivarbeit zusammengetragen haben, begann der Lebenslauf der Sonne. In etwa zehn Milliarden Jahren wird das Sonnen-Dasein enden. Am Himmel vollzieht sich unabänderlich ein kosmisches Drama, in dem die Sonne schließlich die Erde verschlingen wird.

Vor etwa fünf Milliarden Jahren war der Weltraum am Geburtsort der Sonne, wo heute die Planeten kreisen, öd und leer. Nur Gasatome und Staubteilchen trieben durch den grenzenlosen Raum. Dann, durch einen noch nicht hinreichend erklärten Mechanismus, begannen sich einige Teilchen zusammenzuballen. Aus dem ursprünglichen Chaos, dem fein im All verteilten Gas und Staub, entstand langsam eine Wolke, die größer und größer wurde. Sie entwickelte Schwerkraft und zog damit immer mehr Teilchen zu sich heran, vor allem Wasserstoff-Atome, die schließlich zu einer riesigen, locker gefügten Ur-Sonne verklumpten. Diese Ur-Sonne war vermutlich zehn- bis hundertmal größer als das Gestirn, das heute leuchtet.

Die Ur-Sonne schrumpfte zunächst – wiederum eine Wirkung der Schwerkraft – langsam, mit wachsender Masse aber immer schneller. Die nach innen stürzenden Gasteilchen verwandelten ihre Energie in Bewegungsenergie und Wärme, sie heizten so das Innere immer mehr auf.

Während sich die Ur-Sonne zusammenzog, bildeten sich um sie herum die Planeten. Die Frage, wie dies im einzelnen geschah, läßt sich noch schwerer beantworten als die nach der Entstehung der Sonne selbst. Es gibt inzwischen eine kaum noch zu übersehende Anzahl von Theorien, die immerhin in einigen Grundzügen übereinstimmen.

Danach kondensierten in der noch nebelartigen „Ur-Suppe", von der die Ursonne in einer flachen Scheibe umgeben war, einzelne Gebiete und bildeten schließlich Klumpen aus festem Material. Starke Magnetfelder, die von dem vermutlich sehr rasch rotierenden Zentrum der Scheibe, der späteren Sonne, ausgingen, beschleunigten den Kondensationsprozeß. Die Teilchen stießen häufiger zusammen, verdichteten sich dabei zu einer Masse und formten langsam immer größere Gebilde. Schließlich waren sie so groß, daß sie andere auskondensierte Materiebrocken mit Hilfe der Schwerkraft zu sich heranrissen und so auf ihre heutige Größe wuchsen.

Alle diese Vorgänge liegen noch buchstäblich im Dunkel, das Theoretiker mühsam durch schwer verständliche mathematische und physikalische Formeln zu erhellen suchen. Erst der eigentliche Geburtszeitpunkt der Sonne als leuchtender Stern bietet endlich auch dem Laien etwas Faßliches, wenn auch in den zeitlichen Dimensionen kaum Vorstellbares. Zum strahlenden Gestirn wurde die Sonne, als sie sich so stark erhitzt hatte, daß der Fusionsreaktor im Inneren anspringen konnte. Das war vor rund viereinhalb Milliarden Jahren.

Mit dem Beginn der Kernfusion, bei der Atomkerne des Wasserstoffs zu Heliumkernen verschmelzen, war in der Sonne eine nach menschlichen Maßstäben unversiegbare Energiequelle entstanden. „Unsere" Sonne war ein ganz normaler Stern geworden, einer von 100 Milliarden allein im Milchstraßensystem, dem die Erde angehört.

Die jetzt nach allen Seiten ausbrechende elektromagnetische Strahlung und ein vermutlich wesentlich stärker als heute wehender Sonnenwind bliesen die noch verbliebenen Materiebrocken und

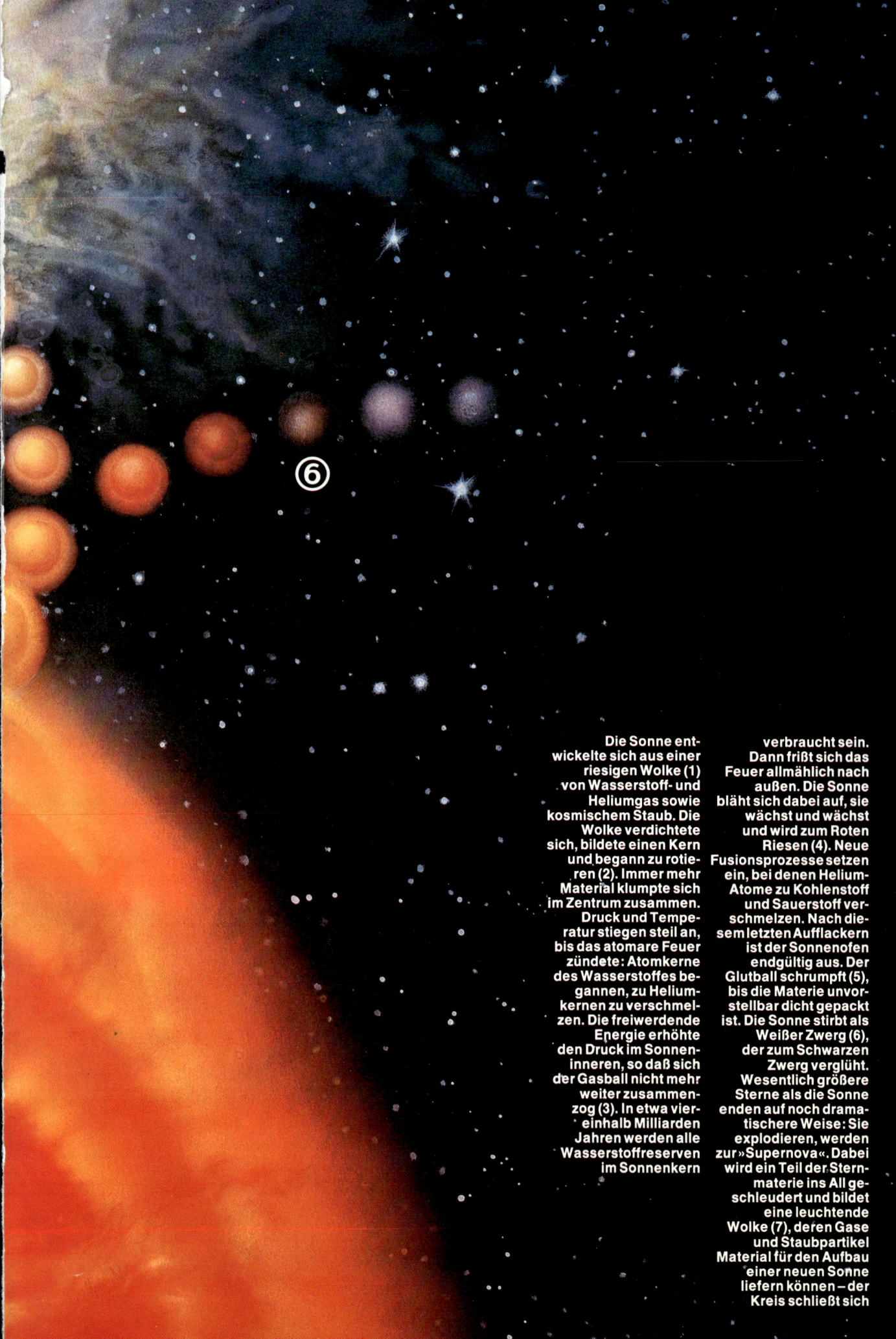

⑥

Die Sonne entwickelte sich aus einer riesigen Wolke (1) von Wasserstoff- und Heliumgas sowie kosmischem Staub. Die Wolke verdichtete sich, bildete einen Kern und begann zu rotieren (2). Immer mehr Material klumpte sich im Zentrum zusammen. Druck und Temperatur stiegen steil an, bis das atomare Feuer zündete: Atomkerne des Wasserstoffes begannen, zu Heliumkernen zu verschmelzen. Die freiwerdende Energie erhöhte den Druck im Sonneninneren, so daß sich der Gasball nicht mehr weiter zusammenzog (3). In etwa viereinhalb Milliarden Jahren werden alle Wasserstoffreserven im Sonnenkern verbraucht sein. Dann frißt sich das Feuer allmählich nach außen. Die Sonne bläht sich dabei auf, sie wächst und wächst und wird zum Roten Riesen (4). Neue Fusionsprozesse setzen ein, bei denen Helium-Atome zu Kohlenstoff und Sauerstoff verschmelzen. Nach diesem letzten Aufflackern ist der Sonnenofen endgültig aus. Der Glutball schrumpft (5), bis die Materie unvorstellbar dicht gepackt ist. Die Sonne stirbt als Weißer Zwerg (6), der zum Schwarzen Zwerg verglüht. Wesentlich größere Sterne als die Sonne enden auf noch dramatischere Weise: Sie explodieren, werden zur »Supernova«. Dabei wird ein Teil der Sternmaterie ins All geschleudert und bildet eine leuchtende Wolke (7), deren Gase und Staubpartikel Material für den Aufbau einer neuen Sonne liefern können – der Kreis schließt sich

erleben. Die Sonne wächst nicht nur, sondern gleichzeitig nimmt auch ihre Strahlung zu, weil die schalenförmig nach außen vordringende Zone der Kernfusion immer größer wird. Da die größere Strahlung sich jedoch über eine noch stärker zunehmende Oberfläche verteilt, sinkt die Oberflächentemperatur der Sonne. Das Tagesgestirn strahlt dann nicht mehr gelblich-weiß, sondern zunächst orange und schließlich rot.

Herbert George Wells, der namhafte britische Science-Fiction-Schriftsteller, hat in seinem 1895 erschienenen Roman „Die Zeitmaschine" mit erstaunlicher Erfindungsgabe diese Zukunft der Sonne vorhergesehen, wie sie sich aus den modernen astrophysikalischen Berechnungen ergibt. Nur im zeitlichen Ablauf hat er sich vertan.

Mit seiner Zeitmaschine ließ sich Wells in die ferne Zukunft katapultieren und berichtete, nach seiner Rückkehr in die Gegenwart, was ihm widerfahren war:

„So reiste ich mit gelegentlichen Haltepausen in großen Schritten von tausend oder mehr Jahren weiter, angezogen von dem Geheimnis des Schicksals der Erde, und ich beobachtete mit eigenartiger Faszination, wie die Sonne am westlichen Himmel immer größer und trüber wurde und das Leben der alten Erde verebbte. Schließlich − mehr als dreißig Millionen Jahre von heute gerechnet − war es so weit, daß die ungeheure, rotglühende Scheibe der Sonne fast den zehnten Teil des dunkelnden Himmels verdeckte." Und dann: „Ich sah mich um, ob noch Spuren von Leben verblieben waren. Doch ich sah keine Bewegung auf der Erde, am Himmel oder im Meer."

Schließlich resümierte Wells: „Ein Grauen vor dieser gewaltigen Dunkelheit überkam mich. Die Kälte, die mir ins Mark drang, und der Schmerz, den mir das Atmen bereitete, überwältigten mich. Ich spürte, wir mir eine Ohnmacht nahte. Doch eine furchtbare Angst davor, hilflos in diesem fernen und entsetzlichen Zwielicht dazuliegen, verlieh mir die Kraft, mich wieder aufzumachen. So kehrte ich zurück. Die blinkende Aufeinanderfolge der Tage und Nächte begann von neuem, die Sonne wurde wieder golden, der Himmel blau, und ich atmete mit größerer Leichtigkeit."

Nach den Vorstellungen der Astrophysiker wachsen Helligkeit und Durchmesser der Sonne in fernerer Zukunft zunächst nur sehr langsam. In fünf Milliarden Jahren, von jetzt an gerechnet, ist die Sonne etwa zweimal heller und 1,7 mal so groß wie heute. Doch dann, in der relativ kurzen Zeitspanne zwischen sieben und acht Milliarden Jahren, kommt der Höhepunkt des kosmischen Dramas: Die Sonne steigert ihre Leuchtkraft auf das tausend- bis zweitausendfache ihrer heutigen Leistung. Ihr Durchmesser wächst relativ schnell auf das hundertfache. Auf mehr als 140 Millionen Kilometer dehnt sich ihr Körper aus. Längst hat die Sonne ihren innersten Planeten, Merkur, aufgeschmolzen und verschluckt. Und längst ist auf der Erde das letzte Leben getilgt.

Nun ist die Sonne, wie die Astrophysiker sagen, zu einem Roten Riesen geworden. In acht Milliarden Jahren wird sie als gewaltiger, tiefroter Feuerball rund ein Drittel des irdischen Himmels einnehmen. Die Temperaturen auf der Erde sind bereits auf Werte um 1000 Grad Celsius gestiegen. Alles Wasser ist ins Weltall verdampft, alles Gestein ist dem Schmelzen nahe. Ströme von Metallen mit niedrigem Schmelzpunkt, etwa Blei, fließen über ehemalige Kontinente und Meeresböden. Der einstmals blaue Planet rotiert als glühende Wüste um das bald alles verschlingende Zentralgestirn − aber niemand wird mehr da sein, um dieses fürchterliche Szenario zu sehen und zu beschreiben.

Inzwischen haben sich im Sonneninneren dramatische Veränderungen ange-

In etwa acht
Milliarden Jahren wird
die Sonne als ge-
waltiger Feuerball am
Horizont stehen. Sie wird
zu einem Stern ge-
worden sein, den Astro-
nomen als Roten Riesen
bezeichnen. Auf der
Erde ist dann längst alles
Leben erloschen.
Alles Wasser ist in den
Weltraum verdampft.
Das Gestein glüht, dem
Schmelzen nahe

bahnt. Während sich die äußeren Schichten der Sonne ausdehnten, hat sich der Schlackenkern aus Helium zusammengezogen. Er ist unter seinem eigenen Gewicht, dem nun kein durch die Kernfusion erzeugter Gegendruck mehr entgegensteht, in sich zu einem kompakten Klumpen zusammengesunken. Durch diese Kontraktion steigen die Temperaturen im Heliumkern der Sonne auf mehrere hundert Millionen Grad.

Die schalenförmige Fusionszone um den zusammensackenden Kern hat sich schließlich der Sonnenoberfläche so weit genähert, daß Dichte und Temperatur nicht mehr ausreichen, die Fusion zu zünden, und daß die Wasserstoff-Verschmelzung aufhört. Doch da, während der größten Ausdehnung der Sonne, in etwa acht Millionen Jahren, setzen plötzlich neue Kernreaktionen ein. Das Helium im superheißen Kern verwandelt sich über viele Zwischenstufen in Kohlenstoff und Sauerstoff. Dabei wird wieder Energie frei. Dieses erneute Zünden, der „Helium-Blitz", setzt schlagartig ein und jagt in noch nicht einmal zweihundert Jahren – in astronomischen Zeitmaßen nur Sekunden – einen unvorstellbaren Energiestoß, der einer Leuchtkraft von etwa hundert Milliarden heutiger Sonnen entsprechen kann, von innen her duch den Gaskörper. Die Folgen: Die Riesensonne platzt – ihre Außenregionen werden abgestoßen.

Spätestens jetzt dürfte endgültig das Ende der Erde gekommen sein. Wenn sie sich bisher noch als glutheißer Wüstenplanet auf ihrer Bahn halten konnte, werden die abgestoßenen Sonnengasmassen sie nunmehr auslöschen, werden sie ins All hinausschießen oder – wahrscheinlicher – verglühen und verdampfen lassen.

Bis dahin, bis zum Stadium des Roten Riesens, des Heliumblitzes und des Abstoßens der äußeren Schichten, können die Astrophysiker die Zukunft der Sonne überzeugend voraussagen. Darüber hinaus jedoch werden die Prognosen unsicherer.

Vieles spricht dafür, daß die Sonne als „Weißer Zwerg" endet. Nach dem Abstoßen der äußeren Schichten ist nur noch ihr innerster Kern übriggeblieben. Er enthält etwa die Hälfte der heutigen Sonnenmasse und setzt sich nach den verschiedenen Kernprozessen aus Kohlenstoff, Sauerstoff und etwas Helium zusammen. In diesem Rest der ehemaligen Sonne liegt die Materie unvorstellbar dicht gepackt. Die halbe Sonnenmasse nimmt etwa nur so viel Raum ein wie heute die Erde, hat nur ein Hundertstel des heutigen Durchmessers, und weil nun auch die Oberfläche klein ist, strahlt jeder Quadratmeter des noch heißen Gestirns gewaltige Energie ab. Die Oberflächentemperatur steigt auf 10 000 bis 15 000 Grad Celsius. Die Sonne stirbt in Weißglut – als „Weißer Zwerg".

Diese Phase dauert nicht lange, denn das Herz der Sonne hat aufgehört zu schlagen, alle Kernreaktionen sind erloschen. Da keine neue Energie vom Sonneninneren mehr nach außen dringt, geht die Sonne aus. In etwa 15 Milliarden Jahren, von heute an gerechnet, wird ihre Leuchtkraft auf ein Hundertstel oder gar ein Tausendstel der heutigen Strahlungsleistung gesunken sein. Ein Kubikzentimeter der sterbenden Sonne würde auf der – längst nicht mehr existierenden – Erde etwa vier Tonnen wiegen.

Ganz langsam, innerhalb weiterer Jahrmillionen, wandelt sich die Sonne vom Weißen zum Schwarzen Zwerg. Am Ende steht ein ausgeglühter, superdichter Sternenrest, der nicht mehr strahlt. Von unserer Sonne bleibt ein schwarzer, kalter Körper im All, auf den nur noch der Abglanz fremder Sonnen fällt, der schwache Schein weit entfernter Sterne in der Blüte ihrer Jahrmilliarden.

# Steckbrief der Sonne

| | |
|---|---|
| Durchmesser: | 1,39 Millionen km (109facher Erddurchmesser) |
| Volumen: | $1,41 \times 10^{18}$ Kubikkilometer (1 300 000 Erdvolumen) |
| Oberfläche: | $6 \times 10^{12}$ Quadratkilometer (12 000 Erdoberflächen) |
| Masse: | $1,99 \times 10^{27}$ Tonnen (333 000 Erdmassen) |

| | |
|---|---|
| Mittlere Entfernung: | 149,6 Millionen km |
| Größte Entfernung: | 152,1 Millionen km (Anfang Juli) |
| Kleinste Entfernung: | 147,1 Millionen km (Anfang Januar) |

| | |
|---|---|
| Mittlere Dichte: | $1,41$ g/cm$^3$ (0,26fache Erddichte) |
| Dichte im Zentrum: | 150 g/cm$^3$ |
| Dichte Photosphäre: | $10^{-7}$ g/cm$^3$ |
| Dichte Chromosphäre: | $10^{-12}$ g/cm$^3$ |
| Dichte Korona: | $10^{-17}$ g/cm$^3$ |

| | |
|---|---|
| Temperatur Photosphäre: | 5 800° C |
| Temperatur Zentrum: | 16 Millionen° |
| Temperatur Korona: | 1 – 2 Millionen° |

| | |
|---|---|
| Gesamtstrahlung: | $3,83 \times 10^{23}$ kW |
| Strahlung pro Fläche: | 62 900 kW/m$^2$ |
| Strahlung bei Erde (Solarkonstante): | 1,36 kW/m$^2$ |

| Rotationsdauer: | Tatsächlich | Von Erde aus gesehen |
|---|---|---|
| Äquator: | 25$^d$ | 26$^d$ 20$^h$ |
| 10° Breite | 25$^d$ 5$^h$ | 27$^d$ 2$^h$ |
| 20° Breite | 25$^d$ 17$^h$ | 27$^d$ 16$^h$ |
| 30° Breite | 26$^d$ 11$^h$ | 28$^d$ 13$^h$ |
| 40° Breite | 27$^d$ 9$^h$ | 29$^d$ 14$^h$ |
| 60° Breite | 29$^d$ 8$^h$ | 31$^d$ 21$^h$ |
| 75° Breite | 30$^d$ 10$^h$ | 33$^d$ 4$^h$ |
| 90° Breite | 30$^d$ 21$^h$ | 33$^d$ 17$^h$ |

| Chemische Zusammensetzung der Photosphäre | | | |
|---|---|---|---|
| Wasserstoff: | 78,50% | Silizium: | 0,10% |
| Helium: | 19,67% | Stickstoff: | 0,09% |
| Sauerstoff: | 0,86% | Magnesium: | 0,07% |
| Kohlenstoff: | 0,39% | Neon: | 0,06% |
| Eisen: | 0,17% | Schwefel: | 0,04% |

# Stichwort-Verzeichnis

Kursive Seitenzahlen verweisen auf Bilder

# Bildnachweis

Anordnung im Layout: l. = links, r. = rechts, o. = oben, m. = Mitte, u. = unten

ABC-Antiquariat Marco Pinkus, Zürich: 42/43
Air Force Geophysics Laboratory: 218 r., 219
Alaska Photo/Mark McDermott: 220 l.
Ann Ronan Picture Library: 106 l., 307
William C. Atkinson: 158/159
Baldev-Sygma: 153
Bavaria-Verlag/Siegfried Sammer: 66 o.
Dr. Rainer Beck: 166 u.
Bettman Archive Inc.: 106 r., 125
Bildarchiv Preußischer Kulturbesitz: 3 l. 2. von o., 56, 57, 59 u., 60 o., 73, 77 u., 99, 145, 146
Bilderdienst Süddeutscher Verlag: 216
Ira Block/Woodfin Camp: 122/123 u., 268 u.
Boeing Aerospace Co.: 316/317
Bunte/U. Skoruppa: 309
Gary Braasch: 264/265
Dr. P. Brandt/Dr. H. Wöhl/Kiepenheuer-Institut: 200, 202 o.
Dennis Brack/Black Star: 31. o.
René Burri/Magnum: 92/93
Caltech/Big Bear Solar Obs.: 180, 202 u.
Caltech/Palomar Observatory: 164
Dennis di Cicco: 151, 160
Bruce Colman Ltd.: 52
Culver Pictures Inc.: 64 l.
Raymond Davis/Brookhaven: 323
Deutsches Museum: 102 außer r. o.
Edition Science: 3 l. 3. von u.
Dr. Joachim W. Ekrutt: 60 l. u., 63, 218, 220 u., 224 u. m. 340
Richard Erdoes: 21, 67
ESA: 238
ESA: Meteosat: 18–20
Ricardo Ferro: 3 r. 3. von o.
Jack Finch: 206/207, 220 r. o., 268 2. von o.
Georg Fischer/Visum: 134/135, 155, 262, 294/295
Geophysical Institute University of Alaska/Lee Snyder: 3 r. o.
Geophysical Institute University of Alaska/Vic Hessler:208/209
Geophysical Institute University of Alaska/Al McNeil: 215 o.
Geophysical Institute University of Alaska/H.C. Stenbaek-Nielsen: 224 o.

Uwe George: 285
Dr. Georg Gerster: 341 o.
Gérard Gréc: 341 u.
Joe Golden/ERL/NOAA: 257
Ernst Haas/Magnum: 88/89
Boyd Hagen: 3 r. 3. von u.
Hale Observatory: 81, 83 l.
H. Hansen: 102 r. o., 103 o.
Hansen Planetarium/American Science & Eng.: 232/233
Hansen Planetarium/Big Bear Solar Obs.: 6/7
Hansen Planetarium/Harvard College Obs.: 28 m. und u., 29, 231
Hansen Planetarium/High Altitude Obs.: 136/137, 198, 222
Hansen Planetarium/Richard A. Keen: 160/161
Hansen Planetarium/Kitt Peak Nat. Obs.: 114, 130 l. u., 195
Hansen Planetarium/Naval Res. Lab.: 3 l. 2. von u., 4/5
High Altitude Observatory/NCAR/NASA: 3 r. 2. von o.
David Hiser/Mexican National Institute of Anthropology and History: 58
Holloman Solar Observatory, Holloman, NM: 8/9
Insel Verlag/R. Krusche: 61
Institut der Geschichte für Naturwissenschaften Hamburg: 22/23, 51 l., 54, 82, 217 r.
Internationales Bildarchiv/Horst von Irmer: 66 m. u.
Istituto e Museo di Storia della Scienza, Firenze: 75 o.
Jet Propulsion Laboratory/Kurt Wenner: 342
Manfred Kage: 280/281
Kiepenheuer Institut: 172, 186
Kitt Peak Obs./T. Duvall: 3 r. 2. von u.
Paolo Koch: 290/291
Paolo Koch/Photo Res. Inc.: 60 r. u.
Gary Ladd: 122/123 o.
Dr. Lange: 107
Lensman/Everett & Johnson: 252/253
Lensman/Robert Madden: 30/31

Lensman/William Warren: 292/293
Werner Liesmann: 164/165
Lick Observatory Photograph: 148/149 außer 149 r.
Los Alamos Scientific Laboratory: 16/17
Gerd Ludwig/Visum: 100/101
Mansell Collection: 147 u.
MBB: 235 r., 311
Dan McCoy: Titel, 3. l. 4. von o., r. 4. von u., 24/25, 34/35, 112/113, 124, 126, 127, 194, 240/241, 256, 268 3. von o., 272
Dan McCoy/Nasa: 242/243
Loren A. McIntyre: 62, 64 r., 94/95, 118/119
MPI für Radioastronomie Bonn: 181
David Muench: 271
Musee du Louvre: 71
Horst Munzig: 282/283
Nasa: 36/37, 137, 150, 173, 188, 223, 229 r., 230, 235 l., 244
National Center for Atmospheric Research, Boulder: 115
Niedersächsische Staats- und Universitätsbibliothek Göttingen: 335 r.
Observatoire Meudon Paris: 171 l.
Pasachoff Educational Trusts: 14/15, 118, 120 r., 138/139, 142/143
Photo Researchers Inc.: Brian Brake: 55
Photo Unique/Frank „Shorty" Wilcox: 182/183
Pinguin Verlag Innsbruck: 263
Timm Rautert: 3 l. 4. von u., 26, 27, 97, 110/111, 116, 117, 120 l., 196/197, 337
RBD/Sac. Peak Obs.: 3 l. 2. von u., 179
George Remains: 260
Walter Reuter/Mexico City Präsidenten-Palast: 59 o.
Marc Riboud/Magnum: 76/77
Sacramento Peak Observatory: 166 o., 268 o.
Dr. E. J. Schmahl/University of Maryland: 228/229
Prof. K. Schmidt-Koenig: 277
Emil Schulthess/Black Star: 140/141, 338/339
Schweizer Astronomische Gesellschaft 3 r. u., 212, 346/347, 348/349, 350/351
Klaus Siebahn: 303
Mahendra Sinh: 162/163
Space Frontiers Ltd.: 28 o.
Specola Vatikana: 12/13
Staatsbibliothek Hamburg: 3 l. 3. von o., 75 u., 78, 79, 80, 83 r., 147 o., 171 r., 215 u., 217 l.

Statens Historiska Museer/Antikvarisk-Topografiska Arkivet, Stockholm: 53 r.
Peter Stättmayer: 213
Sterne und Weltraum/G. Nemec: 335 l.
Stock Boston/Daniel Brody: 250/251
David M. Stone: 90/91
Heinz Teufel: 51 r.
The Granger Collection: 159 r.
The Image Bank: 248/249
The Museum of London: 261
Universität Göttingen: 197
Universitätssternwarte Göttingen und E. H. Schröter, Kiepenheuer-Insitut für Sonnenphysik, Freiburg: Vorsatz vorne und hinten, 104/105
Uthoff/G+J Fotoservice: 286
Hans Verhufen: 3 l. u., 65, 66 l. u., r. u., 192, 304 l., 335 m.
Joseph F. Viesti: 10/11
H. Roger Viollet: 149 r.
Prof. Max Waldmeier: 167
K. H. Weise: 98
Wilhelm-Förster-Sternwarte, Berlin: 74
Mount Wilson Observatory: 130 o.
Don Worrell/NOAA: 232 l.
Günter Ziesler: 32/33
Günter Ziesler/Angermayer: 3 r. 4. von o.

Kartographie:
J. J. Bihan/Stetson: 278
Wolfhart Desmarowitz: 50, 72, 83, 121, 156/157, 174, 175, 254, 268/269, 276, 309, 324
Prof. Dr. Dieter Eckstein/Dr. Kurt Schietzel: 256
Günther Edelmann: 152
EG-Kommission/Verlag W. Grösschen: 304
Jörg Kühn: 282, 352-354
Schroedel-Verlag: 287
Yves Tréan: 84, 358/359
Joachim Widmann: 190/191, 210/211, 236/237, 327

# Literatur zum Thema

Abetti, G.
The Sun; London, 1957

v. Alversleben, A.
Das Kiepenheuer-Institut für
Sonnenphysik in Freiburg;
Freiburger Universitäts-
blätter, Heft 66/1979

Bartels, J./Angenheister, G.
Geophysik; Fischer Lexikon
Frankfurt, 1969

Birkeland, K.
Les Taches du Soleil;
Christiania 1900

Bockris, J.O./Justi, E.W.
Wasserstoff − Energie für
alle Zeiten; München 1980

Brekke, A./Egeland, A.
Nordlyset; Oslo 1979

Brewer, B.
Eclipse; Seattle 1978

Bruckmann, G.
Sonnenkraft statt
Atomenergie; Wien,
München 1978

Bruzek, A.
Sonnenaktivität; Freiburger
Universitätsblätter Heft 66,
1979

Bruzek, A./Durrant, C.
Illustrated Glossary for Solar
and Solar-Terrestrial Physics;
Dordrecht 1977

Deer, J.F.L./Erdoes R.
Tahca Ushte − Medizinmann
der Sioux; München 1979

Döbel, G.
Die Sonne; Stuttgart 1975

Döbler, H.
Die Germanen; Gütersloh,
1975

Eathers, H.
Majestic Lights; Washington
D.C. 1980

Eddy, J.A.
A new Sun; The Solar
Results from Skylab,
Washington 1979

Europäische Gemein-
schaften, Kommission der
Atlas über die Sonnen-
strahlung Europas;
Brüssel, Luxemburg 1979

Erdoes, R.
Büffeljagd und
Sonnentanz;
Rüschlikon-Zürich 1980

Fritz, H.
Das Polarlicht; Leipzig 1881

Gerwin, R.
Die Welt-Energie-
perspektive; Stuttgart 1980

Gleissberg, W.
Die Häufigkeit der
Sonnenflecken; Berlin 1952

Gribbin, John
The strangest star; Glasgow
1980

Hevelius, J.
Selenographia sive Lunae
descriptio; Danzig 1647
(Neudruck New York 1967)

Internationales Institut für
angewandte Systemanalyse
IIASA
Energy in a finite World;
Cambridge, USA 1981

Jobé, Joseph
Die Sonne, Licht und Leben;
Freiburg 1975

Kiepenheuer, K.O.
Die Sonne; Berlin 1957

Kippenhahn, R.
100 Milliarden Sonnen;
München 1980

Kessler, A.
Die Sonnenstrahlung im
System Erde-Atomsphäre;
Freiburger Universitäts-
blätter, Heft 66, 1979

Kroker, E.
Katechismus der Mythologie;
Leipzig, 1891

Krüger, A.
Introduction to Solar Radio
Astronomy and Radio
Physics,
Dordrecht, 1979

Krupp, E.
Astronomen, Priester,
Pyramiden; München 1980

McDaniels, D.K.
The Sun, our future energy
source; New York, Toronto,
1979

Menzel, D.H.
Our Sun; Cambridge 1959

Meeus, J.
Canon of Solar Eclipses;
Oxford 1966

Mitra, A.P.
Ionospheric Effects of Solar
Flares; Dordrecht 1974

v. Oppolzer, T.
Canon der Finsternisse; Wien
1887 (Neudruck New York
1962)

Queisser, H./Wagner, P.
Photoelektrische
Solarenergienutzung;
technischer Stand,
Wirtschaftlichkeit,
Umweltverträglichkeit;
Wiesbaden 1980

Rau, H.
Heliotechnik; München 1976

Sauer, K.P.
Sonnenlicht und zeitliche
Ordnung der Tiere; Freiburger Universitäts-
blätter, Heft 66, 1979

Scheffler, H./Elsässer, H.
Physik der Sterne und der
Sonne; Mannheim 1974

Schmidtke, G.
Schwankungen der
Sonnenstrahlung und ihre
Auswirkungen auf die Erde;
Freiburger Universitäts-
blätter, Heft 66, 1979

Schröter, E.H.
Porträt eines Sterns;
Mannheimer Forum
1980/1981

Schröter, E.H.
Unser heutiges Bild von der
Sonne; Freiburger Univer-
sitätsblätter, Heft 66, 1979

Sigel, F.
Schuld ist die Sonne;
Moskau/Leipzig 1975

Störmer, C.
The Polar Aurora; Oxford
1955

Stobaugh, R./Yergin, D.
Energie-Report der Harvard
Business School, München
1980

Stoy, B.
Wunschenergie Sonne;
Heidelberg 1980

Svestka, Z.
Solar flares; Dordrecht 1976

Waldmeier, M.
Sonne und Erde; Zürich 1959

White, O.R.
The Solar output and its
variation; Boulder 1977

Wolf, R.
Handbuch der Astronomie;
Zürich 1890, 1892 (Neudruck
Amsterdam 1973)

Sonne, Mitteilungsblatt der
Amateur-Sonnenbeobachter
(4×jährl.)
p.A. Wilhelm Foerster
Sternwarte Berlin,
Munsterdamm 90,
1000 Berlin 41

Solar Physics,
(mtl. Zeitschrift;
Dordrecht/Niederlande)